高等院校计算机实验与实践系列示范教材

数字电路
实验与实践教程

武俊鹏 刘书勇 付小晶 编著

清华大学出版社

北京

内 容 简 介

本书系统地介绍数字电路的相关原理、设计方法和逻辑实现；概述数字逻辑电路实验设计的一般原则、设计规范、注意事项等基本常识；具体介绍基于 TTL 和 CMOS 集成电路芯片的组合逻辑电路、时序逻辑电路、计算机部件电路和基于 GAL 和 ISP 技术应用中小规模可编程器件的逻辑电路的设计方法和相关实验；讨论自主开发的虚拟数字逻辑电路实验平台的组成及使用方法，并给出一些经典的组合逻辑电路和时序逻辑电路在虚拟平台上实现的过程；给出 40 例数字电路应用课题实验和基于 TTL 及 CMOS 集成电路芯片的参考设计方案；附录部分是书中用到的芯片引脚图及功能表等内容。

本书可作为高等院校计算机及相关专业硬件系列实验课程的教材，也可供从事计算机及相关专业的工程技术人员参考。

图书在版编目（CIP）数据

数字电路实验与实践教程/武俊鹏，刘书勇，付小晶编著. --北京：清华大学出版社，2015

高等院校计算机实验与实践系列示范教材

ISBN 978-7-302-39357-3

Ⅰ. ①数…　Ⅱ. ①武…　②刘…　③付…　Ⅲ. ①数字电路－实验－教材　Ⅳ. ①TN79-33

中国版本图书馆 CIP 数据核字（2015）第 031619 号

责任编辑：黄　芝　薛　阳
封面设计：常雪影
责任校对：焦丽丽
责任印制：王静怡

出版发行：清华大学出版社
　　　　网　　　址：http://www.tup.com.cn, http://www.wqbook.com
　　　　地　　　址：北京清华大学学研大厦 A 座　　　邮　　编：100084
　　　　社 总 机：010-62770175　　　　　　　　　邮　　购：010-62786544
　　　　投稿与读者服务：010-62776969，c-service@tup.tsinghua.edu.cn
　　　　质 量 反 馈：010-62772015，zhiliang@tup.tsinghua.edu.cn
　　　　课 件 下 载：http://www.tup.com.cn,010-62795954
印 刷 者：三河市君旺印务有限公司
装 订 者：三河市新茂装订有限公司
经　　销：全国新华书店
开　　本：185mm×260mm　　　印　张：26　　　字　数：651 千字
版　　次：2015 年 12 月第 1 版　　　　　　印　次：2015 年 12 月第 1 次印刷
印　　数：1～1500
定　　价：49.00 元

产品编号：057039-01

出版说明

　　当前,重视实验与实践教育是各国高等教育界的发展潮流,我国与国外教学工作的差距也主要表现在实践教学环节上。面对新的形式和新的挑战,完善实验与实践教育体系成为一种必然。为了培养具有高质量、高素质、高实践能力和高创新能力的人才,全国很多高等院校在实验与实践教学方面进行了大力改革,在实验与实践教学内容、教学方法、教学体系、实验室建设等方面积累了大量的宝贵经验,起到了教学示范作用。

　　实验与实践性教学与理论教学是相辅相成的,具有同等重要的地位。它是在开放教育的基础上,为配合理论教学、培养学生分析问题和解决问题的能力以及加强训练学生专业实践能力而设置的教学环节;对于完成教学计划、落实教学大纲,确保教学质量,培养学生分析问题、解决问题的能力和实际操作技能更具有特别重要的意义。同时,实践教学也是培养应用型人才的重要途径,实践教学质量的好坏,实际上也决定了应用型人才培养质量的高低。因此,加强实践教学环节,提高实践教学质量,对培养高质量的应用型人才至关重要。

　　近年来,教育部把实验与实践教学作为对高等院校教学工作评估的关键性指标。2005 年 1 月,在教育部下发的《关于进一步加强高等学校本科教学工作的若干意见》中明确指出:"高等学校要强化实践育人的意识,区别不同学科对实践教学的要求,合理制定实践教学方案,完善实践教学体系。要切实加强实验、实习、社会实践、毕业设计(论文)等实践教学环节,保障各环节的时间和效果,不得降低要求。","要不断改革实践教学内容,改进实践教学方法,通过政策引导,吸引高水平教师从事实践环节教学工作。要加强产学研合作教育,充分利用国内外资源,不断拓展校际之间、校企之间、高校与科研院所之间的合作,加强各种形式的实践教学基地和实验室建设。"

　　为了配合开展实践教学及适应教学改革的需要,我们在全国各高等院校精心挖掘和遴选了一批在计算机实验与实践教学方面具有潜心研究并取得了富有特色、值得推广的教学成果的作者,把他们多年积累的教学经验编写成教材,为开展实践教学的学校起一个抛砖引玉的示范作用。

　　为了保证出版质量,本套教材中的每本书都经过编委会委员的精心筛选和严格评审,坚持宁缺毋滥的原则,力争把每本书都做成精品。同时,为了能够让更多、更好的实践教学成果应用于社会和各高等院校,我们热切期望在这方面有经验和成果的教师能够加入到本套丛书的编写队伍中,为实践教学的发展和取得成效做出贡献;也衷心地期望广大读者对本套教材提出宝贵意见,以便我们更好地为读者服务。

清华大学出版社

联系人:索梅 suom@tup.tsinghua.edu.cn

　　"数字逻辑实验课"是计算机的核心专业基础课,是编者所在教学团队多年凝练的计算机硬件实验课程体系的首门重要课程,具有较强的工程性、技术性和实践性,可以培养和提高学生的数字电路设计能力、实验素养、创新实践意识以及其他多方面能力。编者结合自己多年的数字逻辑实验教学实践,编写了本书。

　　该实验教材的使用对象是高等院校计算机科学与技术专业、软件工程和信息安全等相关专业的本科生和研究生,也可作为电子类和自动化类等相关专业的实践教材和参考书。

　　本书在内容安排上共分为 7 章:

　　第 1 章是绪论,主要介绍数字电路的硬件实验环境,并阐述基于该实验环境的数字电路实验过程中应注意的事项。

　　第 2 章介绍组合逻辑电路实验,包括组合逻辑电路的设计方法和一些经典的组合逻辑电路实验内容。

　　第 3 章介绍时序逻辑电路实验,包括时序逻辑电路设计方法和一些经典的时序逻辑电路实验内容。

　　第 4 章介绍计算机部件电路实验,包括运算器、半导体存储器、总线传输、原码一位乘法器、时序与启停电路等实验内容。

　　第 5 章介绍中小规模可编程设计实验,包括 GAL 的介绍、组合逻辑、时序逻辑、应用电路以及 4 个综合实验等内容。

　　第 6 章介绍编者自主开发的虚拟数字逻辑实验平台,包括虚拟环境简介和在该虚拟环境下实现的经典组合电路和时序电路的实验过程。

　　第 7 章介绍编者设计的 40 例数字逻辑综合型实验项目,包括设计原理、设计任务和要求、可选用器材、设计方案提示、参考电路以及电路扩展提示等内容。

　　附录部分给出集成逻辑门电路新旧图形符号对照、集成触发器新旧图形符号对照和部分常用的集成电路引脚图和功能表。

　　该教材的特点及教学建议如下:

　　该书的内容可分为两大部分,一是基础部分(主要是前 6 章),二是综合实践部分(主要是第 7 章)。读者可根据课时选择基础部分的经典实验内容供学习和实践组合逻辑与时序逻辑电路的设计方法,并预留大部分课时来设计和实现综合型实验项目内容,鼓励和要求学生在完成基本任务要求的前提下,尽可能地优化、拓展和创新实验项目方案,以达到提高学生综合素质的目的。

本书在编写过程中,得到了哈尔滨工程大学计算机科学与技术学院和校实资处的有关领导和教师的大力关怀和支持,在此谨向他们表示诚挚的谢意。本书的大部分综合型实验内容经过了哈尔滨工程大学计算机科学与技术学院本科生和研究生多年的实践、拓展和完善,在此一并向他们表示感谢。

编者虽然从事计算机实践教学工作多年,但由于水平有限,书中可能会有错误和不完善之处,欢迎广大读者批评指正,促进我们的实验教学水平不断提高。

编　者

2015 年 8 月于哈尔滨

CONTENTS

高等院校计算机实验与实践系列示范教材

第 **1** 章 　　　 绪 论

1.1 引论

认识客观世界,获取科学知识不外乎两种途径:间接和直接。数字逻辑理论课的学习使我们获得了理论知识,间接地拥有了数字电路的设计能力。改造客观世界还需要实现能力,这来源于实验课的学习。理论知识在实验课中活化,使我们拥有了数字电路的实现能力,同时完成了认识、改造客观世界所需的设计与实现综合能力的培养,这正是实验课的重要意义。

数字电路实验主要分为三大部分:数字逻辑实验、计算机部件实验和可编程逻辑器件的应用实验。数字逻辑实验对应的理论课为数字逻辑。数字逻辑实验内容可概括为数字电子技术基础实验、组合逻辑电路实验和时序逻辑电路实验。其中,基础实验包括数制与代码、逻辑代数与逻辑函数在内的数学基础,简单门电路在内的器件基础;组合逻辑电路实验包括组合逻辑电路的分析与设计;时序逻辑电路实验包括时序逻辑电路的分析与设计。

计算机部件实验涉及的理论课为数字逻辑和计算机组成原理。计算机部件实验可理解为较复杂的数字逻辑实验。计算机部件实验内容包括计算机组成的重要部件:运算器、半导体存储器和总线传输等部件的实验。

可编程逻辑器件的应用实验涉及的理论课为数字逻辑、计算机组成原理等,本书以 GAL20V8 为例,介绍 GAL 编程技术及其应用实验;结合 Synario 软件,介绍在系统可编程(In-System Programming,ISP)技术及其应用。

1.2 实验要素

数字逻辑电路实验为采用 TTL 和 CMOS 集成电路芯片进行的传统实验,其基本步骤为:根据数字逻辑课的理论和实际设计要求,利用组合逻辑或时序逻辑的设计方法和步骤画出实验原理图,选择相应的集成电路芯片,再画逻辑布线图,到实验箱上进行组装、调试(借助万用表和示波器)、总结。实验要素涉及集成电路芯片、实验箱和设计方案。

1.2.1　TTL 和 CMOS 集成电路芯片

中、小规模数字集成电路中最常用的是 TTL 电路和 CMOS 电路。TTL 器件型号以 74(或 54)作前缀,称为 74/54 系列,如 74LS10、74F181、54S86 等。

中、小规模 CMOS 数字集成电路主要是 40XX/45XX(X 代表 0～9 的数字)系列,高速 CMOS 电路 HC(74HC)系列。与 TTL 兼容的高速 CMOS 电路 HCT(74HCT)系列。TTL 电路与 CMOS 电路各有优缺点,TTL 速度高,CMOS 电路功耗小、电源范围大、抗干扰能力强。

由于 TTL 在世界范围内应用极广,在数字电路教学实验中,主要使用 TTL74 系列电路和高速 CMOS74HC 系列电路作为实验用器件,采用单一+5V 作为供电电源。

数字 IC 器件有多种封装形式。为了教学实验方便,实验中所用的 74 系列器件封装选用双列直插式。图 1.2.1 是双列直插封装的正面示意图。

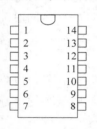

**图 1.2.1　双列直插式数字
IC 封装图**

1.2.1.1　芯片型号排列方法

在每个芯片上都印有型号标识,例如:SN 74LS75 J-00,其中:

第一部分为词头,这部分要求有两或三个字母,如例中的 SN,其具体含义为:

RSN　抗辐射电路;
SN　标准电路;
SNM　Mach Ⅳ,Ⅰ 级;
SNC　Mach Ⅳ,Ⅱ 级;
SNH　Mach Ⅳ,Ⅲ 级;
SNJ　JA∧电路。

第二部分为电路特性,这部分要求有 4～8 个字母,如例中的 74LS75。

第三部分为封装,这部分要求有一或两个字母,如例中的 J。

第四部分为尾数,这部分要求有两个数字,如例中的 00,取自表 1.2.1 尾数栏。

1.2.1.2　封装

J 陶瓷双列直插封装:双列直插气密封装包括基板,陶瓷盖板和 14、16、20 或 24 条引线的框架三部分。用玻璃烧结实现气密密封。封装的外引线插入跨度为 0.3(7.62mm) 或0.6(15.24mm)插孔内。引线是压插进去的,所以焊接时有足够的弹力将封装固定在插件板中。焊接时,镀锡引线无须另行清洁处理。双列直插器件两列引脚之间的距离能够做少许改变,引脚间距不能改变。将器件插入实验箱上的插座中或者从插座中拔出时要小心,不要将器件引脚弄弯或折断。

N 塑料双列直插封装:这种双列直插封装包括装电路芯片的 14、16、20 或 28 条引线的框架和密封电路芯片的不导电塑料化合物。这种化合物在焊接温度下也不变形。电路在高温下工作时,性能保持稳定。封装的外引线插入跨度为 0.3(7.62mm)或 0.6(15.24mm)插孔内。引线是压插进去的,所以焊接时有足够的弹力将封装固定在插件板中。焊接时,引线无须另行清洁处理。双列直插器件两列引脚之间的距离能够做少许改变,引脚间距不能改变。将器件插入实验箱上的插座中或者从插座中拔出时要小心,不要将器件引脚弄弯或折断。

表 1.2.1 数据表

封　　装		引　　线		绝缘否	包装盒	尾数
		成型否	浸锡否			
金属扁平封装	T	未	未	未		00
	T	成	未	绝		01
	T	未	未	未	马赫盒	02
	T	未	未	绝	马赫盒	03
	T	成	未	未	马赫盒	04
	T	成	未	绝	马赫盒	05
	T	未	未	绝		06
	T	成	未	未		07
	T	未	浸	未		10
	T	成	浸	绝		11
	T	未	浸	未	马赫盒	12
	T	未	浸	绝	马赫盒	13
	T	成	浸	未	马赫盒	14
	T	成	浸	绝	马赫盒	15
	T	未	浸	绝		16
	T	成	浸	未		17
陶瓷扁平封装	W	未	未	N/A		00
	W	未	浸	N/A		10
双列直插封装	J,JD,N	未	未	N/A		00
	N	未	浸	N/A		10

T 扁平金属封装:这种陶瓷金属封装的特点是,采用玻璃与金属封装,采用焊接结构。封装外壳和引线是镀金的 F-15 玻璃密封合金,含量是 0.1g。焊接时,F-15 镀金-镍-铁-钴,引线无须另行清洁处理。

W 陶瓷扁平封装:这种气密性扁平封装包括不导电的陶瓷基板和盖板以及 14、16 或24 条引线的框架。用玻璃完成气密封装,焊接时,镀锡引线(-00)无须另行清洁处理。

1.2.1.3 引脚分配

双列直插封装集成电路芯片都有一明显标识,如半圆缺口,见图 1.2.1。从正面(上面)看,标识缺口向上,这是正方向标志。此时,芯片左右共有两排引脚,则左上角的引脚命名为1 号引脚,沿逆时针方向与 1 号引脚相邻的为 2 号引脚,以此类推,每一个引脚的下一个相邻引脚的引脚号均为其引脚号加1,直至左下角的引脚,左下角的引脚的下一个相邻的引脚为右下角的引脚,仍沿逆时针方向寻找其下一个相邻引脚,直至右上角的引脚,右上角的引脚为其最大编号引脚。

74系列器件一般左下角的引脚是GND,右上角的引脚是V_{CC}。例如,14引脚器件引脚7是GND,引脚14是V_{CC};20引脚器件引脚10是GND,引脚20是V_{CC}。但也有一些例外,例如16引脚的双JK触发器74LS76,引脚13(不是引脚8)是GND,引脚5(不是引脚16)是V_{CC}。所以使用集成电路器件时要先看清它的引脚图,找对电源和地,避免因接线错误造成器件损坏。

数字电路综合实验中,使用的复杂可编程逻辑器件MACH4 64/32(或者ISP1016)是44引脚的PLCC(Plastic Leaded Chip Carrier,带引线的塑料芯片载体)封装,图1.2.2是封装正面图。器件上的小圆圈指示引脚1,引脚号按逆时针方向增加,引脚2在引脚1的左边,引脚44在引脚1的右边。MACH4 64/32电源引脚号、地引脚号与ISP1016不同,千万不要插错PLCC插座。插PLCC器件时,器件的左上角(缺角)要对准插座的左上角。拔PLCC器件应使用专门的起拔器。

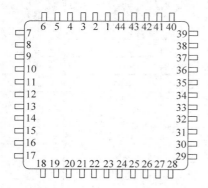

图1.2.2　PLCC封装图

1.2.1.4　数字集成电路使用中应注意的问题

在使用数字集成电路设计、组装数字系统时,除需合理选用适当型号的芯片外,还有一些问题需要注意。

1. TTL数字集成电路使用中应注意的问题

1) 电源

TTL集成电路对电源电压的纹波及稳定度一般要求≤10%,有的要求≤5%,即电源电压应限制在5V±0.5V(或5V±0.25V)以内。电流容量应有一定富裕量。电源极性不能接反,否则会烧坏芯片。

为了滤除纹波电压,通常在印刷板电源入口处加装20~50μF的滤波电容。

逻辑电路和强电控制电路要分别接地,以防止强电控制电路地线上的干扰。

为防止来自电源输入端的高频干扰,可在芯片电源引脚处接入0.01~0.1μF高频滤波电容。

2) 输入端

输入端不能直接与高于+5.5V和低于-0.5V的低内阻电源连接,否则将损坏芯片。

为提高电路的可靠性,多余输入端一般不能悬空,可视情况进行处理,见图1.2.3。

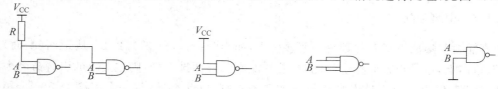

(a) 多余输入端经R接+V_{CC}　(b) 多余输入端直接接+V_{CC}　(c) 多余输入端与使用端并联　(d) 或非门多余输入端接地

图1.2.3　多余输入端的处理

与门、与非门的多余输入端直接接 V_{CC}，或通过一个电阻接 V_{CC}。

将多余的输入端与使用的输入端并联。

将或门、或非门的多余输入端接地。

触发器的多余输入端及置 0、置 1 端应根据要求接 V_{CC} 或接地。

3）输出端

TTL 电路输出端不允许与 V_{CC} 直接相连。

2. CMOS 电路使用中应注意的问题

1）最大额定值

在使用 CMOS 电路时，应保证所规定的最大额定值，包括电源电压、允许功耗、输入电压摆幅、工作环境温度范围、存储温度范围和引线温度范围等都不允许超过极限参数。

2）电源

保证正常电源电压：CMOS 数字集成电路工作电压范围较宽，有的在 $3\sim18V$ 电压范围内都可以工作。手册中一般给出最高工作电压 V_{DDmax} 和最低工作电压 V_{DDmin} 的范围，使用时不要超出此电压范围，并注意电压下限不要低于 V_{SS}（源极电源电压）值。

另外，电源电压高低直接影响 CMOS 工作频率，V_{DD} 降低将使工作频率下降。

电源电压的取值有时可按下式选择：

$$V_{DD} = 0.5(V_{DDmax} + V_{DDmin})$$

电源极性不能接反，这与 TTL 电路相同。

在保证电路正确的逻辑功能前提下，电流不能过大以防止 CMOS 电路的"可控硅效应"，使电路工作不稳定，甚至烧坏芯片。

电流大小选择的依据是电路的总功耗。CMOS 电路的总功耗是静态功耗 P_D 与动态功耗 P_d 之和，静态功耗等于静态漏极电流 I_D 与漏极电源电压 V_{DD} 的乘积。动态功耗与其工作频率 f、输出端的负载电容 C_L 和电源电压 V_{DD} 有关，其大小为：

$$P_d = C_L V_{DD}^2 f$$

式中的负载电容 C_L，若是 CMOS 驱动 CMOS，则被驱动电路的输入电容就是 C_L，一般可按每个门电路输入电容为 5pF 来考虑。若推动 N 个门，则总的输入电容为 5NpF。

3）输入端

MOS 输入端不允许悬空，不用的输入端可视具体情况接高电平（V_{DD}）或低电平（V_{SS}）以防止栅极击穿。为防止电路板拔下后造成输入端悬空，可在输入端与地之间接保护电阻。

输入高电平不得高于 $V_{DD}+0.5V$；输入低电平不得低于 $V_{SS}-0.5V$。

输入端的电流一般应限制在 1mA 以内。

输入脉冲信号上升和下降沿应小于几微秒，否则将使输入端电平不稳，使器件损耗过大损坏器件。一般说，当 $V_{DD}=5V$ 时，输入脉冲的上升、下降沿应小于 $10\mu s$；$V_{DD}=10V$ 时，上升、下降沿应小于 $5\mu s$；$V_{DD}=15V$ 时，上升、下降沿应小于 $1\mu s$。

4）输出端

CMOS 电路输出端不能并接成线与逻辑状态。

CMOS 驱动能力较 TTL 要小得多，但 CMOS 驱动 CMOS 的能力很强，低速时其扇出系数可以很高，但在高速运行时，考虑到负载电容的影响，CMOS 的扇出系数一般取 10～

20 为宜。

5）防止静电击穿的措施

防止静电击穿是使用 CMOS 电路时应特别注意的问题。为防止击穿，可采取以下措施：

保存时应用导电材料屏蔽，或把全部引脚短路；

焊接时，应断开电烙铁电源；

各种测量仪器均要良好接地；

通电测试时，应先开电源再加信号，关机时应先关信号源再关电源；

插拔 CMOS 芯片时应先切断电源。

3. 数字集成电路的接口

在设计一个数字系统时，往往要同时使用不同类型的器件。由于它们各自的电源电压不同，对输入、输出电平的要求也不同，所以在设计时就要考虑不同类型器件间的接口问题。

TTL 电路与 CMOS 电路之间的接口包括 TTL—CMOS 接口和 CMOS—TTL 接口两种。

1）TTL—CMOS 接口

TTL 门输出高电平典型值为 3.6V，一般手册给出的 $V_{OH} > 3$V，在有负载的情况下 TTL 输出的高电平一般在 3V 左右。而 CMOS 在 $V_{DD} = 5$V 时要求输入高电平要大于 3.5V，用 TTL 电路直接驱动 CMOS 电路就有困难。为提高 TTL 电路输出高电平的幅值，可在 TTL 电路输出端与电源之间接一个电阻，如图 1.2.4 所示。这个电阻 R_X 的取值可根据不同系列 TTL 电路的 I_{OH} 值决定，可参考表 1.2.2。

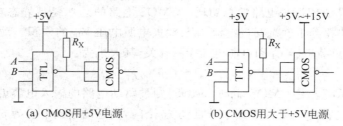

(a) CMOS用+5V电源　　　　　(b) CMOS用大于+5V电源

图 1.2.4　TTL—CMOS 电路接口

表 1.2.2　R_X 的取值参考表

TTL 系列	74 标准系列	74H 系列	74S 系列	74LS 系列
R_X 值/kΩ	0.39～4.7	0.27～4.7	0.27～4.7	0.82～12

由于 TTL 输出低电平为 0.4V，而 CMOS 最高输入低电平为 1.5V，所以 TTL 驱动 CMOS 主要考虑满足 CMOS 的高电平输入要求。

2）CMOS—TTL 接口

TTL 电路的输入短路电流较大，所以用 CMOS 驱动 TTL 时应选用缓冲器或在 CMOS 与 TTL 之间接一个三极管作缓冲级，如图 1.2.5 所示。若用 74LS 系列电路，由于 I_{IH} 和 I_{IL} 都较小，所以用 +5～+7V 电源的 CMOS 可直接与 TTL 电路相连。

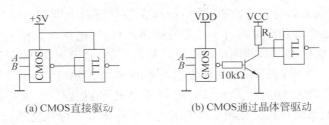

(a) CMOS直接驱动   (b) CMOS通过晶体管驱动

图 1.2.5 CMOS—TTL 电路接口

1.2.2 实验箱

目前,生产数字电路实验箱的厂家很多,数字电路实验箱的品种型号也很多,下面举两个例子。

1.2.2.1 Dais—D2H$^+$数字逻辑实验箱

Dais—D2H$^+$可编程数字逻辑实验箱是根据国家教育大纲的要求设计的。它集众家之长,特别是在扩展区内选用了万能锁紧式插座,可直接插入电阻、电容及 8~40 芯片集成电路等器件,扩展口采用了镀金自锁大孔。真正具备了功能全、可靠性好、连接方便、测试精确等优点。它既能够使用中小规模器件做简单数字电路实验,又可以用 PLD、CPLD 及 ISPLD 等器件做较为复杂的数字电路系统实验,为培养学生打好数字电路的基础创造了良好实验环境。可满足脉冲数字电路、数字逻辑电路、计算机部件等各种基本实验和应用实验的实验要求(见图 1.2.6)。

图 1.2.6 Dais—D2H$^+$数字逻辑电路实验箱

Dais—D2H$^+$数字逻辑实验箱的组成:

电源部分:在实验箱的右上角的方框内有一电源开关,用于控制输入的交流 220V 电源。在实验箱中部偏右部有三个方框(功能框),在每个框内分别有一个指示灯和上下排列的三个插孔,在最上部的功能框内有一红色电源指示灯,当电源开关接通时,红灯亮,表示该功能框内在红灯下面紧邻红灯的两个插孔可以提供+5V直流电源(+5V,10A带保护),最下面的插孔为接地;在中部的功能框内也有一红色电源指示灯,当电源开关接通时,红灯亮,表示该功能框内在红灯下面紧邻红灯的两个插孔可以提供+12V直流电源(+12V,0.5A带保护),最下面的插孔为接地;在下部的功能框内有一绿色电源指示灯,当电源开关接通时,绿灯亮,表示该功能框内在绿灯下面紧邻绿灯的两个插孔可以提供-12V直流电源(-12V,0.5A带保护),最下面的插孔为接地。

可调电位器:在实验箱的左下角功能方框为可调电位器框,包括三个可调式电位器(分别为4.7kΩ、10kΩ、100kΩ)和相应的插孔。

函数信号发生器:在实验箱的左下角可调电位器框上面的功能方框内为函数信号发生器,包括两个旋钮式开关,两个波段开关,两个按键开关,一个指示灯,两个插孔,开关和插孔为上下排列。

位于上方的按键开关是函数信号发生器的主开关,当其接通时,指示灯亮,函数信号发生器开始工作;位于下方的按键开关是幅值衰减开关,当其接通时,幅值衰减-20dB。

位于上方的旋钮式开关是函数信号发生器频率细调开关,在波段开关已选定频段的情况下,用于在该频段内连续调谐输出信号频率值;位于下方的旋钮式开关是幅值细调开关,用于连续调谐输出信号幅值。

位于上方的波段开关是一个4位开关,用于控制函数信号发生器的输出信号的频率并将其分为4个频段,频率范围是:10~100Hz,100Hz~1kHz,1~10kHz,10~100kHz;位于下方的波段开关是一个3位开关,用于控制函数信号发生器的输出信号的波形,其输出波形为方波、三角波、正弦波,其幅值为:

正弦波:0~14V(14V为峰—峰值,且正负对称);

三角波:0~24V(24V为峰—峰值,且正负对称);

方波:0~24V(24V为峰—峰值,且正负对称)。

位于上方的插孔是函数信号发生器的输出信号插孔,由其向电路提供函数输出信号;位于下方的插孔是接地插孔。

单脉冲及相位滞后脉冲:在实验箱的左下侧函数信号发生器框上面的功能方框内为单脉冲及相位滞后脉冲,包括4个微动开关(单脉冲按钮),9个插孔(8个脉冲输出插孔,1个时钟输入插孔)。

4个单脉冲按钮为AK1、AK2、AK3、AK4,产生4路单脉冲。每个按键的上方有两个对应的脉冲输出插孔,形成两排插孔。下排的插孔输出宽脉冲,上排的插孔输出窄脉冲。每按一次单脉冲按钮,在下排与此按钮对应的插孔产生一个与按下时间相等的单脉冲,称为宽脉冲。单脉冲产生器采用RS触发器构成的消除抖动电路。

如果把一个时钟源接到"时钟入"插孔,按一次按钮,除在下排的对应插孔产生一个宽单脉冲外,同时还会在上排的4个插孔分别产生1~4个窄脉冲,脉冲的宽度与输入时钟周期相同,各窄脉冲相位相差一个输入时钟周期。输出脉冲的个数取决于按钮位置,按钮AK1按下时产生4个窄脉冲,即在上排每个插孔中各产生1个窄脉冲;按钮AK2按下时产生3个窄脉冲,即在上排对应于按钮AK2、按钮AK3、按钮AK4上方的插孔中各产生1个窄脉冲；按钮 AK3 按下时产生 2 个窄脉冲，即在上排对应于按钮 AK3、按钮 AK4 上方的插孔中各产生 1 个窄脉冲；按钮 AK4 产生 1 个窄脉冲，即在上排对应于按钮 AK4 上方的插孔中产生 1 个窄脉冲。按钮 AK1 产生的 1 个宽脉冲和 4 个窄脉冲如图 1.2.7 所示，单脉冲及相位滞后脉冲具体电路见图 1.2.8。

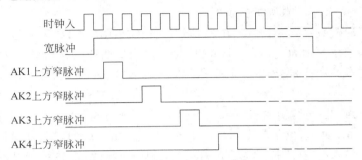

图 1.2.7　1 个宽脉冲和 4 个窄脉冲

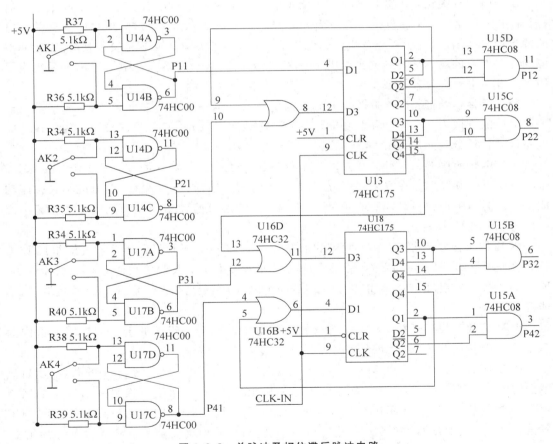

图 1.2.8　单脉冲及相位滞后脉冲电路

　　时钟信号源：在实验箱的左侧单脉冲及相位滞后脉冲框上面的功能方框内为时钟信号源，包括 9 个插孔，分别提供频率为 1Hz、10Hz、100Hz、1kHz、10kHz、100kHz、1MHz、

2MHz、4MHz 的时钟信号。

逻辑测试笔：在实验箱的左上侧时钟信号源框上面的功能方框内为逻辑测试笔，包括 3 个指示灯（红、绿、黄），1 个信号输入插孔，可测脉冲、高、低等信号。

数字频率计：在实验箱的左上角的功能方框内为数字频率计，包括 1 个按键开关，一个红色指示灯，2 个插孔，6 个数码管显示屏。

按键开关接通时数字频率计开始工作，同时，红色指示灯亮，数码管显示屏显示所测信号频率值。测试频率范围为 0～300kHz（短路自检、测量两孔其自检频率为 32 768Hz），位于上方的插孔是自检插孔，位于下方的插孔是信号输入插孔，由其接收实验电路中需检测的信号。

电平显示灯组：在实验箱的下方可调电位器框左侧功能方框内为电平显示灯组，包括 12 个指示灯（红、绿、黄、白色各 3 个），12 个信号输入插孔。每个灯上方均是 1 个输入信号孔。当给信号孔输入高电平时，相对应的灯亮。电平显示灯组主要用于显示逻辑电路中的输出或某点的逻辑电平值。

电平输出开关组：在实验箱的右下角功能方框内为电平输出开关组，每个开关上方有 1 个输出信号孔和 1 个红色指示灯。当开关向上扳上时表示开关闭合，相对应的开关上方的输出信号孔输出高电平、相对应的红色指示灯亮；当开关向下扳下时表示开关断开，相对应的开关上方的输出信号孔输出低电平、相对应的红色指示灯不亮。电平输出开关组主要用于为逻辑电路提供输入或控制所需要的高、低电平。

分立元件功能框：在实验箱的中下方电平显示灯组框上方的方框和右侧 BCD 数码开关框上方的方框为 2 个分立元件功能框，共有 41 组阻容元件、三极管、二极管，为所设计的电路提供各种分立元件。

集成电路插座群：本实验箱上共设置了 40 芯万能锁紧插座 4 个，28 芯万能锁紧插座 2 个。每个万能锁紧插座在 1 个功能方框内，并配有相应的插孔。4 个 40 芯万能锁紧插座功能框在实验箱中部（±12V 和 +5V）框左侧；2 个 28 芯万能锁紧插座功能框在实验箱中部（±12V 和 +5V）框右侧。

BCD 数码管显示屏组：在实验箱的上方有 6 个 BCD 数码管显示屏功能方框组成 BCD 数码管显示屏组，每个 BCD 数码管显示屏功能方框内由 1 个共阴极数码管和分别标有 A、B、C、D 的 4 个插孔组成。值得注意的是 D 为 BCD 码的最高位，A 为 BCD 码的最低位，不能混淆。

BCD 码数字拨码开关：在实验箱的右下角电平输出开关组框的上方的功能方框内为 BCD 码数字拨码开关，包括 8 个拨码开关、4 个显示口、16 个插孔。

BCD 码数字拨码开关平均共分成 4 组，每组 2 个开关、1 个显示口、4 个插孔，显示口显示当前的 BCD 码值。显示口上方的拨码开关为减 1 开关，每按动一次显示口显示的当前 BCD 码值就减 1；显示口下方的拨码开关为加 1 开关，每按动一次显示口显示的当前 BCD 码值就加 1。上下排列的 4 个插孔为一组，用于输出与其相对应显示口显示的当前 BCD 码值，位于上方的插孔输出显示口显示的当前 BCD 码值高位，位于下方的插孔输出显示口显示的当前 BCD 码值低位，不能混淆。

ISP 编程插座：在实验箱的右侧主电源框下方有一个 44 芯 ISP 编程插座功能方框。在方框内有 ISP 插座 1 个和与之配套的 44 个插孔以及 10 芯编程插座，用于 ISP（MACH）器件下载编程。

1.2.2.2 XK-D2Z 数字电子技术实验箱

该实验箱由哈尔滨工程大学计算机实验教学中心与启东市新科教电子仪器厂联合开发设计,在 Dais—D2H$^+$ 的基础上进行了优化,使之更适用于中大规模数字电路综合设计型实验的实现。实验箱实物图见图 1.2.9。实验箱组成及使用注意事项简介如下:

输入用开关:左下角,18 个电平开关;4 组 BCD 码输入拨码开关,在电平开关上方。

输出用 LED、数码管:左上角,18 个 LED 灯;上部,BCD 输出数码管 10 个。

集成电路万能锁紧式插座:中部,共 12 个,其中 40 芯 10 个、28 芯 2 个,最多每个台子可插 22 个 74 系列芯片。插座的左上角引脚对应 1 号插孔,右上角对应芯片最大号引脚,其他引脚和插孔映射关系以此类推。

两点连线的实现:带金属插头的导线,两端插头分别插入相应连接点的插孔即实现该两点的连接,注意导线插头拔出时需要旋转式外拔,不能硬拽。

脉冲源:手动单脉冲,在 BCD 输入拨码开关右侧,共 2 个;自动脉冲源,在 BCD 输入拨码开关上方,9 种频率可选,也叫时钟信号源。

逻辑测试笔:在输出用 LED 的下方。用一根长线一端插入测试笔插孔,另一端做探头,可测任意点,高电平、低电平、高阻或脉冲状态,是实验排错的重要工具之一。

蜂鸣器:在手动单脉冲下方,接入高电平,如果电流正常,则会蜂鸣。

可调电位器:在右下角,10kΩ、100kΩ 各一个。

芯片电源和地:中部,8 个 +5V 电源插孔(红色),8 个接地插孔(黑色),中间有一个 5V 电源的开关,要求关断 5V 电源开关之后插拔芯片和导线,以防止器件或设备损坏。

实验平台 220V 电源开关:在实验箱右前方侧面面板上,是实验台总电源开关。

实验注意事项 1:开始实验前,养成良好习惯,检测所有要使用的导线、开关、LED 等实验平台相关部件和所用芯片,保证实验硬件环境的完好性。严禁带电插拔芯片和导线,造成

图 1.2.9 XK-D2Z 数字电子技术实验箱

设备损伤。对于大规模时序电路设计,应注意尽量用短线并减少导线交叉,从而尽可能地减少对时序电路干扰信号的产生。实验完成后,拔下芯片和导线放回原处,盖好实验台机箱盖,关掉 220V 电源开关,按照实验的过程和结果认真撰写实验报告。

　　实验注意事项 2:芯片中除电源、地必须正确连接外,使能端或者其他功能端必须配置正确的信号,注意悬空并不等同于高电平。

　　实验注意事项 3:严禁私自拆卸实验平台电路板及所有集成的部件,实验人员拆箱之前必须关掉 220V 电源开关并拔掉电源插头,严禁带电接触实验箱 220V 电源部分。

1.2.3　设计方案

　　设计方案的优劣直接影响具体实验过程,一个好的设计方案相当于实验成功了一半,因此,获得一个好的设计方案是做好实验的一个重要前提。一般的设计方案实现步骤是:根据设计任务确定具体逻辑功能,得到真值表或逻辑状态转移图表;根据真值表或逻辑状态转移图表应用公式、定理或卡诺图化简得到最简式;根据最简式在实验室已有的集成电路芯片范围内选定最合适的芯片(或者由指导教师或实验教材指定芯片)和其他元器件;根据选定的芯片和其他元器件,结合最简式应用公式、定理或卡诺图得到实验表达式(即在上述条件下所用芯片最少,成本最低,实现最容易的表达式);根据实验表达式画出逻辑图和逻辑布线图;检验实验方案的正确性和可行性;做好预习报告,完成设计方案。

1.3　实验过程

　　在设计方案和预习报告得到指导教师同意后,将进入实验阶段。

1.3.1　实验过程中需预先做的几项工作

　　(1) 检查实验箱能否正常工作,包括电源、指示灯、开关、数码管等的预检测。

　　(2) 选定集成电路芯片并检测其是否能正常工作。

　　(3) 选定需要的导线并检测其是否能正常工作。

　　(4) 选定需要的其他元器件并检测其是否能正常工作。

　　(5) 注意若发现异常应马上断电。因为非常可能是短路。

1.3.2　实验过程中的线路连接

　　根据实验表达式、逻辑图、逻辑布线图或物理布线图接线,完成实验布线。

　　这里需要注意的是:断电布线,把逻辑电路分成若干逻辑块,布完一块后,通电用开关到逻辑笔的连接线,来检测所布线路的正确性;再断电进行下一逻辑块的布线,再通电检测;周而复始,直至布完整个电路。“布一块,测一块”,是一种策略、好习惯。“先思再测而后行”是硬件人员的素养。

　　本书所介绍的两种实验箱,实验箱上的接线采用自锁紧插头、插孔(插座)。使用自锁紧插头、插孔接线时,首先把插头插进插孔中,然后将插头按顺时针方向轻轻一拧则锁紧。拔出插头时,首先按逆时针方向轻轻拧一下插头,使插头和插孔之间松开,然后将插头从插孔中拔出。不要使劲拔插头,更不能拽扯导线,以免损坏插头和连线。必须注意,不能带电插、拔器件。插、拔器件只能在关断电源的情况下进行。

1.3.3 数字电路的测试

数字电路测试大体上分为静态测试和动态测试两部分。静态测试指的是,给定数字电路若干组静态输入值,测试数字电路的输出值是否正确。数字电路设计好后,在实验箱上连接成一个完整的线路。把线路的输入接电平开关输出或 BCD 数字拨码开关输出(根据电路需要选择),线路的输出接电平指示灯或数码管显示屏(根据电路需要选择),按功能表或状态表的要求,改变输入状态,观察输入和输出之间的关系是否符合设计要求。静态测试是检查设计是否正确、接线是否无误的重要一步。

在静态测试的基础上,按设计要求在输入端加动态脉冲信号,观察输出端波形是否符合设计要求,是动态测试。有些数字电路只需进行静态测试即可,有些数字电路则必须进行动态测试。一般来说,时序电路应进行动态测试。

实验测试结果若正确,则整理实验器材:断电,线成把,座靠前,杂物带走,实验结束。

实验测试结果若不正确,则进行故障查找、诊断定位与排除。

1.3.4 数字电路的故障查找、诊断定位与排除

在数字电路实验中,出现问题是难免的。重要的是分析问题,找出出现问题的原因,从而解决它。一般来说,有 4 个方面的原因将产生问题(故障):器件故障、接线错误、设计错误和测试方法不正确。在查找故障过程中,首先要熟悉经常发生的典型故障。

1.3.4.1 器件故障

器件故障是器件失效或器件接插问题引起的故障,表现为器件工作不正常。不言而喻,器件失效肯定会引起工作不正常,这时就需要更换一个好器件。器件接插问题,如引脚折断或者器件的某个(或某些)引脚没插到插座中等,也会使器件工作不正常。器件接插错误的问题有时不易发现,需仔细检查。判断器件失效的方法是用集成电路测试仪测试器件。需要指出的是,一般的集成电路测试仪只能检测器件的某些静态特性。对负载能力等静态特性和上升沿、下降沿、延迟时间等动态特性,一般的集成电路测试仪不能测试。测试器件的这些参数,需使用专门的集成电路测试仪。

1.3.4.2 接线错误

接线错误是最常见的错误。据统计,在教学实验中,大约百分之七十以上的故障是由接线错误引起的。常见的接线错误包括忘记接器件的电源和地;连线与插孔接触不良;连线经多次使用后,有可能外面塑料包皮完好,但内部断线;连线多接、漏接、错接;连线过长、过乱造成干扰。接线错误造成的现象多种多样,例如器件的某个功能块不工作或工作不正

常,器件不工作或发热,电路中一部分工作状态不稳定等。解决方法大致包括:熟悉所用器件的功能及其引脚号,知道器件每个引脚的功能;器件的电源和地一定要接对、接好;检查连线和插孔接触是否良好;检查连线有无错接、多接、漏接;检查连线中有无断线。最重要的是接线前要画出接线图,按图接线,不要凭记忆随想随接;接线要规范、整齐,尽量走直线、短线,以免引起干扰。

1.3.4.3　设计错误

设计错误自然会造成与预想的结果不一致。原因是对实验要求没有吃透,或者是对所用器件的原理没有掌握。因此实验前一定要理解实验要求,掌握实验线路原理,精心设计。初始设计完成后一般应对设计进行优化。最后画好逻辑图及接线图。

1.3.4.4　测试方法不正确

如果不发生前面所述三种错误,实验一般会成功。但有时测试方法不正确也会引起观测错误。例如,一个稳定的波形,如果用示波器观测,而示波器没有同步,则会造成波形不稳的假象。因此要学会正确使用所用仪器、仪表。在数字电路实验中,尤其要学会正确使用示波器。在对数字电路的测试过程中,由于测试仪器、仪表加到被测电路上后,对被测电路相当于一个负载,因此测试过程中也有可能引起电路本身工作状态的改变,这点应引起足够注意,不过,在数字电路实验中,这种现象很少发生。

当实验中发现结果与预期不一致时,千万不要慌乱。应仔细观测现象,冷静思考问题所在。首先检查仪器、仪表的使用是否正确。在正确使用仪器、仪表的前提下,按逻辑图和接线图逐级查找问题出在何处。通常从发现问题的地方,一级一级向前测试,直到找出故障的初始发生位置为止。在故障的初始位置处,首先检查连线是否正确。前面已说过,实验故障绝大部分是由接线错误引起的,因此检查一定要认真、仔细。确认接线无误后,检查器件引脚是否全部正确插进插座中,有无引脚折断、弯曲、错插问题。确认无上述问题后,取下器件测试,以检查器件好坏,或者直接换一个好器件。如果器件和接线都正确,则需考虑设计问题。

第2章　组合逻辑电路实验

2.1　组合逻辑电路设计方法

2.1.1　组合逻辑电路的特点

　　组合电路的特点是电路在任意时刻的输出状态只取决于该时刻的输入状态,而与该时刻前的电路状态无关。组合电路中不包含有记忆性的器件,这就决定了组合电路由各种门电路构成。

　　一个多输入、多输出的组合电路框图如图 2.1.1 所示。图中 X_1, $X_2, \cdots, X_n$ 表示输入逻辑变量,$F_1, F_2, \cdots, F_m$,表示输出逻辑函数。该组合电路输出与输入之间的逻辑关系可表示为:

$$F_1 = f_1(X_1, X_2, \cdots, X_n)$$
$$F_2 = f_2(X_1, X_2, \cdots, X_n)$$
$$\vdots$$
$$F_n = f_1(X_1, X_2, \cdots, X_n)$$

图 2.1.1　组合逻辑电路

2.1.2　小规模集成电路组成的组合逻辑电路的设计

　　组合电路的设计是要按照给定的逻辑命题,设计出能实现其逻辑功能的电路。小规模集成电路组成的组合电路的设计通常是按下述步骤进行的。

　　(1) 列真值表。

　　通常给出的设计要求是用文字描述的一个具有固定因果关系的事件。由文字描述的逻辑问题直接写出逻辑函数是比较困难的,但列出真值表却比较方便。要列真值表首先要对事件的因果关系进行分析,把事件的起因定为输入变量,把事件的结果作为输出逻辑函数;其次要对逻辑变量赋值,就是用二值逻辑的 0、1 分别表示两种不同状态;再次根据给定事件的因果关系列出真值表。至此,事件的因果关系就用逻辑函数表示方法中的真值表表示出来了。

　　(2) 写逻辑函数表达式。

　　由得到的真值表很容易写出逻辑函数表达式。

（3）对逻辑函数进行化简或变换。

由真值表写出的逻辑函数表达式不一定最简，若不是最简的，则需对其进行化简，得到最简式。如果命题选定了器件，还需将最简式变换成相应的形式，即得到实验最简表达式，简称实验表达式。

（4）根据简化了的逻辑函数实验表达式画出逻辑图进行实验。

根据实验表达式画出逻辑图，按逻辑图画出逻辑布线图或物理布线图，至此，原理性逻辑电路设计已经完成。在实验箱上插入芯片，按逻辑布线图或物理布线图布线，检测电路逻辑功能，记录实验数据，总结并做出实验报告。

2.1.3 中规模集成电路组成的组合逻辑电路的设计

用中规模集成电路设计组合电路和用小规模集成电路设计组合电路既有相同之处，又有不同之处。用中规模集成电路设计组合电路通常是按下述步骤进行的。

（1）列真值表。

参见 2.1.2 节中的"（1）列真值表"部分。

（2）写逻辑函数表达式。

参见 2.1.2 节中的"（2）写逻辑函数表达式"部分。

（3）将第（2）步得到的逻辑函数式变换成与所用中规模集成电路逻辑函数式相似的形式。

用中规模集成电路（Medium Scale Integration，MSI）设计组合电路的基本方法是对比法。一是用组合电路的逻辑函数表达式与 MSI 的逻辑函数表达式相比较；二是用组合电路的真值表与 MSI 的真值表相比较。从比较对照中确定 MSI 的输入。比较时可能出现以下情况。

① 组合电路的逻辑函数和某种 MSI 的逻辑函数的形式一样（真值表形式一样），选用该种 MSI 效果最好。

② 组合电路的逻辑函数表达式是某种 MSI 的逻辑函数式的一部分，则只要对多出的输入变量和乘积项做适当处理（接 1 或接 0），就可以方便地得到组合电路的逻辑函数。

③ MSI 的逻辑函数式是组合电路的逻辑函数表达式的一部分，则可以用多片 MSI 和少量逻辑门进行扩展的方法得到组合电路的逻辑函数。

④ 多输入、单输出的组合电路的逻辑函数，选用数据选择器比较方便。多输入、多输出的组合电路的逻辑函数，选用译码器和逻辑门比较方便。

由于可用的 MSI 的品种有限，所以组合电路的逻辑函数与 MSI 的逻辑函数若相同之处很少，则不宜选用这几种 MSI。

（4）根据对比结果，画出逻辑图进行实验。

在用 MSI 设计组合电路时，不必拘泥于上述过程。比如用真值表对比，就不用写表达式了。另外，巧妙地利用 MSI 的控制端，会使电路更简单。根据对比结果，用 MSI 和逻辑门进行设计并画出逻辑图。按逻辑图画出逻辑布线图或物理布线图，至此，原理性逻辑电路设计已经完成。在实验箱上插入芯片，按逻辑布线图或物理布线图布线，检测电路逻辑功能，记录实验数据，总结并做出实验报告。

2.2 数字电子技术基础实验

2.2.1 数制及半导体器件的基本知识

1. 实验目的

（1）熟悉二进制、十制进、十六进制的表示方法。
（2）掌握二极管、三极管的开关特性。
（3）学会分立元件门电路逻辑功能的测试方法。

2. 实验原理和电路

1）数制

十进制是人们在日常生活及生产中最熟悉、应用最广泛的记数方法。它由 0、1、2、3、4、5、6、7、8、9 十个不同的数字符号组成，是以 10 为基数的记数体制。

二进制是数字电路和计算机中采用的一种数制，它由 0、1 两个符号组成，是以 2 为基数的记数体制。二进制由于只有两个数字符号 0 和 1。因此很容易用电路元件的状态来表示。例如，三极管的截止和饱和，继电器的接通和断开，灯泡的亮和灭，电平的高和低等，都可以将其中一个状态定为 0，另一个状态定为 1。此外，二进制数字运算比较简单，存储和传送也十分可靠。

同样表示一个数，二进制数所表示的数与十进制所表示的数位数不一样。例如十进制数 25 表示为二进制数为 11001，需 5 位。在计算机中进行的各种操作，通常先进行"十翻二"运算，待结果出来后，再进行"二翻十"操作。

由于二进制数比十进制数位数多，不便于书写和记忆，因此在计算机应用中，经常用十六进制数来表示。十六进制是以 16 为基数的记数体制，共有 0、1、2、3、4、5、6、7、8、9、A(10)、B(11)、C(12)、D(13)、E(14)、F(15) 十六个数字符号。

十进制、二进制、十六进制数制对照表如表 2.2.1 所示。数制之间是可以相互转换的，具体方法参考有关教材。二进制、十进制、十六进制数制的表示如表 2.2.2 所示。

表 2.2.1 数制对照表

对 照 内 容	十 进 制	二 进 制	十 六 进 制
数字符号	0,1,2,3,4,5,6,7,8,9	0,1	0,1,2,3,4,5,6,7,8,9,A,B,C, D,E,F
进位规律	逢 10 进 1(借 1 当 10)	逢 2 进 1(借 1 当 2)	逢 16 进 1(借 1 当 16)
基数 R	10	2	16
权	10^i	2^i	16^i
任意整数的小数表达式	$(N)_{10} = \sum_{i=-\infty}^{+\infty} K_i \times 10^i$	$(N)_2 = \sum_{i=-\infty}^{+\infty} K_i \times 2^i$	$(N)_{16} = \sum_{i=-\infty}^{+\infty} K_i \times 16^i$

表 2.2.2　二进制、十进制、十六进制数制对照表

二　进　制	十　进　制	十　六　进　制
0 0 0 0	0	0
0 0 0 1	1	1
0 0 1 0	2	2
0 0 1 1	3	3
0 1 0 0	4	4
0 1 0 1	5	5
0 1 1 0	6	6
0 1 1 1	7	7
1 0 0 0	8	8
1 0 1 1	9	9
1 0 1 0	10	A
I 0 1 1	11	B
1 1 0 0	12	C
1 1 0 1	13	D
1 1 1 0	14	E
1 1 1 1	15	F

2）二极管的开关特性

二极管的主要特点是单向导电性。图 2.2.1 是我们在数字电路中常用的硅二极管伏安特性曲线。由图 2.2.1 可见，当加在二极管上的正向电压 V_D 大于死区电压 V_O 时，管子开始导通，此后电流 I_D 随着 V_D 的增加而急剧增加。当 V_D 小于 V_O 时，I_D 已经很小，而且基本不变。因此，我们常在实际应用时，把二极管当作一个理想的开关元件，即 $V_D > 0.7V$ 时，二极管导通；$V_D < 0.7V$ 时，二极管截止。

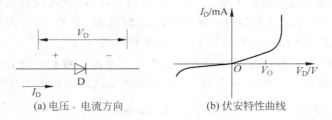

(a) 电压、电流方向　　　　　(b) 伏安特性曲线

图 2.2.1　二极管特性

3）三极管的开关特性

三极管是数字电路中最基本的开关元件，多数工作在饱和导通或截止这两种工作状态下，并在这两种工作状态之间进行快速转换。在图 2.2.2 所示的电路中，当输入电压 $V_I = 0V$ 时，三极管截止；当 V_I 变化到 +3V 时，三极管饱和导通。

通常把三极管的基极电流 I_B 大于临界饱和时的数值用 I_{BS} 表示，称为饱和导通条件。而把基极电压 V_{BE} 小于 0.5V 作为三极管截止的条件。

4）MOS 场效应管的开关特性

MOS 场效应管也是一种具有 PN 结的半导体器件，它是利用电场的效应来控制电流的，是属于电压控制类型的器件。它有 N 型和 P 型两种导电沟道，并且还有结型和绝缘栅

型两种结构。

由 N、P 沟道增强型 MOS 管构成的简单电路如图 2.2.3 所示。对于 N 沟道增强型 MOS 管来说,其开启电压 V_T 的典型值为 4V 左右。当 $V_{GS}>V_T$ 时,MOS 管导通;当 $V_{GS}<V_T$ 时,MOS 管截止。对 P 沟道增强型 MOS 管来说,V_T 的典型值为 $-4V$ 左右;当 $V_{GS}>V_T$ 时,MOS 管截止:当 $V_{GS}<V_T$ 时,MOS 管导通。

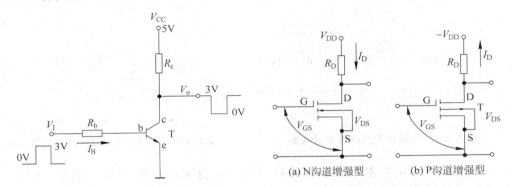

图 2.2.2　三极管工作状态的转化　　　图 2.2.3　MOS 管构成的简单电路

5) 分立元件门电路

在数字电路中,门电路大多是集成的,只有少量的(或大功率电路中)用到分立元件门电路。这些分立元件门电路就是由二极管、三极管及电阻等组成的。有关分立元件门电路将在相关实验中介绍。

3. 实验内容和步骤

1) 二进制的认识实验

将数字逻辑电路实验箱上的 4 只逻辑开关分别接 4 只发光二极管,如图 2.2.4 所示。

分别拨动逻辑开关 K_1、K_2、K_3、K_4 为表 2.2.2 所列 16 种二进制状态,通过 LED 发光二极管显示,熟记它所对应的十进制、十六进制所表示的数。

2) 二极管开关特性测试

(1) 按图 2.2.5(a)接线,输入 V_1 接逻辑开关 K,输出 V_O 接 LED 发光二极管,电阻的一端接二极管 D 的负极,另一端接实验系统地。

图 2.2.4　二进制数制实验接线图

(2) 接通实验系统电源(5V),拨动逻辑开关,使之输入逻辑 1($>$3V)或逻辑 0(0V)电平,用万用表测量电压 V_D 和 V_O,并分别将结果填入表 2.2.3 中。

表 2.2.3　二极管特性记录

D 的状态	V_I/V	V_D/V	V_O/V
正偏	逻辑 1		
	逻辑 0		
反偏	逻辑 1		
	逻辑 0		

（3）改变 D 的方向，按图 2.2.5(b)接线，重复第(2)步。

3）三极管开关特性测试

（1）按图 2.2.6 所示在实验箱上接好线，其中 $R_c=3k\Omega$，$R_b=2k\Omega$，$V_{CC}=5V$，T 为 3DG6（或 9011）。输入端 V_I 接逻辑开关(若自选参数，则要求输入分别为高、低电平时，T 分别能可靠地饱和、截止)。

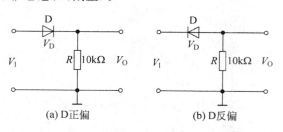

图 2.2.5　二极管开关特性测试电路

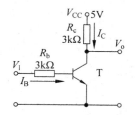

图 2.2.6　三极管开关特性测试实验电路

（2）接通实验系统电源，拨动逻辑开关，在输入端分别加入高(逻辑 1)或低(逻辑 0)电平时，按表 2.2.4 要求测量和记录有关电压、电流值。测量电流时，断开电路，将万用表串入电路中。

表 2.2.4　三极管开关特性记录

V_I/V	I_B/mA	I_C/mA	V_B/V	V_O/V	T 的状态

（3）将 V_O 接实验箱上 LED 发光二极管，拨动逻辑开关，观察输入与输出的逻辑关系。

（4）用双踪示波器观察输入、输出信号的相位关系。

按图 4.2.6，把输入端 V_I 改接到实验箱连续脉冲输出端(频率调至 1kHz 左右)，同时接双踪示波器 Y_A；电路输出端 V_O 接示波器 Y_B，示波器显示方式置交替，适当调节"电平"和"扫描速度"旋钮，观察输入、输出信号的相位关系。

4）MOS 管的开关特性测试

（1）按图 2.2.3(a)接线，其中 $R_D=100k\Omega$，$V_{DD}=10V$，MOS 管为 3D06。

（2）接通电源。V_{GS} 上加电压 $V_{DD}=10V$ 时，用表测量 V_{DS}、I_D 的值并记录；V_{GS} 上加电压 0V 时，用表测量 V_{DS}、I_D 的值并记录，将记录填入表 2.2.5 中。

表 2.2.5　MOS 管开关特性记录表

V_{GS}/V	I_D/mA	V_{DS}/V	T 的状态

5）分立元件门电路逻辑功能测试

（1）与门逻辑功能测试

① 在实验系统上，按图 2.2.7 所示电路连线。

② 输入端 A、B 接逻辑开关,输出接发光二极管和万用表,按表 2.2.6 要求测试并记录输出端逻辑状态,写出 Y 的逻辑表达式。

表 2.2.6　"与"逻辑功能状态表

A	B	V_O/V	Y 状态
0	0		
0	1		
1	0		
1	1		

(2) 或门逻辑功能测试

按图 2.2.8 在实验系统上接线。其余测试方法同上,结果填入表 2.2.7 中。

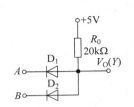

图 2.2.7　二极管"与"逻辑电路　　　图 2.2.8　二极管"或"逻辑电路

表 2.2.7　"与"逻辑功能状态表

A	B	V_O/V	Y 状态
0	0		
0	1		
1	0		
1	1		

4. 实验器材

(1) 数字逻辑实验箱一台;

(2) 直流稳压电源一台;

(3) 双踪示波器一台;

(4) 万用表两只;

(5) 元器件:3DG6(9011)、3D06 各一只;

(6) 1N4001 两只;

(7) 2kΩ、3kΩ、10kΩ、20kΩ、100kΩ 电阻各一只。

5. 预习要求

(1) 复习数制的基本概念。

(2) 复习二极管、三极管、MOS管的开关特性。

(3) 复习"与"、"或"、"非"等逻辑功能的意义。

（4）阅读数字逻辑实验箱的结构和使用说明。

（5）了解双踪示波器面板各旋钮的作用和使用方法。

（6）做好预习报告。

6．实验报告内容及要求

（1）实验目的。

（2）画出实验所需布线图。

（3）按要求填写各实验表格。

（4）列表比较实验任务的理论分析值和实验结果值。

（5）写出心得体会。

（6）说明半导体二极管导通和截止，三极管、MOS 管导通、饱和与截止的各自条件与特点以及在分立元件与、或门中，若输入中有一个分别接高电平或低电平，对输出有何影响？

2.2.2   门电路功能测试

1．实验目的

（1）熟悉掌握 TTL、CMOS 各种门电路的逻辑功能和测试方法。

（2）进一步熟悉实验箱的使用方法。

（3）了解集成电路的外引线排列及其使用方法。

2．实验原理和电路

集成逻辑门电路是最简单、最基本的数字集成元件。任何复杂的组合电路和时序电路都可用逻辑门通过适当的组合连接而成。目前已有门类齐全的集成门电路，例如"与门"、"或门"、"非门"、"与非门"等。虽然中、大规模集成电路相继问世，但组成某一系统时，仍少不了各种门电路。因此，掌握逻辑门的工作原理，熟练、灵活地使用逻辑门是计算机硬件设计工作者所必备的基本功之一。

1）TTL 门电路

TTL 集成电路由于工作速度高、输出幅度较大、种类多、不易损坏，因此使用面较广，特别是在学生进行实验论证时，选用 TTL 电路比较合适。因此，本书大多采用 74LS（或 74S）系列 TTL 集成电路。它的工作电源电压为 5V±0.5V，逻辑高电平为 1 时大于 2.4V，低电平为 0 时小于 0.4V。

图 2.2.9 为二输入"与门"，二输入"或门"，二输入、四输入"与非门"和反相器的逻辑符号图。它们的型号分别是 74LS08 二输入端四正与门，74LS32 二输入端四正或门，74LS00 二输入端四正与非门，74LS20 四输入端双正与非门和 74LS04 六倒向器（非门）。各自的逻

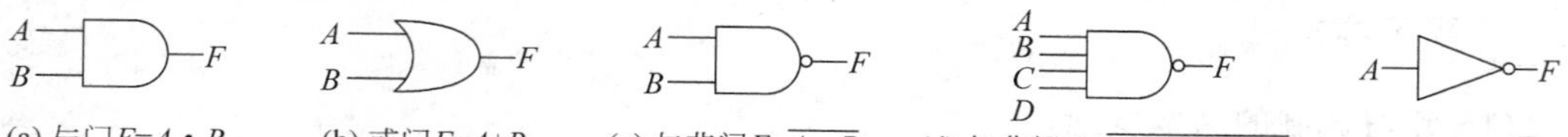

| (a) 与门 $F=A\cdot B$ | (b) 或门 $F=A+B$ | (c) 与非门 $F=\overline{A\cdot B}$ | (d) 与非门 $F=\overline{(A\cdot B\cdot C\cdot D)}$ | (e) 非门 $F=\overline{A}$ |

图 2.2.9   TTL 基本逻辑门电路

辑表达式分别为：与门 $F=A\cdot B$，或门 $F=A+B$，与非门 $F=\overline{A\cdot B}$，与非门 $F=\overline{(A\cdot B\cdot C\cdot D)}$，反相器 $F=\overline{A}$。

图 2.2.10 为二输入"异或门"，二-二输入"与或非门"和四选一数据选择器逻辑符号图或原理示意图。它们的型号分别是 74LS86 二输入端四正异或门，74LS51 与或非门和 74LS153 双四选一数据选择器。各自的逻辑表达式分别为：异或门 $F=A\oplus B$，二-二、二-三输入与或非门 $F=\overline{((1A\cdot 1B)+(1C\cdot 1D))}$、$2F=\overline{((2A\cdot 2B\cdot 2C)+(2D\cdot 2E\cdot 2F))}$，四选一数据选择器 $F=\overline{A1}\ \overline{A0}D0+\overline{A1}A0D1+A1\overline{A0}D2+A1A0D3$。

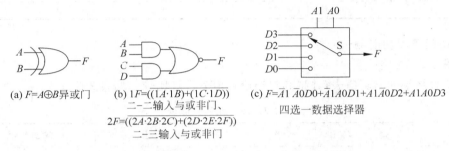

(a) $F=A\oplus B$ 异或门 (b) $1F=\overline{((1A\cdot 1B)+(1C\cdot 1D))}$ (c) $F=\overline{A1}\ \overline{A0}D0+\overline{A1}A0D1+A1\overline{A0}D2+A1A0D3$
　　　　　　　　　　　二-二输入与或非门、　　　　　　四选一数据选择器
　　　　　　　　　$2F=\overline{((2A\cdot 2B\cdot 2C)+(2D\cdot 2E\cdot 2F))}$
　　　　　　　　　　　二-三输入与或非门

图 2.2.10 复合逻辑门电路

2）CMOS 门电路

CMOS 集成电路功耗极低，输出幅度大，噪声容限大，扇出能力强，电源范围较宽，因此应用很广。但 CMOS 电路应用时，必须注意以下几个方面：不用的输入端不能悬空；电源电压使用正确，不得接反；焊接或测量仪器必须可靠接地；不得在通电情况下，随意拔插输入接线；输入信号电平应在 CMOS 标准逻辑电平之上。

CMOS 集成门电路逻辑符号、逻辑关系及外引脚排列方法均与 TTL 门电路相同，所不同的是型号和电源电压范围。

选用 74LS02（CD4000）系列的 CMOS 集成电路，电源电压范围为 $+3\sim+18V$。而选用 C000 系列的 CMOS 集成电路，电源电压范围为 $+7\sim+15V$。因此，设计 CMOS 电路时应注意对电源电压的选择。

图 2.2.11 为 CMOS 或非门集成门电路逻辑符号。

3. 实验任务与步骤

1）与门逻辑功能测试

按图 2.2.12 接线测试。

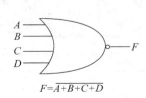

$F=\overline{A+B+C+D}$

图 2.2.11 CMOS 或非门示意图

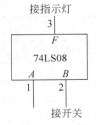

接指示灯
3
F
74LS08
A　　B
1　　2
接开关

图 2.2.12 与门示意图

由实验结果列出真值表,并将其与理论真值表进行比较。见表 2.2.8。

表 2.2.8　与门真值表

输　　入		输　　出	输出(实测)
A	B	F	F
0	0	0	
0	1	0	
1	0	0	
1	1	1	

2)或门逻辑功能测试

按图 2.2.13 接线测试。

由实验结果列出真值表,并将其与理论真值表进行比较。见表 2.2.9。

表 2.2.9　或门真值表

输　　入		输　　出	输出(实测)
A	B	F	F
0	0	0	
0	1	1	
1	0	1	
1	1	1	

3)与非门逻辑功能测试

按图 2.2.14 接线测试。

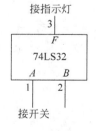

图 2.2.13　或门示意图

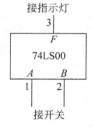

图 2.2.14　与非门示意图

由实验结果列出真值表,并将其与理论真值表进行比较。见表 2.2.10。

表 2.2.10　与非门真值表

输　　入		输　　出	输出(实测)
A	B	F	F
0	0	1	
0	1	1	
1	0	1	
1	1	0	

4）四与非门逻辑功能测试

按图 2.2.15 接线测试。

由实验结果列出真值表，并将其与理论真值表进行比较。见表 2.2.11。

表 2.2.11　与非门真值表

输　　　入				输　　出	输出（实测）
A	**B**	**C**	**D**	**F**	**F**
0	0	0	0	1	
0	0	0	1	1	
0	0	1	0	1	
0	0	1	1	1	
0	1	0	0	1	
0	1	0	1	1	
0	1	1	0	1	
0	1	1	1	1	
1	0	0	0	1	
1	0	0	1	1	
1	0	1	0	1	
1	0	1	1	1	
1	1	0	0	1	
1	1	0	1	1	
1	1	1	0	1	
1	1	1	1	0	

5）非门逻辑功能测试

按图 2.2.16 接线测试。

图 2.2.15　与非门示意图

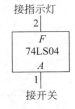

图 2.2.16　非门示意图

由实验结果列出真值表，并将其与理论真值表进行比较。见表 2.2.12。

表 2.2.12　非门真值表

输　　入	输　　出	输出（实测）
A	**F**	**F**
0	1	
1	0	

6）异或门逻辑功能测试

按图 2.2.17 接线测试。

由实验结果列出真值表，并将其与理论真值表进行比较。见表 2.2.13。

表 2.2.13　异或门真值表

输　入		输　　出	输出（实测）
A	B	F	F
0	0	0	
0	1	1	
1	0	1	
1	1	0	

7）与或非门逻辑功能测试

按图 2.2.18 接线测试。

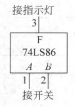

图 2.2.17　异或门示意图

图 2.2.18　与或非门示意

由实验结果列出真值表，并将其与理论真值表进行比较。见表 2.2.14。

表 2.2.14　与或非门真值表

输　入				输　出	输出（实测）
A	B	C	D	F	F
0	0	0	0	1	
0	0	0	1	1	
0	0	1	0	1	
0	0	1	1	0	
0	1	0	0	1	
0	1	0	1	1	
0	1	1	0	1	
0	1	1	1	0	
1	0	0	0	1	
1	0	0	1	1	
1	0	1	0	1	
1	0	1	1	0	
1	1	0	0	0	
1	1	0	1	0	
1	1	1	0	0	
1	1	1	1	0	

8）四选一芯片逻辑功能测试

按图 2.2.19 接线测试。

由实验结果列出真值表，并将其与理论真值表进行比较。见表 2.2.15。

表 2.2.15　四选一真值表

输　　入			输　　出	输出（实测）
G	S_1	S_0	F	F
0	0	0	C_0	
0	0	1	C_1	
0	1	0	C_2	
0	1	1	C_3	
1	$\times$	$\times$	0	

数字电路任意点一般有两种状态：0、1。四选一芯片（74LS153）选择控制有两位：S_1、S_0，按位置有顺序或高低位之分，S_1 为高位、S_0 为低位，因而当 S_1、S_0 取值为 00 时选 C_0，即 $Y=C_0$；当 S_1、S_0 取值为 01 时选 C_1，即 $Y=C_1$；当 S_1、S_0 取值为 10 时选 C_2，即 $Y=C_2$；当 S_1、S_0 取值为 11 时选 C_3，$Y=C_3$。

9）CMOS 门电路逻辑功能验证

CMOS 门电路的逻辑功能验证方法同 TTL 门电路。为简单起见，这里仅以 CMOS"或非门"逻辑功能验证为例，选用 CD4002（四输入端二或非门）集成块进行验证。

按图 2.2.20 接线测试。

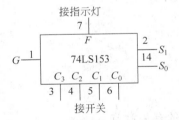

图 2.2.19　四选一示意图

图 2.2.20　或非门示意图

由实验结果列出真值表，并将其与理论真值表进行比较。见表 2.2.16。

表 2.2.16　或非门真值表

输　　入				输　　出	输出（实测）
A	B	C	D	F	F
0	0	0	0	1	
0	0	0	1	0	
0	0	1	0	0	
0	0	1	1	0	
0	1	0	0	0	
0	1	0	1	0	
0	1	1	0	0	
0	1	1	1	0	

续表

输　入				输　出	输出（实测）
A	B	C	D	F	F
1	0	0	0	0	
1	0	0	1	0	
1	0	1	0	0	
1	0	1	1	0	
1	1	0	0	0	
1	1	0	1	0	
1	1	1	0	0	
1	1	1	1	0	

　　注意：CMOS 集成电路与 TTL 集成电路不同，多余不用的门电路或触发器等，其输入端都必须进行处理，即可靠接地，在工程技术中也如此。此外，在实验时，当输入端需要改接连线时，不得在通电情况下进行操作，需先切断电源，改接连线完成后，再通电进行实验；输出一般不需做保护处理。

4．实验器材

（1）数字逻辑实验箱一台；

（2）直流稳压电源一台；

（3）万用表一只；

（4）集成电路芯片：

74LS08、74LS32、74LS00、74LS20、74LS04 各一只；

74LS86、74LS51、74LS153、CD4002 各一只。

5．预习要求

（1）做好实验预习，复习"数字逻辑"相关教材的有关章节。

（2）查找集成电路手册，画好进行实验用的各芯片引脚图、实验接线图。

（3）熟练掌握门电路的逻辑功能和测试方法。

（4）预习 CMOS 电路使用注意事项。

（5）画好实验用表格。

（6）做好预习报告。

6．实验报告内容及要求

（1）实验目的。

（2）画出实验所需布线图。

（3）按要求填写各实验表格。

（4）列表比较实验任务的理论分析值和实验结果值。

（5）写出心得体会。

2.2.3 门电路参数测试

1. 实验目的

(1) 掌握 TTL"与非门"电路参数的意义及其测试方法。

(2) 掌握 CMOS"或非门"电路参数的意义及其测试方法。

2. 实验原理和电路

在设计系统电路时,往往要用到一些门电路,而门电路的一些特性参数的好坏,在很大程度上会影响整机工作的可靠性。

本实验中我们仅选用 TTL 74LS00 二输入端四正与非门和 CD4001 二输入端四正或非门进行参数的实验测试,以帮助我们掌握门电路的主要参数的意义和测试方法。

74LS00 和 CD4001 集成电路外引线排列图如图 2.2.21 所示。

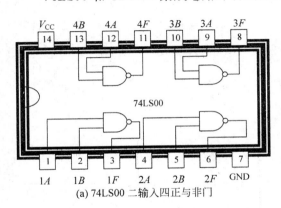
(a) 74LS00 二输入四正与非门

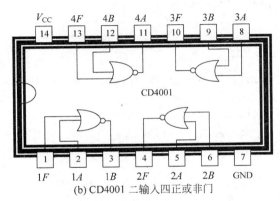
(b) CD4001 二输入四正或非门

图 2.2.21　74LS00 和 CD4001 集成电路外引脚排列图

通常参数按时间特性分为两种:静态参数和动态参数。静态参数指电路处于稳定的逻辑状态下测得的参数;而动态参数则指逻辑状态转换过程中与时间有关的参数。

TTL"与非"门的主要参数有:

扇入系数 N_I 和扇出系数 N_O:能使电路正常工作的输入端数目称为扇入系数 N_I。电路正常工作时,能带动的同型号门的数目称为扇出系数 N_O。

输出高电平 V_{OH}:一般 $V_{OH} > 2.4V$。

输出低电平 V_{OL}:一般 $V_{OL} < 0.4V$。

电压传输特性曲线、开门电平 V_{ON} 和关门电平 V_{OFF}:

图 2.2.22 所示 V_I-V_O 关系曲线称为电压传输特性曲线。使输出电压 V_O 刚刚达到低电平 V_{OL} 时的最低输入电压 V_I 称为开门电平 V_{ON}。使输出电压 V_O 刚刚达到高电平 V_{OH} 时的最高输入电压 V_I 称为关门电平 V_{OFF}。

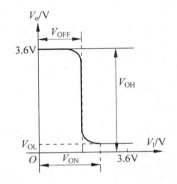

图 2.2.22　电压传输特性曲线

输入短路电流 I_{IS}：一个输入端接地，其他输入端悬空时，流过该接地输入端的电流为输入短路电流 I_{IS}。

空载导通功耗 P_{ON}：是指输入全部为高电平，输出为低电平而且不接负载时的功率损耗。

空载截止功耗 P_{OFF}：是指输入有低电平，输出为高电平而且不接负载时的功率损耗。

抗干扰噪声容限：电路能够保持正确的逻辑关系所允许的最大干扰电压值，称为噪声电压容限。其中输入低电平时的噪声容限为 $\Delta 0 = V_{OFF} - V_{IL}$（$V_{IL}$ 就是前级的 V_{OL}），而输入高电平时的噪声容限为 $\Delta 1 = V_{IH} - V_{ON}$（$V_{IH}$ 就是前级的 V_{OH}）。

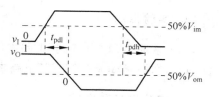

图 2.2.23　平均传输延迟时间 t_{pd}

平均传输延迟时间 t_{pd}：如图 2.2.23 所示 $t_{pd} = (t_{pdl} + t_{pdh})/2$，它是衡量开关电路速度的重要指标。一般情况下，低速组件 t_{pd} 约为 $40 \sim 160$ns，中速组件 t_{pd} 约为 $15 \sim 40$ns，高速组件 t_{pd} 约为 $8 \sim 15$ns，超高速组件 t_{pd} 小于 8ns。t_{pd} 的近似计算方法：t_{pd} 约为 $= T/6$，T 为用三个门电路组成振荡器的周期。

输入漏电流 I_{Ia}：指一个输入端接高电平，另一输入端接地时，流过高电平输入端的电流。

CMOS 电路的参数是对它本身特性的一种定量描述。这些参数应包括逻辑功能的正确与否，性能优劣及可靠性水平等。各参数的意义和测试方法大体与 TTL 相同，详细请参阅 CMOS 集成电路手册。

3. 实验任务与步骤

1) TTL 选用 74LS00 集成门电路

首先验证其逻辑功能（验证方法参考实验 2.2.2 书中与非门逻辑功能测试部分），正确后，再进行下面的参数测试：

（1）空载导通功耗 P_{ON}：空载导通功耗 P_{ON} 是指输入全部为高电平，输出为低电平而且不接负载时的功率损耗。

$$P_{ON} = V_{CC} \cdot I_{74L}$$

式中，V_{CC} 为电源电压；I_{74L} 为导通电源电流。

测试电路见图 2.2.24；电流表、电压表用万用表即可。

按图 2.2.24 接线，合上 K_1 和 K_2，再合上电源开关，读出电流值 I_{74L} 和电压值 V_{CC}。

（2）空载截止功耗 P_{OFF}：空载截止功耗 P_{OFF} 是指输入为低电平，输出为高电平而且不接负载时的功率损耗。

$$P_{OFF} = V_{CC} \cdot I_{74H}$$

式中，V_{CC} 为电源电压；I_{74H} 为截止电源电流。

测试电路见图 2.2.24。

按图 2.2.24 接线，K_1 或 K_2 断开，合上电源开关，读出电流值 I_{74H} 和电压值 V_{CC}。

（3）低电平输入电流 I_{IL}：低电平输入电流 I_{IL} 又称输入短路电流 I_{IS}，是指一个输入端接地，其他输入端悬空时，流过该接地输入端的电流。

测试电路见图 2.2.25。

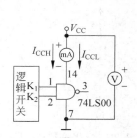

图 2.2.24 P_{ON} 和 P_{OFF} 测试电路

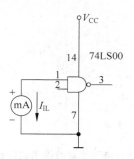

图 2.2.25 低电平输入电流 I_{IL} 测试电路

按图 2.2.25 接线,读出电流值即可。

(4) 高电平输入电流 I_{IH}:高电平输入电流 I_{IH} 又称输入漏电流 I_{Ia}、输入反向电流;它是指一个输入端接高电平,其他输入端接地时,流过该接高电平输入端的电流。

测试电路见图 2.2.26。

按图 2.2.26 接线,读出电流值即可。

(5) 输出高电平 V_{OH}:输出高电平 V_{OH} 是指输出不接负载、当有一输入端为低电平时的电路输出电压值。

测试电路见图 2.2.27。

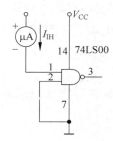

图 2.2.26 高电平输入电流 I_{IH} 测试电路

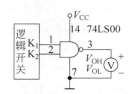

图 2.2.27 V_{OH} 和 V_{OL} 测试电路

按图 2.2.27 接线,K_1 合上,K_2 断开,接通电源,读出电压值。

(6) 输出低电平 V_{OL}:输出低电平 V_{OL} 是指所有输入端均接高电平时的输出电压值。

测试电路见图 2.2.27。

按图 2.2.27 接线,K_1、K_2 均合上,接通电源,读出电压值。

(7) 电压传输特性:电压传输特性是反映输出电压 V_O 与输入电压 V_I 之间关系的特性曲线。

测试电路见图 2.2.28。

按图 2.2.28 接线,电阻 R 插入实验箱电阻插孔中,K_2 合上为 1。旋转电位器 R_W,使 V_I 逐渐增大,同时读出 V_1 和 V_2 值,其中 V_1 值代表输入电压 V_I 值,V_2 值代表输出电压 V_O 值。画出 V_O 与 V_I 的关系曲线,即电压传输特性。

(8) 扇出系数 N_O:扇出系数 N_O 是指能正常驱动同型号与非门的最多个数。

测试电路见图 2.2.29。

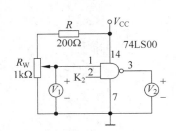

图 2.2.28　电压传输特性测试电路

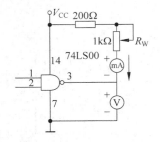

图 2.2.29　扇出系数 N_O 测试电路

按图 2.2.29 接线,1 号脚、2 号脚均悬空。接通电源,调节电位器 R_W,使电压表的值为 $V_{OL}=0.4V$,读出此时的电流表值 I_{OL}。

扇出系数

$$N_O = I_{OL}/I_{IL}$$

式中,I_{OL} 是输出低电平时允许流入 TTL 与非门输出端的最大电流,I_{IL} 是输入低电平时从 TTL 与非门输入端流过的最大电流。

(9) 平均传输延迟时间 T_{pd}:TTL 与非门动态参数主要是指传输延迟时间,即当输入 V_I 由 0 变为 1 时,输入波形边沿的 $0.5V_m$ 点至输出波形对应边沿的 $0.5V_m$ 点的时间间隔为 t_{pdl};当输入 V_I 由 1 变为 0 时,输入波形边沿的 $0.5V_m$ 点至输出波形对应边沿的 $0.5V_m$ 点的时间间隔为 t_{pdh}。其中 V_m 表示输入以及输出电压的最大值。一般用平均传输延迟时间 t_{pd} 表示,$t_{pd}=(t_{pdl}+t_{pdh})/2$,它是衡量开关电路速度的重要指标。

测试电路见图 2.2.30。

按图 2.2.30 接线,3 个与非门组成环形振荡器,示波器中读出振荡周期 T,平均传输延迟时间的近似值 $t_{pd}=T/6$。

2) CMOS 或非门参数测试

CMOS 器件的特性参数也有静态和动态之分。测试 CMOS 器件静态参数时的电路与测试 TTL 器件静态参数的电路大体相同,不过要注意 CMOS 器件和 TTL 器件的使用规则各不相同,对各个端脚的处理要注意符合逻辑关系。另外,CMOS 器件的 I_{74L}、I_{74H} 值极小,仅几微安。为了保证输出开路的条件,其输出端所使用的电压表内阻要足够大,最好用直流数字电压表。在此,我们仅介绍其传输特性的测量和延迟时间的测量电路。

选用 CD4001 2 输入端四或非门一块,并验证其逻辑功能正确后,进行如下实验测试:

(1) 电压传输特性。

测试电路如图 2.2.31 所示。

按图 2.2.31 接线,合上电源开关,调节电位器 R_W,选择若干个输入电压值 V_1,测量相应的输出电压值 V_2,然后由测量所得的数据,作(绘)出 CMOS 或非门的电压传输特性。

(2) 断开电源开关,将 2 号脚不与 7 号脚相连,而与 1 号脚相连。合上电源开关。重复上述调节电位器 R_W 的步骤,比较两种情况下电压传输特性的差异。

(3) 平均传输延迟时间 t_{pd}。

测试电路如图 2.2.32 所示。

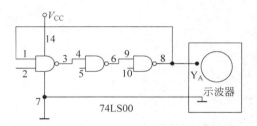

图 2.2.30 平均传输延迟时间 t_{pd} 测试电路

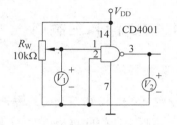

图 2.2.31 电压传输特性测试电路

按图 2.2.32 接线,从示波器中读出振荡周期 T,平均传输延迟时间 $t_{pd}=T/6$。

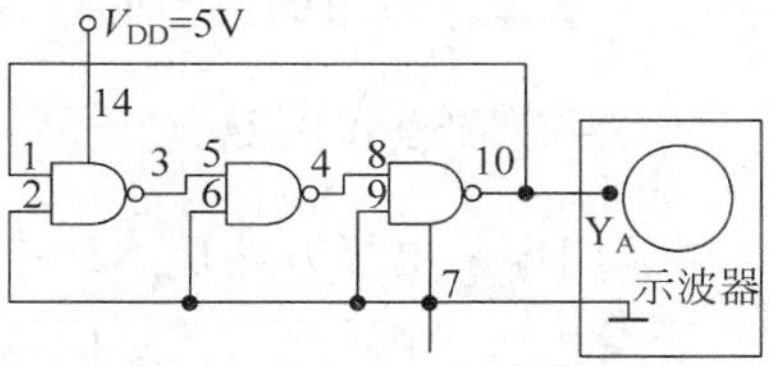

4. 实验器材

(1) 数字逻辑实验箱一台;

(2) 直流稳压电源一台;

(3) 示波器一台;

(4) 万用表,数字万用表各一只;

(5) 集成电路:74LS00、CD4001 各一片;

(6) 元器件:电阻 200Ω、1kΩ 各一只;

(7) 电位器 1kΩ、10kΩ 各一只。

图 2.2.32 平均传输延迟时间 t_{pd} 测试电路

5. 预习要求

(1) 做好实验预习,复习"数字逻辑"相关教材的有关章节。

(2) 查找集成电路手册,画好进行实验用各芯片引脚图、实验接线图。

(3) 复习 TTL 与非门各参数的意义及测试方法。

(4) 了解 CMOS 或非门各参数的意义及数值。

(5) 熟记 TTL 与非门、CMOS 或非门的外形结构。

(6) 画好实验用表格。

(7) 做好预习报告。

6. 实验报告内容及要求

(1) 实验目的。

(2) 画出实验所需布线图。

(3) 记录实验测得的门电路参数值,并与器件规范值比较。

(4) 按要求填写各实验表格。

(5) 用方格纸画出电压传输特性曲线。

(6) 计算门电路的平均传输延迟时间 t_{pd}。

(7) 列表比较实验任务的理论分析值和实验结果值。

(8) 写出心得体会。

2.2.4　OC 门和三态门

1. 实验目的

（1）熟悉 OC 门和三态门的逻辑功能。
（2）掌握 OC 门的典型应用，了解 R_L 对 OC 电路的影响。
（3）掌握 TTL 与 CMOS 电路的接口转换电路。
（4）掌握三态门的典型应用。

2. 实验原理和电路

OC 门即集电极开路门。三态门除正常的高电平 1 和低电平 0 两种状态外，还有第三种状态输出——高阻态。OC 门和三态门是两种特殊的 TTL 电路，若干个 OC 门的输出可以并接在一起，三态门亦然。而一般普通的 TTL 门电路，由于其输出电阻值太低，所以，它们的输出不可以并联接在一起构成"线与"。

1）集电极开路门（OC 门）

集电极开路"与非"门的逻辑符号如图 2.2.33 所示，由于输出端内部电路输出管的集电极是开路的，所以，工作时需外接负载电阻 R_L。两个（OC）"与非"门输出端相连时，其输出为 $Q = \overline{(AB + CD)}$，即把两个（OC）"与非"门的输出相与（称为"线与"），完成"与或非"的逻辑功能，如图 2.2.34 所示。

R_L 的计算方法可通过图 2.2.35 来说明。如果 n 个 OC 门"线与"驱动 N 个 TTL"与非"门，则负载电阻 R_L 可以根据"线与"的（OC）"与非"门数目 n 和负载门的数目 N 来进行选择。

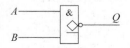

图 2.2.33　OC 与非门逻辑符号

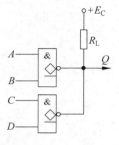

图 2.2.34　OC 与非门"线与"应用

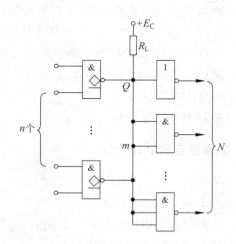

图 2.2.35　OC 门 R_L 值的确定

为保证输出电平符合逻辑关系，R_L 的数值范围为：

$$R_{Lmax} = (E_C - V_{OH})/(nI_{OH} + mI_{IH})$$
$$R_{Lmin} = (E_C - V_{OL})/(I_{LM} + NI_{IL})$$

式中：

I_{OH}：OC 门输出管的截止漏电流。

I_{LM}：OC 门输出管允许的最大负载电流。

I_{IL}：负载门的低电平输入电流。

E_C：负载电阻 R_L 所接的外接电源电压。

I_{IH}：负载门的高电平输入电流。

n："线与"输出的 OC 门的个数。

N：负载门的个数。

m：接入电路的负载门输入端个数。

R_L 值的大小会影响输出波形的边沿时间，在工作速度较高时，R_L 的值应尽量小，接近 R_{Lmin}。

OC 门的应用主要有以下几个：组成"线与"电路；完成某些特定的逻辑功能；组成信息通道（总线），实现多路信息采集；实现逻辑电平的转换，以驱动 MOS 器件、继电器、三极管等电路。

TTL 电路中，除集电极开路"与非"门外，还有集电极开路"或"门、"或非"门等其他各种门，在此不一一叙述。

实验电路中选用 74LS03 集电极开路输出的二输入端四与非门。

2）三态门

三态门有三种状态 0、1、高阻态。处于高阻态时，电路与负载之间相当于开路。图 2.2.36 是三态门的逻辑符号，它有一个控制端（又称禁止端或使能端）EN，EN＝1 为禁止工作状态，Q 呈高阻状态；EN＝0 为正常工作状态，$Q＝A$。

三态电路最重要的用途是实现多路信息的采集，即用一个传输通道（或称总线）以选通的方式传送多路信号，如图 2.2.37 所示。本实验选用 74LS125 三态门电路进行实验论证。

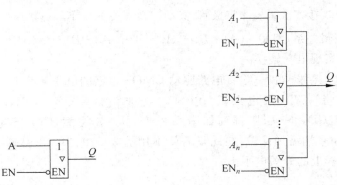

图 2.2.36　三态门逻辑符号　　　图 2.2.37　三态门应用

3. 实验任务与步骤

1）集电极开路门（OC 门）实验

选用 74LS03 与非门（OC 门）。其外引线排列如图 2.2.38 所示。

（1）负载电阻 R_L 的确定。

将 74LS03 插入实验箱的 IC 插座中。

按图 2.2.39 接线，反相器用实验板上原有的电路，也可自行插入反相器集成电路。负

载电阻 R_L 用一只 200Ω 电阻和 $10\text{k}\Omega$ 电位器串联代替,用实验方法确定 R_{Lmax} 和 R_{Lmin},并和理论计算相比较,填入表 2.2.17 中。

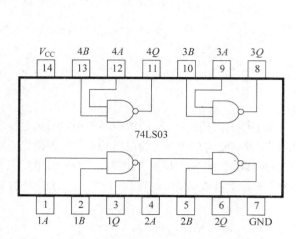

图 2.2.38 二输入四正与非门(OC)

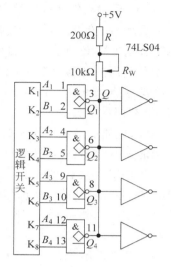

图 2.2.39 OC 门"线与"实验电路

表 2.2.17 负载电阻 R_L 的测定

R_L	理 论 值	实 测 值
R_{Lmax}		
R_{Lmin}		

将"线与"Q 端接实验板发光二极管,拨动逻辑开关 $K_1 \sim K_8$,观察输出端 Q,看其结果是否符合"线与"的逻辑关系,即 $Q = \overline{(A1 \cdot B1 + A2 \cdot B2 + A3 \cdot B3 + A4 \cdot B4)}$ 与或非逻辑功能。

(2)OC 门实现电平转换。

按图 2.2.40 接线,实现 TTL 电路驱动 CMOS 电路的电平转换的功能。

图 2.2.40 中 TTL 门电路用 74LS00"与非"门,OC 门为 74LS03,CMOS 电路为 CD4069 反相器,CD4069 引脚排列如图 2.2.41 所示。注意,CMOS 电路在接入电源后,CMOS 剩余的输入端需加保护,在此只需将不用的 3、5、9、11、13 引脚连在一起,再接到地上,或接到实验板上的开关电平上。

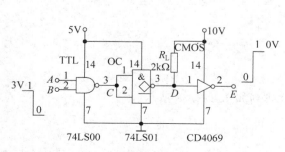

图 2.2.40 TTL 电路驱动 CMOS 接口电路

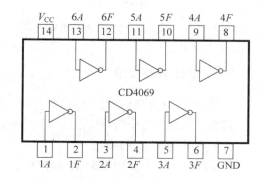

图 2.2.41 CD4069 引脚排

电路接线完毕后,检查无误,接通电源,在输入端 A、B 输入全 1,用万用表测量 C、D、E 的电压,再将 B 输入置 0,用万用表测量 C、D、E 的电压。两次测得的结果填入表 2.2.18 中。

表 2.2.18 电平实测数据表

输 入		C/V	D/V	E/V
A	B			
1	1			
1	0			

2) 三态门实验

三态门选用 74LS125,其引脚排列如图 2.2.42 所示。

当 EN=0 时,其逻辑关系为 $F=A$;当 EN=1 时,为高阻态。

按图 2.2.43 接线,其中三态门三个输入分别接地、高电平和脉冲源,输出连在一起接 LED。三个使能端分别接实验箱 K_1、K_2、K_3 并全置 1。

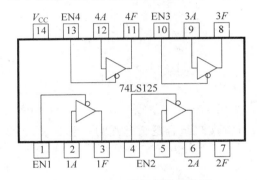

图 2.2.42 三态门外引脚排列

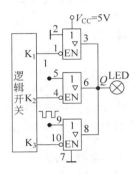

图 2.2.43 三态门实验电路

在三个使能端均为 1 时,用万用表测量 Q 端输出。

K_1、K_2、K_3 不能有一个以上同时为 0,否则会造成与门输出相连,这是绝对不允许的。

记录、分析结果。

4. 实验器材

(1) 数字逻辑实验箱一台;

(2) 直流稳压电源一台;

(3) 示波器一台;

(4) 万用表一只;

(5) 集成电路:74LS00、74LS03、CD4069、74LS125 各一片;

(6) 元器件:电阻 200Ω、$2k\Omega$ 各一只;

(7) 电位器 $10k\Omega$ 一只。

5. 预习要求

(1) 做好实验预习,复习"数字逻辑"相关教材的有关章节。

（2）查找集成电路手册，画好进行实验用各芯片引脚图、实验接线图。

（3）复习集电极开路门（OC 门）、三态门的工作原理和使用方法。

（4）了解实验中所用组件的外引线排列及其使用方法。

（5）画好实验用表格。

（6）做好预习报告。

6. 实验报告内容及要求

（1）实验目的。

（2）画出实验所需布线图，画出实验电路，并注明有关元件型号。

（3）按要求填写各实验表格。

（4）整理、分析实验数据和结果，列表比较实验任务的理论分析值和实验结果值。

（5）写出心得体会。

2.3 典型组合电路

2.3.1 半加器

1. 实验目的

（1）熟悉掌握半加器的逻辑功能和设计方法。

（2）熟悉掌握用与非门等基本门电路设计并实现组合逻辑电路的一般方法。

2. 实验原理与电路

半加器（Half Adder）是只考虑两个一位二进制数相加，而不考虑低位进位的运算电路。图 2.3.1 给出了半加器的逻辑符号及逻辑图。A_i 和 B_i 端数码不同时，半加和 S_i 为 1，相同时 S_i 为 0，符合二进制码加法法则。只有 A_i 和 B_i 同时为 1 时向高一位的进位 C_{i+1} 方为 1，这是产生绝对进位的条件。逻辑功能真值表见表 2.3.1。

表 2.3.1　半加器真值表

输　　　入		和	进　　　位
A_i	B_i	S_i	C_{i+1}
0	0	0	0
0	1	1	0
1	0	1	0
1	1	0	1

3. 实验任务与步骤

在实验过程中，我们可以选用异或门及与门实现半加器的逻辑功能，如图 2.3.1（b）所示。但是，为了锻炼学生的设计能力，特别是对半加器这样一个典型逻辑电路的理解，要求

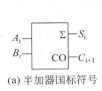

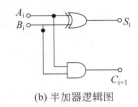

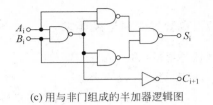

(a) 半加器国标符号　　(b) 半加器逻辑图　　(c) 用与非门组成的半加器逻辑图

图 2.3.1　半加器逻辑符号及逻辑图

只用与非门设计,指定使用 74LS00 二输入四正与非门芯片,要求使用最少与非门完成。见图 2.3.2。

　　首先根据真值表进行逻辑设计;根据逻辑设计通过卡诺图或应用公理、公式进行化简,得到最简式;再根据给定芯片器件将最简式化成实验用最简式(用最少器件及门电路的表达式,也称为实验表达式);根据实验表达式画出逻辑电路图;根据逻辑电路图画逻辑布线图或物理布线图。

　　将所用芯片插在实验箱上,确定好引脚与相应插孔的位置,根据逻辑布线图或物理布线图接线。进行逻辑功能测试,记录、整理实验数据。

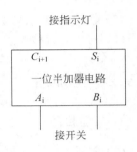

图 2.3.2　一位半加器电路示意图

4. 设计指南

　　本设计可直接用最简式求得实验表达式。需要指出的是它是一个典型的组合逻辑电路,得到它的实验表达式所需要的化简技巧也是组合逻辑设计中经常用到的技巧 $\overline{AB} = \overline{(AB)B}$, $AB = A \overline{(AB)}$。得到该实验表达式共需要 5 个与非门。

　　注意多输出逻辑设计各个输出的实验表达式有公共门共用的问题。

5. 实验器材

(1) 数字逻辑实验箱一台;

(2) 直流稳压电源一台;

(3) 示波器一台;

(4) 万用表一只;

(5) 集成电路:74LS00 两片。

6. 预习要求

(1) 做好实验预习,复习"数字逻辑"相关教材的有关章节。

(2) 熟练掌握半加器的逻辑功能和设计方法。

(3) 熟练掌握用与非门等基本门电路设计并实现组合逻辑电路的一般方法。

(4) 查找集成电路手册,画好实验用逻辑电路图和逻辑布线图或物理布线图。

(5) 了解实验中所用组件的外引线排列及其使用方法。

(6) 画好实验用表格。

(7) 做好预习报告。

7. 实验报告内容及要求

（1）实验目的。

（2）实验任务及要求。

（3）逻辑设计过程，包括化简的步骤。

（4）画好实验用逻辑电路图和逻辑布线图或物理布线图，并注明有关元件型号。

（5）按要求填写各实验表格。

（6）整理、分析实验数据和结果，列表比较实验任务的理论分析值和实验结果值。

（7）写出心得体会。

2.3.2　全加器

1. 实验目的

（1）熟悉掌握全加器的逻辑功能和设计方法。

（2）熟悉掌握用与非门等基本门电路设计并实现组合逻辑电路的一般方法。

2. 实验原理与电路

全加器：实现两个一位二进制数相加的同时，再加上来自低位的进位信号，这种电路称为全加器（Full Adder），根据二进制加法法则可以列出全加器的真值表，见表 2.3.2。

表 2.3.2　全加器真值表

输　　入			和	进　位
A_i	B_i	C_i	S_i	C_{i+1}
0	0	0	0	0
0	0	1	1	0
0	1	0	1	0
0	1	1	0	1
1	0	0	1	0
1	0	1	0	1
1	1	0	0	1
1	1	1	1	1

由真值表可写出 S_i、C_{i+1} 的逻辑表达式，化简后得：

$$S_i = A_i \oplus B_i \oplus C_i \qquad C_{i+1} = A_i B_i + C_i(A_i \oplus B_i)$$

由此画出全加器逻辑图如图 2.3.3(a)所示。

3. 实验任务与步骤

在实验过程中，我们可以选用异或门、或门及与门实现全加器的逻辑功能，如图 2.3.3(a)所示。但是，为了锻炼学生的设计能力，特别是对全加器这样一个典型逻辑电路的理解，要求只用与非门和异或门设计，指定使用 74LS00 二输入四正与非门芯片和 74LS86 二输入四正异或门芯片,要求使用最少器件和门电路完成。见图 2.3.4。

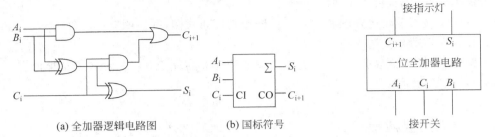

(a) 全加器逻辑电路图　　　(b) 国标符号

图 2.3.3　全加器逻辑地电路图和逻辑符号　　　**图 2.3.4　一位全加器电路示意图**

　　首先根据真值表进行逻辑设计;根据逻辑设计通过卡诺图或应用公理、公式进行化简,得到最简式;再根据给定芯片器件将最简式化成实验用最简式(用最少器件及门电路的表达式,也称为实验表达式);根据实验表达式画出逻辑电路图;根据逻辑电路图画逻辑布线图或物理布线图。

　　将所用芯片插在实验箱上,确定好引脚与相应插孔的位置,根据逻辑布线图或物理布线图接线。进行逻辑功能测试,记录整理实验数据。

4. 设计指南

　　本设计根据最简式求得实验表达式。得到的实验表达式共需要 3 个与非门、2 个异或门。本实验有实验表达式公共门共用的问题,要特别注意多输出逻辑设计各个输出的实验表达式的公共门共用的问题。

5. 实验器材

　　(1) 数字逻辑实验箱一台;
　　(2) 直流稳压电源一台;
　　(3) 示波器一台;
　　(4) 万用表一只;
　　(5) 集成电路:74LS00、74LS86 各一片。

6. 预习要求

　　(1) 做好实验预习,复习"数字逻辑"相关教材的有关章节。
　　(2) 熟练掌握全加器的逻辑功能和设计方法。
　　(3) 熟练掌握用与非门等基本门电路设计并实现组合逻辑电路的一般方法。
　　(4) 查找集成电路手册,画好实验用逻辑电路图和逻辑布线图或物理布线图。
　　(5) 了解实验中所用组件的外引线排列及其使用方法。
　　(6) 画好实验用表格。
　　(7) 做好预习报告。

7. 实验报告内容及要求

　　(1) 实验目的。

（2）实验任务及要求。

（3）逻辑设计过程，包括化简的步骤。

（4）画好实验用逻辑电路图和逻辑布线图或物理布线图，并注明有关元件型号。

（5）按要求填写各实验表格。

（6）整理、分析实验数据和结果，列表比较实验任务的理论分析值和实验结果值。

（7）写出心得体会。

2.3.3　全加/全减器

1．实验目的

（1）熟悉掌握全加/全减器的逻辑功能和设计方法。

（2）熟悉掌握用与非门等基本门电路设计并实现组合逻辑电路的一般方法。

2．实验原理与电路

一个电路既可以实现全加器功能又可以实现全减器功能。设定一个标志位（开关）P，当 $P=0$ 时，电路实现全加器功能；当 $P=1$ 时，电路实现全减器功能。根据二进制加法法则和减法法则可以列出全加/全减器的真值表，见表 2.3.3。

表 2.3.3　全加/全减器真值表

输　　入			加（$P=0$）		减（$P=1$）	
			和	进位	差	借位
A_i	B_i	C_i	S_i	C_{i+1}	S_i	C_{i+1}
0	0	0	0	0	0	0
0	0	1	1	0	1	1
0	1	0	1	0	1	1
0	1	1	0	1	0	1
1	0	0	1	0	1	0
1	0	1	0	1	0	0
1	1	0	0	1	0	0
1	1	1	1	1	1	1

由真值表可写出 S_i、C_{i+1} 的逻辑表达式，化简后得：

$$S_i = A_i \oplus B_i \oplus C_i$$
$$C_{i+1} = B_i C_i + (C_i + B_i)(A_i \oplus P)$$

由此画出全加器逻辑图如图 2.3.5 所示。

3．实验任务与步骤

在实验过程中，我们可以选用异或门、或门及与门实现全加器的逻辑功能。如图 2.3.5

所示。但是,为了锻炼学生的设计能力,要求只用与非门和异或门设计,指定使用 74LS00 二输入四正与非门芯片和 74LS86 二输入四正异或门芯片,要求使用最少器件和门电路完成,见图 2.3.6。

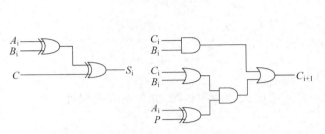

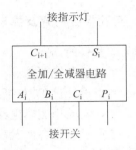

图 2.3.5　一位全加全减器逻辑电路图　　　图 2.3.6　一位全加/全减器电路示意图

首先根据真值表进行逻辑设计;根据逻辑设计通过卡诺图或应用公理、公式进行化简,得到最简式;再根据给定芯片器件将最简式化成实验用最简式(用最少器件及门电路的表达式,也称为实验表达式);根据实验表达式画出逻辑电路图;根据逻辑电路图画逻辑布线图或物理布线图。

将所用芯片插在实验箱上,确定好引脚与相应插孔的位置,根据逻辑布线图或物理布线图接线。进行逻辑功能测试,记录整理实验数据。

4. 设计指南

本设计根据最简式求得实验表达式。加、减控制位的设计正负逻辑不同,最终设计所需的门数也不同,这也是逻辑设计中经常需要注意的技巧。得到的实验表达式共需要 3 个与非门、3 个异或门。本实验有实验表达式公共门共用的问题,要特别注意多输出逻辑设计各个输出的实验表达式的公共门共用的问题(无反变量输入的设计,有时需要在可能的情况下,增加已有公共门项来减少反变量输入)。

5. 实验器材

(1) 数字逻辑实验箱一台;

(2) 直流稳压电源一台;

(3) 示波器一台;

(4) 万用表一只;

(5) 集成电路:74LS00、74LS86 各一片。

6. 预习要求

(1) 做好实验预习,复习"数字逻辑"相关教材的有关章节。

(2) 熟练掌握全加/全减器的逻辑功能和设计方法。

(3) 熟练掌握用与非门等基本门电路设计并实现组合逻辑电路的一般方法。

(4) 查找集成电路手册,画好实验用逻辑电路图和逻辑布线图或物理布线图。

（5）了解实验中所用组件的外引线排列及其使用方法。

（6）画好实验用表格。

（7）做好预习报告。

7．实验报告内容及要求

（1）实验目的。

（2）实验任务及要求。

（3）逻辑设计过程，包括化简的步骤。

（4）画好实验用逻辑电路图和逻辑布线图或物理布线图，并注明有关元件型号。

（5）按要求填写各实验表格。

（6）整理、分析实验数据和结果，列表比较实验任务的理论分析值和实验结果值。

（7）写出心得体会。

2.3.4　多数表决电路

1．实验目的

（1）熟悉掌握表决电路的逻辑功能和设计方法。

（2）熟悉掌握用与非门等基本门电路设计并实现单输出组合逻辑电路的一般方法。

2．实验原理与电路

多数表决是一个现实中经常使用的规则，电子表决可以更好地反映表决人的真实意愿，这是一个很好的数字电路应用。其逻辑功能真值表见表 2.3.4。

表 2.3.4　表决电路真值表

输　　入				输出	输出（实测）
A	B	C	D	F	F
0	0	0	0	0	
0	0	0	1	0	
0	0	1	0	0	
0	0	1	1	0	
0	1	0	0	0	
0	1	0	1	0	
0	1	1	0	0	
0	1	1	1	1	
1	0	0	0	0	
1	0	0	1	0	
1	0	1	0	0	

续表

输　　入				输出	输出（实测）
A	B	C	D	F	F
1	0	1	1	1	
1	1	0	0	0	
1	1	0	1	1	
1	1	1	0	1	
1	1	1	1	1	

由真值表可写出逻辑表达式，化简后得：

$$F = ABC + ABD + ACD + BCD$$

由此画出多数表决器逻辑图如图 4.3.7 所示。

3．实验任务与步骤

在实验过程中，可以选用或门及与门实现多数表决器的逻辑功能。如图 2.3.7 所示。但是，为了锻炼学生的设计能力，要求只用与非门设计，指定使用 74LS00 二输入四正与非门芯片，要求使用最少器件和门电路完成，见图 2.3.8。

首先根据真值表进行逻辑设计；根据逻辑设计通过卡诺图或应用公理、公式进行化简，得到最简式；再根据给定芯片器件将最简式化成实验用最简式（用最少器件及门电路的表达式，也称为实验表达式）；根据实验表达式画出逻辑电路图；根据逻辑电路图画逻辑布线图或物理布线图。

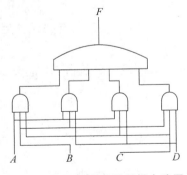

图 2.3.7　多数表决器逻辑电路图

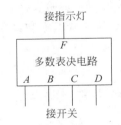

图 2.3.8　多数表决电路示意图

将所用芯片插在实验箱上，确定好引脚与相应插孔的位置，根据逻辑布线图或物理布线图接线。进行逻辑功能测试，记录整理实验数据。

4．设计指南

本设计可以用两种思路来实现，第一种实现求 $\bar{F}$，然后再根据 $\bar{F}$ 求出 F 的实验表达式；第二种是直接用 F 的最简式求得 F 的实验表达式。两种思路得到 F 的实验表达式都需要 8 个与非门。但是要注意第二种方式求得 F 的实验表达式有公共门共用的问题。

5. 实验器材

（1）数字逻辑实验箱一台；

（2）直流稳压电源一台；

（3）示波器一台；

（4）万用表一只；

（5）集成电路：74LS00 两片。

6. 预习要求

（1）做好实验预习，复习"数字逻辑"相关教材的有关章节。

（2）熟练掌握表决电路的逻辑功能和设计方法。

（3）熟练掌握用与非门等基本门电路设计并实现单输出组合逻辑电路的一般方法。

（4）查找集成电路手册，画好实验用逻辑电路图和逻辑布线图或物理布线图。

（5）了解实验中所用组件的外引线排列及其使用方法。

（6）画好实验用表格。

（7）做好预习报告。

7. 实验报告内容及要求

（1）实验目的。

（2）实验任务及要求。

（3）逻辑设计过程，包括化简的步骤。

（4）画好实验用逻辑电路图和逻辑布线图或物理布线图，并注明有关元件型号。

（5）按要求填写各实验表格。

（6）整理、分析实验数据和结果，列表比较实验任务的理论分析值和实验结果值。

（7）写出心得体会。

2.3.5　比较电路

1. 实验目的

（1）掌握比较电路的逻辑功能和设计方法。

（2）熟悉掌握用与非门等基本门电路设计并实现多输出组合逻辑电路的一般方法。

2. 实验原理与电路

比较电路也是一个现实中经常使用的实例，一个两位无符号二进制比较器是一个四输入、三输出的数字逻辑系统，是比较典型的多输出组合电路。其逻辑功能真值表见表 2.3.5。

表 2.3.5 比较电路真值表

输　　　入		输　　　出			比较
$A_1 A_0$	$B_1 B_0$	$F_>$	$F_=$	$F_<$	结果
0 0	0 0	0	1	0	$A=B$
0 0	0 1	0	0	1	$A<B$
0 0	1 0	0	0	1	$A<B$
0 0	1 1	0	0	1	$A<B$
0 1	0 0	1	0	0	$A>B$
0 1	0 1	0	1	0	$A=B$
0 1	1 0	0	0	1	$A<B$
0 1	1 1	0	0	1	$A<B$
1 0	0 0	1	0	0	$A>B$
1 0	0 1	1	0	0	$A>B$
1 0	1 0	0	1	0	$A=B$
1 0	1 1	0	0	1	$A<B$
1 1	0 0	1	0	0	$A>B$
1 1	0 1	1	0	0	$A>B$
1 1	1 0	1	0	0	$A>B$
1 1	1 1	0	1	0	$A=B$

由真值表可写出逻辑表达式,化简后得:
$$F_\geqslant = A1\,\overline{B1} + A0\,\overline{B1}\,\overline{B0} + A1A0\,\overline{B0}$$
$$F_\leqslant = \overline{A1}B1 + \overline{A1}\,\overline{A0}B0 + \overline{A0}B1B0$$
$$F_= = \overline{A1}\,\overline{A0}\,\overline{B1}\,\overline{B0} + \overline{A1}A0\,\overline{B1}B0 + A1\,\overline{A0}B1\,\overline{B0} + A1A0B1B0$$

由此画出一个两位无符号二进制比较器逻辑图如图 2.3.9 所示。

3. 实验任务与步骤

在实验过程中,我们可以选用或门、与门及非门实现全加器的逻辑功能。如图 2.3.9 所示。但是,为了锻炼学生的设计能力,要求只用与非门设计,指定使用 74LS00 二输入四正与非门芯片和 74LS20 四输入二正与非门芯片,要求使用最少器件和门电路完成,见图 2.3.10。

首先根据真值表进行逻辑设计;根据逻辑设计通过卡诺图或应用公理、公式进行化简,得到最简式;再根据给定芯片器件将最简式化成实验用最简式(用最少器件及门电路的表达式,也称为实验表达式);根据实验表达式画出逻辑电路图;根据逻辑电路图画逻辑布线图或物理布线图。

将所用芯片插在实验箱上,确定好引脚与相应插孔的位置,根据逻辑布线图或物理布线图接线。进行逻辑功能测试,记录整理实验数据。

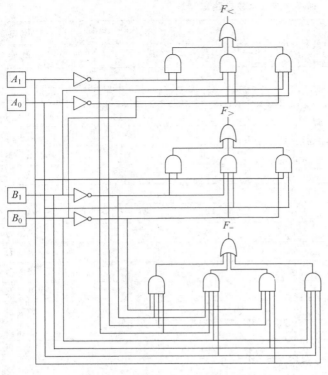

图 2.3.9 比较电路逻辑电路图   图 2.3.10 比较电路示意图

4. 设计指南

本设计根据最简式求得实验表达式。设计中反复应用了在半加器设计中所用的化简思想,即 $A\overline{B}=A\overline{(AB)}$。有两种实验表达式的设计方案可认为是最优化的,一种用 10 个二输入单输出与非门、两个四输入单输出与非门;另一种用 7 个二输入单输出与非门、3 个四输入单输出与非门。本实验有实验表达式公共门共用的问题,要特别注意多输出逻辑设计各个输出的实验表达式的公共门共用的问题。

5. 实验器材

(1) 数字逻辑实验箱一台;
(2) 直流稳压电源一台;
(3) 示波器一台;
(4) 万用表一只;
(5) 集成电路:74LS00、74LS20 各三片。

6. 预习要求

(1) 做好实验预习,复习"数字逻辑"相关教材的有关章节。
(2) 掌握比较电路的逻辑功能和设计方法。
(3) 熟练掌握用与非门等基本门电路设计并实现多输出组合逻辑电路的一般方法。

（4）查找集成电路手册，画好实验用逻辑电路图和逻辑布线图或物理布线图。

（5）了解实验中所用组件的外引线排列及其使用方法。

（6）画好实验用表格。

（7）做好预习报告。

7．实验报告内容及要求

（1）实验目的。

（2）实验任务及要求。

（3）逻辑设计过程，包括化简的步骤。

（4）画好实验用逻辑电路图和逻辑布线图或物理布线图，并注明有关元件型号。

（5）按要求填写各实验表格。

（6）整理、分析实验数据和结果，列表比较实验任务的理论分析值和实验结果值。

（7）写出心得体会。

2.4 可靠性编码电路实验

代码在形成、传输过程中可能会发生错误。为了减少这种错误，出现了一种叫可靠性编码的方法。它使代码本身具有一种特征或能力，使得代码在形成、传输过程中不易出错，或者代码在出错时容易发现，甚至能查出出错位置并予以改正。

2.4.1 偶校验发生器、检测器电路

1．实验目的

（1）熟练掌握奇偶校验发生电路的逻辑功能和设计方法。

（2）熟练掌握奇偶校验检测电路的逻辑功能和设计方法。

（3）熟练掌握四选一电路的灵活应用。

2．实验原理与电路

在数字设备中，数据的传输是大量的，且传输的数据都是由若干位二进制代码 0 和 1 组合而成的。由于系统内部或外部干扰等原因，可能使数据信息在传输过程中产生错误，例如在发送端，待发送的数据是 8 位，有 3 位是 1，到了接收端变成了 4 位是 1，产生了误传。奇偶校验器就是能自动检验数据信息传送过程中是否出现误传的逻辑电路。

图 2.4.1 是奇偶校验原理框图。奇偶校验的基本方法就是在待发送的有效数据位之外再增加一位奇偶校验位（又称监督码），利用这一位将待发送的数据代码中含 1 的个数补成奇数（当采用奇校验）或者补成偶数（当采用偶校验），形成传输码。然后，在接收端通过检查接收到的传输码中 1 的个数的奇偶性判断传输过程中是否有误传现象，传输正确则向接收端发出接收命令，否则拒绝接收或发出报警信号。产生奇偶校验位（监督码）的工作由图 2.4.1 中的奇偶发生器来完成。判断传输码中含 1 的个数奇偶性的工作由图 2.4.1 中的奇偶校验器完成。

表 2.4.1 列出了三位二进制码的偶校验的传输码和检测码编码表，根据这个表可以设

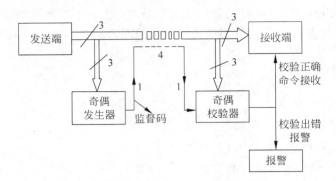

图 2.4.1　奇偶校验原理框图

计出偶校验发生器和检测器的逻辑图。图 2.4.2 示出了实现三位二进制码偶校验发生器和检测器的逻辑框图。由表 2.4.1 可写出逻辑表达式，化简后得：

$$W_{E1} = A \oplus B \oplus C$$
$$W_{E2} = W_{E1} \oplus A \oplus B \oplus C$$

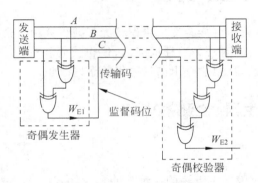

图 2.4.2　偶校验系统逻辑框图

当进行偶校验时，若发送端三位二进制代码中有奇数个 1，则 $W_{E1}=1$；若发送端三位二进制代码有偶数个 1，则 $W_{E1}=0$，若传输正确，则 $W_{E2}=0$；若 $W_{E2}=1$，则说明传输有误。

表 2.4.1　偶校验的传输码与检测码

发 送 码	监 督 码	传 输 码	检 测 码
$A\ B\ C$	W_{E1}	$W_{E1}\ A\ B\ C$	W_{E2}
0 0 0	0	0　0 0 0	0
0 0 1	1	1　0 0 1	0
0 1 0	1	1　0 1 0	0
0 1 1	0	0　0 1 1	0
1 0 0	1	1　1 0 0	0
1 0 1	0	0　1 0 1	0
1 1 0	0	0　1 1 0	0
1 1 1	1	1　1 1 1	0

3．实验任务与步骤

在实验过程中，我们可以选用异或门实现偶校验发生器和检测器的逻辑功能。如图 2.4.2 所示。但是，为了锻炼学生的设计能力和灵活运用数据选择器，要求偶校验发生器和检测器的电路中必须各用一个数据选择器设计，指定使用 74LS00 二输入四正与非门芯片、74LS86 二输入四正异或门芯片和 74LS153 双四选一数据选择器（其引脚图见图 2.4.4），要求使用最少器件和门电路完成，见图 2.4.3。

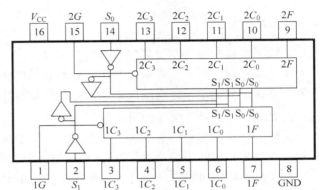

图 2.4.4　74LS153 双四选一数据选择器

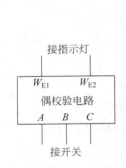

图 2.4.3　偶校验电路示意图

首先依据真值表进行逻辑设计；根据逻辑设计通过卡诺图或应用公理、公式进行化简，得到最简式；再根据给定芯片器件将最简式化成实验用最简式（用最少器件及门电路的表达式，也称为实验表达式）；根据实验表达式画出逻辑电路图；根据逻辑电路图画逻辑布线图或物理布线图。

将所用芯片插在实验箱上，确定好引脚与相应插孔的位置，根据逻辑布线图或物理布线图接线。进行逻辑功能测试，记录整理实验数据。

4．设计指南

本设计根据最简式和给定的器件求得实验表达式。由于我们做的是近距离无干扰传输，几乎不会有传输错误，所以，偶校验检测器的输出恒为低电平（表示无错），但是，为了检查偶校验检测器在传输数据出错时的输出情况，要人为地设置一个干扰电路。最终全部电路需要用两个二输入单输出与非门、一个二输入单输出异或门、两个四选一数据选择器。

四选一数据选择器（74LS153）选择控制端有两个：选择端 S_1、选择端 S_0，S_1 为高位，S_0 为低位，排列为 $S_1 S_0$。当 $S_1 S_0$ 为 00 时，输出 F 取 C_0 端电平；当 $S_1 S_0$ 为 01 时，输出 F 取 C_1 端电平；当 $S_1 S_0$ 为 10 时，输出 F 取 C_2 端电平；当 $S_1 S_0$ 为 11 时，输出 F 取 C_3 端电平。

每片 74LS153 芯片含两个这样的四选一数据选择器，两个四选一数据选择器共用一套选择端。需要特别注意的是每个四选一数据选择器有一个使能端 G，当使能端 G 为有效电平时（低电平为有效电平），相应的四选一数据选择器工作，否则，相应的四选一数据选择器不工作。

5．实验器材

（1）数字逻辑实验箱一台；

（2）直流稳压电源一台；

（3）示波器一台；

（4）万用表一只；

（5）集成电路：74LS00、74LS86、74LS153 各一片。

6．预习要求

（1）做好实验预习，复习"数字逻辑"相关教材的有关章节。

（2）熟练掌握奇偶校验发生电路的逻辑功能和设计方法。

（3）熟练掌握奇偶校验检测电路的逻辑功能和设计方法。

（4）熟练掌握四选一电路的灵活应用。

（5）熟练掌握用与非门等基本门电路设计并实现组合逻辑电路的一般方法。

（6）查找集成电路手册，画好实验用逻辑电路图和逻辑布线图或物理布线图。

（7）了解实验中所用组件的外引线排列及其使用方法。

（8）画好实验用表格。

（9）做好预习报告。

7．实验报告内容及要求

（1）实验目的。

（2）实验任务及要求。

（3）逻辑设计过程，包括化简的步骤。

（4）画好实验用逻辑电路图和逻辑布线图或物理布线图，并注明有关元件型号。

（5）按要求填写各实验表格。

（6）整理、分析实验数据和结果，列表比较实验任务的理论分析值和实验结果值。

（7）写出心得体会。

2.4.2　步进码发生器电路

1．实验目的

（1）熟练掌握四选一电路的灵活应用。

（2）掌握步进码的规则和发生电路的逻辑功能和设计方法。

2．实验原理与电路

　　格雷(Gray)码是一种常用的 BCD 可靠性编码。格雷码有多种形式，但都有一个共同的特点，就是任意两个相邻的整数，它们的格雷(Gray)码仅有一位有差别。用普通二进制码表示的十进制数，就没有这个特点。这个特点又有什么意义呢？我们先来看看没有这个特点的编码,例如两个相邻的十进制数 13 和 14,它们的二进制码分别为 1101 和 1110,相互之间就有两位不同。在用二进制数做加 1 计数时,例如从 13 变到 14,二进制码的最低两位都要改变。如果两位改变不是同时发生(严格地说,是不会完全同时发生),那么在计数过程中就可能在短暂的时间内出现其他代码。例如从 1101 到 1110,若前一位先置 0,然后第二位再置 1,则这中间就会短暂地出现错误码 1100。这种错误码的出现虽然短暂,有时却是不允许的。Gray 码从编码的形式上杜绝了出现这种错误的可能。

步进码(Walking or Creeping Code)是格雷 Gray 码的一种特殊形式,由于实现起来特别容易而获得广泛应用。在表 2.4.2 中我们列出了一种包含 5 位,循环长度为 10 的步进码。可以看出步进码在计数时,除最右一位以外,其他各位都是它加 1 计数以前右面一位左移而成的。而最右位则是把最左一位变反再循环移位而成的。

表 2.4.2　步进码编码表

十进制数	二进制数	步进码
X	$ABCD$	$F_4 F_3 F_2 F_1 F_0$
0	0000	0 0 0 0 0
1	0001	0 0 0 0 1
2	0010	0 0 0 1 1
3	0011	0 0 1 1 1
4	0100	0 1 1 1 1
5	0101	1 1 1 1 1
6	0110	1 1 1 1 0
7	0111	1 1 1 0 0
8	1000	1 1 0 0 0
9	1001	1 0 0 0 0

BCD 码的步进码发生器是一个四输入五输出的数字逻辑系统。由表 2.4.2 可以写出逻辑表达式,化简后得:

$F_4 = A + BC + BD$;

$F_3 = B + \overline{AD}$;

$F_2 = B + CD$;

$F_1 = \overline{CD} + B \oplus C$;

$F_0 = B \oplus C + \overline{A} \, \overline{CD}$。

由此画出 BCD 码的步进码发生器逻辑图如图 2.4.5 所示。

3. 实验任务与步骤

本实验可以选用异或门、与门、非门和或门实现步进码发生器的逻辑功能,如图 2.4.5 所示。但是,为了锻炼学生的设计能力和灵活运用数据选择器,要求必须用数据选择器设计实现步进码发生器,指定使用 74LS00 二输入四正与非门芯片和 74LS153 双四选一数据选择器(其引脚图见图 2.4.4),要求使用最少器件和门电路完成,见图 2.4.6。

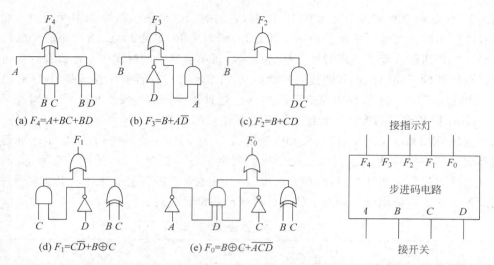

(a) $F_4=A+BC+BD$ (b) $F_3=B+A\overline{D}$ (c) $F_2=B+CD$

(d) $F_1=C\overline{D}+B\oplus C$ (e) $F_0=B\oplus C+\overline{ACD}$

图 2.4.5   步进码发生器逻辑电路图   **图 2.4.6   步进码电路示意图**

首先根据真值表进行逻辑设计；根据逻辑设计通过卡诺图或应用公理、公式进行化简，得到最简式；再根据给定芯片器件将最简式化成实验用最简式（用最少器件及门电路的表达式，也称为实验表达式）；根据实验表达式画出逻辑电路图；根据逻辑电路图画出逻辑布线图或物理布线图。

将所用芯片插在实验箱上，确定好引脚与相应插孔的位置，根据逻辑布线图或物理布线图接线。进行逻辑功能测试，记录整理实验数据。

4．设计指南

这是一个典型的多输出函数系统。设计时要注意：5 个输出函数，4 个用四选一数据选择器实现，另一个用与非门实现。在实现时，要选择逻辑关系最简单、最利于用二输入单输出与非门实现的输出函数用与非门设计；而逻辑关系相对复杂，不利于用二输入单输出与非门实现的输出用四选一数据选择器设计。在选择用四选一数据选择器设计输出函数时，选择那个输入信号作为四选一数据选择器的选择端的控制信号就成为所设计电路能否最优化的关键。因为四选一数据选择器有 2 个选择端，如果是四输入的电路，选择端的控制信号就有 6 种情况，要学会在这些情况中挑选最优的。需要指出的是 4 个用四选一数据选择器实现的输出函数可共用相同的选择端，也可用不同的选择端，但是由于四选一数据选择器（74LS153）本身的限制，每两个输出函数应该共用相同的选择端。

使用四选一数据选择器进行逻辑设计时，建议使用数据选择器输出函数实验表达式表，见表 2.4.3。

表 2.4.3   数据选择器输出函数实验表达式表

控制位 1	控制位 2	输出 1	输出 2	输出 3	输出 4	输出 5	…
0	0	EXP01	EXP02	EXP03	EXP04	EXP05	…
0	1	EXP11	EXP12	EXP13	EXP14	EXP15	…
1	0	EXP21	EXP22	EXP23	EXP24	EXP25	…
1	1	EXP31	EXP32	EXP33	EXP34	EXP35	…

其中,四选一数据选择器真值表见表 2.2.15,控制位 1 即 S_1,控制位 2 即 S_0。EXP01 为对应于控制位 $S_1 S_0$ 是 00 时,输出函数 1 的实验表达式,EXP12 为对应于控制位 $S_1 S_0$ 是 01 时,输出函数 2 的实验表达式,以此类推。在本设计中,选择端的控制信号有 6 种情况,相应就有 6 个这样的功能表。

利用好无关项,也是逻辑设计中化简电路的重要手段。本设计中共有 6 个无关项,正确地选择无关项的逻辑值,可以优化电路。

最终全部电路需要用 4 个二输入单输出与非门、4 个四选一数据选择器。本实验有实验表达式公共门共用的问题,要特别注意多输出逻辑设计各个输出的实验表达式的公共门共用问题。

5. 实验器材

(1) 数字逻辑实验箱一台;

(2) 直流稳压电源一台;

(3) 示波器一台;

(4) 万用表一只;

(5) 集成电路:74LS00 一片、74LS153 两片。

6. 预习要求

(1) 做好实验预习,复习"数字逻辑"相关教材的有关章节。

(2) 掌握格雷码的规则和发生电路的逻辑功能及设计方法。

(3) 熟练掌握四选一电路的灵活应用。

(4) 熟练掌握用与非门等基本门电路设计并实现多输出组合逻辑电路的一般方法。

(5) 查找集成电路手册,画好实验用逻辑电路图和逻辑布线图或物理布线图。

(6) 了解实验中所用组件的外引线排列及其使用方法。

(7) 画好实验用表格。

(8) 做好预习报告。

7. 实验报告内容及要求

(1) 实验目的。

(2) 实验任务及要求。

(3) 逻辑设计过程,包括化简的步骤。

(4) 画好实验用逻辑电路图和逻辑布线图或物理布线图,并注明有关元件型号。

(5) 按要求填写各实验表格。

(6) 整理、分析实验数据和结果,列表比较实验任务的理论分析值和实验结果值。

(7) 写出心得体会。

2.5　编译码及代码转换电路实验

（1）译码器是组合电路。所谓译码,就是把代码的特定含义"翻译"出来的过程,而实现译码操作的电路称为译码器。译码器分成三类:

① 二进制译码器:如 2 线-4 线译码器,3 线-8 线译码器等。

② 二-十进制译码器:实现各种代码之间的转换,如 BCD 码-二进制译码器等。

③ 显示译码器:用来驱动各种数字显示器的电路。

（2）编码器也是组合电路。编码器就是实现编码操作的电路,编码实际上是和译码相反的过程。按照被编码信号的不同特点和要求,编码器也分成三类:

① 二进制编码器:如 4 线-2 线编码器,8 线-3 线编码器等。

② 二-十进制编码器:将十进制的 0～9 编成 BCD 码,如:10 线十进制-4 线 BCD 码编码器等。

③ 优先编码器:如 8-3 线优先编码器等。

2.5.1　2 线-4 线译码器电路

1. 实验目的

熟练掌握译码器电路的逻辑功能和设计方法。

2. 实验原理与电路

2 线-4 线译码器是一个二输入、四输出的数字逻辑系统,2 线-4 线译码器电路是最简单的译码电路,是比较典型的多输出组合电路。其逻辑功能真值表见表 2.5.1。

表 2.5.1　2 线-4 线译码器真值表

输　　入		输　　出			
A	B	F_3	F_2	F_1	F_0
0	0	0	0	0	1
0	1	0	0	1	0
1	0	0	1	0	0
1	1	1	0	0	0

由真值表可以写出逻辑表达式,化简后得:

$$F_3 = AB$$
$$F_2 = A\bar{B}$$
$$F_1 = \bar{A}B$$
$$F_0 = \bar{A}\,\bar{B}$$

由此画出 2 线-4 线译码器逻辑图如图 2.5.1 所示。

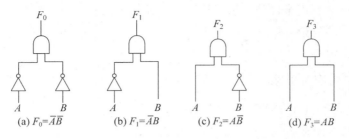

图 2.5.1 2 线-4 线译码器逻辑电路图

3. 实验任务与步骤

本实验选用与非门实现 2 线-4 线译码器的逻辑功能,指定使用 74LS00 二输入四正与非门芯片,要求使用最少的器件和门电路完成,见图 2.5.2。

首先根据真值表进行逻辑设计;根据逻辑设计通过卡诺图或应用公理、公式进行化简,得到最简式;再根据给定芯片器件将最简式化成实验用最简式(用最少器件及门电路的表达式,也称为实验表达式);根据实验表达式画出逻辑电路图;根据逻辑电路图画逻辑布线图或物理布线图。

**图 2.5.2 译码器电路
示意图**

将所用芯片插在实验箱上,确定好引脚与相应插孔的位置,根据逻辑布线图或物理布线图接线。进行逻辑功能测试,记录整理实验数据。

4. 设计指南

本设计直接用最简式求得实验表达式。得到它的实验表达式所需要的化简技巧也是组合逻辑无反变量设计中经常用到的技巧,$A\overline{B}=A\overline{(AB)}$。在这里我们还应用了一个技巧,那就是使输出采用低电平有效,即所谓的负逻辑设计。得到实验表达式共需要 5 个与非门。但是要注意多输出逻辑设计各个输出的实验表达式有公共门共用的问题。

5. 实验器材

(1) 数字逻辑实验箱一台;

(2) 直流稳压电源一台;

(3) 示波器一台;

(4) 万用表一只;

(5) 集成电路:74LS00 两片。

6. 预习要求

(1) 做好实验预习,复习"数字逻辑"相关教材的有关章节。

(2) 熟练掌握译码器电路的逻辑功能和设计方法。

(3) 熟练掌握用与非门等基本门电路设计并实现多输出组合逻辑电路的一般方法。

(4) 查找集成电路手册,画好实验用逻辑电路图和逻辑布线图或物理布线图。

（5）了解实验中所用组件的外引线排列及其使用方法。

（6）画好实验用表格。

（7）做好预习报告。

7．实验报告内容及要求

（1）实验目的。

（2）实验任务及要求。

（3）逻辑设计过程，包括化简的步骤。

（4）画好实验用逻辑电路图和逻辑布线图或物理布线图，并注明有关元件型号。

（5）按要求填写各实验表格。

（6）整理、分析实验数据和结果，列表比较实验任务的理论分析值和实验结果值。

（7）写出心得体会。

2.5.2　余三码编码器电路

1．实验目的

熟练掌握编码器电路的逻辑功能和设计方法。

2．实验原理与电路

余三码编码器是一个十输入、四输出的数字逻辑系统，余三码编码器是比较典型的多输出组合电路。其逻辑功能真值表见表 2.5.2。

由真值表可以写出逻辑表达式，化简后得：

$$F_3 = \bar{f} + \bar{g} + \bar{h} + \bar{i} + \bar{j}$$

$$F_2 = \bar{b} + \bar{c} + \bar{d} + \bar{e} + \bar{j}$$

$$F_1 = \bar{a} + \bar{d} + \bar{e} + \bar{h} + \bar{i}$$

$$F_0 = \bar{a} + \bar{c} + \bar{e} + \bar{g} + \bar{i}$$

由此画出余三码编码器逻辑图如图 2.5.3 所示。

表 2.5.2　余三码编码器真值表

输　　入										输　　出			
a	b	c	d	e	f	g	h	i	j	F_3	F_2	F_1	F_0
0	1	1	1	1	1	1	1	1	1	0	0	1	1
1	0	1	1	1	1	1	1	1	1	0	1	0	0
1	1	0	1	1	1	1	1	1	1	0	1	0	1
1	1	1	0	1	1	1	1	1	1	0	1	1	0
1	1	1	1	0	1	1	1	1	1	0	1	1	1
1	1	1	1	1	0	1	1	1	1	1	0	0	0
1	1	1	1	1	1	0	1	1	1	1	0	0	1

续表

输　入										输　出			
a	b	c	d	e	f	g	h	i	j	F_3	F_2	F_1	F_0
1	1	1	1	1	1	1	0	1	1	1	0	1	0
1	1	1	1	1	1	1	1	0	1	1	0	1	1
1	1	1	1	1	1	1	1	1	0	1	1	0	0

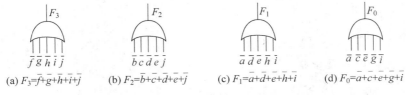

(a) $F_3=\bar{f}+\bar{g}+\bar{h}+\bar{i}+\bar{j}$　(b) $F_2=\bar{b}+\bar{c}+\bar{d}+\bar{e}+\bar{j}$　(c) $F_1=\bar{a}+\bar{d}+\bar{e}+\bar{h}+\bar{i}$　(d) $F_0=\bar{a}+\bar{c}+\bar{e}+\bar{g}+\bar{i}$

图 2.5.3　余三码编码器逻辑电路图

3. 实验任务与步骤

本实验过程选用与非门实现余三码编码器的逻辑功能,指定使用 74LS00 二输入四正与非门芯片和 74LS20 四输入二正与非门芯片,要求使用最少器件和门电路完成,见图 2.5.4。

首先根据真值表进行逻辑设计;根据逻辑设计通过卡诺图或应用公理、公式进行化简,得到最简式;再根据给定芯片器件将最简式化成实验用最简式(用最少器件及门电路的表达式,也称为实验表达式);根据实验表达式画出逻辑电路图;根据逻辑电路图画逻辑布线图或物理布线图。

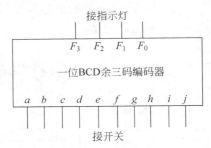

图 2.5.4　一位 BCD 余三码编码器示意图

将所用芯片插在实验箱上,确定好引脚与相应插孔的位置,根据逻辑布线图或物理布线图接线。进行逻辑功能测试,记录整理实验数据。

4. 设计指南

本设计直接用最简式求得实验表达式。在这里我们还应用了一个技巧,那就是使输入采用低电平有效,即所谓的负逻辑输入。最终得到实验表达式共需要 4 个二输入单输出与非门和 4 个四输入单输出与非门。但是要注意多输出逻辑设计各个输出的实验表达式有公共门共用的问题。

5. 实验器材

(1) 数字逻辑实验箱一台;

(2) 直流稳压电源一台;

(3) 示波器一台;

(4) 万用表一只;

(5) 集成电路:74LS00 一片;74LS20 两片。

6．预习要求

（1）做好实验预习，复习"数字逻辑"相关教材的有关章节。

（2）熟练掌握编码器电路的逻辑功能和设计方法。

（3）熟练掌握用与非门等基本门电路设计并实现多输出组合逻辑电路的一般方法。

（4）查找集成电路手册，画好实验用逻辑电路图和逻辑布线图或物理布线图。

（5）了解实验中所用组件的外引线排列及其使用方法。

（6）画好实验用表格。

（7）做好预习报告。

7．实验报告内容及要求

（1）实验目的。

（2）实验任务及要求。

（3）逻辑设计过程，包括化简的步骤。

（4）画好实验用逻辑电路图和逻辑布线图或物理布线图，并注明有关元件型号。

（5）按要求填写各实验表格。

（6）整理、分析实验数据和结果，列表比较实验任务的理论分析值和实验结果值。

（7）写出心得体会。

2.5.3　余三码到 8421 码转换电路

1．实验目的

熟练掌握代码转换器电路的逻辑功能和设计方法。

2．实验原理与电路

这是一个 4 个输入 4 个输出的数字逻辑系统。余三码和 8421 码都是 BCD 码，这是一个比较典型的多输出组合电路。其逻辑功能真值表见表 2.5.3。

表 2.5.3　余三码-8421 码转换电路真值表

输　　　入				输　　　出			
Y_3	Y_2	Y_1	Y_0	B_3	B_2	B_1	B_0
0	0	1	1	0	0	0	0
0	1	0	0	0	0	0	1
0	1	0	1	0	0	1	0
0	1	1	0	0	0	1	1
0	1	1	1	0	1	0	0
1	0	0	0	0	1	0	1
1	0	0	1	0	1	1	0

续表

输 入				输 出			
Y_3	Y_2	Y_1	Y_0	B_3	B_2	B_1	B_0
1	0	1	0	0	1	1	1
1	0	1	1	1	0	0	0
1	1	0	0	1	0	0	1

由真值表可写出的逻辑表达式,化简后得:

$$B_3 = Y_3 Y_2 + Y_3 Y_1 Y_0$$
$$B_2 = Y_3 \overline{Y_1} Y_0 + \overline{Y_2}\,\overline{Y_0} + Y_2 Y_1 Y_0$$
$$B_1 = Y_1 \oplus Y_0$$
$$B_0 = \overline{Y_0}$$

由此画出余三码到 8421 码代码转换电路的逻辑图如图 2.5.5 所示。

3. 实验任务与步骤

本实验可以选用异或门、与门、非门和或门实现余三码到 8421 码代码转换电路的逻辑功能,如图 2.5.5 所示。但是,为了锻炼学生的设计能力,指定使用 74LS00 二输入四正与非门芯片和 74LS86 二输入四正异或门芯片,要求使用最少器件和门电路完成,见图 2.5.6。

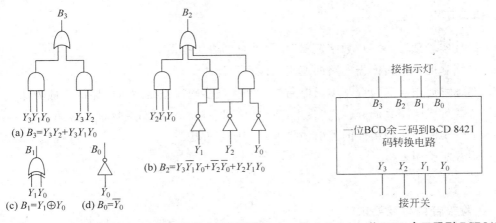

(a) $B_3 = Y_3 Y_2 + Y_3 Y_1 Y_0$

(b) $B_2 = Y_3 \overline{Y_1} Y_0 + \overline{Y_2}\,\overline{Y_0} + Y_2 Y_1 Y_0$

(c) $B_1 = Y_1 \oplus Y_0$

(d) $B_0 = \overline{Y_0}$

图 2.5.5 余三码到 8421 码代码转换电路逻辑图

图 2.5.6 一位 BCD 余三码到 BCD8421 码转换电路示意图

首先依据真值表进行逻辑设计;根据逻辑设计通过卡诺图或应用公理、公式进行化简,得到最简式;再根据给定芯片器件将最简式化成实验用最简式(用最少器件及门电路的表达式,也称为实验表达式);根据实验表达式画出逻辑电路图;根据逻辑电路图画逻辑布线图或物理布线图。

将所用芯片插在实验箱上,确定好引脚与相应插孔的位置,根据逻辑布线图或物理布线图接线。进行逻辑功能测试,记录整理实验数据。

4．设计指南

这又是一个典型的多输出函数系统。设计时要注意：利用好无关项，是逻辑设计中化简电路的重要手段。本设计中共有 6 个无关项，正确地选择无关项的逻辑值，可以使电路优化。

灵活运用异或定律如 $\overline{(A \oplus B)} = \overline{A} \oplus B = A \odot B$、$A \oplus 1 = \overline{A}$ 也可以达到简化实验表达式的目的。

最终全部电路需要用 4 个二输入单输出与非门、3 个二输入单输出异或门。注意实验表达式有公共门共用的问题，特别要注意多输出逻辑设计各个输出的实验表达式的公共门共用问题。

5．实验器材

（1）数字逻辑实验箱一台；

（2）直流稳压电源一台；

（3）示波器一台；

（4）万用表一只；

（5）集成电路：74LS00 一片；74LS86 一片。

6．预习要求

（1）做好实验预习，复习"数字逻辑"相关教材的有关章节。

（2）熟练掌握代码转换器电路的逻辑功能和设计方法。

（3）熟练掌握用与非门等基本门电路设计并实现多输出组合逻辑电路的一般方法。

（4）查找集成电路手册，画好实验用逻辑电路图和逻辑布线图或物理布线图。

（5）了解实验中所用组件的外引线排列及其使用方法。

（6）画好实验用表格。

（7）做好预习报告。

7．实验报告内容及要求

（1）实验目的。

（2）实验任务及要求。

（3）逻辑设计过程，包括化简的步骤。

（4）画好实验用逻辑电路图和逻辑布线图或物理布线图，并注明有关元件型号。

（5）按要求填写各实验表格。

（6）整理、分析实验数据和结果，列表比较实验任务的理论分析值和实验结果值。

（7）写出心得体会。

2.5.4 显示译码器电路

1. 实验目的

（1）熟练掌握显示译码器电路的逻辑功能和设计方法。
（2）掌握多级组合逻辑电路的分块逐级设计和调试方法。

2. 实验原理与电路

BCD 码七段显示译码电路是一个 4 个输入 7 个输出的数字逻辑系统。这个设计任务也是一个比较典型的多输出组合电路。其逻辑功能真值表见表 2.5.4。

表 2.5.4　显示译码电路真值表

输　入				输　　出						
A_3	A_2	A_1	A_0	F_a	F_b	F_c	F_d	F_e	F_f	F_g
0	0	0	0	1	1	1	1	1	1	0
0	0	0	1	0	1	1	0	0	0	0
0	0	1	0	1	1	0	1	1	0	1
0	0	1	1	1	1	1	1	0	0	1
0	1	0	0	0	1	1	0	0	1	1
0	1	0	1	1	0	1	1	0	1	1
0	1	1	0	1	0	1	1	1	1	1
0	1	1	1	1	1	1	0	0	0	0
1	0	0	0	1	1	1	1	1	1	1
1	0	0	1	1	1	1	1	0	1	1

由真值表可写出的逻辑表达式,化简后得:

$$F_a = A_3 + A_1 + A_2 A_0 + \overline{A_2}\,\overline{A_0};$$

$$F_b = \overline{A_2} + A_1 A_0 + \overline{A_1}\,\overline{A_0};$$

$$F_c = A_2 + \overline{A_1} + A_0;$$

$$F_d = A_3 + A_1\,\overline{A_0} + \overline{A_2}\,\overline{A_0} + \overline{A_2}A_1 + A_2\,\overline{A_1}A_0;$$

$$F_e = A_1\,\overline{A_0} + \overline{A_2}\,\overline{A_0};$$

$$F_f = A_3 + A_2\,\overline{A_1} + A_2\,\overline{A_0} + \overline{A_1}\,\overline{A_0};$$

$$F_g = A_3 + A_2\,\overline{A_1} + A_1\,\overline{A_0} + \overline{A_2}\,\overline{A_1}.$$

由此画出 BCD 码七段显示译码电路逻辑图如图 2.5.7 所示。

半导体数码管是用发光二极管(简称 LED)组成的字型来显示数字的,7 个条形发光二极管排列成七段组合字型,便构成了半导体七段数码管。数码管分共阴极和共阳极两种类型,共阴极数码管的所有发光二极管采用阴极相连并共地连接;所有发光二极管阳极独立,并由高电平驱动显示。共阳极数码管恰好相反,所有发光二极管采用阳极相连并共+5V

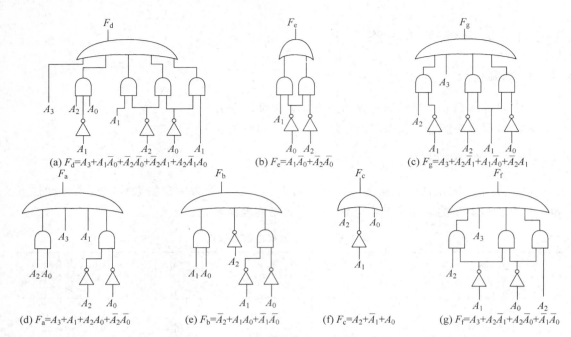

(a) $F_d = A_3 + A_1\bar{A}_0 + \bar{A}_2\bar{A}_0 + \bar{A}_2 A_1 + A_2 \bar{A}_1 A_0$

(b) $F_e = A_1 \bar{A}_0 + \bar{A}_2 \bar{A}_0$

(c) $F_g = A_3 + A_2 \bar{A}_1 + A_1 \bar{A}_0 + \bar{A}_2 A_1$

(d) $F_a = A_3 + A_1 + A_2 A_0 + \bar{A}_2 \bar{A}_0$

(e) $F_b = \bar{A}_2 + A_1 A_0 + \bar{A}_1 \bar{A}_0$

(f) $F_c = A_2 + \bar{A}_1 + A_0$

(g) $F_f = A_3 + A_2 \bar{A}_1 + A_2 \bar{A}_0 + \bar{A}_1 \bar{A}_0$

图 2.5.7 显示译码电路逻辑图

连接；所有发光二极管阴极独立，并由低电平驱动显示。

本实验选用常用的共阴极半导体数码管，它们的型号为 LC5011-11 共阴数码管，LC5011-11 共阴数码管引脚排列如图 2.5.8 所示。

LC5011-11 共阴数码管其内部实际上是一个八段发光二极管负极连在一起的电路，如图 2.5.9 所示。当在 a、b、c、d、e、f、g、DP 段加上正向电压时，发光二极管就会亮。比如显示二进制数 0101（即十进制数 5），使显示器的 a、f、g、c、d 段加上高电平就行了。

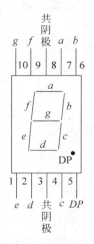

图 2.5.8 数码管引脚分配

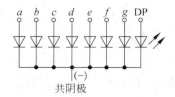

图 2.5.9 共阴极数码管内部原理图

3．实验任务与步骤

本实验可以选用与门、非门和或门实现 BCD 码七段显示译码电路的逻辑功能，如图 2.5.7 所示。但是，为了锻炼学生的设计能力，让学生对四选一逻辑器件的使用技巧有更

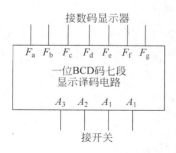

接数码显示器

F_a F_b F_c F_d F_e F_f F_g

一位BCD码七段
显示译码电路

A_3 A_2 A_1 A_1

接开关

**图 2.5.10 一位 BCD 码七段显示
译码电路示意图**

进一步的了解，要求必须用数据选择器设计实现 BCD 码七段显示译码电路，指定使用 74LS00 二输入四正与非门芯片、74LS20 四输入二正与非门芯片和 74LS153 双四选一数据选择器(其引脚图见图 2.4.4)，要求使用最少的器件和门电路完成，见图 2.5.10。

首先根据真值表进行逻辑设计；根据逻辑设计通过卡诺图或应用公理、公式进行化简，得到最简式；再根据给定芯片器件将最简式化成实验用最简式(用最少器件及门电路的表达式，也称为实验表达式)；根据实验表达式画出逻辑电路图；根据逻辑电路图画逻辑布线图或物理布线图。

将所用芯片插在实验箱上，确定好引脚与相应插孔的位置，根据逻辑布线图或物理布线图接线。进行逻辑功能测试，记录整理实验数据。

4．设计指南

这是一个多输出函数系统。设计时要注意：7 个输出函数，4 个用四选一数据选择器实现，另 3 个用与非门实现。在实现时，要选择逻辑关系最简单，最利于用二输入单输出与非门和四输入单输出与非门实现的输出函数用与非门设计；而逻辑关系相对复杂，不利于用二输入单输出与非门和四输入单输出与非门实现的输出用四选一数据选择器设计。在选择用四选一数据选择器设计输出函数时，选择那个输入信号作为四选一数据选择器的选择端的控制信号就成为所设计电路能否最优化的关键。因为四选一数据选择器有两个选择端，如果是四输入的电路，选择端的控制信号就有 6 种情况，要学会在这些情况中挑选最优的。

用四选一数据选择器进行逻辑设计时，建议使用数据选择器输出函数实验表达式，见表 2.5.5。

表 2.5.5 数据选择器输出函数实验表达式表

控制位 1	控制位 2	输出 1	输出 2	输出 3	输出 4	输出 5	…
0	0	EXP01	EXP02	EXP03	EXP04	EXP05	…
0	1	EXP11	EXP12	EXP13	EXP14	EXP15	…
1	0	EXP21	EXP22	EXP23	EXP24	EXP25	…
1	1	EXP31	EXP32	EXP33	EXP34	EXP35	…

其中，四选一数据选择器真值表见表 2.2.15，控制位 1 即 S_1，控制位 2 即 S_0。EXP01 为对应于控制位 S_1S_0 是 00 时，输出函数 1 的实验表达式，EXP12 为对应于控制位 S_1S_0 是 01 时，输出函数 2 的实验表达式，以此类推。相对于本设计中选择端的控制信号的 6 种情况，就有 6 个这样的功能表。

利用好无关项,也是逻辑设计中化简电路的重要手段。本设计中共有 6 个无关项,正确地选择无关项的逻辑值,可以使电路优化。

最终全部电路需要用 7 个二输入单输出与非门、2 个四输入单输出与非门、4 个四选一数据选择器。注意实验表达式有公共门共用的问题,特别要注意多输出逻辑设计各个输出的实验表达式的公共门共用的问题。

需要指出的是 4 个用四选一数据选择器实现的输出函数可共用相同的选择端,也可用不同的选择端,但是由于四选一数据选择器(74LS153)本身的限制,每两个输出函数应该共用相同的选择端。

5. 实验器材

(1) 数字逻辑实验箱一台;

(2) 直流稳压电源一台;

(3) 示波器一台;

(4) 万用表一只;

(5) 集成电路:74LS00 两片、74LS20 一片、74LS153 两片;

(6) 共阴极数码管一只。

6. 预习要求

(1) 做好实验预习,复习"数字逻辑"相关教材的有关章节。

(2) 熟练掌握显示译码器电路的逻辑功能和设计方法。

(3) 掌握多级组合逻辑电路的分块逐级设计和调试方法。

(4) 熟练掌握用与非门等基本门电路设计并实现多输出组合逻辑电路的一般方法。

(5) 查找集成电路手册,画好实验用逻辑电路图和逻辑布线图或物理布线图。

(6) 了解实验中所用组件的外引线排列及其使用方法。

(7) 画好实验用表格。

(8) 做好预习报告。

7. 实验报告内容及要求

(1) 实验目的。

(2) 实验任务及要求。

(3) 逻辑设计过程,包括化简的步骤。

(4) 画好实验用逻辑电路图和逻辑布线图或物理布线图,并注明有关元件型号。

(5) 按要求填写各实验表格。

(6) 整理、分析实验数据和结果,列表比较实验任务的理论分析值和实验结果值。

(7) 写出心得体会。

第 **3** 章　　时序逻辑电路实验

3.1　时序逻辑电路设计方法

时序逻辑电路简称时序电路。构成时序电路的基本单元电路是触发器。按触发方式时序电路可以分成两类。一类是同步时序电路,另一类是异步时序电路。同步时序电路中的所有触发器共用一个时钟信号,即所有触发器的状态转换发生在同一时刻;而异步时序电路则不同,所有触发器不再共用一个时钟信号,有的触发器的时钟信号是另一个触发器的输出,就是说所有触发器的状态转换不一定发生在同一时刻。时序电路分为米里型和莫尔型两类。时序电路的输出状态与输入和现态有关的电路称为米里型,而输出状态只与现态有关的电路,则称为莫尔型。

3.1.1　时序逻辑电路的特点

时序逻辑电路的特点是电路任一时刻的输出状态不仅取决于当时的输入信号,而且还取决于电路原来的状态,或者说与以前的输入有关。时序电路的输出状态既然与电路的原来状态有关,那么构成时序电路就必须有存储电路,而且存储电路的输出状态还必须与输入信号共同决定时序电路的输出状态。图 3.1.1 示出了由组合电路和存储电路构成的时序电路普遍形式的框图。应指出的是,时序电路的状态,就是依靠存储电路记忆来表示的,时序电路中可以没有组合电路,但不能没有存储电路。

3.1.2　时序逻辑电路的表示方法

1. 逻辑表达式

图 3.1.1 框图中 X 为组合电路的输入信号,F 为组合电路的输出信号,Z 为存储电路的输入信号,Q 为存储电路的输出信号。它们之间的逻辑关系可以用三个向量函数表示:

$$F(t_n) = W[X(t_n), Q(t_n)] \qquad (3.1.1)$$

$$Q(t_{n+1}) = G[Z(t_n), Q(t_n)] \qquad (3.1.2)$$

$$Z(t_n) = H[X(t_n), Q(t_n)] \qquad (3.1.3)$$

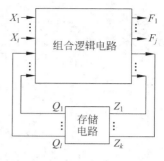

图 3.1.1　时序逻辑电路框图

式(3.1.1)、式(3.1.2)和式(3.1.3)中的 t_n 和 t_{n+1} 表示两个相邻的离散时间。由于 $F_1, F_2, \cdots, F_j$ 是电路的输出信号(又称外部状态),故把式(3.1.1)叫做输出方程;而 $Q_1, Q_2, \cdots, Q_l$ 表示的是存储电路的状态,称为状态变量(又称内部状态),所以把式(3.1.2)称作状态方程;而 $Z_1, Z_2, \cdots, Z_k$ 是存储电路的驱动或激励信号,因而式(3.1.3)称作驱动方程或激励方程。

2. 状态表

在时序电路中,输入与状态转换关系的研究可以用表格方式,这样建立的表格称为状态转换表,简称状态表。

3. 状态图

在时序电路中,输入与状态转换关系的研究可以用图解方式,这样建立的图称为状态转换图,简称状态图。

3.1.3　时序逻辑电路的设计方法与步骤

所谓设计时序电路,就是要根据给定的逻辑问题,求出实现这一逻辑功能的时序电路。时序电路的设计通常是按下述步骤进行的。

(1) 画状态转换图或状态转换表

要画状态转换图,首先得确定输入变量、输出变量和状态数。通常取原因或条件作为输入变量,取结果作为输出变量。其次对输入、输出和电路状态进行定义,并对电路状态顺序进行编号。最后按照命题要求画出状态转换图或状态转换表。

(2) 状态化简

在第一步得到的状态转换图或状态转换表中可能包含等价状态,因此,需进行状态化简。两个或多个等价状态可以合并成一个状态。两个状态在输入相同的条件下,转换到同一个次态,而且得到相同的输出,则这两个状态为等价状态。等价状态的合并,会使电路的状态数目减少。当然时序电路就简单了。

(3) 状态分配

时序电路的状态,通常是用触发器的状态组合来表示的,因此得先确定触发器数目。因为 n 个触发器共有 2^n 种状态组合,所以要得到 M 个状态组合,即电路的状态数,必须取 $2^{n-1} < M \leqslant 2^n$。

其次,要给电路的每一个状态规定与之对应的触发器状态组合。由于每一组触发器的状态组合都是一组二值代码,所以状态分配也称作状态编码。如果状态分配得当,设计的电路可能简单,否则电路会复杂。

（4）确定触发器类型并求出驱动方程和输出方程

因为不同逻辑功能的触发器的特性方程不同，所以只有选定触发器之后，才能求出状态方程，进而求出驱动方程和输出方程。

（5）按照驱动方程和输出方程画出逻辑图

（6）检查所设计的电路能否自启动

无效状态能够在有数个时钟脉冲的作用下进入有效循环中，说明该电路能够自启动，否则电路不能自启动。如果检查结果是电路不能自启动，就得修改设计，使之能自启动。另外，还可以在电路开始工作时，将电路的状态置成有效循环中的某一状态。

对于用中规模集成电路设计时序电路的情况，第（4）步以后的几步就不完全适用了。由于中规模集成电路已经具有了一定的逻辑功能，因此用中规模集成电路设计电路时，希望设计结果与命题要求的逻辑功能之间有明显的对应关系，以便于修改设计。选定合适的中规模集成电路之后，可根据命题要求确定控制端的驱动方程和电路的输出方程。

3.2 触发器及其功能测试实验

触发器是具有记忆作用的基本单元，在时序电路中是必不可少的。触发器具有两个基本性质：在一定的条件下，触发器可以维持在两种稳定状态（0 或 1）之一而保持不变；在一定的外加信号的作用下，触发器可以从一种状态转变成另一稳定状态（1→0 或 0→1），因此，触发器可记忆二进制的 0 或 1，被用作二进制的存储单元。

触发器可以根据时钟脉冲输入分为两大类：一类是没有时钟输入端的触发器，称为基本触发器；另一类是有时钟脉冲输入端的触发器，称为时钟触发器。

3.2.1 基本触发器电路

1. 实验目的

（1）熟练掌握触发器的两个基本性质——两个稳态和触发翻转。
（2）掌握基本触发器的电路组成形式、逻辑功能和设计方法。

2. 实验原理与电路

1）与非门组成的基本触发器

由两个与非门组成的基本触发器如图 3.2.1 所示，它有两个输出端（Q 和 $\overline{Q}$），两个输入端（$\overline{S}$ 和 $\overline{R}$），逻辑功能如表 3.2.1 所示。

表 3.2.1 与非门组成的基本触发器功能表

$\overline{S}$	$\overline{R}$	Q	$\overline{Q}$
1	1	不变	不变
1	⊔	0	1
⊔	1	1	0
⊔	⊔	不定	不定

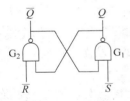

图 3.2.1 基本解发器逻辑图

由表 3.2.1 可知：

（1）当 $\bar{S}=\bar{R}=1$ 时，该触发器保持原先的 1 或 0 状态不变，即稳定状态。

（2）当 $\bar{S}=1$，$\bar{R}$ 端输入负脉冲时，则不管原来是为 1 或 0 状态，由于与非门"有低出高，全高出低"的特性，新状态一定为 0 状态，即 Q 为 0，$\bar{Q}$ 为 1。

（3）当 $\bar{R}=1$，$\bar{S}$ 端输入负脉冲时，则不管原来是为 1 或 0 状态，新状态一定为 1，即 Q 为 1，$\bar{Q}$ 为 0。

（4）当 $\bar{S}$、$\bar{R}$ 同时输入由高到低电平时，则 $Q=\bar{Q}=1$，之后，若 $\bar{S}$、$\bar{R}$ 同时由低变高，则新的状态有可能为 1，也可能为 0。这取决于两个与非门的延时传输时间，这一状态，对触发器来说是不正常的，在使用中应尽量避免。

2）或非门组成的基本触发器

基本触发器也可由或非门组成，如图 3.2.2 所示。表 3.2.2 为其逻辑功能表。

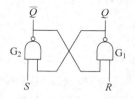

图 3.2.2　基本解发器逻辑图

表 3.2.2　或非门组成的基本触发器功能表

S	R	Q	$\bar{Q}$
0	0	不变	不变
0	⊓	0	1
⊓	0	1	0
⊓	⊓	不定	不定

由于或非门逻辑关系为"有高出低，全低出高"，因此，在输入 S 和 R 端，平时应为低电平，而不是高电平。由表 3.2.2 可知：

（1）$S=R=0$ 时，状态不变。

（2）$S=0$，R 为正脉冲输入时，$Q=0$，$\bar{Q}=1$。

（3）$R=0$，S 为正脉冲输入时，$Q=1$，$\bar{Q}=0$。

（4）S、R 均为正脉冲输入时，则 Q 和 $\bar{Q}$ 状态不定。这一状态对触发器来说也是不正常的，应尽量避免。

3. 实验任务与步骤

1）与非门组成的基本触发器

将 74LS00 二输入四正与非门插入实验箱插座中，由两个与非门组成的基本触发器如图 3.2.1 所示，其中两个输出端（Q 和 $\bar{Q}$）接两个发光二极管，两个输入端（$\bar{S}$ 和 $\bar{R}$）分别接逻辑开关 K_1、K_2。

按表 3.2.1 分别拨动逻辑开关 K_1、K_2，输入 $\bar{S}$ 和 $\bar{R}$ 的状态，观察输出 Q 和 $\bar{Q}$ 的状态，并记录。

2）或非门组成的基本触发器

将 74LS02 二输入四正或非门插入实验箱插座中，其引脚图见图 3.2.3。由两个或非门组成的基本触发器如图 3.2.2 所示，其中两个输出端（Q 和 $\bar{Q}$）接两个发光二极管，两个输入端（$\bar{S}$ 和 $\bar{R}$）分别接逻辑开关 K_1、K_2。

按表 3.2.2 分别拨动逻辑开关 K_1、K_2，输入 $\bar{S}$ 和 $\bar{R}$ 的状态，观察输出 Q 和 $\bar{Q}$ 的状态，并记录。

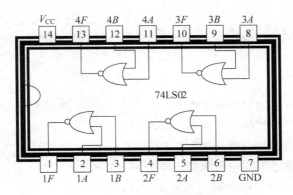

图 3.2.3　74LS02 引脚图

4．设计指南

本设计主要是为了使学生体会、理解有记忆功能的基本时序部件的设计,理解存储单元的概念,掌握使用次态真值表、次态卡诺图、次态方程、激励表、波形图等工具。

5．实验器材

(1) 数字逻辑实验箱一台;

(2) 直流稳压电源一台;

(3) 示波器一台;

(4) 万用表一只;

(5) 集成电路:74LS00 一片。

6．预习要求

(1) 做好实验预习,复习"数字逻辑"相关教材的有关章节。

(2) 熟练掌握触发器的两个基本性质——两个稳态和触发翻转。

(3) 掌握基本触发器的电路组成形式、逻辑功能和设计方法。

(4) 查找集成电路手册,画好实验用逻辑电路图和逻辑布线图或物理布线图。

(5) 了解实验中所用组件的外引线排列及其使用方法。

(6) 画好实验用表格。

(7) 做好预习报告。

7．实验报告内容及要求

(1) 实验目的。

(2) 实验任务及要求。

(3) 逻辑设计过程,包括化简的步骤。

(4) 画好实验用逻辑电路图和逻辑布线图或物理布线图,并注明有关元件型号。

(5) 按要求填写各实验表格。

(6) 整理、分析实验数据和结果,列表比较实验任务的理论分析值和实验结果值。

(7) 写出心得体会。

3.2.2　时钟触发器电路

1.实验目的

（1）熟练掌握触发器的两个基本性质——两个稳态和触发翻转。

（2）掌握触发器的分类——基本触发器和时钟触发器。

（3）掌握时钟触发器的逻辑功能和触发方式。

（4）了解时钟触发器不同逻辑功能之间的相互转换。

（5）熟练掌握 D 触发器的逻辑功能和使用方法。

（6）熟练掌握 J-K 触发器的逻辑功能和使用方法。

2.实验原理与电路

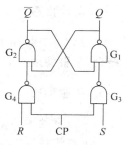

（1）时钟触发器按逻辑功能分,有以下 5 种:RS,D,JK,T,T′。

① RS 触发器

图 3.2.4 示出了同步式结构的 RS 触发器逻辑电路图。CP 是时钟输入端,平时为低电平,这迫使门 G_3、G_4 均为高电平输出,于是由门 G_1、G_2 交叉耦合组成的基本触发器维持原状态不变。当 CP 为高电平,即时钟(正)脉冲出现时,门 G_3 或门 G_4 的输出端才可能出现低电平(取决于当时的控制输入 S 和 R),触发器的状态才可能发生变化。

图 3.2.4　RS 触发器逻辑图

RS 触发器的功能表、驱动表如表 3.2.3 和表 3.2.4 所示。

<table>
<tr><td colspan="3" align="center">表 3.2.3　RS 触发器功能表</td></tr>
<tr><th>S</th><th>R</th><th>Q^{n+1}</th></tr>
<tr><td>0</td><td>0</td><td>Q^n</td></tr>
<tr><td>0</td><td>1</td><td>0</td></tr>
<tr><td>1</td><td>0</td><td>1</td></tr>
<tr><td>1</td><td>1</td><td>不定</td></tr>
</table>

<table>
<tr><td colspan="4" align="center">表 3.2.4　RS 触发器驱动表</td></tr>
<tr><th>Q^n</th><th>Q^{n+1}</th><th>S</th><th>R</th></tr>
<tr><td>0</td><td>0</td><td>0</td><td>×</td></tr>
<tr><td>0</td><td>1</td><td>1</td><td>0</td></tr>
<tr><td>1</td><td>0</td><td>0</td><td>1</td></tr>
<tr><td>1</td><td>1</td><td>×</td><td>0</td></tr>
</table>

RS 触发器的特性方程为:$Q^{n+1}=S+\bar{R}Q^n$

约束条件:$SR=0$

② D 触发器

D 触发器是由 RS 触发器演变成的。是 $R=\bar{S}$ 条件下的特例,其逻辑电路如图 3.2.5 所示。功能表和驱动表分别如表 3.2.5 和表 3.2.6 所示。

D 触发器的特性方程是:$Q^{n+1}=D$。

③ JK 触发器

JK 触发器的控制输入端为 J 和 K,它也是从 RS 触发器演变而来的,是针对 RS 逻辑功能不完善的又一种改进。其逻辑图如图 3.2.6 所示,功能表和驱动表分别如表 3.2.7 和表 3.2.8 所示。

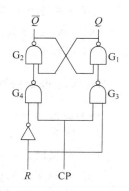

图 3.2.5　D 触发器逻辑图

表 3.2.5　D 触发器功能表

D	Q^{n+1}
0	0
1	1

表 3.2.6　D 触发器驱动表

Q^n	Q^{n+1}	D
0	0	0
0	1	1
1	0	0
1	1	1

表 3.2.7　JK 触发器功能表

J	K	Q^{n+1}
0	0	Q^n
0	1	0
1	0	1
1	1	$\overline{Q^n}$

表 3.2.8　JK 触发器驱动表

Q^n	Q^{n+1}	J	K
0	0	0	$\times$
0	1	1	$\times$
1	0	$\times$	1
1	1	$\times$	0

JK 触发器的特性方程是：

$$Q^{n+1} = J\,\overline{Q^n} + \overline{K}Q^n$$

④ T 和 T′触发器

T 触发器可以看成是 $J=K$ 条件下的特例，它只有一个控制输入端 T。图 3.2.7 为 T 触发器的逻辑图，表 3.2.9 和表 3.2.10 分别为其功能表和驱动表。

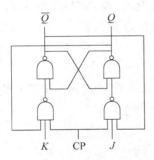

图 3.2.6　JK 触发器逻辑图

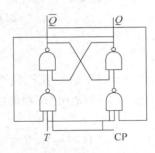

图 3.2.7　T 触发器逻辑图

表 3.2.9　T 触发器功能表

T	Q^{n+1}
0	Q^n
1	$\overline{Q^n}$

表 3.2.10　T 触发器驱动表

Q^n	Q^{n+1}	T
0	0	0
0	1	1
1	0	1
1	1	0

T 触发器的特性方程是

$$Q^{n+1} = T\,\overline{Q^n} + \overline{T}Q^n$$

如果 T 输入端恒为高电平，T 触发器就成了所谓 T′触发器。T′触发器可以看成 T 触发器的 T 输入端恒等于 1 条件下的特例，它没有控制输入端，因而也就没有驱动表可言。其特性方程是：

$$Q^{n+1} = \overline{Q^n}$$

（2）时钟触发器的触发方式，往往取决于该时钟触发器的结构，通常有三种不同的触发方式：电平触发（高电平触发、低电平触发），边沿触发（上升沿触发、下降沿触发），主从触发。

① 电平触发

电平触发可以分高电平触发和低电平触发两种。图 3.2.4 所示的 RS 触发器（同步式），其触发方式就是高电平触发，如 RS 触发器由或非门构成，则其触发方式就是低电平触发。

由图 3.2.4 可知，当时钟脉冲输入 CP 为低电平时，两个与非门被封锁，即 S、R 端不论为何值对 RS 触发器均无影响。当 CP 脉冲为高电平时，门 G_3、G_4 打开。其输出状态由 S、R 的值决定。

因此，同步式 RS 触发器的状态，在 CP 高电平期间，接收控制输入信号，改变状态。这就是高电平触发方式。

高电平触发方式的根本缺陷是空翻问题，SR、JK、T 和 T′ 同步式触发器中均存在这个问题。

② 边沿触发

边沿触发分上升沿触发和下降沿触发。有些触发器仅在时钟脉冲 CP 的上升沿（0→1 变化边沿↑）才能接收控制输入信号，改变状态，这种触发方式称为上升沿触发方式。有些触发器，仅在时钟脉冲 CP 的下降沿（1→0 变化边沿↓）才能接收控制输入信号，改变状态，这种触发方式称为下降沿触发方式。

③ 主从触发方式

主从触发器内部电路结构包含主触发器和从触发器，在 CP 脉冲输入高电平期间，主触发器接收控制输入信号，CP 下降沿时刻从触发器可以改变状态——向主触发器看齐。

3. 实验任务与步骤

由于几种触发器测试类似，我们仅选用常用的上升沿触发的 74LS74 双 D 功能的触发器和下降沿触发的 74LS112 双 JK 功能的触发器进行测试。

1）D 触发器

74LS74 正沿触发双 D 型触发器的外引脚排列图如图 3.2.8 所示。

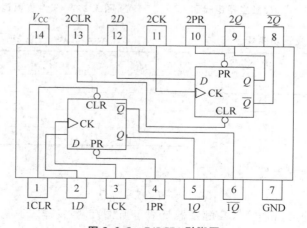

图 3.2.8 74LS74 引脚图

将 74LS74 芯片插入实验箱的 IC 空插座中,按图 3.2.9 D 触发器接线图接线,其中 D、CLR,PR 分别接逻辑开关 K_1,K_2 和 K_3,CK 接单次脉冲(实验箱上已自备),输出 Q 和 $\overline{Q}$ 分别接两只发光二极管 LED。V_{CC} 和 GND 接 $+5V$ 电源和逻辑地。

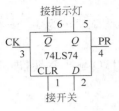

接通电源,按下列几步验证 D 触发器功能:

置 $CLR(K_2)=0$,$PR(K_3)=1$,则 $Q=0$,输入按动单次脉冲,Q 和 $\overline{Q}$ 状态不变,改变 $D(K_1)$,再输入按动单次脉冲,Q 和 $\overline{Q}$ 仍不变。

置 $PR(K_3)=0$,$CLR(K_2)=1$,则 $Q=1$。输入按动单次脉冲,Q 和 $\overline{Q}$ 状态不变,改变 $D(K_1)$,再输入按动单次脉冲,Q 和 $\overline{Q}$ 仍不变。

图 3.2.9　D 触发器示意图

置 $CLR(K_2)=1$,$PR(K_3)=1$,$D(K_1)=1$,输入按动单次脉冲,则 $Q=1$;若 $D(K_1)=0$,输入按动单次脉冲,则 $Q=0$。

把 $D(K_1)$ 接到 K_1 的导线去掉,而把 $\overline{Q}$ 和 D 相连接,输入(按动)单次脉冲,Q 这时在脉冲上升沿时翻转,即 $Q^{n+1}=\overline{Q^n}$。

2) JK 触发器

74LS112 负沿触发双 JK 触发器的外引脚排列图如图 3.2.10 所示。

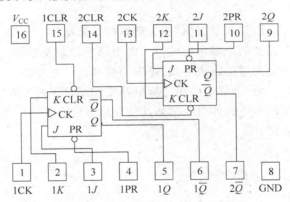

图 3.2.10　74LS112 引脚图

将 74LS112 芯片插入实验箱的 IC 空插座中。按图 3.2.11 JK 触发器接线图接线,其中 CLR、PR、J、K 分别接 4 只逻辑开关 K_1、K_2、K_3、K_4,CP 接单次脉冲,Q 和 $\overline{Q}$ 分别接两只发光二极管,V_{CC} 和 GND 接 5V 电源和逻辑地。

接通电源,按下列几步验证 JK 触发器的功能:

置 $CLR(K_1)=0$,$PR(K_2)=1$,则 $Q=0$,输入按动单次脉冲,Q 和 $\overline{Q}$ 状态不变;改变 $J(K_3)$、$K(K_4)$,再输入按动单次脉冲,Q 和 $\overline{Q}$ 仍不变。

置 $CLR(K_1)=1$,$PR(K_2)=0$,则 $Q=1$;输入按动单次脉冲,Q 和 $\overline{Q}$ 状态不变;改变 $J(K_3)$、$K(K_4)$,再输入按动单次脉冲,Q 和 $\overline{Q}$ 仍不变。

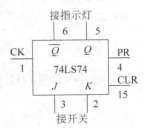

图 3.2.11　JK 触发器示意图

当置 $CLR(K_1)=1$,$PR(K_2)=1$ 时,则分别置:

$J(K_3)=0$，$K(K_4)=0$，输入按动单次脉冲，则 Q 和 $\bar{Q}$ 状态不变。即若原先 $Q=1$，则 Q 仍为 1；若原先 $Q=0$，则 Q 仍为 0。

$J(K_3)=0$，$K(K_4)=1$，输入按动单次脉冲，则在 CP 下降沿时，Q 输出为 0。继续输入按动单次脉冲，Q 保持 0 不变。

$J(K_3)=1$，$K(K_4)=0$，输入按动单次脉冲，则在 CP 下降沿时，Q 输出为 1。继续输入按动单次脉冲，Q 保持 0 不变。

$J(K_3)=1$，$K(K_4)=1$，输入按动单次脉冲，则在 CP 下降沿时，Q 输出翻转，即 $Q^{n+1}=\bar{Q^n}$。

4. 实验器材

(1) 数字逻辑实验箱一台；

(2) 直流稳压电源一台；

(3) 示波器一台；

(4) 万用表一只；

(5) 集成电路：74LS74 一片；74LS112 一片。

5. 预习要求

(1) 做好实验预习，复习"数字逻辑"相关教材的有关章节。

(2) 熟练掌握触发器的两个基本性质——两个稳态和触发翻转。

(3) 掌握基本触发器的电路组成形式、逻辑功能和设计方法。

(4) 查找集成电路手册，画好实验用逻辑电路图和逻辑布线图或物理布线图。

(5) 了解实验中所用组件的外引线排列及其使用方法。

(6) 画好实验用表格。

(7) 做好预习报告。

6. 实验报告内容及要求

(1) 实验目的。

(2) 实验任务及要求。

(3) 逻辑设计过程，包括化简的步骤。

(4) 画好实验用逻辑电路图和逻辑布线图或物理布线图，并注明有关元件型号。

(5) 按要求填写各实验表格。

(6) 整理、分析实验数据和结果，列表比较实验任务的理论分析值和实验结果值。

(7) 写出心得体会。

3.3 寄存器及其应用

在数字电路中，常常需要将一些数码、指令或运算结果暂时存放起来，能完成这种作用的部件叫寄存器。寄存器具有清除数码、接收数码、存放数码和传送数码的功能。寄存器分为数据（码）寄存器和移位寄存器两种。

3.3.1 数据寄存器

1. 实验目的

（1）熟悉数据寄存器的电路结构和工作原理。
（2）掌握数据寄存器的设计方法。
（3）掌握时序逻辑电路的一般设计方法。

2. 实验原理与电路

数码寄存器的存储功能一般是由触发器来完成的，所以触发器是数码寄存器的核心。由 JK 触发器组成的数码寄存器如图 3.3.1 所示，$\overline{R_d}$(CLR)端输入负脉冲时使各移位寄存器清零。

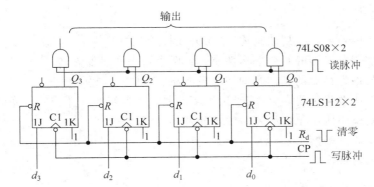

图 3.3.1 四位数据寄存器

CP(CK)端的脉冲为写脉冲，当 CP 脉冲下降沿到来时，$d_3 d_2 d_1 d_0$ 各位数据被输入到寄存器中，并寄存。数码的输出由读出脉冲控制。所以此数据寄存器就有如下 4 个功能：清除、写入、寄存、读出。这种输入、输出方式称为并行输入、并行输出。

3. 实验任务与步骤

把两片 74LS112 双 JK 触发器、一片 74LS08 和一片 74LS06 插在实验箱插座上，按图 3.3.1 接线。$d_3 d_2 d_1 d_0$ 接数据开关（对应逻辑开关 $K_3 K_2 K_1 K_0$），与门输出接 4 只 LED 发光二极管（$L_3 L_2 L_1 L_0$），4 只触发器的清零端 $\overline{R_d}$(CLR)连接到实验箱上的复位按钮（开关 K_4），写入脉冲接单次脉冲，读出脉冲接逻辑开关（K_5）。接线完毕，则可进行通电实验。

置 $d_3 d_2 d_1 d_0 = 1010$，开关 K_4 经过 $1 \rightarrow 0 \rightarrow 1$ 完成清零操作，输入按动单次脉冲，这时 $Q_3 Q_2 Q_1 Q_0$ 将被置为 1010，再将读出开关（对应逻辑开关 K_5）置 1，就可以观察到 4 只发光二极管 $L_3 L_2 L_1 L_0$ 为亮、灭、亮、灭，即输出数据为 1010。

改变 $d_3 d_2 d_1 d_0$ 的数值，重复上述步骤，验证其数据寄存的功能，并记录结果。

用 D 触发器代替 JK 触发器，也能很方便地实现数据寄存的功能。

4. 设计指南

本设计主要是为了使学生学会使用基本时序部件触发器进行逻辑设计,掌握次态真值表、次态卡诺图、次态方程、激励表、波形图等工具的使用方法,需要注意的是所提供的时序部件有正负两个输出端,这为设计带来了极大的便利。

5. 实验器材

(1) 数字逻辑实验箱一台;

(2) 直流稳压电源一台;

(3) 示波器一台;

(4) 万用表一只;

(5) 集成电路:74LS08、74LS06 各两片;74LS112 两片。

6. 预习要求

(1) 做好实验预习,复习"数字逻辑"相关教材的有关章节。

(2) 熟练掌握触发器的两个基本性质——两个稳态和触发翻转。

(3) 掌握数据寄存器的工作原理和逻辑电路、设计方法。

(4) 查找集成电路手册,画好实验用逻辑电路图和逻辑布线图或物理布线图。

(5) 了解实验中所用组件的外引线排列及其使用方法。

(6) 画好实验用表格。

(7) 做好预习报告。

7. 实验报告内容及要求

(1) 实验目的。

(2) 实验任务及要求。

(3) 逻辑设计过程,包括化简的步骤。

(4) 画好实验用逻辑电路图和逻辑布线图或物理布线图,并注明有关元件型号。

(5) 按要求填写各实验表格。

(6) 整理、分析实验数据和结果,列表比较实验任务的理论分析值和实验结果值。

(7) 写出心得体会。

3.3.2　移位寄存器

1. 实验目的

(1) 熟悉移位寄存器的电路结构和工作原理。

(2) 掌握移位寄存器的设计方法。

(3) 掌握时序逻辑电路的一般设计方法。

2. 实验原理与电路

具有移位逻辑功能的寄存器称为移位寄存器。移位功能是每位触发器的输出与下一级触发器的输入相连而形成的。它可以起到多方面的作用,可以存储或延迟输入输出信息,也可以用来把串行的二进制数转换为并行的二进制数(串并转换)或者实现相反功能(并串转换)。在计算机电路中还应用移位寄存器来实现二进制的乘2和除2功能。

图 3.3.2 为四位并行输入、并行输出,可右移位(最左位变反),并具有清零和保持功能的移位寄存器逻辑电路示意图。其次态真值表见表 3.3.1。

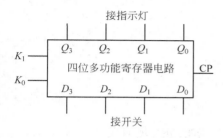

图 3.3.2 四位多功能移位寄存器
电路示意图

3. 实验任务与步骤

在实验过程中,我们指定使用 74LS74 双 D 触发器芯片和 74LS153 双四选一数据选择器,要求使用最少器件和门电路完成,见图 3.3.2。把两片 74LS74 双 D 触发器芯片(其引脚图见图 3.2.8)和两片 74LS153 双四选一数据选择器(其引脚图见图 2.4.4)插在实验箱插座上,按图 3.3.2 设计实验电路并接线。

分别按表 3.3.1 测试清零、右移、输入(置数)、保持功能,并记录结果。

表 3.3.1 四位多功能移位寄存器次态真值表

输 入			输 出				功能
CP	K_1	K_0	Q_3	Q_2	Q_1	Q_0	
↑	0	0	0	0	0	0	清零
↑	0	1	$\overline{Q_3}$	Q_3	Q_2	Q_1	右移
↑	1	0	D_3	D_2	D_1	D_0	置数
↑	1	1	Q_3	Q_2	Q_1	Q_0	保持

4. 设计指南

本设计主要是为了使学生学会使用基本时序部件触发器进行逻辑设计,掌握次态真值表、次态卡诺图、次态方程、激励表、波形图等工具的使用方法,需要注意的是所提供的时序部件有正负两个输出端,这为我们的设计带来了极大的便利。

最终全部电路需要用 4 个正沿触发 D 型触发器和 4 个四选一数据选择器。

5. 实验器材

(1) 数字逻辑实验箱一台;
(2) 直流稳压电源一台;
(3) 示波器一台;
(4) 万用表一只;

（5）集成电路：74LS74 两片；74LS153 两片。

6．预习要求

（1）做好实验预习，复习"数字逻辑"相关教材的有关章节。
（2）熟练掌握多功能移位寄存器的逻辑功能和设计方法。
（3）查找集成电路手册，画好实验用逻辑电路图和逻辑布线图或物理布线图。
（4）了解实验中所用组件的外引线排列及其使用方法。
（5）画好实验用表格。
（6）做好预习报告。

7．实验报告内容及要求

（1）实验目的。
（2）实验任务及要求。
（3）逻辑设计过程，包括化简的步骤。
（4）画好实验用逻辑电路图和逻辑布线图或物理布线图，并注明有关元件型号。
（5）按要求填写各实验表格。
（6）整理、分析实验数据和结果，列表比较实验任务的理论分析值和实验结果值。
（7）写出心得体会。

3.3.3　中规模集成电路（MSI）移位寄存器 74LS194

1．实验目的

（1）熟悉移位寄存器 74LS194 的各项功能。
（2）掌握利用移位寄存器 74LS194 设计实现环形计数器的方法。
（3）掌握利用移位寄存器 74LS194 设计实现扭环形计数器的方法。
（4）掌握利用移位寄存器 74LS194 设计实现加法电路的方法。
（5）掌握利用中规模集成电路（Medium Scale Integration，MSI）设计实现时序逻辑电路的一般方法。

2．实验原理与电路

（1）74LS194 的功能测试。

中规模集成电路（MSI）74LS194 是具有左、右移位，清零，数据并入、并出和串入、串出等多种逻辑功能的移位寄存器，其外引脚排列如图 3.3.3 所示，74LS194 具有如表 3.3.2 所示的逻辑功能：

① 清除：当 $\overline{CR}=0$ 时，不管其他输入为何状态，输出均为全零。
② 保持：$CP=0$，$\overline{CR}=1$ 时，其他输入为任意状态，输出保持原状态；或者 $\overline{CR}=1$，M_1、M_0 均为零时，其他输入为任意状态，输出保持原状态。

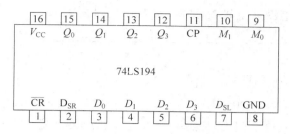

图 3.3.3　74LS194 外引脚排列图

表 3.3.2　74LS194 移位寄存器逻辑功能表

功能	输　入										输　出			
	$\overline{CR}$	M_1	M_0	CP	D_{SL}	D_{SR}	D_0	D_1	D_2	D_3	Q_0^{n+1}	Q_1^{n+1}	Q_2^{n+1}	Q_3^{n+1}
清除	0	×	×	×	×	×	×	×	×	×	0	0	0	0
保持	1	×	×	0	×	×	×	×	×	×	Q_0^n	Q_1^n	Q_2^n	Q_3^n
	1	0	0	×	×	×	×	×	×	×	Q_0^n	Q_1^n	Q_2^n	Q_3^n
送数	1	1	1	↑	×	×	d_0	d_1	d_2	d_3	d_0	d_1	d_2	d_3
右移	1	0	1	↑	×	1	×	×	×	×	1	Q_0^n	Q_1^n	Q_2^n
	1	0	1	↑	×	0	×	×	×	×	0	Q_0^n	Q_1^n	Q_2^n
左移	1	1	0	↑	1	×	×	×	×	×	Q_1^n	Q_2^n	Q_3^n	1
	1	1	0	↑	0	×	×	×	×	×	Q_1^n	Q_2^n	Q_3^n	0

③ 置数(送数)：$\overline{CR}=1$，$M_1=M_0=1$，在 CP 脉冲上升沿时，将 D_0、D_1、D_2、D_3 端数据 d_0、d_1、d_2、d_3 置入 Q_0、Q_1、Q_2、Q_3 中并寄存。

④ 右移：$\overline{CR}=1$，$M_1=0$，$M_0=1$，在 CP 脉冲上升沿时，实现右移操作。同时将 D_{SR} 端数据移入 Q_0 中并寄存，实现串行输入功能。

⑤ 左移：$\overline{CR}=1$，$M_1=1$，$M_0=0$，在 CP 脉冲上升沿时，实现左移操作。同时将 D_{SL} 端数据移入 Q_3 中并寄存，实现串行输入功能。

(2) 利用移位寄存器 74LS194 设计实现四位环形计数器。

在实际工程中经常使用移位寄存器构成计数器。将 74LS194 的 D_{SR} 端和 Q_3 相连，并使 $\overline{CR}=1$，$M_1=0$，$M_0=1$，在 CP 脉冲上升沿时，实现右移操作，从而构成一个模四的环形计数器，同理，用两片 74LS194 可以构成模八的环形计数器。这种计数器无自行启动功能，必须在启动计数操作之前，先置某个数(如 0001)在移位寄存器内，然后再进行循环计数。电路示意图见图 3.3.4。

(3) 利用移位寄存器 74LS194 设计实现八位扭环形计数器。

用两片 74LS194 可以构成八位扭环形计数器，可以做到模十六，比环形计数器的计数范围扩大了一倍，应用也更广泛。扭环形计数器实际上就是把某一位取反后接到数据输入端，进行向左或向右移位，但是，扭环形计数器也不具有自行启动功能，必须对电路做适当的修正，才能实

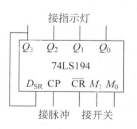

图 3.3.4　四位环形计数器电路
　　　　　示意图

现自行启动。电路示意图见图3.3.5,状态转移图见图3.3.6。

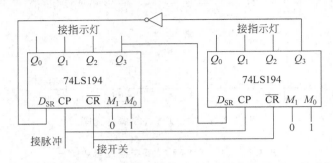

图3.3.5　八位扭环形计数器电路示意图

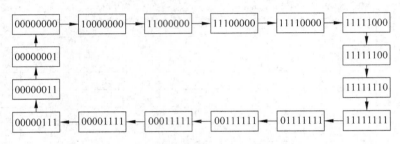

图3.3.6　八位扭环形同步计数器状态转移图

(4) 利用移位寄存器74LS194设计实现加法电路。

移位寄存器在数字运算电路中,常用作数据的存放、寄存等。利用两片74LS194作两个移位寄存器(J_A、J_B)分别存放数据A和B,两者通过双进位保存全加器(逻辑功能如表3.3.2所示)相加后,再送到寄存器J_A中。设J_A寄存器存放的数据为1000,J_B寄存器存放的数据为0110,即$J_A=8$,$J_B=6$,相加后($J_A+J_B=14$)的结果为1110,再送至J_A中。加法电路示意图见图3.3.7。

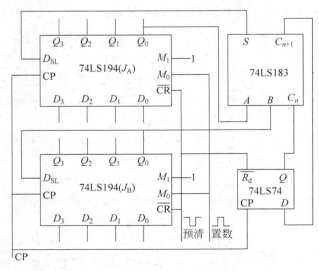

图3.3.7　加法电路示意图

3. 实验任务与步骤

（1）74LS194 移位寄存器基本功能测试。

将 74LS194 插入实验系统箱 IC 插座中，按图 3.3.3 外引脚排列图接线，16 脚接 5V 电源，8 脚接地，输出端 Q_0、Q_1、Q_2、Q_3 接 4 只 LED 发光二极管，工作方式控制端 M_1、M_0 及清零端 $\overline{CR}$ 分别接逻辑开关 K_1、K_2 和复位开关 K_5，CP 端接单次脉冲，数据输入端 D_0、D_1、D_2、D_3 分别接 4 只数据开关或逻辑开关。

接线完毕后，接通电源，即可进行 74LS194 双向移位寄存器的功能验证（对照表 3.3.2 输入各有关参数）。

① 清除（零）：扳开关 K_5 产生负脉冲"⊔"，使 $\overline{CR}=0$，这时 Q_0、Q_1、Q_2、Q_3 接的 4 只 LED 发光二极管全灭，即 $Q_0Q_1Q_2Q_3=0000$。

② 保持：使 $\overline{CR}=1$，CP$=0$，拨动逻辑开关 K_1（M_1）和 K_2（M_0），输出状态不变。或者使 $\overline{CR}=1$，$M_1=M_0=0$，按动单次脉冲，这时输出状态仍不变。

③ 置数：使 $\overline{CR}=1$，$M_1=M_0=1$（即 $K_1=K_2=1$），置数据开关为 0111，按动单次脉冲，这时数据 0111 已存入 $Q_0Q_1Q_2Q_3$ 中。LED 发光二极管此时为灭、亮、亮、亮（即 0111）。变换数据 $D_0D_1D_2D_3=1111$，输入单次脉冲，则数据 1111 在 CP 上升沿时存入 $Q_0Q_1Q_2Q_3$ 中。

④ 右移：按图 3.3.4 连线，把 Q_3 接到 D_{SR}，按第③步置入数据 0001（这时使 $\overline{CR}=1$，$M_0=M_1=1$，$D_0D_1D_2D_3=0001$，按动单次脉冲）。再置 $M_1=0$，$M_0=1$ 为右移方式，输入单次脉冲，移位寄存器这时在 CP 上升沿时实现右移操作。按动 4 次单次脉冲，一次移位循环结束，如图 3.3.8 状态图所示。

⑤ 左移：将 Q_3 连到 D_{SR} 的线断开，而把 Q_0 接到左移输入 D_{SL} 端，其余方法同上述右移。即 $\overline{CR}=1$，$M_0=0$，$M_1=1$（寄存器起始态为 0001），则输入 4 个移位脉冲后，数据左移，最后结果仍为 0001。其左移状态图见图 3.3.9。

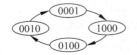

图 3.3.8 右移状态图

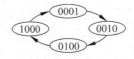

图 3.3.9 左移状态图

再把 Q_3 接到 D_{SL}（Q_0 与 D_{SL} 连线断开），输入单次脉冲，观察移位情况，并记录分析。

（2）利用移位寄存器 74LS194 设计实现四位环形计数器。

按图 3.3.4 连线，16 脚接 5V 电源，8 脚接地，输出端 Q_0、Q_1、Q_2、Q_3 接 4 只 LED 发光二极管，工作方式控制端 M_1、M_0 及清零端 $\overline{CR}$ 分别接逻辑开关 K_1、K_2 和复位开关 K_5，CP 端接单次脉冲，数据输入端 D_0、D_1、D_2、D_3 分别接 4 只数据开关。把 Q_3 接到 D_{SR}，使 $\overline{CR}=1$，$M_1=M_0=1$（即 $K_1=K_2=1$），置数据开关为 0001，按动单次脉冲，这时数据 0001 已存入 $Q_0Q_1Q_2Q_3$ 中。LED 发光二极管此时为灭、灭、灭、亮（即 0001）。再置 $M_1=0$，$M_0=1$ 为右移方式，输入单次脉冲，移位寄存器这时在 CP 上升沿实现右移操作。按动 4 次单次脉冲，一次移位循环结束，如图 3.3.9 状态图所示。

（3）利用移位寄存器 74LS194 设计实现具有自启动功能的八位扭环形计数器。

按图 3.3.5 连线，用前述方法给寄存器置数 0000000，使两个移位寄存器均处于右移工作状态,即 $\overline{CR}=1,M_1=0,M_0=1$,输入单次脉冲,移位寄存器这时在 CP 上升沿时实现右移操作。按动 16 次单次脉冲,一次移位循环结束,其状态转移(有效状态也称有效转态环)如图 3.3.6 所示。再用前述方法给寄存器置数 0010100,使两个移位寄存器均处于右移工作状态,即 $\overline{CR}=1,M_1=0,M_0=1$,输入单次脉冲,移位寄存器这时在 CP 上升沿时实现右移操作,但在这种情况下,无论按动多少次单次脉冲,均无法使移位寄存器进入图 3.3.6 所包含的状态,而是形成一个无效的状态环,这就说明这个电路不具备自启动功能。因此,必须修改电路,打破无效状态环,使任意状态均能在按动数个单次脉冲后,进入有效状态环,即可以自行启动。

(4) 利用移位寄存器 74LS194 设计实现加法电路。

按图 3.3.8 连线,这里 CP 接单次脉冲,$\overline{CR}$ 接复位开关,M_1、M_0 接逻辑开关,J_A 的 $D_0D_1D_2D_3$ 和 J_B 的 $D_0D_1D_2D_3$ 分别接数据开关。寄存器 J_A 送全加器的 A 端,J_B 送全加器的 B 端,全加器的进位 C 由 D 触发器(74LS74)寄存,D 触发器的输出作为上次进位的输出接到全加器的 C_n 端,全加器的 S 接到寄存器 J_A 的输入端,这里选用左移方式,则把和 S 接到左移输入端 D_{SL},J_B 寄存器数据仍送回 J_B 中。

接线完毕,先预清:$J_A=0$,$J_B=0$,进位触发器 D 为零。然后置数:$J_A=1000$,$J_B=0110$(置数方法,参考 74LS194 的基本功能验证方法)。输入移位脉冲,进行 $J_A+J_B \rightarrow J_A$ 的运算。输入 4 个脉冲,一次运算完成,此时 J_A 应该为 1110,J_B 应该为 0110,如结果不是此数,则出错,应找出出错原因。若运算结果正确,再更换 J_A、J_B 另一组数据,进行 $J_A+J_B \rightarrow J_A$ 的操作。

双进位保存全加器逻辑功能表如表 3.3.3 所示。

表 3.3.3 双进位保存全加器逻辑功能表

输 入			输 出	
A	B	C_n	S	C_{n+1}
0	0	0	0	0
0	0	1	1	0
0	1	0	1	0
0	1	1	0	1
1	0	0	1	0
1	0	1	0	1
1	1	0	0	1
1	1	1	1	1

4. 设计指南

本次实验主要是为了使学生掌握用中规模集成电路(MSI)设计实现时序逻辑电路的一般方法,特别是掌握如何使时序电路具有自启动功能。

由于扭环形计数器有特殊的计数规律,根据图 3.3.6 我们可以很容易发现其规律(排列顺序是 $Q_0Q_1Q_2Q_3Q_4Q_5Q_6Q_7$),并得到状态方程:

$$Q_7^{n+1} = Q_6^n$$
$$Q_6^{n+1} = Q_5^n$$
$$Q_5^{n+1} = Q_4^n$$

$$Q_4^{n+1} = Q_3^n$$

$$Q_3^{n+1} = Q_2^n$$

$$Q_2^{n+1} = Q_1^n$$

$$Q_1^{n+1} = Q_0^n$$

$$Q_0^{n+1} = \bar{Q}_7^n$$

　　根据上述状态方程,很容易设计出其逻辑电路。但是,标准的八位扭环形计数器的计数规律是:16 个有效状态形成一个有效循环:00→80→C0→E0→F0→F8→FC→FE→FF→7F→3F→1F→0F→07→03→01→00;无效状态有 240 个,形成 15 个无效环。要使所设计的电路能够自行启动(一个循环电路,在任意的无效状态情况下,经过数个脉冲信号后,可自动进入到有效状态循环中,我们则称这个电路具有自启动功能),传统的做法是将无效循环链打破,在不影响原有效循环链的前提下,强制将某一无效状态的次态设计成某一有效状态,并对电路做相应的修改。但是考虑到 15 个无效环综合打破修改,毕竟是一项比较复杂的工作,所以我们可以采用舍弃一个有效转态(使有效循环包含 15 个有效状态)的办法使设计简单。如舍弃 00000000 状态,修改方程 $Q_0^{n+1} = \bar{Q}_7^n$ 为 $Q_0^{n+1} = \overline{(Q_7^n Q_6^n)}$ 即可。然后,对修改后的电路的所有无效状态进行检验,看其是否满足自启动要求,直至所有无效状态都满足要求。

5. 实验器材

（1）数字逻辑实验箱一台；

（2）直流稳压电源一台；

（3）示波器一台；

（4）万用表一只；

（5）集成电路:74LS74、74LS00 各一片;74LS194 两片。

6. 预习要求

（1）做好实验预习,复习"数字逻辑"相关教材的有关章节。

（2）熟悉移位寄存器 74LS194 的各项功能。

（3）掌握利用移位寄存器 74LS194 设计实现各种计数器的方法。

（4）掌握利用移位寄存器 74LS194 设计实现加法电路的方法。

（5）掌握利用中规模集成电路(MSI)设计实现时序逻辑电路的一般方法。

（6）查找集成电路手册,画好实验用逻辑电路图和逻辑布线图或物理布线图。

（7）画好实验用表格。

（8）做好预习报告。

7. 实验报告内容及要求

（1）实验目的。

（2）实验任务及要求。

（3）逻辑设计过程,包括化简的步骤。

（4）画好实验用逻辑电路图和逻辑布线图或物理布线图，并注明有关元件型号。

（5）按要求填写各实验表格。

（6）整理、分析实验数据和结果，列表比较实验任务的理论分析值和实验结果值。

（7）写出心得体会。

3.4　计数器

计数器是一种累计时钟脉冲数的逻辑部件。计数器不仅用于时钟脉冲技术，还用于定时、分频、产生节拍脉冲以及数字运算等。计数器是应用最广泛的逻辑部件之一。

计数器种类繁多。根据记数体制的不同，计数器可分成二进制（即 2^n 进制）计数器和非二进制计数器两大类。在非二进制计数器中，最常用的是十进制计数器。其他的一般称为任意进制计数器。

根据计数器的增、减趋势不同，计数器可分为加法计数器——随着计数脉冲输入而递增计数的计数器；减法计数器——随着计数脉冲的输入而递减计数的计数器；可逆计数器——既可递增，也可递减的计数器。

根据计数脉冲引入方式的不同，计数器又可分为同步计数器——计数脉冲直接加到所有触发器的时钟脉冲（CP）输入端；异步计数器——计数脉冲并非直接加到所有触发器的时钟脉冲（CP）输入端。

3.4.1　异步模八加一计数器电路

1．实验目的

（1）熟练掌握异步计数器的逻辑功能和设计方法。

（2）熟练掌握异步计数器的应用。

（3）掌握时序逻辑电路的一般设计方法。

2．实验原理与电路

这是一个以触发器为基本设计器件的简单异步时序电路设计，一般异步加法计数器是比较简单的，但却是很常用的逻辑电路。给定的器件是带预置端和清除端的正沿触发双 D 型触发器（74LS74），所以我们要根据给定的器件进行设计，并为电路提供时钟脉冲信号。

表 3.4.1 为异步模八加一计数器状态转移表；图 3.4.1 为异步模八加一计数器状态转移图；图 3.4.2 为异步模八加一计数器波形图。

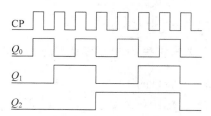

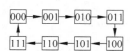

图 3.4.1　模八加一计数器状态转移图

图 3.4.2　模八加一计数器波形图

表 3.4.1 模八加一计数器状态转移表

Q_2^n	Q_1^n	Q_0^n	Q_2^{n+1}	Q_1^{n+1}	Q_0^{n+1}
0	0	0	0	0	1
0	0	1	0	1	0
0	1	0	0	1	1
0	1	1	1	0	0
1	0	0	1	0	1
1	0	1	1	1	0
1	1	0	1	1	1
1	1	1	0	0	0

3. 实验任务与步骤

把两片 74LS74 双 D 触发器芯片插在实验箱插座上,按图 3.4.3 接线。状态输出($Q_2Q_1Q_0$)接三只 LED 发光二极管($L_2L_1L_0$),4 只触发器的清零端 $\overline{R_d}$(CLR)连接到实验箱上的复位按钮(开关 K_1),CP 接单次脉冲(或连续脉冲),按设计接线完毕,则可通电实验并记录结果。

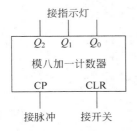

图 3.4.3 模八加一计数器
电路示意图

4. 设计指南

本设计是一个简单异步时序电路设计,可以按照时序电路的设计方法逐步进行设计:画出状态转换图或状态转换表;进行状态化简;进行状态分配;根据给定的触发器类型求出驱动方程和输出方程;再根据驱动方程和输出方程利用逻辑公理和逻辑公式化出需要最少器件的实验表达式;画出逻辑图;检查所设计的电路能否自启动。

本设计还可以利用波形图进行设计,可以看出相邻两个触发器的输出周期恰好是两倍关系,而最低位触发器的输出周期恰好也需要两个 CP 脉冲,所以,我们可以利用低位的输出作为高一位的触发脉冲;根据 D 触发器的特性,用其本身负输出端作为其输入信号。需要注意的是正沿触发 D 型触发器,是在信号的上升沿进行触发的,因此,本设计不能直接利用低位的输出作为高一位的触发脉冲,而是要利用低位的负输出端($\overline{Q}$)作为高一位的触发脉冲。

最终全部电路仅需要用三个正沿触发 D 型触发器。

5. 实验器材

(1) 数字逻辑实验箱一台;
(2) 直流稳压电源一台;
(3) 示波器一台;
(4) 万用表一只;
(5) 集成电路:74LS74 两片。

6. 预习要求

(1) 做好实验预习,复习"数字逻辑"相关教材的有关章节。

（2）熟练掌握异步计数器的逻辑功能和设计方法。

（3）熟练掌握异步计数器的应用。

（4）查找集成电路手册，画好实验用逻辑电路图和逻辑布线图或物理布线图。

（5）了解实验中所用组件的外引线排列及其使用方法。

（6）画好实验用表格。

（7）做好预习报告。

7. 实验报告内容及要求

（1）实验目的。

（2）实验任务及要求。

（3）逻辑设计过程，包括化简的步骤。

（4）画好实验用逻辑电路图和逻辑布线图或物理布线图，并注明有关元件型号。

（5）按要求填写各实验表格。

（6）整理、分析实验数据和结果，列表比较实验任务的理论分析值和实验结果值。

（7）写出心得体会。

3.4.2 异步模八减一计数器电路

1. 实验目的

（1）熟练掌握异步计数器的逻辑功能和设计方法。

（2）熟练掌握异步计数器的应用。

（3）掌握时序逻辑电路的一般设计方法。

2. 实验原理与电路

这是一个以触发器为基本设计器件的简单异步时序电路设计，一般异步减法计数器是比较简单的，但却是很常用的逻辑电路。给定的器件是带预置端和清除端的正沿触发双 D 型触发器(74LS74)，所以我们要根据给定的器件，进行设计，并为电路提供时钟脉冲信号。

表 3.4.2 为异步模八减一计数器状态转移表；图 3.4.4 为异步模八减一计数器状态转移图；图 3.4.5 为异步模八减一计数器波形图。

表 3.4.2　模八减一计数器状态转移表

Q_2^n	Q_1^n	Q_0^n	Q_2^{n+1}	Q_1^{n+1}	Q_0^{n+1}
0	0	0	1	1	1
0	0	1	0	0	0
0	1	0	0	0	1
0	1	1	0	1	0
1	0	0	0	1	1
1	0	1	1	0	0
1	1	0	1	0	1
1	1	1	1	1	0

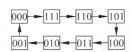

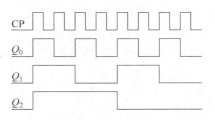

图 3.4.4　模八减一计数器状态转移图　　　　图 3.4.5　模八减一计数器波形图

3．实验任务与步骤

把两片 74LS74 双 D 触发器芯片插在实验箱插座上，按图 3.4.6 接线。状态输出(Q_2Q_1 Q_0)接三只 LED 发光二极管($L_2L_1L_0$)，4 只触发器的清零端$\overline{R_\mathrm{d}}$(CLR)连接到实验箱上的复位按钮(开关 K_1)，CP 接单次脉冲(或连续脉冲)，按设计接线完毕，则可通电实验并记录结果。

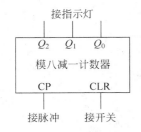

图 3.4.6　模八减一计数器电路示意图

4．设计指南

本设计是一个简单异步时序电路设计，可以按照时序电路的设计方法逐步进行设计：画出状态转换图或状态转换表；进行状态化简；进行状态分配；根据给定的触发器类型求出驱动方程和输出方程；再根据驱动方程和输出方程利用逻辑公理和逻辑公式化出需要最少器件的实验表达式；画出逻辑图；检查所设计的电路能否自启动。

本设计还可以利用波形图进行设计，可以看出相邻两个触发器的输出周期恰好是两倍关系，而最低位触发器的输出周期恰好也需要两个 CP 脉冲，所以，我们可以利用低位的输出作为高一位的触发脉冲；根据 D 触发器的特性，用其本身负输出端作为其输入信号。需要注意的是，正沿触发 D 型触发器是在信号的上升沿进行触发的，而这是一个标准的二分频，因此，本设计可以直接利用低位的输出端(Q)作为高一位的触发脉冲。

最终的全部电路仅需要用三个正沿触发 D 型触发器。

5．实验器材

(1) 数字逻辑实验箱一台；

(2) 直流稳压电源一台；

(3) 示波器一台；

(4) 万用表一只；

(5) 集成电路：74LS74 两片。

6．预习要求

(1) 做好实验预习，复习"数字逻辑"相关教材的有关章节。

(2) 熟练掌握异步计数器的逻辑功能和设计方法。

（3）熟练掌握异步计数器的应用。

（4）查找集成电路手册，画好实验用逻辑电路图和逻辑布线图或物理布线图。

（5）了解实验中所用组件的外引线排列及其使用方法。

（6）画好实验用表格。

（7）做好预习报告。

7. 实验报告内容及要求

（1）实验目的。

（2）实验任务及要求。

（3）逻辑设计过程，包括化简的步骤。

（4）画好实验用逻辑电路图和逻辑布线图或物理布线图，并注明有关元件型号。

（5）按要求填写各实验表格。

（6）整理、分析实验数据和结果，列表比较实验任务的理论分析值和实验结果值。

（7）写出心得体会。

3.4.3　异步模六加一计数器电路

1. 实验目的

（1）熟练掌握异步计数器的逻辑功能和设计方法。

（2）熟练掌握异步计数器的应用。

（3）掌握时序逻辑电路的一般设计方法。

2. 实验原理与电路

这是一个以触发器为基本设计器件的简单异步时序电路设计，可以利用实验 3.4.1 所设计的异步模八加一计数器电路进行改造。给定的器件是带预置端和清除端的正沿触发双 D 型触发器（74LS74）和 74LS00 二输入四正与非门芯片，所以我们要根据给定的器件进行设计，并为电路提供时钟脉冲信号。

表 3.4.3 为异步模六加一计数器状态转移表；图 3.4.7 为异步模六加一计数器状态转移图；图 3.4.8 为异步模六加一计数器波形图。

表 3.4.3　模六加一计数器状态转移表

Q_2^n	Q_1^n	Q_0^n	Q_2^{n+1}	Q_1^{n+1}	Q_0^{n+1}
0	0	0	0	0	1
0	0	1	0	1	0
0	1	0	0	1	1
0	1	1	1	0	0
1	0	0	1	0	1
1	0	1	0	0	0

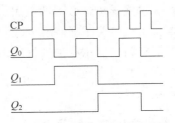

图 3.4.7 模六加一计数器状态转移图

图 3.4.8 模六加一计数器波形图

3. 实验任务与步骤

把两片 74LS74 双 D 触发器芯片和一片 74LS00 二输入四正与非门芯片插在实验箱插座上,按图 3.4.9 接线。状态输出($Q_2Q_1Q_0$)接三只 LED 发光二极管($L_2L_1L_0$),4 只触发器的清零端 $\overline{R_d}$(CLR)连接到实验箱上复位按钮(开关 K_1),CP 接单次脉冲(或连续脉冲),按设计接线完毕,则可通电实验并记录结果。

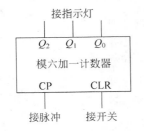

图 3.4.9 模六加一计数器
电路示意图

4. 设计指南

本设计是一个简单异步时序电路设计,可以按照时序电路的设计方法逐步进行设计:画出状态转换图或状态转换表;进行状态化简;进行状态分配;根据给定的触发器类型求出驱动方程和输出方程;再根据驱动方程和输出方程利用逻辑公理和逻辑公式化出需要最少器件的实验表达式;画出逻辑图;检查所设计的电路能否自启动。

本设计还可以利用实验 3.4.1 中设计的模八加一计数器的设计思想和方法,只不过少了两个状态,我们可以在模八加一计数器电路的基础上进行部分修改,利用 74LS74 的异步清零端,使计数器一旦进入给定的 6 个状态以外的状态时马上对计数器进行清零,由于利用 74LS74 的清零端进行清零不需要脉冲端提供脉冲信号,因此,这样设计符合设计任务要求。

最终全部电路需要用三个正沿触发 D 型触发器和一个二输入单输出与非门。

5. 实验器材

(1) 数字逻辑实验箱一台;
(2) 直流稳压电源一台;
(3) 示波器一台;
(4) 万用表一只;
(5) 集成电路:74LS74 两片;74LS00 一片。

6. 预习要求

(1) 做好实验预习,复习"数字逻辑"相关教材的有关章节。
(2) 熟练掌握异步计数器的逻辑功能和设计方法。

（3）熟练掌握异步计数器的应用。

（4）查找集成电路手册，画好实验用逻辑电路图和逻辑布线图或物理布线图。

（5）了解实验中所用组件的外引线排列及其使用方法。

（6）画好实验用表格。

（7）做好预习报告。

7. 实验报告内容及要求

（1）实验目的。

（2）实验任务及要求。

（3）逻辑设计过程，包括化简的步骤。

（4）画好实验用逻辑电路图和逻辑布线图或物理布线图，并注明有关元件型号。

（5）按要求填写各实验表格。

（6）整理、分析实验数据和结果，列表比较实验任务的理论分析值和实验结果值。

（7）写出心得体会。

3.4.4　BCD8421 码同步计数器电路

1. 实验目的

（1）熟练掌握 BCD 码同步计数器的工作原理和设计方法。

（2）掌握设计和调试同步计数器的一般方法。

（3）掌握时序逻辑电路的一般设计方法。

2. 实验原理与电路

这是一个以触发器为基本设计器件的同步时序电路设计，一般同步加法计数器电路较异步加法计数器电路复杂，但它也是很常用的逻辑电路。给定的器件是带预置端和清除端的负沿触发双 JK 型触发器（74LS112）和 74LS00 二输入四正与非门芯片，所以我们要根据给定的器件进行设计，并为电路提供同步时钟脉冲信号。

表 3.4.4 为 BCD8421 码同步计数器状态转移表；图 3.4.10 为 BCD8421 码同步计数器状态转移图；图 3.4.11 为 BCD8421 码同步计数器波形图。

表 3.4.4　BCD8421 码同步计数器状态转移表

Q_3^n	Q_2^n	Q_1^n	Q_0^n	Q_3^{n+1}	Q_2^{n+1}	Q_1^{n+1}	Q_0^{n+1}
0	0	0	0	0	0	0	1
0	0	0	1	0	0	1	0
0	0	1	0	0	0	1	1
0	0	1	1	0	1	0	0
0	1	0	0	0	1	0	1

续表

Q_3^n	Q_2^n	Q_1^n	Q_0^n	Q_3^{n+1}	Q_2^{n+1}	Q_1^{n+1}	Q_0^{n+1}
0	1	0	1	0	1	1	0
0	1	1	0	0	1	1	1
0	1	1	1	1	0	0	0
1	0	0	0	1	0	0	1
1	0	0	1	0	0	0	0

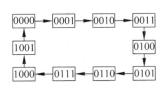

图 3.4.10　BCD8421 码同步计数器状态转移图

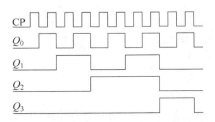

图 3.4.11　BCD8421 码同步计数器波形图

3. 实验任务与步骤

把两片 74LS112 双 JK 触发器芯片和两片 74LS00 二输入四正与非门芯片插在实验箱插座上,按图 3.4.12 接线。状态输出($Q_3Q_2Q_1Q_0$)接 4 只 LED 发光二极管($L_3L_2L_1L_0$),4 只触发器的清零端 $\overline{R_d}$(CLR)连接到实验箱上的复位按钮(开关 K_1),CP 接单次脉冲(或连续脉冲),按设计接线完毕,则可通电实验并记录结果。

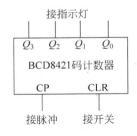

图 3.4.12　BCD8421 码计数器
电路示意图

4. 设计指南

本设计是一个同步时序电路设计,所以要按照时序电路的设计方法逐步进行设计:画出状态转换图或状态转换表;进行状态化简;进行状态分配;根据给定的触发器类型求出驱动方程和输出方程;再根据驱动方程和输出方程利用逻辑公理和逻辑公式化出需要最少器件的实验表达式;画出逻辑图;检查所设计的电路能否自启动。

最终全部电路仅需要用 4 个负沿触发 JK 型触发器和 6 个 2 输入单输出与非门。

5. 实验器材

(1) 数字逻辑实验箱一台;

(2) 直流稳压电源一台;

(3) 示波器一台;

(4) 万用表一只;

(5) 集成电路:74LS00 两片;74LS112 两片。

6. 预习要求

（1）做好实验预习，复习"数字逻辑"相关教材的有关章节。
（2）熟练掌握 BCD 码同步计数器的工作原理和设计方法。
（3）掌握设计和调试同步计数器的一般方法。
（4）查找集成电路手册，画好实验用逻辑电路图和逻辑布线图或物理布线图。
（5）了解实验中所用组件的外引线排列及其使用方法。
（6）画好实验用表格。
（7）做好预习报告。

7. 实验报告内容及要求

（1）实验目的。
（2）实验任务及要求。
（3）逻辑设计过程，包括化简的步骤。
（4）画好实验用逻辑电路图和逻辑布线图或物理布线图，并注明有关元件型号。
（5）按要求填写各实验表格。
（6）整理、分析实验数据和结果，列表比较实验任务的理论分析值和实验结果值。
（7）写出心得体会。

3.4.5 四位扭环形同步计数器电路

1. 实验目的

（1）熟练掌握扭环形计数器的电路结构特点及计数规律。
（2）掌握改进电路使计数器具有自启动能力的一般方法。
（3）掌握设计和调试同步计数器的一般方法。
（4）掌握时序逻辑电路的一般设计方法。

2. 实验原理与电路

这是一个以触发器为基本设计器件的简单同步时序电路设计，扭环形同步计数器电路比较简单，但它的应用却十分广泛。给定的器件是带预置端和清除端的负沿触发双 JK 型触发器(74LS112)和 74LS00 二输入四正与非门芯片，所以我们要根据给定的器件进行设计，并为电路提供同步时钟脉冲信号，使其具有自启动功能。

表 3.4.5 为四位扭环形同步计数器状态转移表；图 3.4.13 为四位扭环形同步计数器状态转移图；图 3.4.14 为四位扭环形同步计数器波形图。

3. 实验任务与步骤

把两片 74LS112 双 JK 触发器芯片和一片 74LS00 二输入四正与非门芯片插在实验箱插座上，按图 3.4.12 接线。状态输出$(Q_3 Q_2 Q_1 Q_0)$接 4 只 LED 发光二极管$(L_3 L_2 L_1 L_0)$，

4 只触发器的清零端$\overline{R_d}$(CLR)连接到实验箱上的复位按钮(开关 K$_1$),CP 接单次脉冲(或连续脉冲),按设计接线完毕,则可通电实验并记录结果。

表 3.4.5 四位扭环形同步计数器状态转移表

Q_3^n	Q_2^n	Q_1^n	Q_0^n	Q_3^{n+1}	Q_2^{n+1}	Q_1^{n+1}	Q_0^{n+1}
0	0	0	0	0	0	0	1
0	0	0	1	0	0	1	1
0	0	1	1	0	1	1	1
0	1	1	1	1	1	1	1
1	1	1	1	1	1	1	0
1	1	1	0	1	1	0	0
1	1	0	0	1	0	0	0
1	0	0	0	0	0	0	0

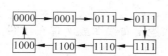

图 3.4.13 四位扭环形同步计数器状态转移图

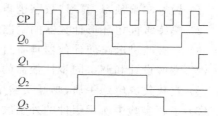

图 3.4.14 四位扭环形同步计数器波形图

4. 设计指南

本设计是一个同步时序电路设计,所以可以按照时序电路的设计方法逐步进行设计:画出状态转换图或状态转换表;进行状态化简;进行状态分配;根据给定的触发器类型求出驱动方程和输出方程;再根据驱动方程和输出方程利用逻辑公理和逻辑公式化出需要最少器件的实验表达式;画出逻辑图;检查所设计的电路能否自启动。

由于扭环形计数器有特殊的计数规律,根据表 3.4.5 我们可以很容易发现其规律,并得到状态方程:

$$Q_3^{n+1} = Q_2^n$$
$$Q_2^{n+1} = Q_1^n$$
$$Q_1^{n+1} = Q_0^n$$
$$Q_0^{n+1} = \overline{Q_3^n}$$

根据上述状态方程,很容易设计出其逻辑电路。但是,标准的四位扭环形计数器的计数规律是:8 个有效状态形成一个有效循环:0→1→3→7→15→14→12→8→0;无效状态也是 8 个形成一个无效循环:2→5→11→6→13→10→4→9→2。要使所设计的电路能够自行启动(一个循环电路,在任意的无效状态的情况下,经过数个脉冲信号后,可自动进入到有效状态循环中,则我们称这个电路具有自启动功能),只有将无效循环链打破,在不影响原有循环链的前提下,强制将某一无效状态的次态设计成某一有效状态,并对电路作相应的修

改。然后,对修改后的电路所有无效状态进行检验,看其是否满足自启动要求,直至所有无效状态都满足要求,

最终全部电路仅需要用 4 个负沿触发 JK 型触发器和 2 个 2 输入单输出与非门,如图 3.4.15 所示。

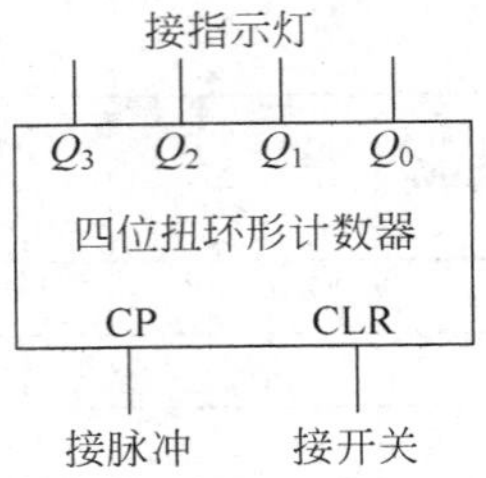

图 3.4.15   四位扭环形计数器
电路示意图

5．实验器材

(1) 数字逻辑实验箱一台;

(2) 直流稳压电源一台;

(3) 示波器一台;

(4) 万用表一只;

(5) 集成电路:74LS00 一片;74LS112 两片。

6．预习要求

(1) 做好实验预习,复习"数字逻辑"相关教材的有关章节。

(2) 熟练掌握扭环形计数器的电路结构特点及计数规律。

(3) 掌握改进电路使计数器具有自启动能力的一般方法。

(4) 掌握设计和调试同步计数器的一般方法。

(5) 查找集成电路手册,画好实验用逻辑电路图和逻辑布线图或物理布线图。

(6) 了解实验中所用组件的外引线排列及其使用方法。

(7) 画好实验用表格。

(8) 做好预习报告。

7．实验报告内容及要求

(1) 实验目的。

(2) 实验任务及要求。

(3) 逻辑设计过程,包括化简的步骤。

(4) 画好实验用逻辑电路图和逻辑布线图或物理布线图,并注明有关元件型号。

(5) 按要求填写各实验表格。

(6) 整理、分析实验数据和结果,列表比较实验任务的理论分析值和实验结果值。

(7) 写出心得体会。

3.4.6   模十指定规律同步计数器电路

1．实验目的

(1) 熟练掌握任意规律同步计数器的工作原理和设计方法。

(2) 掌握设计和调试同步计数器的一般方法。

(3) 掌握改进电路使计数器具有自启动能力的一般方法。

(4) 掌握时序逻辑电路的一般设计方法。

2. 实验原理与电路

这是一个以触发器为基本设计器件的同步时序电路设计,其指定的计数规律为:0→8→12→10→14→1→9→13→11→15→0。给定的器件是带预置端和清除端的正沿触发双 D 型触发器(74LS74)、二输入四正异或门芯片(74LS86)和二输入四正与非门芯片(74LS00),所以我们要根据给定的器件进行设计,并为电路提供同步时钟脉冲信号。

表 3.4.6 为模十指定规律同步计数器状态转移表;图 3.4.16 为模十指定规律同步计数器状态转移图;图 3.4.17 为模十指定规律同步计数器波形图。

表 3.4.6 模十指定规律同步计数器状态转移表

Q_3^n	Q_2^n	Q_1^n	Q_0^n	Q_3^{n+1}	Q_2^{n+1}	Q_1^{n+1}	Q_0^{n+1}
0	0	0	0	1	0	0	0
1	0	0	0	1	1	0	0
1	1	0	0	1	0	1	0
1	0	1	0	1	1	1	0
1	1	1	0	0	0	0	1
0	0	0	1	1	0	0	1
1	0	0	1	1	1	0	1
1	1	0	1	1	0	1	1
1	0	1	1	1	1	1	1
1	1	1	1	0	0	0	0

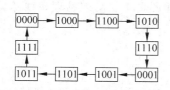

图 3.4.16 模十指定规律同步计数器状态转移图

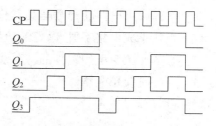

图 3.4.17 模十指定规律同步计数器波形图

3. 实验任务与步骤

把两片 74LS74 双 D 触发器芯片、一片 74LS86 二输入四正异或门芯片和一片 74LS00 二输入四正与非门芯片插在实验箱插座上,按图 3.4.18 接线。状态输出($Q_3Q_2Q_1Q_0$)接 4 只 LED 发光二极管($L_3L_2L_1L_0$),4 只触发器的清零端 $\overline{R_d}$(CLR)相连接到实验箱上复位按钮(开关 K_1),CP 接单次脉冲(或连续脉冲),按设计接线完毕,则可通电实验并记录结果。

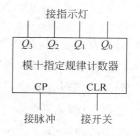

图 3.4.18 模十指定规律同步计数器电路示意图

4. 设计指南

本设计是一个同步时序电路设计,所以要按照时序电路的设计方法逐步进行设计:画出状态转换图或状态转换表;进行状态化简;进行状态分配;根据给定的触发器类型求出驱动方程和输出方程;再根据驱动方程和输出方程利用逻辑公理和逻辑公式化出需要最少器件的实验表达式;画出逻辑图;检查所设计的电路能否自启动。

对电路所有无效状态进行检验,看其是否满足自启动要求。如不满足自启动要求,则对电路做相应的修改,直至所有无效状态都满足要求。本设计最终的全部电路仅需要用 4 个正沿触发 D 型触发器、1 个二输入单输出与非门和 3 个二输入单输出异或门。

5. 实验器材

(1) 数字逻辑实验箱一台;

(2) 直流稳压电源一台;

(3) 示波器一台;

(4) 万用表一只;

(5) 集成电路:74LS00、74LS86 各一片;74LS74 两片。

6. 预习要求

(1) 做好实验预习,复习"数字逻辑"相关教材的有关章节。

(2) 掌握任意规律同步计数器的工作原理和设计方法。

(3) 掌握设计和调试同步计数器的一般方法。

(4) 掌握改进电路使计数器具有自启动能力的一般方法。

(5) 查找集成电路手册,画好实验用逻辑电路图和逻辑布线图或物理布线图。

(6) 了解实验中所用组件的外引线排列及其使用方法。

(7) 画好实验用表格。

(8) 做好预习报告。

7. 实验报告内容及要求

(1) 实验目的。

(2) 实验任务及要求。

(3) 逻辑设计过程,包括化简的步骤。

(4) 画好实验用逻辑电路图和逻辑布线图或物理布线图,并注明有关元件型号。

(5) 按要求填写各实验表格。

(6) 整理、分析实验数据和结果,列表比较实验任务的理论分析值和实验结果值。

(7) 写出心得体会。

3.5 脉冲信号电路

3.5.1 脉冲的产生与整形

1. 实验目的

(1) 掌握 TTL 与非门多谐振荡器的电路及工作原理。
(2) 熟悉单稳态触发器、史密特触发器的工作原理。
(3) 熟悉石英晶体振荡器及其分频电路。

2. 实验原理与电路

在数字电路中,常需要各种不同频率的脉冲信号,或者需要一定宽度和幅度的脉冲信号,来完成各种不同的控制要求。那么,如何获得各种不同频率的脉冲和不同宽度的脉冲呢? 通常有两种方法达到这样的要求: 一是自激的脉冲振荡器,它们不需要外界的输入信号,只要加上直流电源,就可以自动地产生矩形脉冲。另一种是脉冲整形电路,它们并不能自动地产生脉冲信号,但却可以把其他形状的信号(包括正弦信号或脉冲信号)变换成矩形脉冲波。

在脉冲振荡器中,常用门电路组成多谐振荡器、环形振荡器和石英振荡器。

在脉冲整形电路中,主要有单稳态触发器和史密特触发器。

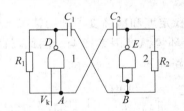

图 3.5.1　TTL 与非门组成的多谐振荡器电路

对于目前用得较多的集成定时器(如 555)将在下一实验进行介绍。

1) TTL 与非门多谐振荡器

TTL 与非门多谐振荡器的基本电路如图 3.5.1 所示。它由两个与非门和一对 R、C 定时元件组成,其中 $R_1 = R_2$,$C_1 = C_2$,V_K 是控制信号。$V_K = 1$ 时,振荡器振荡,$V_K = 0$ 时,振荡器停振。

接通电源后,门 1 和门 2 都工作在放大区,此时只要有一点小的干扰,就会引起振荡。如干扰信号使 A 点电位略有上升,将会发生以下正反馈过程:

$$V_A \uparrow \longrightarrow V_D \downarrow \longrightarrow V_B \downarrow \longrightarrow V_E \uparrow$$

从而使门 1 迅速饱和导通,门 2 迅速截止,电路进入一个暂稳态。同时,电容 C_1 开始充电,C_2 开始放电;随着时间的推移,C_1 不断充电,C_2 不断放电,而使 V_B 上升,V_A 下降(V_A、V_B 均按指数规律升、降)。由于电容 C_1 有两个电流充电,使 B 点先到阈值电压 1.4V,从而引起下面的正反馈过程:

$$V_B \uparrow \longrightarrow V_E \downarrow \longrightarrow V_A \downarrow \longrightarrow V_D \uparrow$$

因而门 1 迅速截止,门 2 迅速导通,电路进入另一个暂稳状态。这时 C_2 充电,C_1 放电,随着时间的推移,A 点电位会较快地升高到阈值电压 1.4V,并引起下一次的正反馈过程,使电路重新回到门 1 导通,门 2 截止的暂稳状态。于是,电路将不停地振荡。由理论推导可知,其振荡周期为:

$$T = 2t_w = 2 \times 0.7RC = 1.4RC$$

2) TTL 与非门环形多谐振荡器

TTL 与非门环形多谐振荡器的电路如图 3.5.2 所示,它是由三个与非门(或反相器)和电阻 R、电容 C 组成的。

设 A 点电位由 0 到 1,即 $A=1$,则 B 点电位从 1 到 0,D 则为 1,E 点电位随 B 点电位下降而下跳到 0,即 $E=0$,这是电路的一个暂稳态,由于 $D=1$,有电流自 D 经电阻 R 到 E 点,再经电容 C 到 B 点对电容 C 充电,使 E 点电位按指数规律上升。当 E 点电位上升到门 3 的阈值电压时,门 3 翻转,从原来的截止变成导通状态,这样 $A'=A=0$。由于 A 从 1→0,则 B 点从 0→1,D 点从 1→0,E 点电位随 B

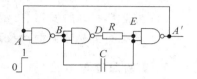

图 3.5.2　TTL 与非门环形多谐振荡器

点变化而由 0→1,这是电路的另一个暂稳态。此后,有电流自 B 点经电容 C 到 E 点。再经 R 到 D 点对电容 C 反向充电,使 E 点电位按指数规律下降。当 E 点电压下降到门 3 阈值电压时,门 3 翻转,$A'=A=1$,恢复到原来的暂稳态。如此下去,电路将不停地振荡,产生矩形波。由理论推导可知。振荡周期 $T=2.3RC$。实际可调频率的环形振荡器电路如图 3.5.3 所示。

3) 石英晶体多谐振荡器

TTL 或 CMOS 门电路构成的多谐振荡器通常在频率稳定度和准确度不高的情况下使用。而有些场合,频率稳定度和准确度要求极高,需要不受环境温度因素影响。因此,就需采用稳定度、精确度较高的石英晶体组成多谐振荡器,其电路如图 3.5.4 所示。

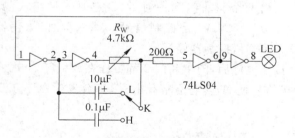

图 3.5.3　可调频率环形多谐振荡器

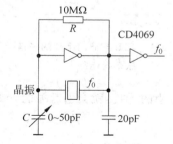

图 3.5.4　石英晶体多谐振荡器

图 3.5.4 为 CMOS 石英晶体多谐振荡器(TTL 石英晶体振荡器不再叙述,具体电路图见有关参考书)。由石英晶体频率特性可知,只有当信号频率为 f_0 时,石英晶体的等效电阻阻抗才会最小,信号最容易通过。所以这种电路的振荡频率只决定于晶体本身的谐振频率 f_0,而与电路中的 R、C 的数值无关。例如 f_0 为 32 768Hz,则经过 15 级二分频后可得 1Hz 的脉冲。

4) 单稳态触发器

单稳态触发器有三个特点:第一,它有一个稳定状态和一个暂稳状态;第二,在外来脉冲的作用下,能够由稳定状态翻转到暂稳状态;第三,暂稳状态维持一段时间以后,将自动返回到稳定状态,而暂稳状态时间的长短与触发脉冲无关,仅取决于电路本身的参数。单稳态触发器在数字系统控制装置中,一般用于定时、整形以及延时等。

5)微分型单稳电路

由两个 TTL 与非门和 RC 微分电路组成的微分型单稳态触发器如图 3.5.5 所示。

微分型单稳态触发器具有脉宽扩展的功能,根据理论推导可得输出波形的脉宽为:$t_W \approx 0.8RC$。其波形图如图 3.5.6 所示。

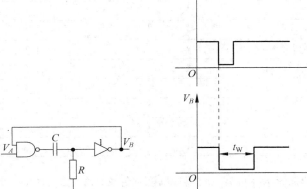

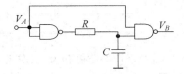

图 3.5.5　微分型单稳态
触发器

图 3.5.6　微分型单稳态触发器
波形图

图 3.5.7　积分型单稳态触发器

6)积分型单稳电路

只要把微分型电路的 R、C 相互对换,电路就成为积分型单稳态触发器,电路见图 3.5.7。其主要功能是把宽脉冲变成窄脉冲,电路波形图如图 3.5.8 所示,输出脉宽的宽度 $t_W \approx 1.1RC$。

7)集成单稳态触发器

单片集成单稳态触发器应用比较方便,因此越来越受到使用者的欢迎。这里,我们对中规模单稳态触发器(也叫单稳多谐振荡器)74LS122 做介绍。74LS122 的功能见表 3.5.1,外引脚排列图如图 3.5.9 所示。

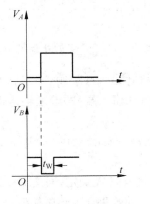

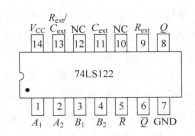

图 3.5.8　积分型单稳态触发器波形图

图 3.5.9　74LSl22 外引脚图

表 3.5.1　74LS122 功能表

输　　　　入					输　　出	
$\bar{R}$	A_1	A_2	B_1	B_2	Q	$\bar{Q}$
0	×	×	×	×	0	1
×	1	1	×	×	0	1
×	×	×	0	×	0	1
×	×	×	×	0	0	1
1	0	×	↑	1	⊓	⊔
1	0	×	1	↑	⊓	⊔
1	×	0	↑	1	⊓	⊔
1	×	0	1	↑	⊓	⊔
1	1	↓	1	1	⊓	⊔
1	↓	↓	1	1	⊓	⊔
1	↓	1	1	1	⊓	⊔
↑	0	×	1	1	⊓	⊔
↑	×	0	1	1	⊓	⊔

74LS122 是可再重触发的单稳多谐振荡器,它有 4 个触发输入端 A_1、A_2、B_1、B_2,一个清零复位端 $\bar{R}$,两个输出 Q 和 $\bar{Q}$。74LS122 的输出脉冲宽度 t_w 有三种方式进行控制。

第一种办法是基本脉冲时间,可通过外接定时元件电容 C 和电阻 R 来确定。在使用中,外部定时电容 C 可以接在 C_{ext} 和 R_{ext}/C_{ext} 之间。如采用内部计时电阻,可将 R_{ext} 端直接接到 V_{CC},如图 3.5.10 所示,如不用内部计时电阻而用外部的,则可把电阻或电位器接到 R_{ext}/C_{ext} 端和 V_{CC} 之间,并把 R_{ext} 开路,如图 3.5.11 所示。

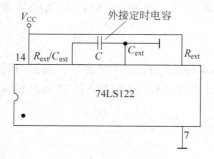

图 3.5.10　R、C 的外接图(R_{ext} 端接 V_{CC})

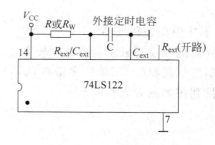

图 3.5.11　R、C 的外接图(R_{ext} 端开路)

第二种办法是通过 A、B 输入端进行控制。单稳电路一旦触发,基本脉冲宽度就可以通过可重触发的低电平有效(A 输入端)或高电平有效(B 输入端)的选通输入而得到扩展。如图 3.5.12 所示,$t_w' > t_w$。

第三种办法是通过 $\bar{R}$ 端复位进行控制。单稳电路一旦触发以后,基本脉冲宽度就可以用 $\bar{R}$ 提前清除来缩小脉冲宽度,如图 3.5.13 所示,$t_w' < t_w$。

单稳电路的输出脉冲宽度 t_w 由外接电容 C 和外接电阻 R 决定,当 74LS122 外接电容 $C >$ 1000pF 时,其输出脉宽为 $f_0 \approx 0.45RC$。为了获得最好的效果,C_{ext} 端应接地,如图 3.5.10 中虚线所示。

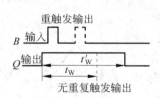

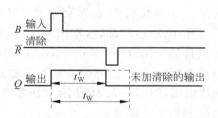

图 3.5.12　使用重触发脉冲的输出脉冲控制　　　　图 3.5.13　使用清除输入的输出脉冲控制

8) 史密特触发器

史密特触发器用途较多,可作脉冲发生器,用于波形整形,幅度鉴别,脉冲展宽等。它主要是由门电路构成的,也有专用的集成史密特触发器电路。其工作特点:一是电路有两个稳态;二是电路状态的翻转依赖于外触发信号电平来维持,一旦外触发信号幅度下降到一定电平以后,电路就会立即恢复到初始稳定状态。

由两个 CMOS 反相器和两个电阻构成的史密特触发器电路如图 3.5.14 所示,若在 A 点输入三角波,则其输出波形如图 3.5.15 所示。

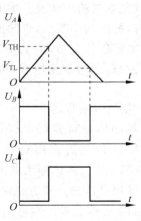

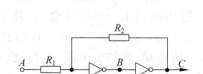

图 3.5.14　CMOS 反相器组成的史密特电路　　　　图 3.5.15　输出波形图

集成史密特触发器由于性能好、触发电平稳定,所以受到广泛的应用。例如 CMOS 集成触发器 CD4093 二输入四与非门史密特触发器可用作脉冲延时、单稳、脉冲展宽、压控振荡器、整形、多谐振荡器等。CD4093 的外引脚如图 3.5.16 所示,图 3.5.17 为其多谐振荡器的电路图,图 3.5.18 为其多谐振荡器波形图。

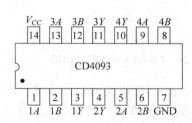

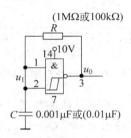

图 3.5.16　CD4093 外引脚图　　　　　图 3.5.17　用史密特触发器构成的多谐振荡器

从图 3.5.17 中看出,当电源接通时,因电容 C 两端的初始电压为零,即 $V_I = 0$,则电路输出 $V_O = 1$ 是高电平,此时有电流经电阻 R 向电容 C 充电,使 V_I 上升,当 V_I 上升到阈值电压 V_{TH} 时,电路迅速翻转,输出 $V_O = 0$,这样电容 C 经电阻 R 再向输出端放电,当 V_I 下降到门的阈值电压 V_{TL} 时,电路再次翻转。这样,周而复始不停地振荡,电路就会有矩形波输出,如图 3.5.18 所示。其振荡频率可通过改变 R 和 C 的大小来调节。

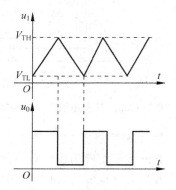

图 3.5.18 用史密特触发器构成的多谐振荡器波形图

3. 实验任务与步骤

1) TTL 与非门多谐振荡器

按图 3.5.3 连线,反相器选用 74LS04(或 CD4069)芯片,将芯片插到实验箱上。电容选用 $10\mu F$ 和 $0.1\mu F$,电位器可选用 $4.7k\Omega$ 或 $2.2k\Omega$,振荡器的输出接发光二极管 LED。

接通电源,将 $10\mu F$ 的电容接入电路中,电位器阻值调至最大,这时振荡器频率很低,可通过 LED 观察其输出情况。将 R_W 电位器的阻值逐渐减小,可发现发光二极管的闪耀速度变快,这时,振荡频率变快,将输出接示波器,可测出其波形和周期的变化。

改变电容值的大小,从 $10\mu F$ 变为 $0.1\mu F$,再进行上述实验,这时频率明显变快,从示波器上可以发现,通过改变电容,可以改变脉冲振荡频率;通过改变电阻,也可以改变脉冲振荡频率。

2) 石英晶体振荡器

把石英晶体振荡器(32768Hz)、电阻、电容及 CD4060 IC 电路插在实验箱上。其中 CD4060 为 14 位二进制串行计数器/分频器,但输出只有 10 个引出端,其引脚排列如图 3.5.19 所示;与晶体振荡器的连接如图 3.5.20 所示。由于 CD4060 内部已有反相器,因此我们可用晶体振荡器直接接其反相器的输入输出端,再加上电阻、电容,就有稳定的频率从 CD4060 各有关输出端输出,如图 3.5.21 所示。

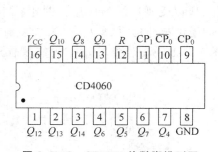

图 3.5.19 CD4060 外引脚排列图

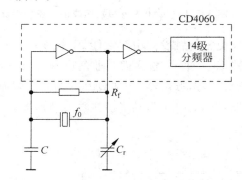

图 3.5.20 CD4060 与晶振连接图

按图 3.5.21 把石英晶体振荡器(32768Hz)与电阻、电容相连,R 接逻辑开关 K,K = R = 1,清零。CD4060 的输出端 Q_{14}、Q_{13}、Q_{12}、Q_{10}、…、Q_5、Q_4 分别接 10 个发光二极管 $L_9 L_8 L_7 L_6 L_5 L_4 L_3 L_2 L_1 L_0$,$CP_0$ 接示波器。74LS112 的 Q 端(Q_{15})接一个发光二极管。

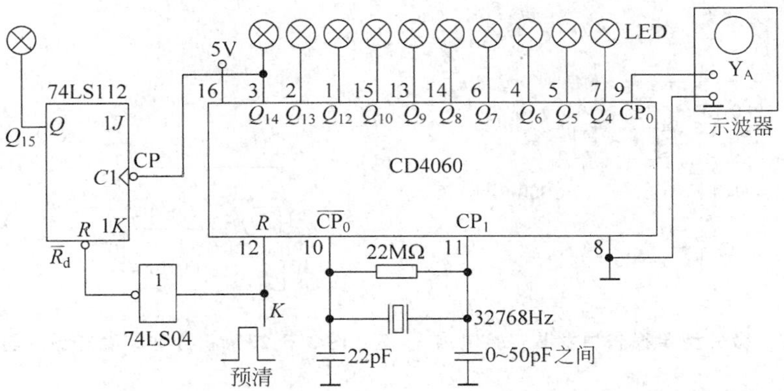

图 3.5.21 石英晶体振荡器分频实验连接图

接通电源,晶体振荡器振荡,这时可用示波器观测到其波形和周期(频率),10 个输出 $Q_4\cdots Q_n\cdots Q_{14}$ 为 2^n 次分频。若 Q_{14} 再次分频,见图 3.5.21 中 Q_{14} 接 JK 触发器的 CP,那么触发器输出 Q(设 Q_{15})的频率为 1Hz。实验者通过发光二极管 LED 和示波器分别测 CP_0、Q_4、$\cdots$、Q_{13}、Q_{14}、Q_{15} 各点,就很容易观察到这一情况。

3)单稳态触发器

单稳态触发器有三个特点:第一,它有一个稳定状态和一个暂稳状态;第二,在外来脉冲的作用下,能够由稳定状态翻转到暂稳状态;第三,暂稳状态维持一段时间以后,将自动返回到稳定状态,而暂稳状态时间的长短与触发脉冲无关,仅取决于电路本身的参数。单稳态触发器在数字系统控制装置中,一般用于定时、整形以及延时等。

4)微分型单稳态触发器

按图 3.5.22 接线,V_1 接单次脉冲输出的高电平(即负脉冲)。电阻电容插入实验箱的针管式插座中,R_W 电位器用实验箱中的 R_W 或插入三脚实芯电位器,门用 74LS00 二输入端四与非门,单稳输出接 LED 灯 L_1 和 L_0。

接通电源,按动一下单次脉冲,观察 LED 灯 L_1 和 L_0 的亮灭情况。按住单次脉冲不放,再观察 LED 灯 L_1 和 L_0 的亮灭情况。

改变 R_W 的值,再进行上述操作。

结论:微分型单稳对输入脉冲进行延时,延时时间与 R_W 和 C 有关。

5)积分型单稳态触发器

按图 3.5.23 接线,V_1 接单次脉冲输出低电平(即正脉冲)。电阻电容插入实验箱的针管式插座中,R_W 电位器用实验箱中的 R_W 或插入三脚实芯电位器,门用 74LS00 二输入端四与非门,单稳输出接 LED 灯 L_1 和 L_0。

接通电源。按动单次脉冲一次,时间比做微分单稳时稍长一些,观察 LED 灯 L_1 和 L_0 亮灭情况。

改变 R_W 的值,再进行上述操作。

把 V_1 接连续脉冲,并调至一定的频率(如 50Hz 或更高一些),用双踪示波器观察 V_1 和 V_A 两点波形,并与图 3.5.8 进行比较。再改变 R_W,观察波形的变化。

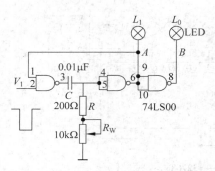

图 3.5.22　微分型单稳态触发器实验电路

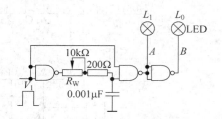

图 3.5.23　积分型单稳态触发器实验电路

6) 集成单稳触发器

将 74LS122 单稳触发器插在实验箱上,按图 3.5.24 外接可调电阻 $R_W = 47\text{k}\Omega$,$C = 10\mu\text{F}/16\text{V}$,$A_1$、$A_2$、$B_1$接逻辑开关 K_1、K_2、K_3,B_2接单次脉冲,$\bar{R}$ 端接复位开关 K_4,Q 和 $\bar{Q}$ 接发光二极管 LED(L_1 和 L_0)。

按表 3.5.1 进行逐项测试,观察 74LS122 的功能正确与否,并计算其基本脉宽时间。

改变 R_W 值为最大或最小,输入 B_2 上升沿脉冲(此时 $A_1 = 0$,$B_1 = 1$),按动单次脉冲,观察 Q 输出脉宽时间并和理论计算值 t_W($t_W = 0.45R_TC$)进行比较。

R_W 为一定值时(即 t_W 一定),将 B_2 连至单次脉冲的导线断开而连至连续脉冲,从慢到快调节连续脉冲旋钮,观察 Q 输出 LED 状态(也可用示波器观察其状态)的变化。

将连续脉冲调至高频一直在触发,使 Q 输出为 1(发光二极管 LED 亮)。若这时置 $\bar{R}$ 端为 0,则 $Q = 0$,这样就起到了在任何时候清零的作用,从而改变单稳的延时时间 t_W。

7) 史密特触发器

在实验箱上插入 CD4093,按图 3.5.17 连线,其中 R 选 100kΩ 或 1MΩ,C 选 0.01μF 或 0.001μF。对不用的史密特触发器,应将其输入端保护起来。

接通电源,用示波器观察 CD4093 的 3 号脚的输出波形是否为方波脉冲。

改变 R 或 C 的值,进行不同组合,用示波器观察其输出波形。

按图 3.5.25 在史密特触发器的输入端输入正弦波或三角波形观察输出整形情况。

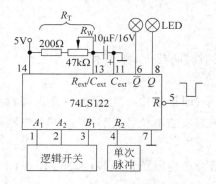

图 3.5.24　74LS122 集成单稳态触发器实验电路

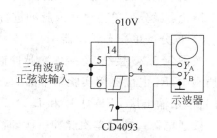

图 3.5.25　史密特触发器实验电路

4. 实验器材

(1) 数字逻辑实验箱一台;

（2）直流稳压电源一台；

（3）示波器、信号发生器各一台；

（4）万用表一只；

（5）集成电路：74LS00、74LS04、74LS112、74LS122、CD4060、CD4093 各一片；

（6）元器件：电阻：200Ω、$100k\Omega$、$1M\Omega$、$22M\Omega$ 各一只；电位器：$10k\Omega$、$4.7k\Omega$、$47k\Omega$、各一只；电容：$20pF$、$0\sim50pF$、$0.01\mu F$、$0.001\mu F$、$10\mu F/16V$、$100\mu F/16V$ 各一只；晶振：$32\ 768Hz$ 一只。

5. 预习要求

（1）做好实验预习，复习"数字逻辑"相关教材的有关章节。

（2）复习 TTL 与非门多谐振荡器的电路组成及其工作原理。

（3）复习晶振电路及其分频电路的工作原理。

（4）掌握微分、积分单稳电路的特点以及常用中规模单稳态集成触发器的逻辑功能和特点。

（5）掌握史密特触发器电路的作用。掌握任意规律同步计数器的工作原理和设计方法。

（6）查找集成电路手册，画好实验用逻辑电路图和逻辑布线图或物理布线图。

（7）了解实验中所用组件的外引线排列及其使用方法。

（8）画好实验用表格。

（9）做好预习报告。

6. 实验报告内容及要求

（1）实验目的。

（2）实验任务及要求。

（3）逻辑设计过程，包括化简的步骤。

（4）画好实验用逻辑电路图和逻辑布线图或物理布线图，并注明有关元件型号。

（5）按要求填写各实验表格。

（6）整理、分析实验数据和结果，列表比较实验任务的理论分析值和实验结果值。

（7）写出心得体会。

3.5.2　555 定时电路及其应用

1. 实验目的

（1）熟悉基本定时电路的工作原理及定时元件 RC 对振荡周期和脉冲宽度的影响。

（2）掌握用 555 集成定时器构成定时电路的方法。

2. 实验原理与电路

555 定时器是一种中规模集成电路，只要在外部配上几个适当的阻容元件，就可以方便地构成史密特触发器、单稳态触发器及多谐振荡器等脉冲产生与变换电路。它在工业自动控制、定时、仿声、电子乐器、防盗等方面有广泛的应用。该器件的电源电压为 $4.5\sim18V$，驱动电流比较大,一般在 200mA 左右,并能与 TTL、CMOS 逻辑电平相兼容。

555 定时器的内部电路框图如图 3.5.26 所示,其引脚排列如图 3.5.27 所示。

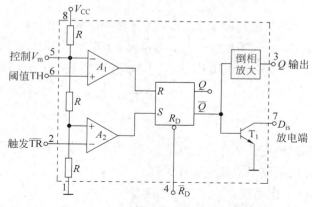

图 3.5.26　555 定时器内部结构框图

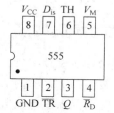

图 3.5.27　555 外引脚排列图

555 定时器内部含有两个电压比较器 A_1、A_2,一个基本 RS 触发器,一个放电三极管 T 和输出反相放大器。

在 V_{cc} 和地之间加上电压,并让 V_M 悬空,则 A_1 比较器的参考电压为 $2V_{cc}/3$,A_2 比较器的参考电压为 $V_{cc}/3$。若 A_2 比较器的 $\overline{(TR)}$ 触发端输入电压 $V_2<V_{cc}/3$,则 A_2 比较器输出为 1,可使基本 RS 触发器置 1,使输出端 $Q=1$。若 A_1 比较器的 TH 阈值端输入电压 $V_6>2V_{cc}/3$ 时,则 A_1 比较器输出为 1,可使基本 RS 触发器置 0,使输出端 Q 为 0。若复位端 $\overline{R_d}=0$,则基本 RS 触发器置 0,$Q=0$。V_M 为控制电压端,V_M 的电压加入,可改变两比较器的参考电压,若不用时,可通过电容(通常为 $0.01\mu F$)接地。放电管 T_1 的输出端 D_{is} 为集电极开路输出。定时器的功能说明见表 3.5.2。

表 3.5.2　555 定时器功能表

输　　入			输　　出	
复位R_D	$\overline{(TR)}$	TH	Q	T_1 状态
0	×	×	0	导通
1	$<V_{cc}/3$	$<V_{cc}/3$	1	截止
1	$>V_{cc}/3$	$>V_{cc}/3$	0	导通
1	$>V_{cc}/3$	$<V_{cc}/3$	原状态	不变

从 555 功能表及其原理图可见,只要在其相关的输入端输入相应的信号就可以得到各种不同的电路,例如多谐振荡器、史密特触发器、单稳态触发器等。

由 555 定时器组成的多谐振荡器的电路如图 3.5.28 所示;555 定时器组成的史密特触发器的电路如图 3.5.29 所示;555 定时器组成的单稳态触发器的电路如图 3.5.30 所示。

在图 3.5.28 中,调节 R_W 或 C,可产生脉宽可变的方波。在图 3.5.29 中,若 V_I 端(即 555 的 2 脚、6 脚)输入三角波(或正弦波)及其他不规则的波形,则在输出端 Q(3 脚)有幅值恒定的方波输出。在图 3.5.30 中,若 V_I 端(2 端)加入一个负沿输入的窄脉冲,则在 Q 端输出延时的正脉宽信号 $t_W = 1.1RC$。

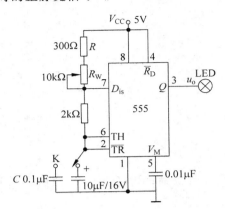

图 3.5.28　555 多谐振荡器电路图

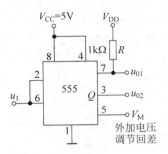

图 3.5.29　555 史密特触发器电路图

3. 实验任务与步骤

将 555 定时器插在实验箱上，按图 3.5.28、图 3.5.29、图 3.5.30 分别进行实验。

1）多谐振荡器

按照图 3.5.28 接线，输出端 Q 接发光二极管和示波器，并把 $10\mu F$ 电容串入电路中。

接线完毕，检查无误后，接通电源，555 工作。这时可以看到 LED 发光管一闪一闪，调节 R_W 的值，可从示波器上观测到脉冲波形的变化，并记录。

改变电容 C 的数值为 $0.1\mu F$，再调节 R_W，观察输出波形的变化，并记录输出波形及频率。

2）史密特触发器

按照图 3.5.31 接线。其中 555 的 2 脚和 6 脚接在一起，接至函数发生器三角波（或正弦波）的输出（幅值调至 $5V$），V_1 和 V_0（Q）端接双踪示波器。

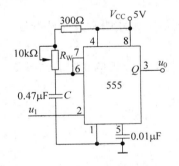

图 3.5.30　555 单稳态触发器电路图

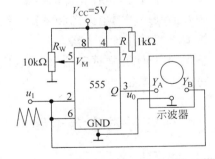

图 3.5.31　555 构成的史密特触发器实验电路图

接线无误后，接通电源，输入三角波或正弦波形，并调至一定的频率，观察输入、输出波形的形状。

调节 R_W，使外加电压 V_M 变化，观察示波器输出波形的变化。

3）单稳态触发器

按图 5.3.30 接线，V_1 接单次脉冲，输出 V_0（Q）接发光 LED 二极管。

调节 R_W 为最大值 $10k\Omega$，输入单次脉冲一次，观察 LED 灯亮的时间。

调节 R_w，再进行输入 V_1 的操作，观察 LED 灯亮时间。使用者也可更换电容 C，再进行上述操作，观察输出 V_0 的延时情况。

4. 实验器材

（1）数字逻辑实验箱一台；

（2）直流稳压电源一台；

（3）示波器、信号发生器各一台；

（4）万用表一只；

（5）集成电路：555 定时器一片；

（6）元器件：电阻：300Ω、2kΩ、1kΩ 各一只；电位器：10kΩ 一只；电容：$0.01\mu F$、$0.1\mu F$、$10\mu F$、$0.47\mu F$ 各一只。

5. 预习要求

（1）做好实验预习，复习"数字逻辑"相关教材的有关章节。

（2）复习 555 定时器的结构和工作原理。

（3）计算实验电路中 555 定时器应用时的理论值 t_w。

（4）掌握 555 定时器的引脚排列。

（5）画好实验用表格。

（6）做好预习报告。

6. 实验报告内容及要求

（1）实验目的。

（2）实验任务及要求。

（3）逻辑设计过程，包括化简的步骤。

（4）画好实验用逻辑电路图和逻辑布线图或物理布线图，并注明有关元件型号。

（5）按要求填写各实验表格。

（6）整理、分析实验数据和结果，列表比较实验任务的理论分析值和实验结果值。

（7）写出心得体会。

3.5.3 序列信号发生器电路

1. 实验目的

（1）熟练掌握序列信号发生器的工作原理和设计方法以及调试的一般方法。

（2）掌握设计和调试同步时序电路的一般方法。

（3）掌握改进电路使计数器具有自启动能力的一般方法。

2. 实验原理与电路

这是一个以触发器为基本设计器件的同步时序电路设计，其指定的信号发生规律为：

[101000]、[111000]双序列信号。给定的器件是带预置端和清除端的负沿触发双 JK 型触发器(74LS112)和 74LS00 二输入四正与非门芯片,所以我们要根据给定的器件进行设计,并为电路提供同步时钟脉冲信号。

表 3.5.3 为[101000]、[111000]双序列信号发生器状态转移表;图 3.5.32 为[101000]、[111000]双序列信号发生器状态转移图。

表 3.5.3 状态转移表

| 状 态 | | 输 出 | |
原 态	次 态	F_1	F_2
S_1	S_2	1	1
S_2	S_3	0	1
S_3	S_4	1	1
S_4	S_5	0	0
S_5	S_6	0	0
S_6	S_1	0	0

3. 实验任务与步骤

把两片 74LS112 双 JK 触发器芯片和一片 74LS00 二输入四正与非门芯片插在实验箱插座上,按图 3.5.33 接线。状态输出($Q_2 Q_1 Q_0$)接三只 LED 发光二极管($L_2 L_1 L_0$),输出($F_1 F_0$)接两只 LED 发光二极管($L_4 L_3$),4 只触发器的清零端 Rd($\overline{CLR}$)连接到实验箱上的复位按钮(开关 K_1),CP 接单次脉冲(或连续脉冲),按设计接线完毕,则可通电实验并记录结果。

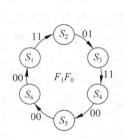

图 3.5.32 状态转移图

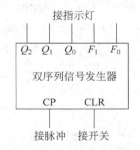

图 3.5.33 双序列信号发生器电路示意图

4. 设计指南

本设计是一个同步时序电路设计,所以要按照时序电路的设计方法逐步进行设计:画出状态转换图或状态转换表;进行状态化简;进行状态分配;根据给定的触发器类型求出驱动方程和输出方程;再根据驱动方程和输出方程利用逻辑公理和逻辑公式化出需要最少器件的实验表达式;画出逻辑图;检查所设计的电路能否自启动。

从状态转移图我们可以看出,这是一个有 6 个状态依次循环,每个状态有相应输出的时序电路。在设计这样的电路时,我们一般首先要设计一个有 6 个状态的计数器,依托该计数器电路进行输出设计。

设计一个有 6 个状态的同步计数器,需要三个触发器,在进行状态分配时,我们有许多方案。不同的状态分配方案,形成的最终电路复杂程度是不同的,因此,要求我们一定要结合给定的器件,进行合理的状态分配(最好能达到最佳)。当然,计数器的设计一定要考虑自行启动的问题。

本设计题目所需的六状态计数器,在状态分配时,我们可以选择如图 3.5.34 所示的方案 1:

$$S_1=000, \quad S_2=001, \quad S_3=010$$
$$S_4=011, \quad S_5=100, \quad S_6=101$$

我们也可以选择如图 3.5.35 所示的方案 2:

$$S_1=000, \quad S_2=001, \quad S_3=011$$
$$S_4=111, \quad S_5=110, \quad S_6=100$$

我们还可以选择如图 3.5.36 所示的方案 3:

$$S_1=110, \quad S_2=001, \quad S_3=100, \quad S_4=011, \quad S_5=010, \quad S_6=000$$

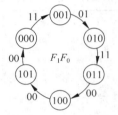
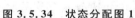
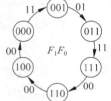
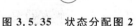
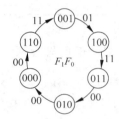

图 3.5.34　状态分配图 1　　　图 3.5.35　状态分配图 2　　　图 3.5.36　状态分配图 3

经过比较我们知道,在状态分配时,使用方案 1,需要用三个负沿触发 JK 型触发器,6 个二输入单输出与非门;使用方案 2,需要用三个负沿触发 JK 型触发器,5 个二输入单输出与非门;使用方案 3,需要用三个负沿触发 JK 型触发器,两个二输入单输出与非门。可见方案 3 是最佳选择。

5. 实验器材

(1) 数字逻辑实验箱一台;

(2) 直流稳压电源一台;

(3) 示波器一台;

(4) 万用表一只;

(5) 集成电路:74LS00 一片;
74LS112 两片。

6. 预习要求

(1) 做好实验预习,复习"数字逻辑"相关教材的有关章节。

(2) 熟练掌握序列信号发生器的工作原理和设计方法以及调试的一般方法。

(3) 掌握设计和调试同步计数器的一般方法。

(4) 掌握改进电路使计数器具有自启动能力的一般方法。

（5）查找集成电路手册，画好实验用逻辑电路图和逻辑布线图或物理布线图。

（6）了解实验中所用组件的外引线排列及其使用方法。

（7）画好实验用表格。

（8）做好预习报告。

7．实验报告内容及要求

（1）实验目的。

（2）实验任务及要求。

（3）逻辑设计过程，包括化简的步骤。

（4）画好实验用逻辑电路图和逻辑布线图或物理布线图，并注明有关元件型号。

（5）按要求填写各实验表格。

（6）整理、分析实验数据和结果，列表比较实验任务的理论分析值和实验结果值。

（7）写出心得体会。

3.5.4 序列信号检测器电路

1．实验目的

（1）熟练掌握序列信号检测器的工作原理和设计方法以及调试的一般方法。

（2）掌握设计和调试同步计数器的一般方法。

（3）掌握改进电路使计数器具有自启动能力的一般方法。

2．实验原理与电路

这是一个以触发器为基本设计器件的同步时序电路设计，其指定的信号检测规律为：[1010]可重叠序列信号。给定的器件是带预置端和清除端的正沿触发双 D 型触发器（74LS74）、74LS20 四输入二正与非门芯片和 74LS00 二输入四正与非门芯片，所以我们要根据给定的器件进行设计，并为电路提供同步时钟脉冲信号。

表 3.5.4 为[1010]序列信号检测器状态转移表；图 3.5.37 为[1010]序列信号检测器状态转移图。

表 3.5.4　状态转移表

状　　态	输　　入	状　　态	输　　出
原　　态	A	次　　态	F
S_1	0	S_1	0
S_2	0	S_3	0
S_3	0	S_1	0
S_4	0	S_3	1
S_1	1	S_2	0
S_2	1	S_2	0
S_3	1	S_4	0
S_4	1	S_2	0

3．实验任务与步骤

把一片 74LS74 双 D 触发器芯片、一片 74LS20 四输入二正与非门芯片和一片 74LS00 二输入四正与非门芯片插在实验箱插座上,按图 3.5.38 接线。状态输出($Q_1 Q_0$)接两只 LED 发光二极管($L_1 L_0$),输出(F)接两只 LED 发光二极管(L_2),两只触发器的清零端 $\overline{R_d}$ (CLR)连接到实验箱上的复位按钮(开关 K_1),CP 接单次脉冲(或连续脉冲),按设计接线完毕,则可通电实验并记录结果。

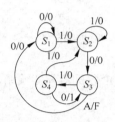

图 3.5.37　状态转移图

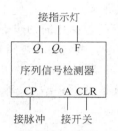

图 3.5.38　序列信号检测器电路示意图

4．设计指南

本设计是一个同步时序电路设计,所以要按照时序电路的设计方法逐步进行设计:画出状态转换图或状态转换表;进行状态化简;进行状态分配;根据给定的触发器类型求出驱动方程和输出方程;再根据驱动方程和输出方程利用逻辑公理和逻辑公式化出需要最少器件的实验表达式;画出逻辑图;检查所设计的电路能否自启动。

从状态转移图我们可以看出,这是一个有 4 个状态依次循环,每个状态均有相应的输入和输出的时序电路。在设计这样的电路时,我们一般首先要设计一个有 4 个状态的计数器,依托该计数器电路进行输出设计。

设计一个有 4 个状态的同步计数器,需要两个触发器,在进行状态分配时,我们有许多方案。不同的状态分配方案,形成的最终电路复杂程度是不同的,因此,要求我们一定要结合给定的器件,进行合理的状态分配(最好能达到最佳)。当然,计数器的设计一定要考虑自行启动的问题。

经过比较我们知道,最佳方案时使用两个正沿触发 D 型触发器,4 个二输入单输出与非门,一个 4 输入单输出与非门。

5．实验器材

(1) 数字逻辑实验箱一台;
(2) 直流稳压电源一台;
(3) 示波器一台;
(4) 万用表一只;
(5) 集成电路:74LS20、74LS00 各一片;74LS74 一片。

6．预习要求

(1) 做好实验预习,复习"数字逻辑"相关教材的有关章节。

（2）熟练掌握序列信号检测器的工作原理和设计方法以及调试的一般方法。

（3）掌握设计和调试同步计数器的一般方法。

（4）掌握改进电路使计数器具有自启动能力的一般方法。

（5）查找集成电路手册,画好实验用逻辑电路图和逻辑布线图或物理布线图。

（6）了解实验中所用组件的外引线排列及其使用方法。

（7）画好实验用表格。

（8）做好预习报告。

7. 实验报告内容及要求

（1）实验目的。

（2）实验任务及要求。

（3）逻辑设计过程,包括化简的步骤。

（4）画好实验用逻辑电路图和逻辑布线图或物理布线图,并注明有关元件型号。

（5）按要求填写各实验表格。

（6）整理、分析实验数据和结果,列表比较实验任务的理论分析值和实验结果值。

（7）写出心得体会。

4.1　运算器电路

1．实验目的

（1）熟练掌握算术逻辑运算单元的基本结构和工作原理。

（2）熟练简单运算器的数据传输通路。

（3）按给定数据完成几种指定的算术和逻辑运算。

（4）熟悉提前进位对提高速度的作用，掌握算术逻辑部件 ALU74LS181 与提前进位发生器 74LS182 的工作原理和使用方法。

2．实验原理与电路

1）算术逻辑部件（ALU）的结构原理

通常第 i 位全加器的逻辑表达式可以写为：

$$F_i = A_i \oplus B_i \oplus C_i$$
$$C_{i+1} = A_i B_i + B_i C_i + A_i C_i$$

为了将全加器功能扩展成算术/逻辑运算器功能，把输入 A_i 和 B_i 不与低位进位数直接进行相加，而是将 A_i 和 B_i 先组合成由控制参数 S_0、S_1、S_2、S_3 控制的组合函数 Y_i 和 X_i（如图 4.1.1），然后再将 Y_i 和 X_i 以及低位进位数通过全加器进行全加。这样由不同的控制参数可以得到不同的组合函数，因而能实现多种算术运算和逻辑操作。

表 4.1.1　Y_i 和 X_i 函数关系表

S_0	S_1	Y_i	S_2	S_3	X_i
0	0	$\overline{A_i}$	0	0	1
0	1	$\overline{A_i B_i}$	0	1	$\overline{A_i + B_i}$
1	0	$\overline{A_i \overline{B_i}}$	1	0	$\overline{A_i} + B_i$
1	1	0	1	1	$\overline{A_i}$

所以算术/逻辑运算功能发生器的逻辑表达式为：

$$F_i = X_i \oplus Y_i \oplus C_i$$
$$C_{i+1} = X_i Y_i + Y_i C_i + X_i C_i$$

2）组合函数的逻辑表达式

$$Y_i = \overline{A_i + S_0 B_i + S_1 \overline{B_i}}$$

$$X_i = \overline{A_i (S_3 B_i + S_2 \overline{B_i})}$$

具体函数关系见表 4.1.1。

3）和数与进位的逻辑表达式

由于 74LS181 是四位 ALU，所以和数表达式为：

$$F_i = X_i \oplus Y_i \oplus \overline{C_i} \quad （进位用反码形式）$$

$$F = \overline{X + Y + C_0}$$

（C_0 代表组间进位，+代表算术加，F、X、Y 均代表四位数）

进位表达式为：

$$C_4 = G + P C_0$$

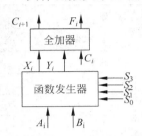

图 4.1.1 算术/逻辑运算功能发生器

（C_0 代表低组向本组的进位，+代表逻辑或，C_4 代表本组向高组的进位，以四位为一组，$G = Y_3 + Y_2 X_3 + Y_1 X_2 X_3 + Y_0 X_1 X_2 X_3$；$P = X_0 X_1 X_2 X_3$）

4）控制端 M 的作用

控制端 M 的作用是用来控制算术运算或逻辑运算的，因此 M 也称"模式控制"。

当 $M=0$ 时，M 对进位信号没影响，和输出为：

$$F_i = X_i \oplus Y_i \oplus \overline{C_i} = \overline{(X_i \oplus Y_i \oplus C_i)}$$

此时 F_i 不仅与本位的被加数 Y_i 和加数 X_i 有关，而且与低位向本位的进位值 C_i 有关。因此当 $M=0$ 时属于算术运算。当 $M=1$ 时，$\overline{C_i}=1$，即进位被封锁，所以，

$$F_i = X_i \oplus Y_i \oplus 1$$

此时低位不向高位进位，即 F_i 仅与本位的被加数 Y_i 和加数 X_i 有关，因此当 $M=1$ 时属于逻辑运算。

算术逻辑单元已有系列化的 MSI 产品出售。图 4.1.2 是中规模 ALU 集成电路 74LS181 的引脚图。

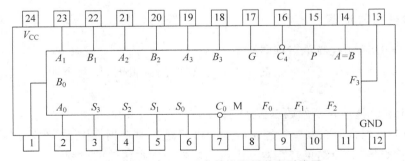

图 4.1.2 74LS181 四位算术逻辑单元引脚图

它是在四位超前进位加法器的基础上发展来的，具有 16 种逻辑运算功能和 16 种算术运算功能。图中的 $A_3 \sim A_0$ 和 $B_3 \sim B_0$ 是两组输入的运算代码，$F_3 \sim F_0$ 是输出的运算结果，$\overline{C_4}$ 是两组操作数进行算术加法运算时的进位输出，$\overline{C_0}$ 是来自低位的进位输入。当两组输入操作数完全相同时，$F_{A=B}$ 输出端给出高电平信号。G、P 是进位函数产生输出端和进位传送

函数输出端,提供扩展位数,片间连接用。M 为逻辑/算术运算控制端,$S_3 \sim S_0$ 为操作选择端。74LS181 的运算功能见表 4.1.2(也可见附录相关表格)。它是按正逻辑规定列出来的。

表 4.1.2　ALU(74LS181)正逻辑运算功能表

选　　择				$M=1$ 逻辑运算	$M=0$ 算术运算	
S_3	S_2	S_1	S_0		$\overline{C_n}=1$(无进位)	$\overline{C_n}=0$(有进位)
0	0	0	0	$F=\overline{A}$	$F=A$	$F=A+1$
0	0	0	1	$F=\overline{(A+B)}$	$F=A+B$	$F=(A+B)+1$
0	0	1	0	$F=\overline{A}\cdot B$	$F=A+\overline{B}$	$F=(A+\overline{B})+1$
0	0	1	1	$F=0$	$F=-1$	$F=0$
0	1	0	0	$F=\overline{(A\cdot B)}$	$F=A+A\cdot\overline{B}$	$F=A+A\cdot\overline{B}+1$
0	1	0	1	$F=\overline{B}$	$F=(A+B)+A\cdot\overline{B}$	$F=(A+B)+A\cdot\overline{B}+1$
0	1	1	0	$F=A\oplus B$	$F=A-B-1$	$F=A-B$
0	1	1	1	$F=A\cdot\overline{B}$	$F=A\cdot\overline{B}-1$	$F=A\cdot\overline{B}$
1	0	0	0	$F=\overline{A}+B$	$F=A+A\cdot B$	$F=A+A\cdot B+1$
1	0	0	1	$F=A\odot B$	$F=A+B$	$F=A+B+1$
1	0	1	0	$F=B$	$F=(A+\overline{B})+A\cdot B$	$F=(A+\overline{B})+A\cdot B+1$
1	0	1	1	$F=A\cdot B$	$F=A\cdot B-1$	$F=A\cdot B$
1	1	0	0	$F=1$	$F=A+A$	$F=A+A+1$
1	1	0	1	$F=A+\overline{B}$	$F=(A+B)+A$	$F=(A+B)+A+1$
1	1	1	0	$F=A+B$	$F=(A+\overline{B})+A$	$F=(A+\overline{B})+A+1$
1	1	1	1	$F=A$	$F=A-1$	$F=A$

注:表中"+"代表逻辑或运算,"·"代表逻辑与运算,"⊙"代表逻辑同或运算,"⊕"代表逻辑异或运算,"+"代表算术加运算,"-"代表算术减运算,F、A、B 均代表 4 位数。

3.实验任务与步骤

1)用 74LS181 实现简单运算器模型

如图 4.1.3 所示,给出了一个简单四位运算器的逻辑图,用两个四位二选一数据选择器,三个寄存器实现。

(1)熟悉和掌握运算器的数据传送通路。

① 用开关分别将两个四位二进制数送入寄存器 1、寄存器 2 中,再把寄存器 1、寄存器 2 中的数据进行交换(利用结果寄存器),了解运算器中数据传输的过程;

② 分别将结果寄存器和寄存器 2 当作累加器使用,并验算下面数据的结果:

1~10 的累加;

11~15 的累加。

(2)验证运算器的算术逻辑功能。

给定 $A=0101$,$B=1010$,验证表 4.1.3。

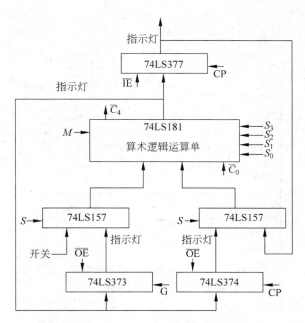

图 4.1.3 简单运算器模型逻辑框图

表 4.1.3 逻辑功能表

$S_3\ S_2\ S_1\ S_0$	$M=1$	$M=0$	
		$\overline{C_n}=1$	$\overline{C_n}=0$
0000	1010	0101	0110
0001	0000	1111	0000
1001	0000	1111	0000
1011	0000	1111	0000
1110	1111	1010	1011
1111	0101	0100	0101

2) 用 74LS181 实现 16 位运算器

如图 4.1.4 所示,给出了一个 16 位运算器的逻辑图。

了解和熟悉 74LS181、74LS182 芯片的原理和用法。用 K 控制端控制组间串/并行可变进位方式。测出并比较两种工作方式的进位延迟时间。

4. 操作指南

由于已经给定逻辑框图,因此设计工作相对比较轻松,但是在实际实验中,操作就显得十分重要,一定要预先设计好实验步骤,并要熟悉所涉及的各芯片功能及引脚分配,保证实验顺利进行。具体芯片功能和引脚分配见附录 C。

5. 实验器材

(1) 数字逻辑实验箱一台;

(2) 直流稳压电源一台;

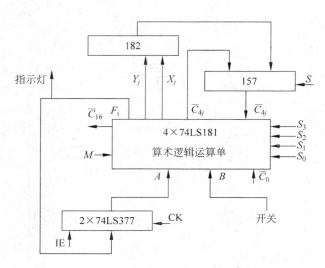

图 4.1.4　十六位运算器逻辑框图

（i 取值 $1\sim16$，j 为片号，取值 $1\sim4$）

（3）示波器一台；

（4）万用表一只；

（5）集成电路：74LS181 四片；74LS157、74LS377 各两片；74LS373、74LS374、74LS182 各一片。

6. 预习要求

（1）做好实验预习，重点复习"计算机组成原理"相关教材的有关章节。

（2）掌握简单运算器的数据传送通路，并熟悉本实验中所用的模拟开关的作用和使用方法。

（3）查找集成电路手册，画好实验用逻辑电路图和逻辑布线图或物理布线图。

（4）了解实验中所用组件的外引线排列及其使用方法。

（5）画好实验用表格。

（6）做好预习报告。

7. 实验报告内容及要求

（1）实验目的。

（2）实验任务及要求。

（3）逻辑设计过程，包括化简的步骤。

（4）画好实验用逻辑电路图和逻辑布线图或物理布线图，并注明有关元件型号。

（5）按要求填写各实验表格。

（6）整理、分析实验数据和结果，列表比较实验任务的理论分析值和实验结果值。

（7）写出心得体会。

4.2　半导体存储器电路

1．实验目的

（1）熟练掌握 2114 存储器芯片的工作特性和使用方法。
（2）了解半导体存储器是怎样存储和读出数据的。
（3）了解使用半导体存储器电路时的定时要求。
（4）了解读写周期的概念和测试方法。

2．实验原理与电路

在计算机和许多其他数字系统中，需要用存储器来存放二进制信息，进行各种特定的操作。存储器通常有两种，一种是 RAM——随机存储器，另一种是 ROM——只读存储器。

本实验我们选用 RAM 随机存储器进行实验。RAM 的集成电路产品很多，有一位、四位、八位等随机存储器 RAM。例如：存储容量较小的 C850 为 64 字×1 位静态随机存储器，存储容量中等的 2114 为 1K×4 位的静态随机存储器，存储容量较大的 6116 为 2K×8 位的静态随机存储器等。不论哪一种存储器，其内部结构大致相同，不同的是其内部的存储单元的数目，地址码的长短。图 4.2.1 为 RAM 典型结构图。它由下列三部分组成：

（1）地址译码：接收外来输入的地址信号，经译码找到相应的存储单元。

（2）存储矩阵：通常一片含有许多存储单元，这些存储单元按一定的规律排列成矩阵形式，形成存储矩阵。

（3）读/写控制：数据的输入和读出受读/写控制这一信号的控制。

由于集成度的限制，一片 RAM 能存储的信息是有限的，常常不能满足实际需要，往往需要对存储器进行扩展，把若干片连在一起，构成所需要存储容量的 RAM 的。因此，每一块集成 RAM 都有"片选"这一信号，当"片选"信号满足该片 RAM 的"片选"要求时，就选中该 RAM 芯片。反之，则不选中。

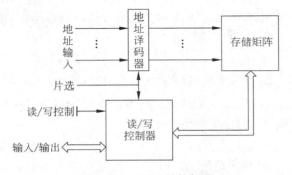

图 4.2.1　RAM 结构框图

下面我们对本实验中选用 1K×4 的随机存储器 2114 做一介绍。RAM 2114 的外引脚图如图 4.2.2 所示，功能表见表 4.2.1。

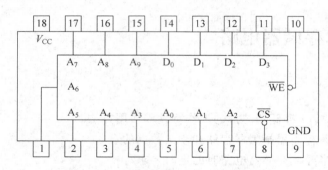

图 4.2.2　2114 RAM 静态随机存储器引脚图

表 4.2.1　2114 功能表

$\overline{CS}$	$\overline{WE}$	I/O_i	工作方式
1	×	高阻	不选中
0	0	0	写 0
0	0	1	写 1
0	1	输出	读出

1) 2114 存储器的工作原理及使用方法

2114 为 1K×4 随机访问存储器(RAM),采用 NMOS 工艺制成。它有 10 位地址线($A_9 \sim A_0$),4 位输入/输出线($I/O_3 \sim I/O_0$),一个读/写控制端($\overline{WE}$),一个片选端($\overline{CS}$)(见图 4.2.2)。

2114 是由存储体、译码器、读/写控制线路、三态输入输出缓冲器等部分组成的。存储体是它的主要部分,用于寄存信息;译码器的作用是按地址选择要访问的存储单元,它又分为行译码和列译码两部分;读/写控制线路按读、写命令,控制把数据从存储体中读出并放大或将数据写入存储体中;三态输入输出缓冲器用于接收或向外界发送数据,它具有三态性能,可与总线直接相连。

存储器进行工作时,应先加上访问的存储单元地址($A_9 \sim A_0$),然后根据读、写要求确定读/写控制端 $\overline{WE}$ 及片选端 $\overline{CS}$ 的信号:$\overline{WE}=1$ 为读操作,$\overline{WE}=0$ 为写操作,$\overline{CS}=0$ 是选中本片进行操作,$\overline{CS}=1$ 是本片不工作。注意不管是进行读还是写操作,都必须用 $\overline{CS}$ 来控制,在操作时,$\overline{CS}=0$;不操作时,$\overline{CS}$ 必须为 1。

(1) 读操作过程:

先在 $A_9 \sim A_0$ 上加上适当的地址,置 $\overline{WE}=1$,然后使 $\overline{CS}$ 由 1→0,经过一段延迟时间后,数据就由存储体读到数据线($I/O_3 \sim I/O_0$)上。要停止读操作,只要使 $\overline{CS}=1$,则数据线再经过一段时间后,就会处于浮空状态(见附图 C-44)。

(2) 写操作过程:

先在 $A_9 \sim A_0$ 上加上适当的地址,置 $\overline{WE}=0$,在数据线上加上要存入的数据,然后使 $\overline{CS}$ 由 1→0,经过一段延迟时间后,数据就写入到存储体的对应单元中了。然后使 $\overline{CS}=1$,则会结束写操作(以后应使 $\overline{WE}=1$)。注意在 $\overline{CS}$ 由 0→1 或 $\overline{WE}$ 由 0→1 前的一段时间内,输入数据必须保持不变(见附图 C-44)。

2）RAM 容量及字长的扩展

只要把两片 2114 的 $A_9 \sim A_0$、$\overline{WE}$、$\overline{CS}$ 都对应并连在一起，即会构成 $1K \times 8$ 的 RAM。用同样的方法可以把字长扩展为 $4n$ 位。

使用 2—4 译码器对地址高位 A_{11}、A_{10} 进行译码，接到 4 片 2114 的 $\overline{CS}$ 端，可构成 $4K \times 4$ 的 RAM。在此基础上，利用前面介绍的方法联合使用 8 片 2114 芯片可扩展为 $4K \times 8$ 的 RAM。

3）2114 的读写周期及测量方法：

RAM 完成读操作和写操作都必须有一定的时间，为了确保数据能可靠地写入和读出，必须满足 RAM 的读写周期的时序要求。

一般 RAM 的读写周期定义为加上地址到允许撤去地址之间的时间，读周期与写周期的时间基本差不多。从附录 2114 的时序图中可知，加上地址到数据输出有效的时间基本上等于读写周期，故我们可以采用测出加上地址到数据输出有效之间的时间的方法来测量 RAM 的读写周期时间。

3．实验任务与步骤

1）了解测试 2114 芯片的性能和使用方法

按图 4.2.3 设计并完成实验逻辑图和实验布线图，按图接线。

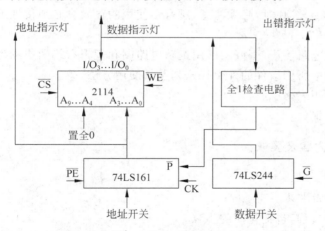

图 4.2.3　简单存储器模型

对 0～15 单元中的任一单元进行读、写，并验证结果。

测试读/写周期，把数据输入端的最低位 D_0 与地址计数器的最低位 A_0 连接，将 0～15 单元自动连续写入，则每个单元的数据最低位必然为 0、1、0、1、…、0、1。再使 RAM 为自动连续读出工作方式，用示波器观察 A_0、D_0 的波形，两者的时间差，即为 2114 的读出时间，也就是我们要得到的读写周期。

将 0～15 单元置全"0"，测全"1"；将 7 单元置全"1"，测全"1"，检查计数器是否停止计数，检查地址输出和数据输出结果。

2）字长扩展

用两片 2114 芯片设计并完成 $1K \times 8$ 存储器。画出实验逻辑图和实验布线图，按图接线。

对某一单元进行读、写操作,并验证结果。

3) 容量扩展

用两片 2114 芯片设计并完成 2K×4 存储器。画出实验逻辑图和实验布线图,按图接线。

分别对两个芯片的某一单元进行读、写操作,并验证结果。

4.实验器材

(1) 数字逻辑实验箱一台;

(2) 直流稳压电源一台;

(3) 示波器一台;

(4) 万用表一只;

(5) 集成电路:2114 两片;

74LS161、74LS244、74LS20 各一片。

5.预习要求

(1) 做好实验预习,重点复习"计算机组成原理"相关教材的有关章节。

(2) 掌握 2114 存储器的工作特性和使用方法。

(3) 在使用 2114 芯片时,必须注意,所有不使用的输入脚必须接地或接高电平,绝对不能悬空,否则会损坏芯片。

(4) 查找集成电路手册,画好实验用逻辑电路图和逻辑布线图或物理布线图。

(5) 了解实验中所用组件的外引线排列及其使用方法。

(6) 画好实验用表格。

(7) 做好预习报告。

6.实验报告内容及要求

(1) 实验目的。

(2) 实验任务及要求。

(3) 逻辑设计过程,包括化简的步骤。

(4) 画好实验用逻辑电路图和逻辑布线图或物理布线图,并注明有关元件型号。

(5) 按要求填写各实验表格。

(6) 整理、分析实验数据和结果,列表比较实验任务的理论分析值和实验结果值。

(7) 写出心得体会。

4.3　总线传输电路

1.实验目的

(1) 了解总线的工作原理。

(2) 掌握总线的实现方法。

（3）熟悉几种常用三态输出的逻辑器件。

（4）熟悉总线电路的构成。

2．实验原理与电路

（1）总线原理及构成器件使用方法。

总线是计算机中传送信息的公共通路，也称 BUS，地址信息、数据信息和控制信息可通过它在计算机各部件之间进行传送。总线的结构往往影响计算机系统的信息传送方式和传送效率。

采用总线结构的计算机系统，它的处理机、内存、外设等都仅与总线进行信息交换（或通过总线与其他部件进行信息交换），即处理器、内存和外设等都按"并行"原则组织，因而采用总线结构的计算机系统的工作效率和速度比以处理机为中心的计算机系统高。目前，大多数的计算机（特别是微型计算机）都采用总线结构。

（2）总线结构的计算机还具有如下优点。

① 系统结构清晰，连线少。

② 外设和内存可以统一编址，故不需另设专门的 I/O 指令。

③ 系统的更新和扩充十分方便。

（3）总线电路的构成：总线电路由三态总线电路或输出带三态电路的逻辑器件或 OC 器件构成。

三态电路的逻辑符号见图 4.3.1。

输出状态除逻辑"0"，逻辑"1"外，还有一种"浮空"状态，具体取决于控制端电平和输入状态。

三态电路的输出为"浮空"态时，输出和输入几乎完全断开，呈现极高的阻抗，故可以将多个三态器件的输出直接挂在同一根总线上，如图 4.3.2 所示。

在图 4.3.2 中，DATA BUS 是双向数据总线，它可以从部件 1 或部件 2 或部件 3 中接收信息，也可以向部件 0 或部件 3 发送信息。为了保证该总线上的信息正确可靠，任一时刻至多只允许一个部件向总线发送信息，即任一时刻 C_1、C_2、C_3 这三个控制信号中至多只能有一个为有效电平，亦即 C_1、C_2、C_3 互斥，这就是总线传输中的互斥性。当然，部件 0、部件 3 可以同时接收总线信息而不会破坏总线信息。

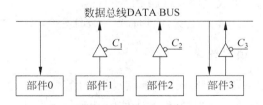

图 4.3.1　三态电路逻辑符号图　　　图 4.3.2　简单总线模型

可使用的三态器件很多，就 74 系列集成电路来说就有几十种，其中三态电路总线有总线缓冲器/驱动器/接收器、总线收发器等，如 74240、74241、74244 等是八总线缓冲器/驱动器/接收器，如 74242、74243、74245 是八总线收发器。还有不少输出带三态电路的器件，如 D 触发器、D 锁存器等，如 74373 是三态输出的八 D 锁存器，74374 是三态输出的八 D 触发器。此外还有三态输出的存储器、乘法器、寄存器堆、数据选择器、数据译码器等，详细可查阅《美国德克萨斯仪器公司 TTL 集成电路特性应用手册》(可利用网上查询),本教程附录中选录了其中一部分,供参考。

3. 实验任务与步骤

本实验的任务是实现一个八位数据总线电路。

按图 4.3.3 设计并完成实验逻辑图和实验布线图,按图接线。

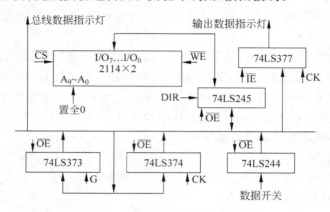

图 4.3.3   总线传输实验框图

使数据寄存器 1 和数据寄存器 2 分别为十六进制数码 C0 和 0F,然后借助 RAM 将两寄存器中数据交换,分别检查两寄存器的内容。

随时测量器件状态,以辨别信息传输是否正常。

4. 实验器材

(1) 数字逻辑实验箱一台;

(2) 直流稳压电源一台;

(3) 示波器一台;

(4) 万用表一只;

(5) 集成电路:2114 两片;

74LS244、74LS245、74LS373、74LS374、74LS377 各一片。

5. 预习要求

(1) 做好实验预习,重点复习"计算机组成原理"相关教材的有关章节。

(2) 掌握三态器件的工作特性和使用方法。

(3) 掌握总线电路的构成,掌握哪些数据传输操作可以同时进行,哪些数据传输操作是互斥的。

(4) 在使用 2114 芯片时,必须注意,所有不使用的输入脚必须接地或接高电平,绝对不能悬空,否则会损坏芯片。

(5) 查找集成电路手册,画好实验用逻辑电路图和逻辑布线图或物理布线图。

(6) 了解实验中所用组件的外引线排列及其使用方法。

（7）画好实验用表格。

（8）做好预习报告。

6．实验报告内容及要求

（1）实验目的。

（2）实验任务及要求。

（3）逻辑设计过程，包括化简的步骤。

（4）画好实验用逻辑电路图和逻辑布线图或物理布线图，并注明有关元件型号。

（5）按要求填写各实验表格。

（6）整理、分析实验数据和结果，列表比较实验任务的理论分析值和实验结果值。

（7）写出心得体会。

4.4　原码一位乘法器电路

1．实验目的

（1）熟练掌握简单乘法器的结构原理和实现方法。

（2）熟悉简单乘法器的数据通路。

（3）按给定数据完成指定的乘法运算。

2．实验原理与电路

原码一位乘法是从手工算法演变而来的，即用两操作数的绝对值相乘，符号单独按"同号为正，异号为负"的原则处理。

在常规手工算乘法中是对应于每一位乘数求得一项部分积的，然后将所有部分积一次相加求得最后乘积。这样，两个 n 位数相乘（n 为有效位数）将产生 n 项部分积，每项 n 位，如果直接相加就需要一个 n 项操作数的加法网络，运算器总数为 $2n-1$ 位。如果用小规模集成电路来实现将使造价过高。因此在速度要求不是很高的计算机中，硬件实现与软件实现都采用了这样一种思想：将 n 位乘转化为 n 次"累加与移位"。每一步只求一位乘数所对应的新部分积，并与原部分积做一次累加，然后移位一次。

具体地，设被乘数存放在 B 寄存器中，乘数存放在 C 寄存器中，A 寄存器用来存放部分积与最后乘积的高位部分。C 寄存器改为存放乘积的低位部分，运算后不再保留乘数。

对运算器电路按乘法器算法需求加以改进，原码一位乘法器电路逻辑图见图 4.4.1。

两个 n 位数相乘共需 n 次循环，每次循环包含两步操作。第一步是求累加和，令乘数末位为判断位，若判断位为 1 则部分积加被乘数；若判断位为 0 则不加。第二步将累加后的部分积右移一位。在手算算法中本来是让新部分积左移一位，逻辑实现时为了不增加全加器的位数，改为原部分积右移，这两种做法是等效的，都是使原部分积与新部分积之间保持正确的对位关系。随着右移的执行，部分积的低位移入 C 寄存器，已完成运算的乘数低位被舍去，判断位的内容始终是下一步运算对应的那位乘数。

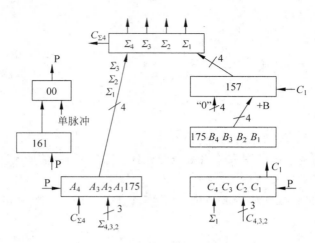

图 4.4.1   原码一位乘法器

3．实验任务与步骤

用 74LS157、74LS181、74LS00、74LS161（其逻辑功能及引脚分配见附录）和 74LS175（其逻辑功能及引脚分配见附录）实现简单乘法器模型。

如图 4.4.1 所示，给出了一个简单四位乘法器的逻辑图，用一个 ALU、三个寄存器、一个四位二选一数据选择器和一个计数器实现。

1）熟悉和掌握乘法器的数据通路

用开关分别将三个四位二进制数送入寄存器 A、寄存器 C 和寄存器 B 中，观察 C 的最低位：如为 0，让选择器选通"全 0"；如为 1，让选择器选通 B 内容。

观察 ALU 进位及输出是否正确后，发打入脉冲。进一步观察打入后寄存器 A 和寄存器 C 中是否是右移一位的打入结果，尤其 ALU 进位位是否打入 A 的最高位。最后还要观察控制计数器 74 是否完成了加 1 动作。

2）验证乘法器的实现功能

用所设计的乘法器计算 0.1101×0.1011 的值。

4．操作指南

实验时，注意控制计数器 74，寄存器 A 和 C 取同一个打入脉冲 P。控制计数器 74 的初值设 X100B，计数 4 次后成为 X000B，利用 1 变 0 并通过与逻辑来封锁打入脉冲 P，以停机。

在运算过程中累加的部分积可能产生进位，这个进位并不代表溢出，因为只是部分积的暂时进位，右移之后真正的权值是小于 1 的。因此这里寄存器 A 省去了符号位。

由于已经给定逻辑框图，因此设计工作相对比较轻松，但是在实际实验中，操作就显得十分重要，一定要预先设计好实验步骤，并要熟悉所涉及的各芯片功能及引脚分配，保证实验顺利进行。具体芯片功能和引脚分配见附录。

5．实验器材

（1）数字逻辑实验箱一台；

（2）直流稳压电源一台；

（3）示波器一台；

（4）万用表一只；

（5）集成电路：74LS181 一片；74LS157 一片；74LS175 三片；74LS161 一片；74LS00 一片。

6. 预习要求

（1）做好实验预习，重点复习"计算机组成原理"相关教材的有关章节。

（2）画好实验用表格。

（3）做好预习报告。

7. 实验报告内容及要求

（1）实验目的。

（2）实验任务及要求。

（3）逻辑设计过程，包括化简的步骤。

（4）画好实验用逻辑电路图和逻辑布线图或物理布线图，并注明有关元件型号。

（5）按要求填写各实验表格。

（6）整理、分析实验数据和结果，列表比较实验任务的理论分析值和实验结果值。

（7）写出心得体会

4.5 时序与启停实验

1. 实验目的

（1）熟练掌握简单时序电路的原理和实现方法。

（2）熟悉启停电路的原理和实现方法。

2. 实验原理与电路

控制器产生各种控制信号以指挥整个计算机有条不紊地工作，即决定在什么时候根据什么条件做什么事。因此控制器是相当复杂的部件系统，这里仅就其重要基本功能时序与启停电路展开实验。

计算机的工作方式是执行程序，程序包含了为完成某一任务所编制的特定指令序列。计算机的基本工作可归结为几个阶段：取指令、分析指令、执行指令。可见指令是决定做何种操作的原始依据。但运行结果和机器的工作状态也可能影响到机器的具体操作，大多数计算机都设置了一个状态寄存器，它和指令寄存器的内容一起作为决定操作的基本逻辑根据。

各种操作需要按照一定的时间关系有序安排，以保证全机能协调地工作。为了给出时间标志，计算机需要设置一套时序信号，比较常见的一种方式是定义一条指令的执行时间为机器的指令周期，下设三级时序：机器周期、节拍和时钟脉冲。

1) 时序启停电路

实验所用的时序与启停电路原理如图 4.5.1 所示，其中时序电路由 1/2 片 74LS74、一片 74LS175 及 6 个二输入与门、2 个二输入与非门和 3 个反向器构成。可产生 4 个等间隔的时序信号 $T_1 \sim T_4$，其中"时钟"信号由实验台上的脉冲源提供。为了便于控制程序的运行，时序电路发生器也设置了一个启停控制触发器，使 $T_1 \sim T_4$ 信号输出可控。图 4.5.1 中启停电路由 1/2 片 74LS74、74LS00 及一个二输入与门构成。"运行方式"位为"0"表示"连续"，运行触发器一直处于"1"状态，因此时序信号 $T_1 \sim T_4$ 将周而复始地发送出去。"运行方式"位为"1"表示"单步"，机器便处于单步运行状态，仅发送单周期 4 拍制时序信号。另外还可以通过启动、停止和复位输入影响时序信号的输出，进而控制机器状态。

2) 时序波形

时序波形见图 4.5.2。

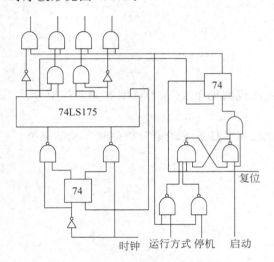

图 4.5.1　时序、启停原理图

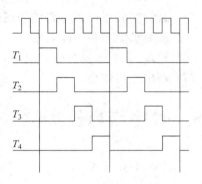

图 4.5.2　时序信号图

3. 实验任务与步骤

用 74LS74（其逻辑功能及引脚分配见附录）和 74LS175（其逻辑功能及引脚分配见附录）实现简单时序与启停电路模型。

如图 4.5.1 所示，给出了一个简单时序与启停电路的逻辑图，用一个四位寄存器，两个 D 触发器等实现。

按图 4.5.1 布局接线，选择实验台上一连续脉冲源接入本电路的时钟输入端。

在令运行方式为 0 或 1 两种方式下，分别给出启动、停止和复位信号，利用示波器观察和记录 T_1, T_2, T_3, T_4 时序图的变化情况。并分析和思考这些变化对机器系统的作用和意义。

4. 操作指南

由于已经给定逻辑框图，设计工作相对比较轻松，但是在实际实验中，操作就显得十分重要，一定要预先设计好实验步骤，并要熟悉所涉及到的各芯片功能及引脚分配，保证实验顺利进行。具体芯片功能和引脚分配见附录。

5．实验器材

（1）数字逻辑实验箱一台；

（2）直流稳压电源一台；

（3）示波器一台；

（4）万用表一只；

（5）集成电路：74LS175 一片；74LS74 一片；74LS20 一片；74LS00 四片；74LS04 一片。

6．预习要求

（1）做好实验预习，重点复习"计算机组成原理"相关教材的有关章节。

（2）画好实验用表格。

（3）做好预习报告。

7．实验报告内容及要求

（1）实验目的。

（2）实验任务及要求。

（3）逻辑设计过程，包括化简的步骤。

（4）画好实验用逻辑电路图和逻辑布线图或物理布线图，并注明有关元件型号。

（5）按要求填写各实验表格。

（6）整理、分析实验数据和结果，列表比较实验任务的理论分析值和实验结果值。

（7）写出心得体会。

第 5 章 中小规模可编程设计实验

5.1 GAL 原理

GAL 的基本结构和工作原理：

GAL 是美国 LATTICE 半导体公司生产的可编程逻辑器件的专用商标。GAL 器件采用高性能的 CMOS 工艺，可以电擦除，具有浮栅结构。这种先进的工艺使 GAL 器件具有可以重新配置的逻辑功能、类同双极型器件的高性能（主要指速度）以及大为降低了的功耗。器件可擦除重写至少 100 次，数据可保持 20 年以上。

GAL 器件有很多种，主要有 16V8、20V8、22V10、39V18 等，本教程以 GAL20V8 为例介绍。

GAL20V8 是普通型 GAL 器件，具有 24 只引脚，与门阵列规模（乘积项×输入项）为 64×40；OLMC 数（最大输出量）为 8。

其功能框图见图 5.1.1。

其逻辑电路图见图 5.1.2。

图 5.1.2 示出了 GAL20V8 有输入缓冲器（左面 10 个缓冲器），输出三态缓冲器（右面 8 个缓冲器），输出反馈/输入缓冲器和 IMUX/输入缓冲器（中间 10 个缓冲器），8 个输出逻辑宏单元 OLMC（或门阵列包含其中），2 个输入多路开关 IMUX，与门阵列由 8×8 个与门构成，共形成 64 个乘积项。每个与门有 40 个输入端，除了 10 个引脚（2～11）固定作为输入外，还可能有其他 10 个引脚被配置成输入模式。因此，GAL20V8 最多可有 20 个引脚作为输入脚，而输出脚最多为 8 个，这就是芯片型号中两个数字的含义。

1) 输出逻辑宏单元 OLMC

OLMC(Output Logic Macro Cell)的内部结构见图 5.1.3。

每个 OLMC 中有 1 个 XOR(n)端，用来控制输出信号的极性。每个 OLMC 中有 4 个多路开关，其中，PTMUX 用于控制第一乘积项；TSMUX 用作选择输出三态缓冲器的选通信号；FMUX 决定了反馈信号的来源；OMUX 则用于选择输出信号是组合的还是寄存（存储）的。这些多路开关的状态取决于结构控制字中 AC0、AC1(n)的值（OLMC(15)和 OLMC(22)除外，见注），详见表 5.1.1。

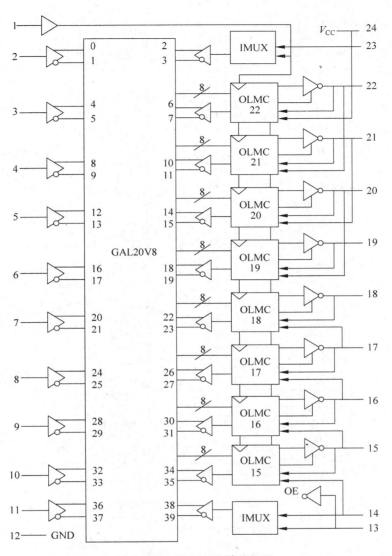

图 5.1.1 GAL20V8 功能框图

表 5.1.1 OLMC 的配置控制表

SYN	AC0	AC1(n)	XOR(n)	配置功能	输出极性	备 注
1	0	1	—	输入模式	—	1 脚和 13 脚为数据输入,三态门不通
1	0	0	0	所有输出	低有效	1 脚和 13 脚为数据输入,三态门总是选通
1	0	0	1	是组合的	高有效	
1	1	1	0	所有输出	低有效	1 脚和 13 脚为数据输入,三态门选通信号
1	1	1	1	是组合的	高有效	是第一乘积项
0	1	1	0	组合输出	低有效	1 脚 = CK,13 脚 = $\overline{OE}$,至少另有一个
0	1	1	1		高有效	OLMC 是寄存的(存储的)
0	1	0	0	寄存输出	低有效	1 脚 = CK,13 脚 = $\overline{OE}$
0	1	0	1		高有效	

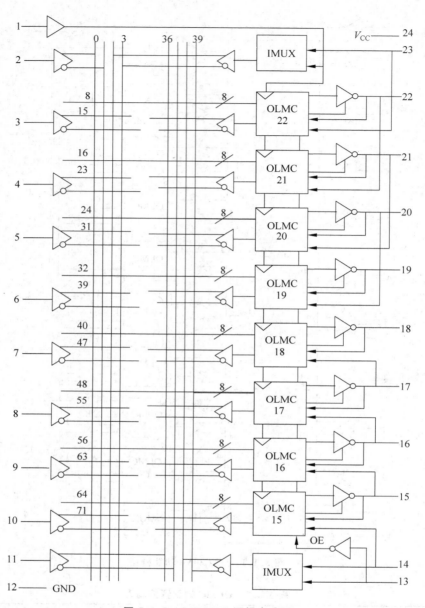

图 5.1.2   GAL20V8 逻辑电路图

注：当 $n=15$ 和 $n=22$ 时，用 $\overline{\text{SYN}}$ 代替 AC1(m)，用 SYN 代替 AC0。SYN 决定 GAL 器件是否具有寄存输出能力。

2) 行地址映射

行地址 0～39 对应于与门阵列，每行包含 64 位。行地址 40 是电子标签字。行地址 41～59 由制造商保留，用户不能使用。行地址 60 是结构和输出极性控制字，共 82 位（见图 5.1.4）。行地址 61 仅包含一位，用于加密。行地址 62 为制造商保留。行地址 63 也只包含一位，用于整体擦除。

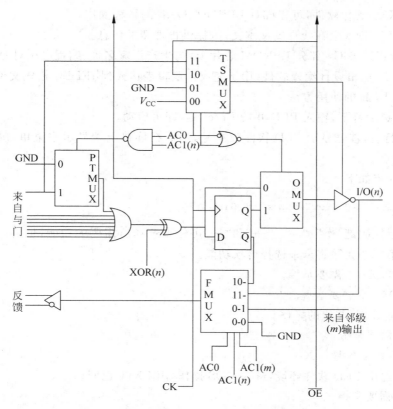

图 5.1.3 OLMC(n)的内部结构图

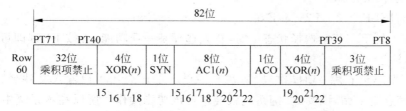

图 5.1.4 GAL20V8 结构控制字

5.2 TPC 多用编程器

TPC 多用编程器是一种多功能的编程器,它能完成对 EPROM、EEPROM 和 GAL 的编程。对 GAL 的编程采用标准的 JEDEC 文件格式,从而可采用 FM、ABEL、CUPL 等软件进行 GAL 逻辑设计,可在屏幕上手动编辑 GAL 芯片的熔丝图。

5.2.1 系统软件说明

1) 系统软件构成

PLD 软件盘上包括如下文件:

PLD. EXE：固化软件,可完成对 EPROM、GAL 的各种操作。

PLDHELP. DOC：在线帮助文本文件,提供再现帮助信息。

ROMTYPE. DOC：部分 EPROM 芯片 ID 与生产厂家名称、编程电压对照表。

FM. EXE：逻辑设计编译软件,用于完成由逻辑表达式到 JEDEC 格式文件的转换。

2）PLD. EXE 的使用方法

在 DOS 提示符下,输入 PLD 并按 Enter 键,即可启动。

PLD 运行后,首先显示 PLD 软件版本号,然后在屏幕上端显示主菜单,屏幕下端显示提示信息。

主菜单内容如下：

UVEPROM EEPROM GAL File Test Dos Inst Quit

利用光标控制键"↑"、"↓"、"→"和"←"可任意选择所需要的功能,也可以用菜单命令中每一项的第一个大写字母来选择该项功能。

UVEPROM：不需要掌握。

EEPROM：不需要掌握。

GAL：对 GAL 芯片的操作。

File：不需要掌握。

Test：不需要掌握。

Dos：不退出 PLD 软件环境,进入 DOS 操作,用 EXIT 返回。

Inst：不需要掌握。

Quit：退出系统。

提示信息栏安排如下：

F1——HELP   F2——Exec   Esc——Exit

F1——当处于主菜单选择状态下时,首先选择某一项功能,再按 F1 键即可得到该功能的在线帮助信息。

F2——当选择了某一项操作以后,在屏幕提示下还会让用户输入文件名、地址或其他信息,这些信息输入完后,按 F2 键系统就会执行该功能操作。所以在本系统中 F2 键为"执行"键,EPROM 或 GAL 的读写、文件的转换等最终按 F2 键才能执行。

ESC——使用 ESC 键可以退出某项操作。

3）GAL 编程

进入 PLD 主菜单后,选择 GAL 项并按 Enter 键可进入 GAL 子菜单。

对 GAL 的操作共有下列 9 种：

（1）TYPE——类型设定

可供选择的类型有 GAL20V8/A/B/C/D,GAL22V10 和 GAL16V8/A/B/C/D请注意它们的写入方法和编程电压完全不同,必须正确选择。

（2）LOAD——装入 JEDEC 文件

该命令可以将标准的 JEDEC 文件读到内存,以供编辑修改和编程操作,文件装入后,自动进入编程状态,关于编辑方法请阅读 EDIT 部分。输入文件名时,对于后缀为 JED 的文件可以省略后缀。

（3）SAVE——存入 JEDEC 文件

该命令是 LOAD 的逆操作，是将内存中的熔丝信息按 JEDEC 标准存入文件中，同样文件默认后缀为 JED。

（4）READ——读芯片内部熔丝图到内存中

该命令可将未加密的 GAL 芯片内容读入到内存中，并自动进入到编辑状态。

（5）EDIT——熔丝图编辑

该命令可用于对芯片内部结构的手工编辑，可编辑的内容有：

① 芯片电子标签（Elec Signaturc）

按字母键 E 后可输入电子标签，内容可以是任何字符，但长度不应该超过 8 个，输入以 Enter 键结束。

② 芯片的结构控制位

芯片的结构控制位有 SYN、AC0、AC1、XOR（极性控制），PT（积禁止项）和与阵列项。对于这些熔丝，统一用"X"号代表"0"，用"—"号代表 1，按 X 键、—键或空格键可以修改熔丝状态；组合键 Alt＋—和 Alt＋X 可以修改一行的熔丝状态，但不含 PT 项。

对于 SYN、AC0、AC1、XOR 可分别按 S、0、1、P 键后再修改，其他熔丝可用"↑"、"↓"、"→"、"←"、PgUp、PgDn 键将光标移动到相应位置后，进行修改。

注意：屏幕每次显示一个输出引脚的熔丝图，共有 8 个，引脚号为 22～15。

一般来说，JEDEC 文件中不含 GAL 的电子标签信息，因此编程前，可以用 EDIT 命令写入电子标签后再完成固化。

（6）Programming——编程

编程操作是将内存中的熔丝图写到 GAL 芯片中，同时给出校验信息，如果需要加密可接着使用 Mask 功能操作。

（7）VERIFY——校验

该命令读出未加密的 GAL 芯片内容并与内存熔丝内容相比较，且报告校验结果。

（8）MASK——写加密位

该命令用于对 GAL 芯片的保密位进行操作，完成 Mask 操作后，将不能读 GAL 芯片的熔丝图。

（9）ERASE——全片擦除操作

该命令用于片擦除。在一般情况下，用户无须使用这项功能，因为每次进行编程操作时，都首先自动进行擦除操作。

GAL 编程的一般步骤：

（1）使用 Load 命令装入 JEDEC 文件到内存。

（2）编辑熔丝图，一般仅需编辑电子标签字。

（3）使用 Programming 命令将熔丝图固化到 GAL 芯片中。

（4）如果必要可用 Mask 命令写 GAL 芯片的保密位。

5.2.2　FM 使用说明

FM 是 GAL 逻辑设计软件 FAST-MAP 的缩写，该软件可以完成对 GAL20V8、

GAL16V8 的逻辑机设计,其使用步骤如下:

(1) 用文本编辑程序编辑产生后缀为 PLD 的逻辑设计源程序文件。

(2) 使用 FM 编译源程序文件产生 JEDEC 文件,其后缀为 JED。

(3) 运行 PLD. EXE 将 JEDEC 文件固化到 GAL 芯片中。

1) FM 的语法规则

GAL 逻辑设计源程序的后缀应为 PLD,可以用任何编辑软件形成。

下面是一个源程序的例子:

```
PLD20V8              ; GAL 型号标志
BASIC GATE           ; 标题行
WJP Mar. 28 2001     ; 姓名,日期
BGATES               ; 电子标签
NC A B C D E F G H I J GND
NC N M L Q₆ Q₅ Q₄ Q₃ Q₂ Q₁ K
Vcc                  ; 引脚表
Q₁ = Ā                ; 输出逻辑表达式
Q₂ = B·C
Q₃ = D + E + F
Q₄ = Ḡ + H̄ + L̄
Q₅ = Ī·J̄·K̄
Q₆ = M·N̄ + M̄·N

DESCRIPTION          ; 说明部分
This is a sample of basic gates
END
```

其内部结构应符合下列规定:

(1) 第 1 行为 GAL 型号标志,必须始于第一行第一列,必须以大写字母 PLD 开头。

(2) 第 2 行、第 3 行为标题,包括设计者姓名、日期等,可缺省。

(3) 第 4 行为电子标签。

(4) 从第 5 行开始为引脚表,是器件引脚的定义。引脚名最多可用 8 个字符,之间用空格分隔,引脚名必须按引脚号的次序排列,可占用多行。其中,电源用 V_{cc} 表示,地用 GND 表示,不用的引脚用 NC 表示,引脚可随意命名,但不能重名。

(5) 引脚表下面为输出逻辑表达式。逻辑表达式可含有" * "、"/"、"+"三种逻辑运算符。由于 GAL20V8 硬件结构的限制,表达式中的"+"不应多于 8 个(有三态控制的应小于 8 个),参加"与"运算的引脚不应多于 20 个。式中不得有任何括号,FM 不对表达式进行任何化简。

每一个输出引脚可以也只能用"="、":="、". OE ="三种符号和表达式进行连接。其中,"="表明等式右边的表达式直接决定输出的状态;":="表明仅当时钟脉冲的上升沿到来时,引脚输出才会锁定到等式右边的表达式所给出的值上面;". OE ="表明仅当等式右边的表达式(此时表达式只能由"与"、"非"两种运算组成,不能有"或"运算)为真时,左边引脚的输出才能为有效电平,否则就会保持高阻状态,形成三态控制。

注意:如果对某个引脚进行了三态输出控制,那么全部输出引脚的输出表达式中最多只能有 7 个或项,并且需列出全部输出引脚的三态控制逻辑,无须三态控制的引脚用 V_{cc} 作

为控制逻辑。

GAL 允许在输出引脚前加非运算符,进行负逻辑设计。其关系详见表 5.2.1。

表 5.2.1 输出极性表

引脚表 采用的极性	逻辑方程 采用的极性	输 出	
		有效电平	反馈项极性
$\overline{X}$	$\overline{X}$	H	$\overline{X}$
$\overline{X}$	X	L	$\overline{X}$
X	$\overline{X}$	L	X
X	X	H	X

值得注意的是由于 GAL 结构上的特殊性,有时某些合法的表达式会产生编译错误,这时应通过阅读 GAL 器件手册或调换某些引脚来解决。

(6) 说明部分以关键字 DESCRIPTION 开始,后面可以接任何文字,最后以 END 结束,FM 将这一部分理解为注释,对逻辑设计无本质影响。

(7) 源程序中要注意下列几点:

① 每一个语句行均可加注释,注释前必须加分号;

② 一个 PLD 文件的最大长度为 200 行;

③ 最后一行必须以 Enter 键结束;

④ 大小写字母区别对待。

2) FM 的使用方法

(1) 在 DOS 提示符下,输入 FM 并按 Enter 键。

(2) 输入逻辑设计文件名,可省略 PLD 后缀,按 Enter 键后 FM 将自动检查源文件中逻辑表达式的合法性,检查通过后将进行下一步操作。

(3) FM 显示下列操作菜单:

```
Fast Map Menu——Current Source File—> 20V8.PLD
1) Crcate Document File (source plus pinout)
2) Crcate Fuse Plot File (buman readable fuse map)
3) Crcate Jedec File (programmer fuse map)
4) Get a new Source File
5) Exit from fuse map
Please enter number corresponding to desired operation
```

其中:

第 1 项为产生一个以 LST 为后缀的列表文件;

第 2 项为建立以 PLT 为后缀的熔丝图文件;

第 3 项为建立以 JED 为后缀的 JEDEC 文件;

第 4 项为读入一个新的源文件;

第 5 项为退出 FM 操作。

列表文件和熔丝图文件可供核对参考,JED 文件将用来完成编程。如果源程序中含有语法错误或存在结构冲突问题,FM 将指出。出错时可用 Ctrl+Break 组合键退出。

5.3　GAL 实现的基本逻辑器件

5.3.1　GAL 实现的基本门电路

1．实验目的

（1）了解 GAL 的工作原理。

（2）掌握 GAL 的应用方法。

（3）学会用 GAL 实现基本门电路器件。

2．实验任务与步骤

（1）用 GAL20V8 实现基本门电路。

（2）按图 5.3.1 进行设计，绘出框图和引脚分配图。

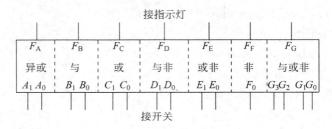

接指示灯

F_A	F_B	F_C	F_D	F_E	F_F	F_G
异或	与	或	与非	或非	非	与或非
$A_1 A_0$	$B_1 B_0$	$C_1 C_0$	$D_1 D_0$	$E_1 E_0$	F_0	$G_3 G_2 \; G_1 G_0$

接开关

图 5.3.1　基本门电路示意图

（3）正确形成源程序文件、列表文件、JEDEC 文件。

（4）正确编辑熔丝图，并把熔丝图写入 GAL 芯片。

（5）检验 GAL 芯片的功能。

3．实验器材

（1）数字逻辑实验箱一台；

（2）直流稳压电源一台；

（3）示波器一台；

（4）万用表一只；

（5）集成电路：GAL20V8 一片。

4．预习要求

（1）做好实验预习，重点复习本实验原理和有关 GAL 书籍、资料。

（2）熟练掌握 GAL 的编程方法。

（3）掌握熔丝图的编辑和 GAL 的制作。

（4）画好实验验证用逻辑布线图或物理布线图。

（5）画好实验用表格。

（6）做好预习报告。

5. 实验报告内容及要求

（1）实验目的。

（2）实验任务及要求。

（3）逻辑设计过程，包括化简的步骤。

（4）画好实验验证用逻辑布线图或物理布线图。

（5）按要求填写各实验表格。

（6）整理、分析实验数据和结果，列表比较实验任务的理论分析值和实验结果值。

（7）写出心得体会。

5.3.2　GAL 实现的常用触发器电路

1. 实验目的

（1）了解 GAL 的工作原理。

（2）掌握 GAL 的应用方法。

（3）学会用 GAL 实现触发器器件。

2. 实验任务与步骤

（1）用 GAL20V8 实现常用触发器电路。

（2）按图 5.3.2 进行设计，绘出框图和引脚分配图。

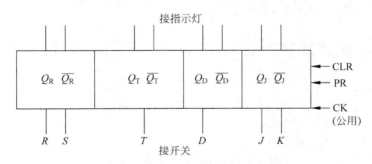

图 5.3.2　常用触发器电路示意图

（3）正确形成源程序文件、列表文件、JEDEC 文件。

（4）正确编辑熔丝图，并把熔丝图写入 GAL 芯片。

（5）分别列出 RS 锁存器、D 触发器、T 触发器和 JK 触发器的真值表并检验 GAL 芯片的功能。

3. 实验器材

（1）数字逻辑实验箱一台；

（2）直流稳压电源一台；

（3）示波器一台；

（4）万用表一只；

（5）集成电路：GAL20V8 一片。

4．预习要求

（1）做好实验预习，重点复习本实验原理和有关 GAL 书籍、资料。

（2）熟练掌握 GAL 编程方法。

（3）掌握熔丝图的编辑和 GAL 的制作。

（4）画好实验验证用逻辑布线图或物理布线图。

（5）画好实验用表格。

（6）做好预习报告。

5．实验报告内容及要求

（1）实验目的。

（2）实验任务及要求。

（3）逻辑设计过程，包括化简的步骤。

（4）画好实验验证用逻辑布线图或物理布线图。

（5）按要求填写各实验表格。

（6）整理、分析实验数据和结果，列表比较实验任务的理论分析值和实验结果值。

（7）写出心得体会。

5.4　GAL 组合逻辑设计

5.4.1　GAL 实现的优先权编码器

1．实验目的

（1）了解 GAL 的工作原理。

（2）掌握 GAL 的应用方法。

（3）掌握用 GAL 设计优先权编码器电路的方法。

（4）熟悉 GAL 编程的过程。

2．实验任务与步骤

（1）用 GAL 实现一个十六位优先权编码器。

（2）按图 5.4.1 进行设计，绘出逻辑图和引脚分配图。

（3）使十六位输入的优先级别为从 I_0 至 I_{15} 由低至高，即当 I_{15} 为有效时，则屏蔽其他输入。

（4）正确形成源程序文件、列表文件、JEDEC 文件。

（5）正确编辑熔丝图，并把熔丝图写入 GAL 芯片。

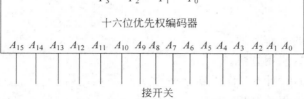

图 5.4.1 十六位优先权编码器电路示意图

(6) 测量 GAL 器件状态,测试其是否能完成设计要求。

3. 实验器材

(1) 数字逻辑实验箱一台;
(2) 直流稳压电源一台;
(3) 示波器一台;
(4) 万用表一只;
(5) 集成电路:GAL20V8 一片。

4. 预习要求

(1) 做好实验预习,重点复习本实验原理和有关 GAL 书籍、资料。
(2) 熟练掌握 GAL 编程方法。
(3) 掌握熔丝图的编辑和 GAL 的制作。
(4) 掌握用 GAL 设计优先权编码器电路的方法。
(5) 熟悉 GAL 编程的过程。
(6) 画好实验验证用逻辑布线图或物理布线图。
(7) 画好实验用表格。
(8) 做好预习报告。

5. 实验报告内容及要求

(1) 实验目的。
(2) 实验任务及要求。
(3) 逻辑设计过程,包括化简的步骤。
(4) 画好实验验证用逻辑布线图或物理布线图。
(5) 按要求填写各实验表格。
(6) 整理、分析实验数据和结果,列表比较实验任务的理论分析值和实验结果值。
(7) 写出心得体会。

5.4.2　GAL 实现的 3-8 译码器

1. 实验目的

（1）了解 GAL 的工作原理。

（2）掌握 GAL 的应用方法。

（3）掌握用 GAL 设计 3-8 译码器电路的方法。

（4）熟悉 GAL 编程的过程。

2. 实验任务与步骤

（1）用 GAL 实现一个 3-8 译码器。

（2）按图 5.4.2 进行设计，绘出逻辑图和引脚分配图。

（3）正确形成源程序文件、列表文件、JEDEC 文件。

（4）正确编辑熔丝图，并把熔丝图写入 GAL 芯片。

（5）测量 GAL 器件状态，测试其是否能完成设计要求。

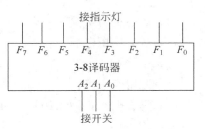

图 5.4.2　3-8 译码器电路示意图

3. 实验器材

（1）数字逻辑实验箱一台；

（2）直流稳压电源一台；

（3）示波器一台；

（4）万用表一只；

（5）集成电路：GAL20V8 一片。

4. 预习要求

（1）做好实验预习，重点复习本实验原理和有关 GAL 书籍、资料。

（2）熟练掌握 GAL 编程方法。

（3）掌握熔丝图的编辑和 GAL 的制作。

（4）掌握用 GAL 设计 3-8 译码器电路的方法。

（5）熟悉 GAL 编程的过程。

（6）画好实验验证用逻辑布线图或物理布线图。

（7）画好实验用表格。

（8）做好预习报告。

5. 实验报告内容及要求

（1）实验目的。

（2）实验任务及要求。

（3）逻辑设计过程，包括化简的步骤。

（4）画好实验验证用逻辑布线图或物理布线图。

（5）按要求填写各实验表格。

（6）整理、分析实验数据和结果，列表比较实验任务的理论分析值和实验结果值。

（7）写出心得体会。

5.4.3 GAL 实现的多路转换器

1. 实验目的

（1）了解 GAL 的工作原理。

（2）掌握 GAL 的应用方法。

（3）掌握用 GAL 设计多路转换器电路的方法。

（4）熟悉 GAL 编程的过程。

2. 实验任务与步骤

（1）用 GAL 实现一个四位 4-1 多路转换器。

（2）按图 5.4.3 进行设计，绘出逻辑图和引脚分配图。

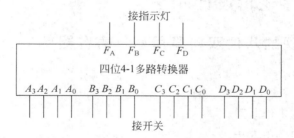

图 5.4.3 四位 4-1 多路转换器电路示意图

（3）正确形成源程序文件、列表文件、JEDEC 文件。

（4）正确编辑熔丝图，并把熔丝图写入 GAL 芯片。

（5）测量 GAL 器件状态，测试其是否能完成设计要求。

3. 实验器材

（1）数字逻辑实验箱一台；

（2）直流稳压电源一台；

（3）示波器一台；

（4）万用表一只；

（5）集成电路：GAL20V8 一片。

4. 预习要求

（1）做好实验预习，重点复习本实验原理和有关 GAL 书籍、资料。

（2）熟练掌握 GAL 编程方法。

（3）掌握熔丝图的编辑和 GAL 的制作。

（4）掌握用 GAL 设计多路转换器电路的方法。

（5）熟悉 GAL 编程的过程。

（6）画好实验验证用逻辑布线图或物理布线图。

（7）画好实验用表格。

（8）做好预习报告。

5. 实验报告内容及要求

（1）实验目的。

（2）实验任务及要求。

（3）逻辑设计过程，包括化简的步骤。

（4）画好实验验证用逻辑布线图或物理布线图。

（5）按要求填写各实验表格。

（6）整理、分析实验数据和结果，列表比较实验任务的理论分析值和实验结果值。

（7）写出心得体会。

5.5 GAL 时序逻辑设计

5.5.1 GAL 实现的八位双向通用移位寄存器

1. 实验目的

（1）掌握 GAL 的工作原理。

（2）掌握 GAL 的应用方法。

（3）掌握用 GAL 设计移位寄存器逻辑电路的方法。

（4）熟悉 GAL 编程的过程。

2. 实验任务与步骤

（1）用 GAL 实现一个八位双向通用移位寄存器。

（2）按图 5.5.1 进行设计，绘出逻辑图和引脚分配图。

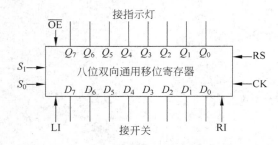

图 5.5.1 八位双向通用移位寄存器电路示意图

（3）要求具有：①数据左移（数据由右面串行输入）；②数据右移（数据由左面串行输入）；③数据并行装入；④数据并行输出；⑤高阻抗输出。见表 5.5.1。

表 5.5.1 八位双向通用移位寄存器功能表

$\overline{OE}$	S_1	S_0	Q_7	Q_6	Q_5	Q_4	Q_3	Q_2	Q_1	Q_0	说 明
1	×	×	Z	Z	Z	Z	Z	Z	Z	Z	高阻输出
0	0	0	Q_7	Q_6	Q_5	Q_4	Q_3	Q_2	Q_1	Q_0	保持
0	0	1	Q_6	Q_5	Q_4	Q_3	Q_2	Q_1	Q_0	RI	左移
0	1	0	LI	Q_7	Q_6	Q_5	Q_4	Q_3	Q_2	Q_1	右移
0	1	1	D_7	D_6	D_5	D_4	D_3	D_2	D_1	D_0	并行装入

（4）正确形成源程序文件、列表文件、JEDEC 文件。

（5）正确编辑熔丝图，并把熔丝图写入 GAL 芯片。

（6）测量 GAL 器件状态，测试其是否能完成设计要求。

3．实验器材

（1）数字逻辑实验箱一台；

（2）直流稳压电源一台；

（3）示波器一台；

（4）万用表一只；

（5）集成电路：GAL20V8 一片。

4．预习要求

（1）做好实验预习，重点复习本实验原理和有关 GAL 书籍、资料。

（2）熟练掌握 GAL 编程方法。

（3）掌握熔丝图的编辑和 GAL 的制作。

（4）掌握用 GAL 设计移位寄存器逻辑电路的方法。

（5）熟悉 GAL 编程的过程。

（6）画好实验验证用逻辑布线图或物理布线图。

（7）画好实验用表格。

（8）做好预习报告。

5．实验报告内容及要求

（1）实验目的。

（2）实验任务及要求。

（3）逻辑设计过程，包括化简的步骤。

（4）画好实验验证用逻辑布线图或物理布线图。

（5）按要求填写各实验表格。

（6）整理、分析实验数据和结果，列表比较实验任务的理论分析值和实验结果值。

（7）写出心得体会。

5.5.2　GAL 实现的四位可逆计数器

1. 实验目的

（1）掌握 GAL 的工作原理。
（2）掌握 GAL 的应用方法。
（3）掌握用 GAL 设计可逆计数器逻辑电路的方法。
（4）熟悉 GAL 编程的过程。

2. 实验任务与步骤

（1）用 GAL 实现一个四位可逆计数器。
（2）按图 5.5.2 进行设计，绘出逻辑图和引脚分配图。
（3）要求具有清除和置数功能，高阻抗输出，见表 5.5.2。
（4）正确形成源程序文件、列表文件、JEDEC 文件。
（5）正确编辑熔丝图，并把熔丝图写入 GAL 芯片。
（6）测量 GAL 器件状态，测试其是否能完成设计要求。

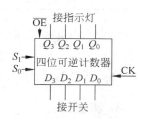

图 5.5.2　四位可逆计数器
电路示意图

表 5.5.2　四位可逆计数器功能表

控　制		状　态				功能
S_1	S_0	Q_3	Q_2	Q_1	Q_0	
0	0	0	0	0	0	清零
0	1	D_3	D_2	D_1	D_0	置数
1	0					加 1
1	1					减 1

3. 实验器材

（1）数字逻辑实验箱一台；
（2）直流稳压电源一台；
（3）示波器一台；
（4）万用表一只；
（5）集成电路：GAL20V8 一片。

4. 预习要求

（1）做好实验预习，重点复习本实验原理和有关 GAL 书籍、资料。
（2）熟练掌握 GAL 编程方法。
（3）掌握熔丝图的编辑和 GAL 的制作。
（4）掌握用 GAL 设计可逆计数器逻辑电路的方法。
（5）熟悉 GAL 编程的过程。

（6）画好实验验证用逻辑布线图或物理布线图。

（7）画好实验用表格。

（8）做好预习报告。

5．实验报告内容及要求

（1）实验目的。

（2）实验任务及要求。

（3）逻辑设计过程，包括化简的步骤。

（4）画好实验验证用逻辑布线图或物理布线图。

（5）按要求填写各实验表格。

（6）整理、分析实验数据和结果，列表比较实验任务的理论分析值和实验结果值。

（7）写出心得体会。

5.6 GAL 应用电路设计

5.6.1 GAL 实现的滚动移位器

1．实验目的

（1）掌握 GAL 的工作原理。

（2）掌握 GAL 的应用方法。

（3）掌握用 GAL 设计滚动移位器电路的方法。

（4）熟悉 GAL 编程的过程。

2．实验任务与步骤

（1）用 GAL 实现一个滚动移位器。

（2）按图 5.6.1 进行设计，绘出逻辑图和引脚分配图。

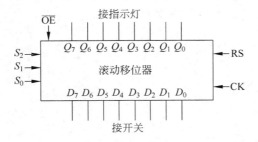

图 5.6.1 滚动移位器电路示意图

（3）$S_2 S_1 S_0$ 为移位次数选择控制位，$D_7 \sim D_0$ 为数据输入，$Q_7 \sim Q_0$ 为滚转后的数据输出，RS 是复位控制端，RS＝1 表示系统复位。功能见表 5.6.1。

（4）正确形成源程序文件、列表文件、JEDEC 文件。

（5）正确编辑熔丝图，并把熔丝图写入 GAL 芯片。

（6）检验 GAL 芯片的功能。

表 5.6.1　滚动移位器功能表

S_2	S_1	S_0	Q_7	Q_6	Q_5	Q_4	Q_3	Q_2	Q_1	Q_0
0	0	0	D_7	D_6	D_5	D_4	D_3	D_2	D_1	D_0
0	0	1	D_6	D_5	D_4	D_3	D_2	D_1	D_0	D_7
0	1	0	D_5	D_4	D_3	D_2	D_1	D_0	D_7	D_6
0	1	1	D_4	D_3	D_2	D_1	D_0	D_7	D_6	D_5
1	0	0	D_3	D_2	D_1	D_0	D_7	D_6	D_5	D_4
1	0	1	D_2	D_1	D_0	D_7	D_6	D_5	D_4	D_3
1	1	0	D_1	D_0	D_7	D_6	D_5	D_4	D_3	D_2
1	1	1	D_0	D_7	D_6	D_5	D_4	D_3	D_2	D_1

3．实验器材

（1）数字逻辑实验箱一台；

（2）直流稳压电源一台；

（3）示波器一台；

（4）万用表一只；

（5）集成电路：GAL20V8 一片。

4．预习要求

（1）做好实验预习，重点复习本实验原理和有关 GAL 书籍、资料。

（2）熟练掌握 GAL 编程方法。

（3）掌握熔丝图的编辑和 GAL 的制作。

（4）掌握用 GAL 设计滚动移位器电路的方法。

（5）熟悉 GAL 编程的过程。

（6）画好实验验证用逻辑布线图或物理布线图。

（7）画好实验用表格。

（8）做好预习报告。

5．实验报告内容及要求

（1）实验目的。

（2）实验任务及要求。

（3）逻辑设计过程，包括化简的步骤。

（4）画好实验验证用逻辑布线图或物理布线图。

（5）按要求填写各实验表格。

（6）整理、分析实验数据和结果，列表比较实验任务的理论分析值和实验结果值。

（7）写出心得体会。

5.6.2 GAL 实现的四位比较器

1. 实验目的

(1) 掌握 GAL 的工作原理。
(2) 掌握 GAL 的应用方法。
(3) 掌握用 GAL 设计四位比较器电路的方法。
(4) 熟悉 GAL 编程的过程。

2. 实验任务与步骤

(1) 用 GAL 实现一个四位比较器。
(2) 按图 5.6.2 进行设计,绘出逻辑图和引脚分配图。
(3) 功能见表 5.6.2。
(4) 正确形成源程序文件、列表文件、JEDEC 文件。
(5) 正确编辑熔丝图,并把熔丝图写入 GAL 芯片。
(6) 检验 GAL 芯片的功能。

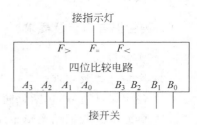

图 5.6.2 四位比较电路示意图

表 5.6.2 四位比较器的部分真值表

比 较 输 入				输 出		
$A_3\ B_3$	$A_2\ B_2$	$A_1\ B_1$	$A_0\ B_0$	$A>B$	$A<B$	$A=B$
$A_3>B_3$	d	d	d	1	0	0
$A_3<B_3$	d	d	d	0	1	0
$A_3=B_3$	$A_2>B_2$	d	d	1	0	0
$A_3=B_3$	$A_2<B_2$	d	d	0	1	0
$A_3=B_3$	$A_2=B_2$	$A_1>B_1$	d	1	0	0
$A_3=B_3$	$A_2=B_2$	$A_1<B_1$	d	0	1	0
$A_3=B_3$	$A_2=B_2$	$A_1=B_1$	$A_0>B_0$	1	0	0
$A_3=B_3$	$A_2=B_2$	$A_1=B_1$	$A_0<B_0$	0	1	0
$A_3=B_3$	$A_2=B_2$	$A_1=B_1$	$A_0=B_0$	0	0	1

3. 实验器材

(1) 数字逻辑实验箱一台;
(2) 直流稳压电源一台;
(3) 示波器一台;
(4) 万用表一只;
(5) 集成电路:GAL20V8 一片。

4．预习要求

（1）做好实验预习，重点复习本实验原理和有关 GAL 书籍、资料。

（2）熟练掌握 GAL 编程方法。

（3）掌握熔丝图的编辑和 GAL 的制作。

（4）掌握用 GAL 设计四位比较器电路的方法。

（5）熟悉 GAL 编程的过程。

（6）画好实验验证用逻辑布线图或物理布线图。

（7）画好实验用表格。

（8）做好预习报告。

5．实验报告内容及要求

（1）实验目的。

（2）实验任务及要求。

（3）逻辑设计过程，包括化简的步骤。

（4）画好实验验证用逻辑布线图或物理布线图。

（5）按要求填写各实验表格。

（6）整理、分析实验数据和结果，列表比较实验任务的理论分析值和实验结果值。

（7）写出心得体会。

5.7　Synario 软件的安装和 ISP 器件下载

5.7.1　Synario 软件的安装

Synario 是由 DATA I/O 公司开发的一个通用电子设计软件，在 Windwos 平台上运行。它支持 ABEL-HDL 语言、VHDL 语言、原理图三种电子设计方式以及这些设计方式的混合使用，是可编程器件设计的优秀工具之一。通过与器件公司合作，研制适配软件（接口软件），Synario 支持许多公司（如 Altera、AMD、Lattice、Philips、Xilinx 等）的可编程器件。器件公司发行支持该公司器件设计的 Synario 版本。Synario 软件装在一张光盘上，启动光盘上的 CDSETUP 程序（或类似程序），在该程序的安装指导下，可一步步将 Synario 正确安装。

5.7.2　ISP 器件下载

ISP 是 In System Program（在系统可编程）的缩写。ISP 器件的出现实现了先安装器件在电路板上，然后对其编程的愿望。这样在不更改系统硬件的条件下，能够对系统进行修改、升级。ISP 器件的在系统编程（下载）是通过 JTAG 接口实现的。JTAG 是 Joint Test Action Group 的简称。JTAG 接口标准原是为采用边界扫描法测试芯片和电路板制定的标准。ISP 主要是使用 JTAG 接口中的 TDI（Test Data Input）、TDO（Test Data Output）、

TMS(Test Mode Select)、TCK(Test Clock)信号,采用了与 JTAG 类似的方法。对 ISP 器件来说,TDI、TCK、TMS 是输入信号,TDO 是输出信号。由于在一块系统板上可能有多个 ISP 器件,为了使用一个下载插座对它们编程,同在 JTAG 接口中一样,这些 ISP 器件在系统板上也连接成"链"的形式,见图 5.7.1。

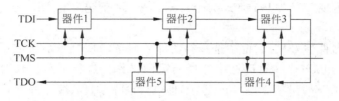

图 5.7.1 ISP 器件下载链

为了对 ISP 器件下载,在 PC 上运行的下载程序借用 PC 的打印机并行端口。PC 的打印机端口与一条下载电缆连接,下载电缆的另一端接下载插座,ISP 器件通过 ISP 器件以 TDI、TDO、TMS、TCK 等信号与下载插座相连。下载程序通过打印机数据端口向下载插座发送数据,通过打印机状态端口从下载插座接收数据。这样,在 PC 运行的下载程序就能将标准 JEDEC 文件中的数据下载到 ISP 器件中,从而实现对 ISP 器件的在系统编程。

D2H+实验箱采用两套下载系统,一套用于 Vantice 公司的 ISP(MACH)器件,一套用于 Lattice 公司的 ISP 器件。采用两套系统,主要是防止干扰。每套下载系统有一条下载电缆,一个下载插座,一个 44 脚 PLCC 插座,连接时要正确连接,注意不要接错。

MACH 下载插座的信号如下:

引脚 1 TCK　　　　引脚 2 NC　　　引脚 3 TMS　　　引脚 4 GND　　　引脚 5 TDI
引脚 6 V_{cc} 或 NC　　引脚 7 TDO　　　引脚 8 GND　　　引脚 9 NC　　　　引脚 10 NC

Lattice 下载插座的信号如下:

引脚 1 SCLK　　　　引脚 2 GND　　　引脚 3 MODE　　　引脚 4 NC　　　　引脚 5 isoEN
引脚 6 SDI　　　　　引脚 7 SDO　　　引脚 8 V_{cc}

下载前,首先用下载电缆将 PC 的打印机端口和实验箱上的下载插座连接好,将 ISP 器件插入相应 44 脚 PLCC 插座,打开实验箱电源。Lattice 公司 ISP 器件的下载程序集成在 ISP Synario 中。Vantice 公司的器件下载软件是一个单独的软件,名为 machpro。使用 machpro 下载前,首先应将光盘上 maehpro 子目录下的所有文件复制到硬盘上一个独立的子目录中。

D2H+数字电路实验系统目前支持 Lattice 公司和 Vantice(AMD)公司的 PLCC 封装的 44 引脚 ISP 器件下载。

5.7.3 下载软件的使用

5.7.3.1 Vantice ISP 器件下载

在 Windows 环境下,单击 machpro 图标启动下载程序,进入下载程序界面。这是一个标准 Windows 界面,熟悉 Windows 使用方法的用户很容易掌握。这里介绍 ISP 器件下载的主要步骤。

（1）选择 File 菜单中的 New 子菜单条目，打开一个新的下载器材链窗口，生成一个新 ISP 下载器材链。

（2）在链文件窗口下，选择 Edit 菜单中的子菜单条目 Add Device，向下载器件链（此时为空链）中加一个新 ISP 器件。

（3）屏幕上出现 JTAG Part Properties 对话框，用于定义新 ISP 器件下载过程中有关的特性。

① 在 Part（器件型号）对话框中选择新器件的型号，如 M4-64/32 44 PIN PLCC。

② 在 JTAG Operation 对话框中选择所需的操作。进行下载操作时，选择 P＝Erase，Program＆Verify，Device w/JEDEC File 选项，即进行擦除、编程、编程后与 JEDEC 文件校验。

③ 单击 Get File 选项，选择欲下载的文件。文件名出现在 JEDEC File for 对话框中。或者直接在 JEDEC File for 对话框内输入所需的 JEDEC 文件名。

④ 单击 Get File 选项，选择输出结果的文件名。文件名出现在 Output Result 对话框中。或者直接在 Output Result 对话框内输入所需的 JEDEC 文件名。此文件用于记录下载过程中出现的现象。如果不进行这一步，结果将记录在 logfile. out 文件中。

⑤ 在 State of IO pins while 对话框中选择 z＝Tri-state 选项。这是下载时最常用的 IO 引脚状态选择，它指出下载时 IO 引脚处于三态（高阻）状态。

⑥ 最后单击 OK 按钮，结束新 ISP 下载器件特性的定义，回到 MACHPRO 主屏幕。

（4）这时可以看到，一个新的 ISP 器件加到了下载链中。单击 GO 按钮，则对链中的所有 ISP 器件（这里只有一个）开始编程，即对它们下载。

5.7.3.2　Lattice ISP 器件下载

（1）在 ISP Synario 主屏幕上，双击 ISP Down Load System 选项，将调用 ISP Chain Download 软件，进入 ISP Chain Download 界面。

（2）单击 Configuration 子菜单中的 Port Assignment 条目，选择下载电缆所在的并行口地址。

（3）单击 Configuration 菜单下的 Scan Board 条目，下载软件对下载链中的器件自动扫描，确定下载链中有多少器件，每个器件是何种型号。若连接无误，将会弹出目标器件列表。

（4）在器件列表中的 File 栏内，选择下载到各器件中的相应 JEDEC 文件。

（5）在 Option 栏内选择 Program ＆ Verify，即编程和校验操作。

（6）单击 Command 子菜单中的 Run Operation 条目，即启动下载操作。

5.7.3.3　Synario 软件的安装和 ISP 器件下载方法二

（1）首先打开 alu. syn 项目文件，单击选择窗口左侧列表框的 ALU1（alu1. ab1）项，再双击窗口右侧列表框的 Compile Logic 选项，如果程序无语法错误，则编译完毕。

（2）单击选择窗口左侧列表框的器件名 ispLSI1016E-80LJ44，再双击窗口右侧列表框的 Compile Design 进行编译设计。

（3）单击菜单栏 Tools/Compile Design Environment 命令进入编译设计环境，单击菜单栏 Assign/Pin Locations 命令打开引脚锁定窗口，锁定引脚的方法是单击选定 Unassigned 列表框中的引脚名使其高亮显示，再双击窗口右侧引脚图中欲定义的引脚即可完成引脚定义,可在 Assigned Pins 列表框中查看已定义的引脚。引脚锁定后再选择菜单栏 Tools/Compile 进行编译,生成 alu.jed 文件。

(4) 单击菜单栏 Tools/ispDCD 命令打开下载窗口,在下载窗口的菜单栏选择 Command/ Turbo Download/Run Turbo Download 命令将生成的 JEDEC 文件下载至 ISP LSI1016E 芯片中。如果该菜单命令项呈屏蔽状态,说明下载电缆没有被检测到,请检查后再试。

5.8　ISP 可编程器件综合实验

5.8.1　简单电子琴

1. 实验目的

(1) 掌握较复杂逻辑的设计、调试。
(2) 进一步掌握用 ABEL 语言设计数字逻辑电路的方法。
(3) 熟悉 Synario 软件的使用方法。
(4) 熟悉 ISP 器件的使用。
(5) 了解音调的初步知识。

2. 实验内容

用 ABEL 语言设计一个电子琴。使用 D2H＋实验箱上的 8 个电平开关作为琴键。电平开关输出为高电平时相当于琴键按下,电平开关输出为低电平时相当于琴键松开。电子琴共有 C 调的 8 个音:1、2、3、4、5、6、7 和 i。

在 Synario 中,将设计好的程序输入、编译、连接,生成 JEDEC 格式的文件。

将 JEDEC 格式的文件下载到器件中。

在数字电路实验箱上对设计进行调试。调试时用实验箱上的小喇叭作发声装置。

3. 实验器材

(1) 数字逻辑实验箱一台;
(2) 直流稳压电源一台;
(3) 示波器一台;
(4) 万用表一只;
(5) PLCC 封装的 ISP 1016 或者 M4-64/32 一片。

4. 实验提示

C 调的音符与频率的关系如表 5.8.1 所示。

表 5.8.1　音符与频率的关系对照表

音符	1	2	3	4	5	6	7	i
频率/Hz	262	294	330	349	392	440	494	523

只要向 D2H＋实验箱上的喇叭输出某一频率的方波,喇叭就发出相应音调的声音。将实验箱喇叭区域的开关 J_1 置为开路,从"输入"插孔向驱动喇叭的三极管基极送控制信号,则控制喇叭按希望的频率发声。

设计一个多模计数器,对实验箱上的某一时钟(例如 100kHz)进行分频,产生 8 种希望的频率。注意驱动喇叭的方波占空比应是 50%,以增大音量。

根据开关电平输出确定 9 种状态(包括不发声状态)之间的转换。

ISP 1016 或者 M4-64/32 的引脚图见附录。

5. 实验步骤

1) 设计思想

本项目由两个模块组成。

顶层模块 piano 主要由一个多模计数器和二分频计数器组成,二分频计数器输出送往喇叭驱动级,控制喇叭发出相应音乐。为了提高音量,输出信号的占空比为 50%,由于多模计数器输出占空比不能满足要求,因此多模计数器的输出又接了一级占空比为 50% 的二分频器。在某一音频下,多模计数器的模应为:

$$M = 100\ 000/(2f)$$

其中,M 代表计数器的模,f 代表音频的频率。例如,当按下"2"键时,为使二分频计数器的输出频率为 294Hz 的方波,计数器的模应为 $100\ 000/(294×2)=170$。

底层模块 value 用来判断当前按键状态是否有效。所谓按键状态有效是指有一个键按下,且同一时刻只有一个键按下。本实验中用电平开关代表按键,即任一时刻只能有一个开关置为 1 状态。按键状态有效时,right＝1;按键状态无效时,right＝0。

2) 新建项目

打开 Synario 软件,选择 File 菜单中的 New Project 选项,弹出 Create New Project 对话框。在对话框的 Directories 一栏中,选择一个目录(最好是为该项目专门建立的目录),存放该项目中的所有文件。然后在对话框的 Project FileName 一栏中输入项目文件名 piano. syn,并按"确定"按钮关闭对话框。

3) 选择器件

双击 Sources in Project 窗口中 Virtual Device 项,弹出 Choose Device 对话框,选择器件 ispLSI 1016-60 PLCC44。

4) 建立源文件

选择 Source 菜单中的 New,选择 ABEL-HDL Module,按 OK 按钮。在弹出对话框的 Module Name 栏中输入模块名,按 OK 按钮,进入 Synario Text Editor,开始输入源文件。本项目由顶层模块 piano 和底层模块 value 组成。

5) 顶层模块 piano 的 ABEL 语言源文件

```
MODULE piano
DECLARATIONS
    //lower module declaration
value        interface(d1 … d7,di _> right):
value_0      functional_block  value;
    //input
```

```
clock              pin 11:                  //时钟输入 100kHz
d1,d2,d3,d4        pin 9,40,36,3;           //琴键
d5,d6,d7,di        pin 29,10,16,43;
    //output
mu                 pin 38 istype'reg';      //音频输出
    //node
mu2                node;
mu0,mu1            node;
q0 … q7            node istype'reg'         //多模计数器
q = [q7 … q0];
d = [di,d7 … d1];


EQUATIONS
Value_0.[di,d7 … d1] = d;
    //多模计数器,模 191、模 170、模 151、模 143、模 128、模 114、模 101、模 97
q.clk = cIock;
q := (q + 1) &  !mu2  & Value_0.right;
mu0 = (q == 190)&(d1 == 1) # (q == 169)&(d2 == 1) # (q == 150)&(d3 == 1)
    # (q == 142)&(d4 == 1);
mu1 = (q == 127)&(d5 == 1) # (q == 113)&(d6 == 1) # (q == 100)&(d7 == 1)
    # (q == 96)&(di == 1);
mu2 = mu0 # mul;
mu.clk = mu2;                               //二分频计数器
mu = ! mu;
END
```

6）底层模块 value 的 ABEL 语言源文件

```
MODULE value
DECLARATIONS
    //input
d1 … d7,di         pin;                     //琴键 1,2,3,4,5,6,7,i
    //output
right              pin;                     //为 1 表示当前按键有效
    //node
right0,fight1      node;
d = [d1 … d7,di];


EQUATIONS
right0 = (d == ^b00000001)} # (d == ^b00000010) # (d == ^b00000100)
    # (d == ^b00001000);
right1 = (d == ^b00010000) # (d == ^b00100000) # (d == ^b01000000)
    # (d == ^b10000000);
right = right0 # right1;                    //为 1 表示当前按键有效
END
```

7）编译源文件

选择 Source in Project 窗口中的 ABEL 语言源文件,双击 Process For Current Source 窗口中的 Compile Logic 和 Reduce Logic,如果在两命令前出现对号,则表示编译通过。否则根据错误提示修改源文件。

8）生成 JED 文件

选择 Source in Project 窗口中的 ispLSI 1016-60 PLCC44，依次执行 Process For Current Source 窗口中的 Link Design 和 Fit Design，如果在 JEDEC File 前出现一对号，则表示 piano.jed 文件已生成。否则根据错误提示进行修改。

9）下载 JED 文件到 ispLSI 1016 芯片

用 Lattice 编程电缆将 D2H＋数字电路实验箱与主机连接，将 ispLSI 1016 芯片插入对应 PLCC 插座，接通电源。选择 Source in Project 窗口中的 ispLSI 1016-60 PLCC44，双击 Process For Current Source 窗口中的 isp Download System，则打开 ISP Daisy Download 软件。执行 Configration 菜单中的 Scan Board，单击窗口中的 browse 按钮，选择 piano.jed。选择 Operation 中的 Program ＆ Verify，执行 Command 菜单中的 Run Operation，有关信息在 Messages 窗口中显示。

10）调试片内程序

根据 piano.ab1 文件中的管引脚定义连线，即：ispLSI 1016 芯片的引脚 11 接实验箱的 100kHz 时钟输出端；引脚 38 接实验箱喇叭"输入"端：引脚 9、40、36、3、29、10、16、43 分别接实验箱的逻辑开关输出 K1、K2、K3、K4、K5、K6、K7、K8。K1、K2、K3、K4、K5、K6、K7、K8 分别代表音符 1、2、3、4、5、6、7、i。当逻辑开关输出只有一个为高电平时，喇叭应发出相应的音乐。

6. 预习要求

（1）做好实验预习，重点复习本实验原理和有关 ISP 书籍、资料。

（2）熟练掌握 ISP 过程和编程方法。

（3）进一步掌握用 ABEL 语言设计数字逻辑电路的方法。

（4）熟悉 Synario 软件的使用方法。

（5）了解音调的初步知识。

（6）做好预习报告。

7. 实验报告内容及要求

（1）实验目的。

（2）实验任务及要求。

（3）逻辑设计过程，包括化简的步骤。

（4）画好实验验证用逻辑布线图或物理布线图。

（5）按要求填写各实验表格。

（6）整理、分析实验数据和结果，列表比较实验任务的理论分析值和实验结果值。

（7）写出心得体会。

5.8.2　简易频率计

1. 实验目的

（1）掌握较复杂逻辑的设计、调试。

（2）掌握用 ABEL 语言设计数字逻辑电路。

（3）熟悉 Synario 软件的使用方法。

（4）熟悉 ISP 器件的使用。

（5）了解频率计的初步知识。

2．实验内容

设计一个简易频率计，用于测量 1MHz 以下数字脉冲信号的频率。闸门只有 1s 一档。测量结果在数码管上显示出来。不测信号脉宽。用一片 ISP 芯片实现此设计，并在实验箱上完成调试。建议设计用 ABEL 语言编写。

3．实验器材

（1）数字逻辑实验箱一台；

（2）直流稳压电源一台；

（3）示波器一台；

（4）万用表一只；

（5）PLCC 封装的 ISP 1016 或者 M4-64/32 一片。

4．实验提示

频率计的基本工作原理如下：首先产生一系列准确闸门信号，例如 1ms、0.1s 和 1s 等。然后用这些闸门信号控制一个计数器对被测脉冲信号进行计数，最后将结果显示出来。如果闸门信号是 1s，那么 1s 内计数的结果就是被测信号的频率。如果闸门信号是 1ms，那么计数结果是被测信号频率的千分之一，或者说结果是以 kHz 为单位的频率值。

频率计中，最原始的时基信号的准确度一定要高。建议用实验箱上的 100kHz 时钟信号作原始时基信号。

1s 的闸门信号，由 100kHz 时钟经 5 次 10 分频后，再经 2 分频产生。这样产生的闸门信号脉宽是 1s，占空比是 50%。在 2s 的时间内，1s 用于计数，1s 用于显示结果。

用于被测信号计数的计数器应采用十进制。测得的结果可直接送到实验箱上的 6 个数码管显示。每次对被测信号计数前，计数器应被清零。

5．实验步骤

1）设计思想

本项目由两个模块组成。

底层模块 gate 为顶层模块提供闸门信号（即 2Hz 的方波）和频率计数器的清零信号。当顶层频率计数器重新计数前，由该清零信号复位，以便从零计数。

顶层模块 frequenc 在使能状态下，当底层模块 gate 输出的闸门信号为 1 时，对被测信号进行十进制计数；当闸门信号为 0 时，显示计数结果。

2）新建项目

打开 Synario 软件，选择 File 菜单中的 New Project 选项，弹出 Create New Project 对话框。在对话框的 Directories 一栏中，选择一个目录（最好是为该项目专门建立的目录），

存放该项目中的所有文件。然后在对话框的 Project File Name 一栏中输入项目文件名
frequenc. syn,并按"确定"按钮关闭对话框。

3) 选择器件

双击 Sources in Project 窗口中 Virtual Device,弹出 Choose Device 对话框,选择器件
ispLSI 1016-60 PLCC44。

4) 建立源文件

选择 Source 菜单中的 New,选择 ABEL-HDL Module,按 OK 按钮。在弹出对话框的
Module Name 栏中输入模块名,按 OK 按钮,进入 Synario Text Editor,开始输入源文件。
本项目由顶层模块 frequenc 和底层模块 gate 组成。

5) 顶层模块 frequenc 的 ABEL 语言源文件

```
MODULE frequenc
DECLARATIONS
        //lower module declaration
gate    interface([begin,clock]->[gate,clear]);
gare_1  functional_block  gate;
    //input
clock          pin 11;                        //时基信号 100kHz
insignal       pin 30;                        //被测信号 1～1MHz
begin          pin 10;                        //频率计使能高电平有效
//ouput
cnt00 … cnt03  pin 40,22,27,20 istype 'reg';   //频率计个位
cnt10 … cnt13  pin 19,17,18,16 istype 'reg';   //频率计十位
cnt20 … cnt23  pin 15,28,31,26 istype 'reg';   //频率计百位
cnt30 … cnt33  pin 25,43,42,44 istype 'reg';   //频率计千位
cnt40 … cnt43  pin 41,6,39,38  istype 'reg';   //频率计万位
cnt50 … cnt53  pin 37,5,8,3    istype 'reg';   //频率计十万位
cnt0 = [cnt03 … cnt00];
cnt1 = [cnt13 … cnt10];
cnt2 = [cnt23 … cnt20];
cnt3 = [cnt33 … cnt30];
cnt4 = [cnt43 … cnt40];
cnt5 = [cnt53 … cnt50];
    //node
  c0,c1,c2,c3,c4  node;                        //频率计各进位位
EQUATIONS
gate_1.begin = begin;
gate_1.clock = clock;
[cnt0,cnt1,cnt2,cnt3,cnt4,cnt5].clk = insignal & gate_1.gate;
    //闸门信号为 1 时,计数
[cnt0,cnt1,cnt2,cnt3,cnt4,cnt5].ar = begin # gate_1.clear;
    //个位十进制计数器
cnt0 := (cnt0 + 1) & !c0;
c0 = (cnt03 == 1)&(cnt00 == 1);
    //十位十进制计数器,只有 c0 为 1 时,才允许加 1,否则保持原值
cnt1 := (cnt1 + 1) & !((cnt13 == 1)&(cnt10 == 1))&c0 # cnt1&!c0;
c1 = (cnt13 == 1)&(cnt10 == 1)&c0;
    //百位十进制计数器,只有 c1 为 1 时,才允许加 1,否则保持原值
```

```
cnt2 := (cnt2 + 1)&!((cnt23 == 1)&(cnt20 == 1))&c1 # cnt2 & !c1;
c2 = (cnt23 == 1)&(cnt20 == 1)&c1;
    //千位十进制计数器,只有 c2 为 1 时,才允许加 1,否则保持原值
cnt3 := (cnt3 + 1)&!((cnt33 == 1)&(cnt30 == 1))& c2 # cnt3 & !c2;
c3 = (cnt33 == 1)&(cnt30 == 1)& c2;
    //万位十进制计数器,只有 c3 为 1 时,才允许加 1,否则保持原值
cnt4 := (cnt4 + 1)&!((cnt43 == 1)&(cnt40 == 1)) & c3 # cnt4 & !c3;
c4 = (cnt43 == 1)&(cnt40 == 1)& c3;
    //十万位十进制计数器,只有 c4 为 1 时,才允许加 1,否则保持原值
cnt5 := (cnt5 + 1)&!((cnt53 == I)&(cnt50 == 1))& c4 # cnt5 & !c4;
END
```

6)底层模块 gate 的 ABEL 语言源文件

```
MODULE gate
DECLARATIONS
    //input
begin          pin;                    //频率计使能
clock          pin;                    //时基信号 100kHz
//output
gate           pin istype 'reg';       //闸门信号脉宽为 1s 的方波
clear          pin;                    //顶层频率计数器清零信号
//nnde
q0 … q17       node istype 'reg';      //100K 计数器
q = [q17 … q0];
c       node;
EQUATIONS
    //100K 计数器
q.clk = clock;
q.ar = begin;
c = (q == 100000 - 1);
q := (q + 1)& !c;
gate.clk = c:                          //闸门信号 脉宽为 1s 的方波
gate := !gate;
gate.ar = begin;
clear = (q == 100000 - 2) & !gate;     //为顶层频率计数器重新计数前提供清零信号
```

7)编译源文件

选择 Source in Project 窗口中的 ABEL 语言源文件,双击 Process For Current Source 窗口中的 Compile Logic 和 Reduce Logic,如果在两命令前出现对号,则表示编译通过。否则根据错误提示修改源文件。

8)生成 JED 文件

选择 Source in Project 窗口中的 ispLSI 1016-60 PLCC44,依次执行 Process For Current Source 窗口中的 Link Design 和 Fit Design 选项,如果在 JEDEC File 前出现一对号,则表示 frequenc.jed 已生成。否则根据错误提示进行修改。

9)下载 JED 文件到 ispLSI 1016 芯片

用 Lattice 编程电缆将 D2H+数字电路实验箱与主机连接,将 ispLSI 1016 芯片插入对应 PLCC 插座,接通电源。选择 Source in Project 窗口中的 ispLSI 1016-60 PLCC44 选项,

双击 Process For Current Source 窗口中的 isp Download System 选项,则打开 ISP Daisy Download 软件。执行 Configration 菜单中的 scan Board,单击窗口中的 browse 按钮,选择 frequenc. jed。选择 Operation 选项中的 Program & Verify,执行 Command 菜单中的 Run Operation 选项,有关信息在 Messages 窗口中显示。

根据 frequenc. ab1 文件中的管引脚定义连线,即:ispLSI 1016 芯片的引脚 11 接实验箱 100kHz 时钟输出端;引脚 30 接被测信号(可接实验箱的可调时钟输出端 1~100kHz);引脚 10 接一逻辑开关输出,当为低电平时,测量被测信号频率并在数码管上显示;引脚 20、27、22、40 分别接数码管 LD1 的 D、C、B、A 端,引脚 16、18、17、19,引脚 26、31、28、15,引脚 44、42、43、25,引脚 38、39、6、41 和引脚 3、8、5、37 分别接数码管 LD2、LD3、LD4、LD5 和 LD6 的 D、C、B、A 端。

6. 预习要求

(1) 做好实验预习,重点复习本实验原理和有关 ISP 书籍、资料。

(2) 熟练掌握 ISP 过程和编程方法。

(3) 进一步掌握用 ABEL 语言设计数字逻辑电路的方法。

(4) 熟悉 Synario 软件的使用方法。

(5) 了解频率计的初步知识。

(6) 做好预习报告。

7. 实验报告内容及要求

(1) 实验目的。

(2) 实验任务及要求。

(3) 逻辑设计过程,包括化简的步骤。

(4) 画好实验验证用逻辑布线图或物理布线图。

(5) 按要求填写各实验表格。

(6) 整理、分析实验数据和结果,列表比较实验任务的理论分析值和实验结果值。

(7) 写出心得体会。

5.8.3　交通灯实验

1. 实验目的

(1) 掌握状态机的设计、调试。

(2) 掌握用 ABEL 语言设计状态机的方法。

(3) 熟悉 Synario 软件的使用方法。

(4) 熟悉 ISP 器件的使用。

2. 实验内容

以实验箱上的 4 个红色电平指示灯、4 个绿色电平指示灯和 4 个黄色电平指示灯模仿

路口的东、西、南、北4个方向的红、绿、黄交通灯。控制这些指示灯,使它们按下列规律亮、灭:

(1) 初始状态为4个方向的红灯全亮。时间1s。

(2) 东、西方向绿灯亮,南、北方向红灯亮。东、西方向通车。时间5s。

(3) 东、西方向黄灯闪烁,南、北方向红灯亮。时间2s。

(4) 东、西方向红灯亮,南、北方向绿灯亮。南、北方向通车。时间5s。

(5) 东、西方向红灯亮,南、北方向黄灯闪烁。时间2s。

(6) 返回第(2)步,继续运行。

(7) 如果发生紧急事件,例如救护车、警车通过,则按下单脉冲按钮,使得东、西、南、北4个方向的红灯亮。紧急事件结束后,松开单脉冲按钮,恢复到被打断的状态继续运行。

3. 实验器材

(1) 数字逻辑实验箱一台;

(2) 直流稳压电源一台;

(3) 示波器一台;

(4) 万用表一只;

(5) PLCC封装的ISP 1016或者M4-64/32一片。

4. 实验提示

(1) 这是一个典型的时序状态机,--共有6个大的状态。

(2) 黄灯闪烁可通过连续亮0.2s、灭0.2s实现。

(3) 将实验箱上的可调频率时钟为1kHz,作为设计中的初始时钟,以减少需要的分频数。

(4) 紧急事件发生时,要注意保存必要的信息,以备紧急事件结束后,恢复到原状态继续运行使用。

5. 实验步骤

(以Lattice公司ispLSI 1016-60 PLCC44芯片为例)

1) 设计思想

本项目由一个模块tralight组成,由时序状态机实现,共6个状态,用s0,s1,…,s5表示。

本项目有4个计数器:0.2s、1s、2s和5s计数器。0.2s计数器除用作黄灯闪烁外,还作为1s、2s和5s计数器的计数时钟使用。

刚加电或复位后,状态机为s0状态,1s计数器开始计数;1s后,状态机要为s1,1s计数器复位停止计数,5s计数器开始计数;5s后,状态机变为s2,5s计数器停止计数,2s计数器开始计数,同时为黄灯提供闪烁信号;2s后,状态机变为s3,5s计数器开始计数,2s计数器停止计数;5s后,状态机变为s4,5s计数器停止计数,2s计数器计数,同时为黄灯提供闪烁信号;2s后,状态机回到s0。在s0~s4任何状态时,当按下"紧急情况控制"键时,状态机变为s5,所有计数器停止计数,且上一状态被保存在一组寄存器中;再按一次"紧急情况控制"

键后,状态机恢复上一状态,计数器也恢复正常工作。

2) 新建项目

打开 Synario 软件,选择 File 菜单中的 New Project,弹出 Create New Project 对话框。在对话框的 Directories 一栏中,选择一个目录(最好是为该项目专门建立的目录),存放该项目中的所有文件。然后在对话框的 Project File Name 一栏中输入项目文件名 tralight. syn,并按"确定"按钮关闭对话框。

3) 选择器件

双击 Sources in Project 窗口中的 Virtual Device,选择器件 ispLSI 1016-60 PLCC44。

4) 建立源文件

选择 Source 菜单中的 New,选择 ABEL-HDL Module,按 OK 按钮。在弹出对话框的 Module Name 栏中输入模块名,按 OK 按钮,进入 Synario Text Editor,开始输入源文件。本项目由一个模块 tralight 组成。

5) 模块 tralight 的 ABEL 语言源文件

```
MODULE tralight
declarations
    //Input
clk        pin 29;                         //时钟 1000Hz
rt         pin 6;                          //复位输入,低电平有效
control    pin 11;                         //紧急情况控制
    //Output
q0r,q0y,q0g,d0r,d0y,d0g pin 15,40,18,19,44,22;
            //东西方向红、黄、绿灯
q1r,q1y,q1g,d1r,d1y,d1g pin 38,16,17,42,20,21;
            //南北方向红、黄、绿灯
q = [q0r,q0y,q0g,q1r,q1y,q1g];
d = [d0r,d0y,d0g,d1r,d1y,d1g];
    //Node
ct1     node istype 'reg';                 //紧急情况控制标志
cnt0 … cnt2     node istype 'reg';         //状态机寄存器
cnt = [cnt2 … cnt0];
ecnt0 … ecnt2     node istype 'reg';       //记忆状态机寄存器
ecnt = [ecnt2 … ecnt0];
t10 … t12     node istype 'reg';           //1s 计数器
t20 … t23     node istype 'reg';           //2s 计数器
t50 … t54     node istype 'reg';           //5s 计数器
flash0 … flash7     node istype 'reg';     //0.2s 计数器
flashc     node istype'reg';               //黄灯闪烁控制
t1 = [t12 … t10];
t2 = [t23 … t20];
t5 = [t54 … t50];
flash = f[flash7 … flash0];
s0 = 0; s1 = 1; s2 = 2; s3 = 3; s4 = 4; s5 = 5: //状态机状态定义
equations
cnt.clk = clk;                             //状态寄存器
ecnt.clk = clk;                            //状态保存寄存器
flash.clk = clk;                           //0.2s 计数器
```

```
flash.ar = (flash == 200 − 1) # !rt;
flashc.clk = (flash == 200 − 1);
flashc := !flashc;                              //黄灯闪烁控制寄存器
flashc.ar = !rt;
t1.clk = (flash == 200 − 1);                    //1s 计数器
t2.clk = (flash == 200 − 1);                    //2s 计数器
t5.clk = (flash == 200 − 1);                    //5s 计数器
d = q;
ct1.clk = control;
ct1 := !ct1;
ct1.ar = !rt;
state_diagram  [cnt2 ··· cnt0];
state s0:                                       //状态 0: 东西南北红灯亮
q0r = 1; q0y = 0; q0g = 0;
q1r = 1; q1y = 0; q1g = 0;
flash := flash + 1:                             //1s 计数器时钟
t1.ar = !rt;
t2.ar = 1;                                      //2s 计数器复位
t5.ar = 1;                                      //5s 计数器复位
t1 := t1 + 1;                                   //1s 计数器计数
if(rt == 0)
then     s0
else{if(ct1 == 1)
    then s5 with{ecnt := 0; }
    else{if(t1 == 5)
    then s1
    else s0; }
    }
state s1:                                       //状态 1: 东西绿灯亮,南北红灯亮
  q0r = 0; q0y = 0; q0g = 1;
  q1r = 1; q1y = 0; q1g = 0;
  flash := flash + 1:                           //5s 计数器时钟
  t1.ar = 1;                                    //1s 计数器复位
  t2.ar = 1;                                    //2s 计数器复位
  t5.ar = 0:                                    //5s 计数器计数
  t5 := t5 + 1;
  if(rt == 0)
  then s0
  else{if(ct1 == 1)
    then s5 with{ecnt := 1; }
    else{
    if(t5 == 25)
    then s2
    else s1; }
}
state s2:                                       //状态 2: 东西黄灯亮,南北红灯亮
  q0r = 0; q0y = flashc; q0g = 0;
  q1r = 1; q1y = 0; q1g = 0;
  flash := flash + 1;                           //2s 计数器时钟
  t1.ar = 1;                                    //1s 计数器复位
  t2.ar = 0;                                    //2s 计数器计数
```

```
        t5. ar = 1;                              //5s 计数器复位
        t2 := t2 + 1;
        if(rt == 0)
        then    s0
        else{ if(ct1 == 1)
          then s5 with{ecnt := 2; }
          else{
          if(t2 == 10)
          then s3
          else s2; }
    }
    state s3:                                    //状态 3：东西红灯亮，南北绿灯亮
        q0r = 1; q0y = 0; q0g = 0;
        q1r = 0; q1y = 0; q1g = 1;
        flash := flash + 1;                      //5s 计数器时钟
        t1. ar = 1;                              //1s 计数器复位
        t2. ar = 1;                              //2s 计数器复位
        t5. ar = 0;                              //5s 计数器计数
        t5 := t5 + 1;
        if(rt == 0)
        then    s0
        else{ if(ct1 == 1)
          then s5 with{ecnt := 3; }
          else{
              if(t5 == 25)
              then s4
              else s3; }
          }
    state s4:                                    //状态 4：东西红灯亮，南北黄灯亮
        q0r = 1; q0y = 0; q0g = 0;
        q1r = 0; q1y = flashc; q1g = 0;
        flash: = flash + 1;                      //2s 计数器时钟
        t1. ar = 1;                              //1s 计数器复位
        t2. ar = 0;                              //2s 计数器计数
        t5. ar = 1;                              //5s 计数器复位
        t2 := t2 + 1;
        if(rt == 0)
        then s0
        else{ if(ct1 == 1)
          then s5 with{ecnt := 4; }
          else{
              if(t2 == 10)
              then s1
              else s4; }
          }
    state s5:                                    //状态 5：紧急情况
        q0r = 1; q0y = 0; q0g = 0;
        q1r = 1; q1y = 0; q1g = 0;
        ecnt := ecnt;
        flash := flash;
        if(rt == 0)
```

```
        then s0
        else{ if(ct1 == 1)
         then    s5
         else{case   (ecnt == 0): s0;
                     (ecnt == 1): s1;
                     (ecnt == 2): s2;
                     (ecnt == 3): s3;
                     (ecnt == 4): s4;
                endcase}
             }
END
```

6）编译源文件

选择 Source in Project 窗口中的 ABEL 语言源文件，双击 Process For Current Source 窗口中的 Compile Logic 和 Reduce Logic，如果在两命令前出现对号，则表示编译通过。否则根据错误提示修改源文件。

7）生成 JED 文件

选择 Source in Project 窗口中的 ispLSI 1016-60 PLCC44，依次执行 Process For Current Source 窗口中的 Link Design 和 Fit Design，如果在 JEDEC File 前出现一对号，则表示 tralight.jed 文件已生成。否则根据错误提示进行修改。

8）下载 JED 文件到 ispLSI 1016 芯片

用 Lattice 编程电缆将 D2H＋数字电路实验箱与主机连接。将 ispLSI 1016 芯片插入对应 PLCC 插座，接通电源。选择 Source in Project 窗口中的 ispLSI 1016-60 PLCC44，双击 Process For Current Source 窗口中的 isp Download System，则打开 ISP Daisy Download 软件。执行 Configration 菜单中的 Scan Board，单击窗口中的 browse 按钮，选择 tralight.jed。选择 Operation 中的 Program ＆ Verify，执行 Command 菜单中的 Run Operation，有关信息在 Messages 窗口中显示。

9）调试片内程序

根据 tralight.ab1 文件中的管引脚定义连线。即：ispLSI 1016 芯片的引脚 29 接实验箱 1kHz 可调时钟输出端；引脚 6 接一逻辑开关，当为低电平时复位，4 个红灯亮；引脚 11 接一宽单脉冲，用于紧急事件控制；引脚 15、19，引脚 40、44 和引脚 18、22 分别接左边的两个红灯、黄灯和绿灯，表示东西方向：引脚 38、42，引脚 16、20 和引脚 17、21 分别接右边的两个红灯、黄灯和绿灯，表示南北方向。

6. 预习要求

（1）做好实验预习，重点复习本实验原理和有关 ISP 书籍、资料。

（2）熟练掌握 ISP 过程和编程方法。

（3）进一步掌握用 ABEL 语言设计数字逻辑电路的方法。

（4）熟悉 Synario 软件的使用方法。

（5）了解交通灯的初步知识。

（6）做好预习报告。

7. 实验报告内容及要求

（1）实验目的。

（2）实验任务及要求。

（3）逻辑设计过程，包括化简的步骤。

（4）画好实验验证用逻辑布线图或物理布线图。

（5）按要求填写各实验表格。

（6）整理、分析实验数据和结果，列表比较实验任务的理论分析值和实验结果值。

（7）写出心得体会。

5.8.4　电子钟

1. 实验目的

（1）掌握较复杂逻辑的设计、调试。

（2）学习用原理图设计数字逻辑电路的方法。

（3）学习数字电路模块层次设计。

（4）学习 Synario 软件的使用方法。

（5）熟悉 ISP 器件的使用。

2. 实验内容

（1）设计并用 ISP 1016 或者 M4-64/32 实现一个电子钟。电子钟具有下述功能：

① 实验箱上的 6 个数码管显示时、分、秒。

② 能使电子钟复位（清零）。

③ 能启动或者停止电子钟运行。

④ 在电子钟停止运行状态下，能够修改时、分、秒的值。

⑤ 具有报时功能，整点时喇叭鸣叫。

（2）要求整个设计分为若干模块。顶层模块用原理图设计，底层模块用 ABEL 语言设计。

（3）在 D2H＋实验箱上调试设计。

3. 实验器材

（1）数字逻辑实验箱一台；

（2）直流稳压电源一台；

（3）示波器一台；

（4）万用表一只；

（5）PLCC 封装的 ISP 1016 或者 M4-64/32 一片。

4. 实验步骤

（以 Lattice 公司 ispLSI 1016-60 PLCC44 芯片为例）

（1）设计思想

本项目由一个顶层模块和多个底层模块组成。

顶层模块 clock 由原理图实现，包含时、分、秒计数器和时钟发生器、整点响铃发声模块、译码器等 6 个底层模块（其中 cnt60 用了两次）及若干门电路，并定义了信号与引脚的对应关系。

底层模块 clk-ring，对输入时钟 1000 分频，产生 1Hz 的脉冲提供给模块 cnt60，并为模块 ring 提供整点响铃脉冲。

底层模块 cnt60（两个）、cnt24 分别用作秒、分、时计数器，为了实现暂停与预置数的功能，其时钟输入加入了若干控制信号。为了使进位信号的高电平脉宽尽量窄，则进位信号的复位端取其自身。

底层模块 Encode24 是一个 2-4 译码器，用于选择需预置数的计数器，输入 00 表示选择秒计数器，01 表示选择分计数器，10 表示选择小时计数器。

底层模块 ring，内有一个计数器，当小时计数器（cnt24）的时钟信号到来时，该计数器开始计数，并有整点响铃脉冲输出；3s 后，计数器复位，响铃脉冲不再输出。

（2）新建项目

打开 Synario 软件，选择 File 菜单中的 New Project 选项，弹出 Create New Project 对话框。在对话框的 Directories 一栏中，选择一个目录（最好是为该项目专门建立的目录），存放该项目中的所有文件。然后在对话框的 Project File Name 一栏中输入项目文件名 clock. syn，并按"确定"按钮关闭对话框。

（3）选择器件

双击 Sources in Project 窗口中 Virtual Device，选择器件 ispLSI 1016-60 PLCC44。

（4）建立源文件

本项目由顶层模块 clock（由原理图实现）和底层模块 clk-ring，cnt24，cnt60，encode24，ring 组成。选择 Source 菜单中的 New 选项，选择 Schematic，按 OK 按钮。在弹出的对话框中输入文件名 clock. sch，按"确定"按钮，进入 Schematic Editor 界面，开始编辑原理图，之后存盘退出。选择 Source 菜单中的 New 选项，选择 ABEL-HDL Module，按 OK 按钮。在弹出对话框的 Module Name 栏中输入模块名，按 OK 按钮，进入 Synario Text Editor 界面，开始编辑底层 ABEL 语言源文件。

（5）顶层模块 clock 的原理图如图 5.8.1 所示。

（6）底层模块 clk-ring 的 ABEL 语言源文件

```
MODULE clk_ring
    //提供频率为 1Hz 的脉冲及整点响铃脉冲
DECLARATIONS
    //input
clk           pin;                    //时钟输入 1kHz
    //output
clock         pin;                    //输出频率为 1Hz 的脉冲
ring          pin;                    //整点响铃脉冲
    //node
q0 … q9    node istype 'leg';        //1000 分频器
q = [q9 … q0];
```

```
EQUATIONS
ring = q0;
q.clk = clk;
q := (q + 1)&!(q == 1000 − 1);
clock = (q == 1000 − 1);
END
```

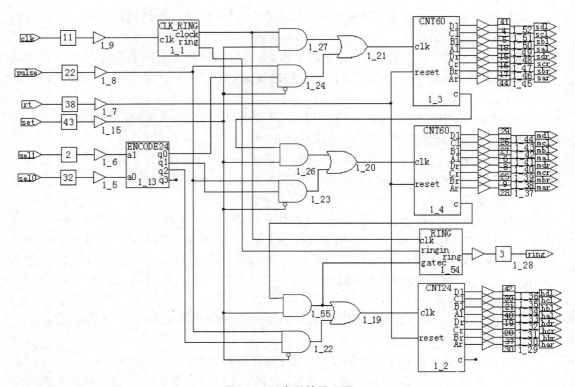

图 5.8.1 电子钟原理图

（7）底层模块 cnt24 的 ABEL 语言源文件

```
MODULE cnt24
    //二十四进制计数器
DECLARATlONS
    //input
clk             pin;                    //时钟输入
reset           pin;                    //复位信号低电平有效
    //output
DI,CI,BI,AI     pin istype 'reg';       //计数器高位输出
Dr,Cr,Br,Ar     pin istype 'reg';       //计数器低位输出
q0 = [Dr,Cr,Br,Ar];
qI = [DI,CI,BI,AI];
c     pin istype'reg';                  //进位信号
EQUATIONS
q0.clk = cIk;
q1.clk = clk;
q0.ar = !reset;
```

```
q1.ar = ! reset;
q0 := (q0 + I)&!(q0 == 9)&!'(q1 == 2)&(q0 == 3));
q1 := ((q1 + 1)&(q0 == 9) # q1&!(q0 == 9))&!((q1 == 2)&(q0 >= ));
c.clk = clk;
c := (q0 == 3)&(q1 == 2);
c.ar = c
END
```

(8) 底层模块 cnt60 的 ABEL 语言源文件

```
MODULE ent60
    //六十进制计数器
DECLARATIONS
    //input
clk              pin;                //时钟输入
reset            pin;                //复位信号低电平有效
//output
DI,CI,BI,AI      pin istype 'reg';   //计数器高位输出
Dr,Cr,Br,Ar      pin istype'reg';    //计数器低位输出
q0 = [Dr,Cr,Br,Ar];
qI = [DI,CI,BI,AI];
c                pin istype 'reg';   //进位信号
EQUATIONS
Q0.clk = clk;
q1.clk = clk;
q0.ar = ! reset;
q1.ar = ! reset;
q0 := (q0 + 1)&!(q0 == 9);
q1 := ((q1 + 1)&(q0 == 9) # q1&!(q0 == 9))&!((q1 == 5)&(q0 == 9));
c.clk = clk;
c := (q0 == 9)&(q1 == 5);
c.ar = c;
END
```

(9) 底层模块 encode24 的 ABEL 语言源文件

```
MODULE encode2 - 4
    //2 - 4 译码器
DECLARATIONS
    //input
a0,a1    pin;
    //output
q0 ⋯ q3    pin;
EQUATIONS
q0 = ! a1&! a0;
q1 = ! a1&a0;
q2 = a1&! a0;
q3 = a1&a0;
END
```

（10）底层模块 ring 的 ABEL 语言源文件

```
MODULE ring
    //提供整点响铃信号
DECLARATIONS
    //input
clk     pin;                          //时钟输入 1Hz
gatec,ringin    pin;                  //响铃控制信号,响铃脉冲输入
    //output
ring    pin;                          //响铃脉冲输出
    //node
q0 … q1    node istype 'reg';         //响铃时间计数器
q = [q1 … q0];
EQUATIONS
q.clk = clk;
q := (q + 1)&!(q == 3) # q&(q == 3); //每次到整点时,计数器先清零,然后计数
q.ar = gatec;
    //要求信号 gatec 很窄
ring = ringin &(q < 3);               //响铃时间小于 3s 时,有脉冲输出
END
```

（11）编译源文件

选择 Source in Project 窗口中的源文件,双击 Process For Current Source 窗口中的 Compile Logic 和 Reduce Logic 选项,如果在两命令前出现对号,则表示编译通过。否则根据错误提示修改源文件。

（12）生成 JED 文件

选择 Source in Project 窗口中的 ispLSI 1016-60 PLCC44,依次执行 Process For Current Source 窗口中的 Link Design 和 Fit Design 选项,如果在 JEDEC File 前出现一对号,则表示 clock.jed 文件已生成。否则根据错误提示进行修改。

（13）下载 JED 文件到 ispLSI 1016 芯片

用 Lattice 编程电缆将 D2H＋数字电路实验箱与主机连接,将 ispLSI 1016 芯片插入对应 PLCC 插座,接通电源。选择 Source in Project 窗口中的 ispLSI 1016-60 PLCC44,双击 Process For Current Source 窗口中的 isp Download System,则打开 ISP Daisy Download 软件。执行 Configration 菜单中的 Scan Board,单击窗口中的 browse 按钮,选择 clock.ied。选择 Operation 中的 Program & Verify,执行 Command 菜单中的 Run Operation,有关信息在 Messages 窗口中显示。

（14）调试片内程序

根据 clock.sch 中的管引脚定义连线,即: ispLSI 1016 芯片的引脚 11 接实验箱 1kHz 可调时钟输出端;引脚 38 接一逻辑开关,为复位信号,低电平有效;引脚 43、2、32 分别接三个逻辑开关,用于暂停时钟及选择需修改的时、分、秒计数器;引脚 22 接一宽单脉冲,为修改时、分、秒计数器提供计数脉冲;引脚 15、16、17、44 分别接数码管 LD1 的 D、C、B、A 端;引脚 41、4、5、18,引脚 8、25、9、28,引脚 29、26、27、6,引脚 19、20、37、30 和引脚 42、39、21、40 分别接数码管 LD2、LD3、LD4、LD5 和 LD6 的 D、C、B、A 端;引脚 3 接喇叭的"输入"端,整点时响 3s。

5．预习要求

（1）做好实验预习，重点复习本实验原理和有关 ISP 书籍、资料。

（2）熟练掌握 ISP 过程和编程方法。

（3）进一步掌握用 ABEL 语言设计数字逻辑电路的方法。

（4）熟悉 Synario 软件的使用方法。

（5）了解电子钟的初步知识。

（6）做好预习报告。

6．实验报告内容及要求

（1）实验目的。

（2）实验任务及要求。

（3）逻辑设计过程，包括化简的步骤。

（4）画好实验验证用逻辑布线图或物理布线图。

（5）按要求填写各实验表格。

（6）整理、分析实验数据和结果，列表比较实验任务的理论分析值和实验结果值。

（7）写出心得体会。

第**6**章　虚拟数字逻辑实验

6.1　虚拟环境介绍

6.1.1　虚拟环境开发背景

数字逻辑电路实验的目的在于通过搭建各种中小规模控制电路,实现对底层数字电路结构和工作原理的理解,并培养学生硬件实验素养。

数字逻辑实验通常在三类环境下实现:

1. 基于小规模集成电路的实验环境

这是目前各高校普遍采用的实验环境(如 74 系列芯片),其主要优点在于学生可以通过直观的物理电路创建小规模具有特定功能的控制电路,便于对数字逻辑电路结构和工作原理的理解,而且实验环境更接近于电路的现实运行环境。其缺点是每轮课程都需要一定数量的实验芯片和导线的追加投入。

2. 基于中大规模可编程电路的实验环境

主要通过硬件描述语言编程实现具备某种特定功能的数字逻辑电路,其优点是可以快速搭建逻辑电路,且不会产生芯片和导线的损耗。缺点是基于这种环境下的数字逻辑实验不利于学生对数字电路结构和工作原理的直观理解。

3. 基于第三方软件的数字电路虚拟实验环境

主要是模仿小规模集成电路的工作流程,用软件方式虚拟实现数字电路,主要是用于验证和测试所设计的数字电路。该种模式的优缺点和第 2 种实验环境类似,但在对于数字电路的逻辑层面的工作原理理解要逊于第 2 种,且此类软件(如 MATLAB)通常规模庞大,不利于学习和应用,一般不是专为数字电路实验所开发的环境;另外,该类软件通常是在理想状态下模拟现实(不考虑干扰、故障等情况),和实际的电路运行环境相差较大,因此只能用于验证电路逻辑设计的正确性。

本章所描述的虚拟数字逻辑实验环境属于上述第 3 种环境,属于作者基于自主设计的数字逻辑硬件实验平台(见 1.2.2 节)所开发的专用于数字逻辑实验的虚拟环境,易学易用。该虚拟环境使用 Flash CS3 开发,所生成的 SWF 文件体积较小,可直接使用 Flash 等媒体播放器运行,其播放页面如图 6.1.1 所示。基于该虚拟环境可以实现基于常用的 74 系列芯片数字电路(包括组合电路和时序电路)的搭建和运行,教师可以利用该虚拟环境配合硬件实验平台来丰富数字逻辑实验的教学手段,可通过虚拟环境来辅助数字电路的设计和验证,再通过硬件实验环境实际搭建硬件电路,在一定程度上可以降低损耗,且不影响学生对数字电路知识的直观认识和理解。

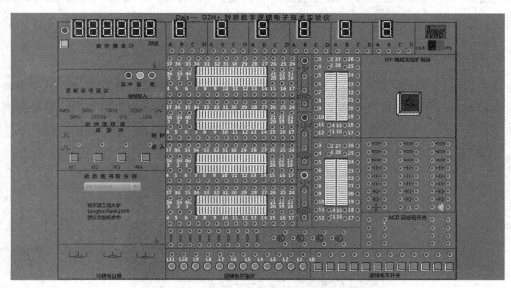

图 6.1.1 虚拟数字逻辑实验环境

6.1.2 虚拟环境组成

以下分别介绍该数字逻辑电路虚拟仿真平台的各个组成部分。

1. 电源部分

图 6.1.2 电源开关

在仿真平台右上角的方框内为电源部分,其为电源开关,电源的开闭只需用鼠标单击开关即可,如图 6.1.2 所示。

2. 电平显示灯组

在虚拟平台的下方可调电位器框右侧的功能方框内为电平显示灯组,包括 12 个显示灯(红黄绿白各 3 个),12 个信号输入插孔。每个灯上方均有一个输入信号孔。当给信号孔输入高电平时,相对应的灯亮。电平显示灯组主要用于显示逻辑电路中输出的逻辑电平值,如图 6.1.3 所示。

3. 电平输出开关组

在虚拟平台右下角的功能方框内为电平输出开关组,每个开关上方有一个输出信号孔。

默认状态为低电平,当开关被单击一次之后表示开关闭合,相对应的开关上方的输出信号孔输出高电平;当再次单击开关一次表示开关断开,相对应的开关上方的信号输出孔输出低电平。电平输出开关组主要用于为逻辑电路提供输入或控制所需要的高、低电平,如图 6.1.4 所示。

图 6.1.3　电平显示灯组

图 6.1.4　电平输出开关组

4. 集成电路插座群

在虚拟平台中设置了 40 芯万能锁紧插座 4 个,28 芯万能锁紧插座两个。每个万能锁紧插座被放置在一个功能方框内,并配有相应的插孔。4 个 40 芯万能锁紧插座功能框在实验箱中部($\pm 15V$ 和 $+5V$ 框左侧);两个 28 芯万能锁紧插座功能框在实验箱中部($\pm 15V$ 和 $+5V$ 框右侧),如图 6.1.5 所示。

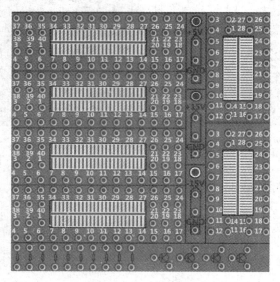

图 6.1.5　集成电路插座群

5. BCD 数码管显示屏组

在虚拟平台的上方有 6 个用于显示输出的 BCD 数码管显示屏,每个 BCD 数码管显示屏功能方框内由一个共阴极数码管和分别标有 A、B、C、D 的 4 个插孔组成。应该注意的是 D 为 BCD 码的最高位,A 为 BCD 码的最低位,不能混淆,如图 6.1.6 所示。

6. BCD 码数字拨码开关

在虚拟平台右下角的功能方框内为 BCD 码数字拨码开关,包括 8 个拨码按键、4 个十进制数显示屏和 16 个插孔。共分为 4 组,每组两个按键、一个显示屏、4 个插孔,显示屏显示当前 BCD 码对应的十进制值。显示口上方的拨码按键为"减 1"、每按动一次显示屏显示的当前码值就减1；显示口下方的拨码开关为"加1"，每按动一次显示屏显示的当前码值就加1。上下排列的4个插孔为一组，用于输出与其相对应显示屏显示的十进制数的BCD码值，位于上方的插孔输出当前BCD码值的高位，位于下方的插孔输出BCD码值的低位，不能混淆，如图6.1.7所示。

图6.1.6　BCD数码管显示屏组

图6.1.7　BCD码数字拨码开关

7. 分立元件功能框

在虚拟平台的中下方、电平显示灯组框上方的方框和右侧BCD拨码开关框上方的方框为两个分立元件功能框，共有41组阻容元件、三极管、二极管，为所设计的电路提供各种分立元件，如图6.1.8(a)和6.1.8(b)所示。

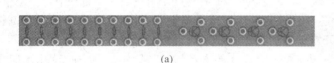

(a)

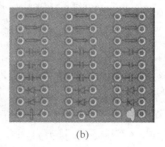

(b)

图6.1.8　分立元件功能框

8. 单脉冲信号源

在虚拟平台左边中间部分，有4个手动单脉冲，可为电路提供时钟信号输入，如图6.1.9所示。

9. 常用芯片选择框

在虚拟平台上，目前集成了35个常用的74系列芯片，包括基本的逻辑门电路、译码器、触发器、数据选择器、移位寄存器、计数器、加减法器等，用户可以根据自己的需要来进行芯片选择。芯片的选择框在实验平台的左下角，选择其中的一款芯片后，在选择框下方会放大显示所选择的芯片，如图6.1.10所示，将其用鼠标左键拖往集成电路插座松开即可使用。需要提醒的是，为了表示一般电路不支持热插拔，只有在电源关闭的情况下才允许插拔芯片和导线。

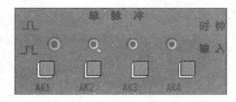

图6.1.9　脉冲信号源

图6.1.10　常用芯片选择框

6.2　虚拟环境使用方法简介

　　由于所设计的虚拟实验平台使用起来比较直观简单,以下简要介绍一下使用方法及相关注意事项。

　　(1) 接线方法:依次单击接线点即可。比如要连接点 4 和点 7,则依次单击 4,7,如图 6.2.1(a)所示。特别注意中右上角电源开关打开(ON)情况下不允许接线,应该关闭,如图 6.2.1(b)所示。

　　(2) 按钮操作:如果按不下右下角的开关按钮,那么请注意电源开关是否打开,只有打开(ON)状态下可以进行按钮操作,如图 6.2.2 所示。

(a) 连接点4和点7

(b) 电源开关为ON状态

图 6.2.1　虚拟平台接线方法

图 6.2.2　电源关闭

　　(3) 线段颜色和粗细根据长度变化,短的粗,长的细。

　　(4) 添加和删除芯片,只有在电源开关断开的情况下允许添加芯片,并且芯片数量不得超过插槽数目(目前为 6 个)。添加芯片只需从芯片下拉菜单中选择,在芯片上方单击左键按住鼠标拖动芯片到相应插槽位置松开鼠标即可。删除芯片只需将芯片拖入菜单松开即可。

　　(5) 如果已经接好线并插入了芯片,请确定芯片的电源端(一般为 40 号引脚)和接地端(一般是 7 号引脚)是否接好并且接对。

　　(6) 单脉冲的使用方法与实物类似,连接线以后,用鼠标左键单击一下则发出一个单脉冲。由于目前虚拟实验平台是用于基础实验部分的学习和测试所用,还没有开发连续脉冲。

　　下一版数字逻辑虚拟平台将着重开发以下功能:

　　(1) 增加自动评判系统,能够给出实验结果的正确与否,并能给出相应报告。

　　(2) 扩大虚拟实验平台可容载的电路规模,增加支持相对复杂的 74 系列芯片,能够在其上实现中大规模的综合性数字电路实验。

　　(3) 完善虚拟平台功能部件,发现并修正系统 bug。

6.3　虚拟环境下的数字电路实验

　　本节将针对第 2 章和第 3 章的部分组合逻辑电路实验和时序逻辑电路实验,介绍其在该虚拟实验平台上的实现过程。

6.3.1　全加器

1. 实验目的

　　(1) 熟练掌握全加器的逻辑功能和设计方法。

（2）熟练掌握用与非门等基本门电路设计并实现组合逻辑电路的一般方法。

2．实验原理与电路

全加器：实现两个一位二进制数相加的同时，再加上来自低位的进位信号，这种电路称为全加器（Full Adder），根据二进制加法法则可以列出全加器的真值表，见表 6.3.1。

表 6.3.1　全加器真值表

输　　入			和	进　位
A_i	B_i	C_i	S_i	C_{i+1}
0	0	0	0	0
0	0	1	1	0
0	1	0	1	0
0	1	1	0	1
1	0	0	1	0
1	0	1	0	1
1	1	0	0	1
1	1	1	1	1

由真值表可写出 S_i、C_{i+1} 的逻辑表达式，化简后得：

$$S_i = A_i \oplus B_i \oplus C_i \quad C_{i+1} = A_i B_i + C_i (A_i \oplus B_i)$$

由此画出全加器逻辑图如图 6.3.1(a)所示。

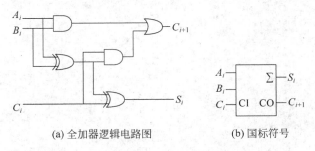

(a) 全加器逻辑电路图　　　(b) 国标符号

图 6.3.1　全加器逻辑电路图和逻辑符号

下面用虚拟平台来实现全加器的连接：

（1）按照要求选择一个 74ls00 和一个 74ls86，芯片是在平台左侧下拉框中选择的，然后将所选芯片放入芯片卡槽中，如图 6.3.2 所示。

（2）由全加器的原理可知，$S_i = A_i \oplus B_i \oplus C_i$，因此我们通过 74ls86 可实现对 S_i 的输出，虚拟平台中的连线通过单击需要连接的两个位置来实现，如图 6.3.3 所示。

（3）最后只要完成进位输出即可，利用其原理公式 $C_{i+1} = A_i B_i + C_i (A_i \oplus B_i)$，该实验中要求使用 74ls00 芯片，因此可得如图 6.3.4 的电路实现输出。

此处需要注意的是，在虚拟环境下所实现的实验，并没有按照第 2 章、第 3 章所要求的

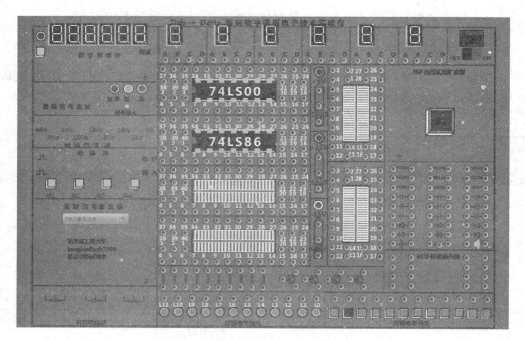

图 6.3.2   选择芯片

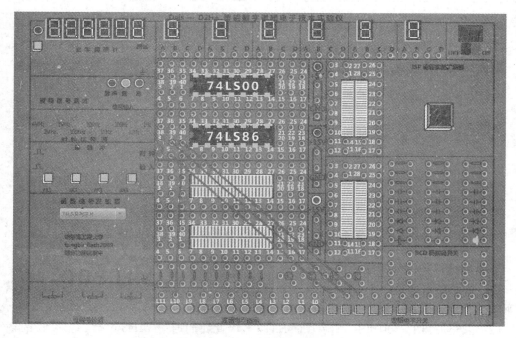

图 6.3.3   全加器虚拟电路连线

最简实验表达式实现，读者可按照相应章节的介绍自行进行化简并在虚拟平台上实现。以下各个虚拟实验均是如此。

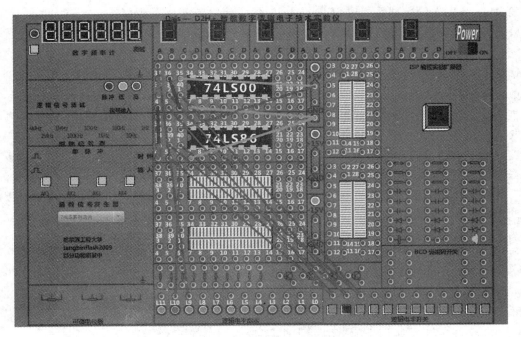

图 6.3.4　全加器虚拟电路运行图

6.3.2　奇偶校验器

1. 实验目的

（1）熟练掌握奇偶校验发生电路的逻辑功能和设计方法。
（2）熟练掌握奇偶校验检测电路的逻辑功能和设计方法。
（3）熟练掌握四选一电路的灵活应用。

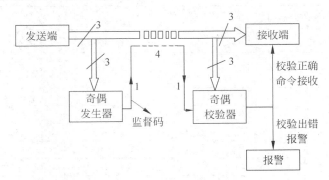

图 6.3.5　奇偶校验原理框图

2. 实验原理与电路

在数字设备中,数据的传输是大量的,且传输的数据都是由若干位二进制代码 0 和 1 组合而成的。由于系统内部或外部干扰等原因,可能使数据信息在传输过程中产生错误,例如在发送端,待发送的数据是 8 位,有三位是 1,到了接收端变成了 4 位是 1,产生了误传。奇偶校验器就是能自动检验数据信息传送过程中是否出现误传的逻辑电路。

图 6.3.5 是奇偶校验原理框图。奇偶校验的基本方法就是在待发送的有效数据位之外再增加一位奇偶校验位(又称监督码),利用这一位将待发送的数据代码中含 1 的个数补成奇数(当采用奇校验)或者补成偶数(当采用偶校验),形成传输码。然后,在接收端通过检查接收到的传输码中 1 的个数的奇偶性判断传输过程中是否有误传现象,传输正确则向接收端发出接收命令,否则拒绝接收或发出报警信号。产生奇偶校验位(监督码)的工作由图 6.3.5 中的奇偶发生器来完成。判断传输码中含 1 的个数奇偶性的工作由图 6.3.5 中的奇偶校验器完成。

表 6.3.2 列出了三位二进制码的偶校验的传输码和检测码编码表,根据这个表可以设计出偶校验发生器和检测器的逻辑图。图 6.3.6 示出了实现三位二进制码偶校验发生器和检测器的逻辑框图,图 6.3.7 为其示意图。由表 6.3.2 可写出逻辑表达式,化简后得:

$$W_{E1} = A \oplus B \oplus C$$
$$W_{E2} = W_{E1} \oplus A \oplus B \oplus C$$

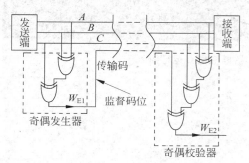

图 6.3.6　偶校验系统逻辑框图

图 6.3.7　偶校验电路示意图

表 6.3.2　偶校验的传输码与检测码

发　送　码	监　督　码	传　输　码	检　测　码
$A\ B\ C$	W_{E1}	$W_{E1}\ A\ B\ C$	W_{E2}
0 0 0	0	0　0 0 0	0
0 0 1	1	1　0 0 1	0
0 1 0	1	1　0 1 0	0
0 1 1	0	0　0 1 1	0
1 0 0	1	1　1 0 0	0
1 0 1	0	0　1 0 1	0
1 1 0	0	0　1 1 0	0
1 1 1	1	1　1 1 1	0

当进行偶校验时,若发送端三位二进制代码中有奇数个 1,则 $W_{E1}=1$;若发送端三位二进制代码有偶数个 1,则 $W_{E1}=0$,若传输正确,则 $W_{E2}=0$;若 $W_{E2}=1$,则说明传输有误。

下面我们将用虚拟平台来实现奇偶校验器的连接:

(1) 单击虚拟平台左中部的"74LS 系列芯片",选择 74LS86 芯片操作如图 6.3.8 所示。

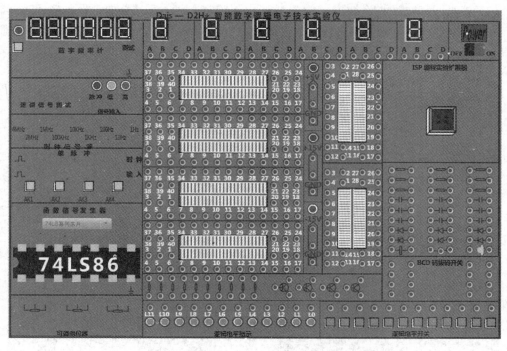

图 6.3.8　选择芯片

（2）用鼠标左键选中芯片，把芯片拖到要放置的插槽上方，然后放开左键，芯片就顺利插到插槽上了，如图 6.3.9 所示。

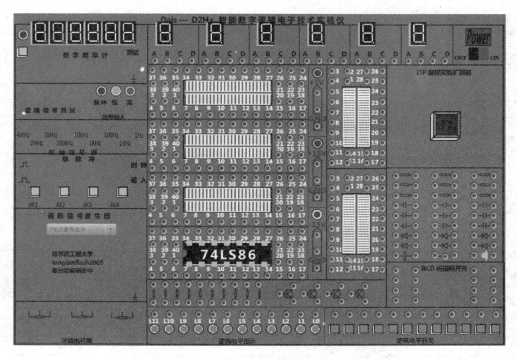

图 6.3.9　放置芯片

（3）接着，开始连线，连线方式为先后选中要连接的两个孔端，如：要连接 74LS86 的 V_{CC} 端和 5V 电源端，就先后单击该插槽上的 40 孔和 5V 电源孔。按照参考电路图，在模拟平台上连线，连线完成后，打开右上角的电源开关，平台开始工作。运行效果如图 6.3.10 所示。

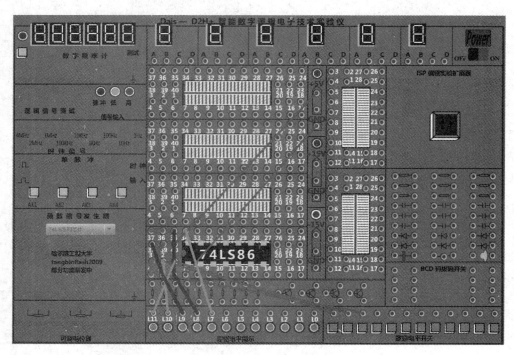

图 6.3.10　运行效果图

6.3.3　余三码到 8421BCD 码转换电路

1. 实验目的

熟练掌握代码转换器电路的逻辑功能和设计方法。

2. 实验原理与电路

这是一个四输入四输出的数字逻辑系统。余三码和 8421 码都是 BCD 码。这是一个比较典型的多输出组合电路。其逻辑功能真值表如表 6.3.3 所示。

表 6.3.3　余三码到 8421 码转换电路真值表

输　　入				输　　出			
Y_3	Y_2	Y_1	Y_0	B_3	B_2	B_1	B_0
0	0	1	1	0	0	0	0
0	1	0	0	0	0	0	1
0	1	0	1	0	0	1	0

续表

输			入	输			出
Y_3	Y_2	Y_1	Y_0	B_3	B_2	B_1	B_0
0	1	1	0	0	0	1	1
0	1	1	1	0	1	0	0
1	0	0	0	0	1	0	1
1	0	0	1	0	1	1	0
1	0	1	0	0	1	1	1
1	0	1	1	1	0	0	0
1	1	0	0	1	0	0	1

由真值表可写出逻辑表达式，化简后得：

$$B_3 = Y_3 Y_2 + Y_3 Y_1 Y_0$$
$$B_2 = \overline{Y_1}\ \overline{Y_2} + \overline{Y_2}\ \overline{Y_0} + Y_2 Y_1 Y_0$$
$$B_1 = Y_1 \oplus Y_0$$
$$B_0 = \overline{Y_0}$$

由此画出余三码到 8421 码代码转换电路逻辑图如图 6.3.11 所示，对应的示意图如图 6.3.12 所示。

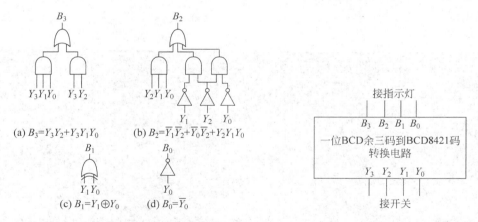

(a) $B_3 = Y_3 Y_2 + Y_3 Y_1 Y_0$　(b) $B_2 = \overline{Y_1}\overline{Y_2} + \overline{Y_0}\overline{Y_2} + Y_2 Y_1 Y_0$

(c) $B_1 = Y_1 \oplus Y_0$　(d) $B_0 = \overline{Y_0}$

图 6.3.11　余三码到 8421 码代码转换电路逻辑图

图 6.3.12　余三码到 BCD8421 码
转换电路示意图

下面用虚拟平台来实现余三码到 8421BCD 码转换电路的连接：

（1）打开虚拟软件，在左下角选取所要用到的芯片 74LS00 一片、74LS04 一片和 74LS86 一片，将芯片装在实验平台插槽上，并连上芯片的供电线路。效果图如图 6.3.13 所示。

（2）由逻辑表达式连出 B_3 的电路图，如图 6.3.14 所示。

（3）再依次连出 B_2、B_1、B_0 的电路图，单击右上角的电源开关，即可对电路的逻辑功能进行测试。其运行结果如图 6.3.15 所示。

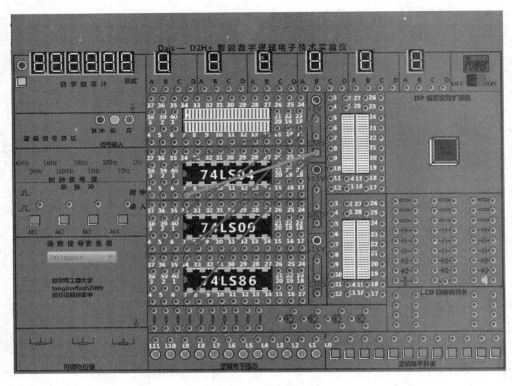

图 6.3.13　接电源和地

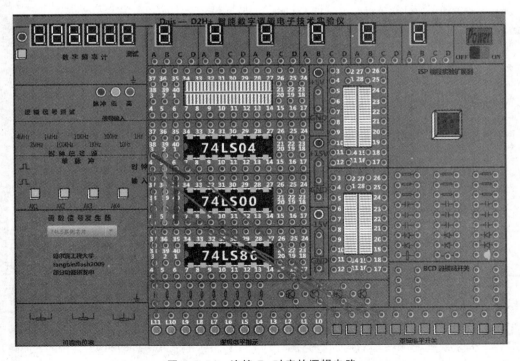

图 6.3.14　连接 B_3 对应的逻辑电路

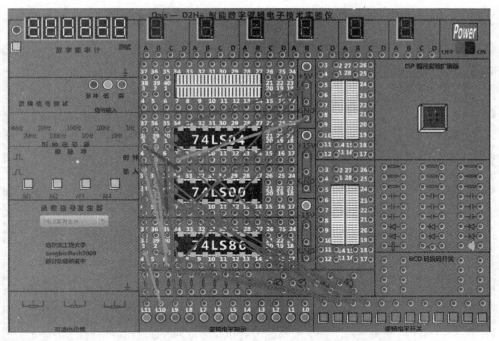

图 6.3.15　余三码到 8421 码转换电路虚拟运行效果图

6.3.4　2 线-4 线译码器

1. 实验原理

2 线-4 线译码器是一个二输入四输出的数字逻辑系统,2 线-4 线译码器电路是最简单的译码电路,是比较典型的多输出组合电路,其逻辑功能真值表见表 6.3.4。由真值表可写出逻辑表达式,其逻辑表达式化简后为:

$$F_3 = AB, \quad F_2 = A \cdot \overline{B}, \quad F_1 = \overline{A} \cdot B, \quad F_0 = \overline{A} \cdot \overline{B}$$

由此画出 2-4 线译码器逻辑电路图如图 6.3.16 所示。

表 6.3.4　2 线-4 线译码器真值表

输	入	输		出	
A	B	F_3	F_2	F_1	F_0
0	0	0	0	0	1
0	1	0	0	1	0
1	0	0	1	0	0
1	1	1	0	0	0

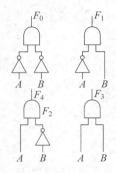

图 6.3.16　2 线-4 线译码器逻辑电路图

2. 实验步骤

(1) 打开虚拟软件,在左下角选取所要用到的芯片 74LS04 一片和 74LS08 一片,将芯片装在实验平台插槽上,并连上芯片的供电线路,如图 6.3.17 所示。

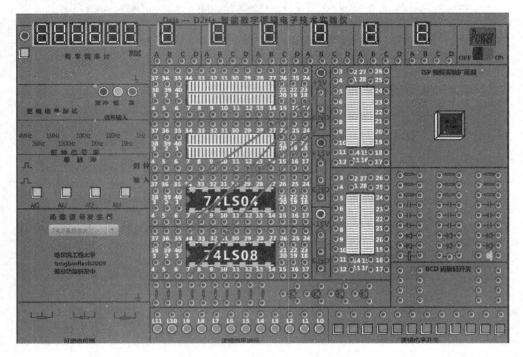

图 6.3.17　连接芯片电源和地

(2) 由逻辑表达式连出 F_3 的电路图,如图 6.3.18 所示。

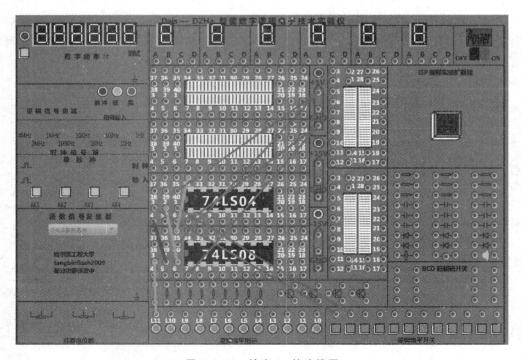

图 6.3.18　输出 F_3 的连线图

（3）再依次连出 F_2、F_1、F_0 的电路图，单击右上角的电源开关，即可对电路的逻辑功能进行测试，如图 6.3.19 所示。

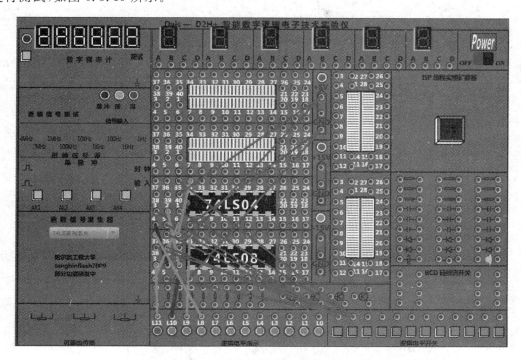

图 6.3.19　2-4 线译码器虚拟电路运行效果图

6.3.5　多数表决器

1. 实验原理

设计中设 A、B、C、D 为表决人，若他们中有三个或三个以上同意（即为高电平 1），则表决结果通过（即表决结果 F 为高电平 1），否则表决不通过（即 F 为低电平 0）。可以得到真值表如表 6.3.5 所示。

表 6.3.5　多数表决器真值表

A	B	C	D	F
0	0	0	0	0
0	0	0	1	0
0	0	1	0	0
0	0	1	1	0
0	1	0	0	0
0	1	0	1	0
0	1	1	0	0
0	1	1	1	1
1	0	0	0	0

续表

A	B	C	D	F
1	0	0	1	0
1	0	1	0	0
1	0	1	1	1
1	1	0	0	0
1	1	0	1	1
1	1	1	0	1
1	1	1	1	1

经分析可得到如下逻辑表达式：

$$F = ABC + ABD + ACD + BCD$$
$$= \overline{\overline{\overline{AC \cdot AD} \cdot B} \cdot \overline{AC \cdot BC} \cdot D}$$

可以得到如图 6.3.20 所示的逻辑电路图。

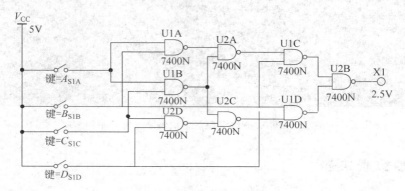

图 6.3.20　多数表决器逻辑电路图

2. 实验步骤

（1）插芯片并连接电源和地。

电源开关置于 OFF 状态，打开左中部 74LS 系列芯片，选择两个 74LS00 芯片，逐个将芯片拖到芯片插槽上。然后单击平台中部 +5V 电源和芯片电源引脚，分别将两个芯片的电源连上；再先后单击平台中部 GND 和芯片接地引脚，分别将两个芯片的接地端连上，如图 6.3.21 所示。

（2）按逻辑电路图连接各芯片引脚。

按照逻辑电路图进行连线，连线方式为单击每次要连接的两个端口，连接完毕后运行效果如图 6.3.22 所示。

6.3.6　四位扭环形计数器

1. 实验原理

四位扭环形计数器状态转移如图 6.3.23 所示。

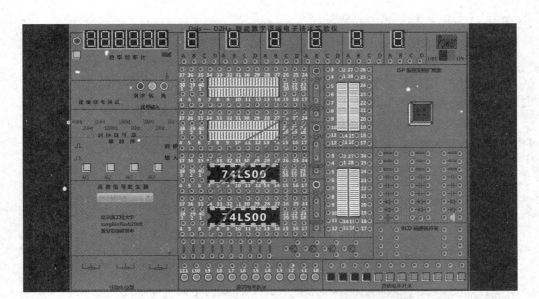

图 6.3.21 多数表决器所用芯片

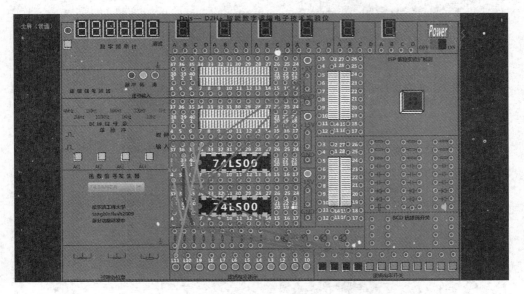

图 6.3.22 多数表决器虚拟环境运行效果

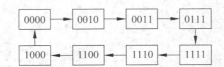

图 6.3.23 四位扭环形计数器状态转换图

根据状态可以得出状态转移表并得出状态方程：

$$D_3 = Q_2, \quad D_2 = Q_1, \quad D_1 = Q_0, \quad D_0 = Q_3$$

其中 Q 为 4 个 JK 触发器的输出。

2. 实验步骤

（1）下面在实验虚拟平台实现操作，打开虚拟软件，在左下角选取所要用到的芯片 74LS112 两片，并将其放在对应卡槽。

（2）按照状态方程完成引脚的连接，其中 D_3 的 K 接 Q_2，J 接 Q_2，则 $D_3 = Q_2$，其他同理可得出引脚连接的方式，如图 6.3.24 所示。

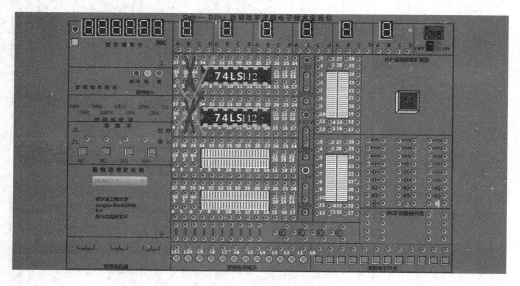

图 6.3.24　芯片引脚连线

（3）完成电源、CLK、CLR 的连接，最终电路运行效果如图 6.3.25 所示。

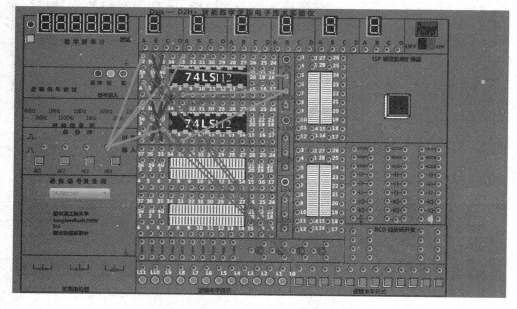

图 6.3.25　四位扭环形计数器运行效果图

6.3.7 模十指定规律同步计数器电路

1. 实验原理

本实验是一个以触发器为基本设计器件的同步时序电路设计,其指定的计数规律为 $0 \rightarrow 8 \rightarrow 12 \rightarrow 10 \rightarrow 14 \rightarrow 1 \rightarrow 9 \rightarrow 13 \rightarrow 11 \rightarrow 15 \rightarrow 0$。给定的器件是带预置端和清零端的正沿触发双 D 型触发器 74LS74、二输入四正异或门芯片 74LS86、二输入四正与非门芯片 74LS00,要根据给定的器件进行设计,并为电路提供同步时钟脉冲信号。表 6.3.6 为模十指定规律同步计数器状态转移表。

表 6.3.6 模十指定规律同步计数器状态转移表

Q_3^n	Q_2^n	Q_1^n	Q_0^n	Q_3^{n+1}	Q_2^{n+1}	Q_1^{n+1}	Q_0^{n+1}
0	0	0	0	1	0	0	0
1	0	0	0	1	1	0	0
1	1	0	0	1	0	1	0
1	0	1	0	1	1	1	0
1	1	1	0	0	0	0	1
0	0	0	1	1	0	0	1
1	0	0	1	1	1	0	1
1	1	0	1	1	0	1	1
1	0	1	1	1	1	1	1
1	1	1	1	0	0	0	0

分析可得如下关系:

$$D_3 = \overline{Q_2^n \, Q_1^n}$$
$$D_2 = Q_3^n \oplus Q_2^n$$
$$D_1 = Q_2^n \oplus Q_1^n$$
$$D_0 = Q_2^n \oplus D_3$$

2. 实验步骤

(1)选择芯片并接电源和地

电源开关置于 OFF 状态,打开左中部 74LS 系列芯片,选择 74LS74 两片,74LS00 一片,74LS86 一片,逐个将芯片拖到芯片插槽上,并连接所有芯片的电源和地,如图 6.3.26 所示。

(2)按逻辑电路图连接各芯片引脚

按照逻辑电路图进行连线,连线方式为单击每次要连接的两个端口,最终的电路虚拟运行效果如图 6.3.27 所示。

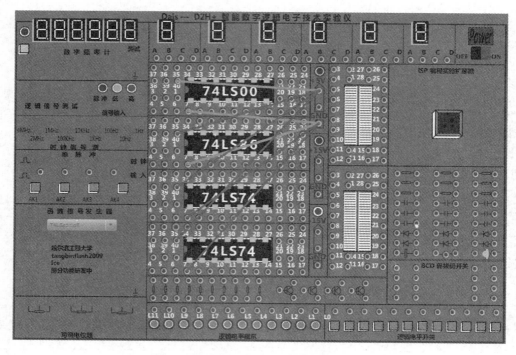

图 6.3.26　模十指定规律电路芯片选型

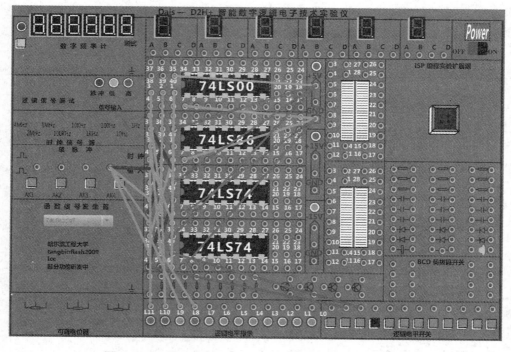

图 6.3.27　模十指定规律同步计数器电路虚拟运行效果图

6.3.8 序列信号发生器电路

1. 实验原理

本实验是一个以触发器为基本设计器件的同步时序电路设计,其指定的信号发生规律为[101000]、[111000]双序列信号。给定的器件是带预置端和清零端的负沿触发双 JK 型触发器 74LS112 芯片和二输入四正与非门 74LS00 芯片,要根据给定的器件进行设计,并为电路提供同步时钟脉冲信号。

2. 设计指南

本实验是一个同步时序电路设计,所以要按照时序电路的设计方法逐步进行设计:画出状态转换图或状态转换表,进行状态化简,进行状态分配,根据给定的触发器类型求出驱动方程和输出方程,再根据驱动方程和输出方程利用逻辑公理和逻辑公式求出实验表达式,最后画出逻辑图。从状态转移图可以看出,这是一个由 6 个状态依次循环、每个状态均有相应输出的时序电路。这样的电路在进行设计时,一般先要设计一个有 6 个状态的跳转器,依托该计数器电路进行输出设计。

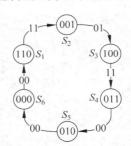

图 6.3.28　序列信号发生器状态分配图

设计一个有 6 个状态的同步跳转器需要三个触发器,在进行状态分配时可以有许多方案。不同的状态分配方案,形成的最终电路复杂程度是不同的,因此,要求结合给定的器件进行合理的状态分配。

设计时可用不同的状态分配图,本实验状态分配图如图 6.3.28 所示。

$$S_1 = 110, \quad S_2 = 001, \quad S_3 = 100, \quad S_4 = 011, \quad S_5 = 010, \quad S_6 = 000$$

本实验用的是 74LS112 芯片,即 JK 触发器来实现状态跳转。进行状态化简之后,可得最后的三个触发器的驱动公式如下:

$$J_3 = Q_1, \quad K_3 = 1$$
$$J_2 = \overline{Q_1^n}, \quad K_2 = \overline{Q_2^n}$$
$$J_3 = Q_3^n, \quad K_1 = \overline{Q_3^n}$$

序列信号产生的驱动公式:

$$F_1 = Q_3$$
$$F_2 = Q_3 + Q_1$$

3. 实验步骤

(1) 选择芯片。

选择两片 74LS112,一片 74LS32,一片 74LS08,并将其放置到虚拟环境下,其虚拟效果如图 6.3.29 所示。

(2) 根据设计的驱动公式进行电路连接,运行效果图如图 6.3.30 所示。

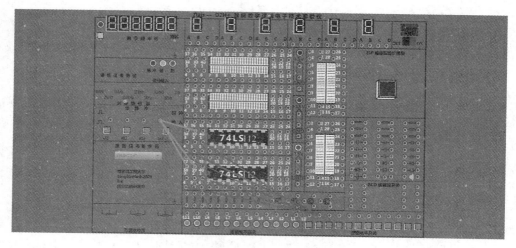

图 6.3.29　芯片选型与脉冲等信号的连接

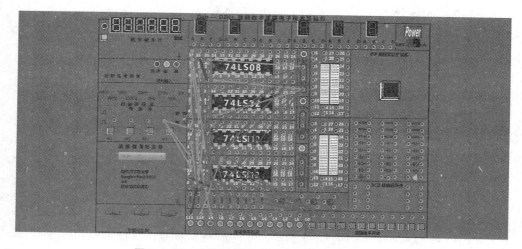

图 6.3.30　序列信号发生器电路虚拟运行效果图

7.1　汽车尾灯控制器设计

7.1.1　设计原理

由于汽车左转弯、右转弯、刹车、正常行车时,所有灯点亮的次序和是否点亮是不同的,需要用计数器(如 74LS163)对输入的信号进行计数,再通过译码器(如 74LS138)控制不同信号的输出,译码器输出为高电平时再经过处理就可以点亮不同的尾灯,从而控制尾灯按要求点亮。由此得出在每种运行状态下,各指示灯与给定条件间的关系,即如逻辑功能表 7.1.1 所示。汽车尾灯控制电路设计总体框图如图 7.1.1 所示。

表 7.1.1　汽车尾灯和汽车运行状态

开关控制		汽车运行状态	右转尾灯 $R_1 R_2 R_3$	左转尾灯 $L_1 L_2 L_3$
K_1	K_2			
0	0	正常运行	灯灭	灯灭
1	0	左转弯	灯灭	按 $L_1 L_2 L_3$ 顺序循环点亮
0	1	右转弯	按 $R_1 R_2 R_3$ 顺序循环点亮	灯灭
1	1	临时刹车	右转尾灯 $R_1 R_2 R_3$、左转尾灯 $L_1 L_2 L_3$ 都同时闪烁	

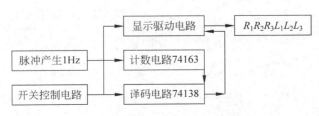

图 7.1.1　汽车尾灯控制电路设计总体框图

该设计实现的主要功能是通过开关控制实现汽车尾灯的点亮方式。根据表 7.1.1 具体实现如下:

当 $K_1 K_2 =$ 00 时,汽车正常行驶,尾灯完全处于熄灭状态,具体实现是 74LS163 的输出"0 0"通过 74138 译码后为"1 1 1 1 1 1",做与非门处理为"0 0 0 0 0 0"。

当 $K_1 K_2 =$ 10 时,汽车左转,汽车尾灯的左面 3 个灯按照 $L_1 \to L_2 \to L_3 \to$ 全灭 $\to L_1 \to \cdots\cdots$ 的顺序循环点亮,具体实现是:在脉冲的作用下,74LS163 的输出"00"→"01"→"10"顺序循环和在左转送入"0",通过 74138 译码后为"100"→"010"→"001",做与非门处理顺序循环点亮而实现汽车左转。

当 $K_1 K_2 =$ 01 时,汽车右转,所以汽车尾灯右面 3 个灯按照 $R_1 \to R_2 \to R_3 \to$ 全灭 $\to R_1 \to \cdots\cdots$ 的顺序循环点亮,具体实现是:在脉冲的作用下,74LS163 的输出"00"→"01"→"10"的顺序循环和在右转送入"0",通过 74LS138 译码后为"100"→"010"→"001",做与非门处理顺序循环点亮而实现汽车右转。

当 $K_1 K_2 =$ 11 时,汽车处于刹车状态,汽车的尾灯都同时闪烁,具体实现是所有的尾灯随脉冲 CP 同时闪烁。

7.1.2　设计任务和要求

用中小规模集成电路设计汽车尾灯控制器逻辑电路的具体要求如下:
(1) 汽车正向行驶时左右两侧的指示灯全部处于熄灭状态。
(2) 汽车右转弯行驶时,右侧的 3 个指示灯按右循环顺序点亮。
(3) 汽车左转弯行驶时,左侧的 3 个指示灯按左循环顺序点亮
(4) 汽车临时刹车时,左右两侧的指示灯同时处于闪烁状态。
控制电路的结构框图如图 7.1.2 所示。$K_1 K_2$ 控制变量的定义如表 7.1.2 所示。

表 7.1.2　$K_1 K_2$ 控制变量的定义

$K_1 K_2$	汽车运行状态
0 0	正向行驶
0 1	右转弯行驶
1 0	左转弯行驶
1 1	临时刹车

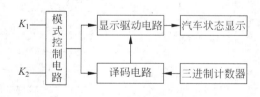

图 7.1.2　控制电路结构框图

尾灯与汽车运行的真值表如表 7.1.3 所示。

表 7.1.3　尾灯与汽车运行的真值表

K_1	K_2	R_1	R_2	R_3	L_1	L_2	L_3
0	0	0	0	0	0	0	0
1	0	0	0	0	1	1	1
0	1	1	1	1	0	0	0
1	1	1	1	1	1	1	1

注:这里开关断开是"0"状态;闭合是"1"状态。尾灯的灭是"0"状态;闪烁是"1"状态。

真值表的说明：

（1）真值表中的 K_1 代表左转向灯开关(Left)。

（2）真值表中的 K_2 代表右转向灯开关(Right)。

（3）真值表中的 R_1、R_2、R_3 代表汽车右边 3 个灯。

（4）真值表中的 L_1、L_2、L_3 代表汽车左边 3 个灯。

7.1.3 可选用器材

（1）数字逻辑实验箱一台；

（2）+5V 直流电源；

（3）74LS00 两片、74LS20 一片、74LS86 一片、74LS138 一片、74LS163 一片、74LS04 一片。

7.1.4 设计方案提示

1. 汽车右转弯

依照设计原理得到右转弯逻辑电路图如图 7.1.3 所示,波形图如图 7.1.4 所示。

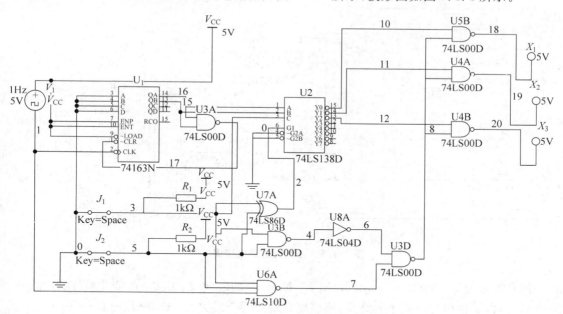

图 7.1.3 右转弯逻辑电路图

仿真波形分析：见图 7.1.4，当 $K_1 K_2 = 01$ 的时候，$R_3 R_2 R_1$ 的变化顺序为 001→010→ 100，由于输出为高电平时灯亮，所以尾灯的点亮方式为 $R_1 → R_2 → R_3 → R_1 → \cdots\cdots$

2. 汽车左转弯

依据设计原理得到左转弯逻辑电路图如图 7.1.5 所示,波形图如图 7.1.6 所示。

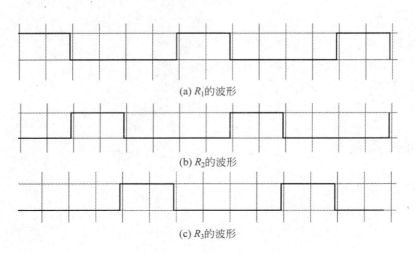

(a) R_1的波形

(b) R_2的波形

(c) R_3的波形

图 7.1.4　右转弯运行波形图

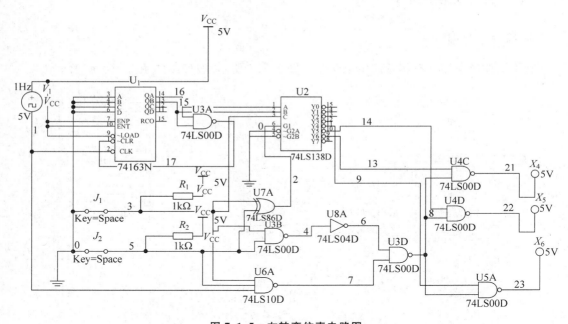

图 7.1.5　左转弯仿真电路图

仿真波形分析：如图 7.1.6 所示，当 $K_1 K_2 = 10$ 的时候，$L_3 L_2 L_1$ 的变化顺序为 001→010→100，由于输出为高电平时灯亮，所以尾灯的点亮方式为 $L_1 \rightarrow L_2 \rightarrow L_3 \rightarrow L_1 \rightarrow \cdots \cdots$

3. 汽车刹车和停车

依据设计原理得到逻辑电路图如图 7.1.7 所示，波形图如图 7.1.8 所示。

仿真波形分析：如图 7.1.8 所示，当 $K_1 K_2 = 11$ 的时候，R_1、R_2、R_3、L_1、L_2、L_3 尾灯都同时闪烁；当 $K_1 K_2 = 00$ 的时候，R_1、R_2、R_3、L_1、L_2、L_3 尾灯都处于熄灭状态。

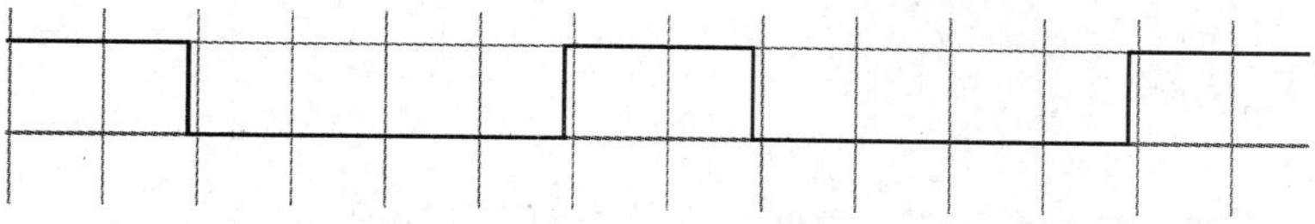

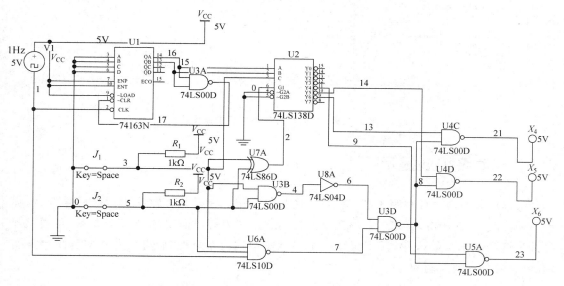

(a) L_1的波形

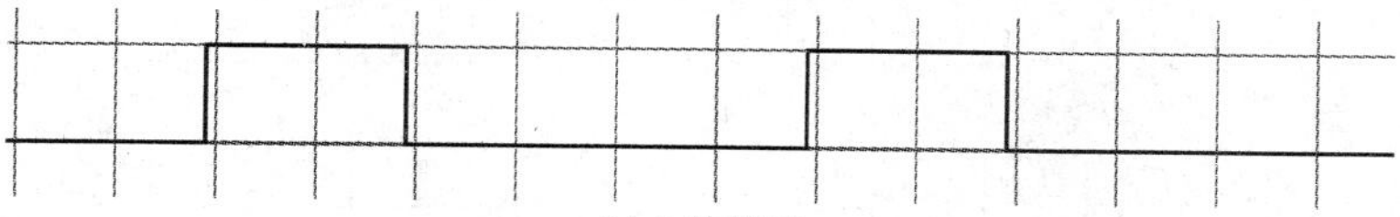

(b) L_2的波形

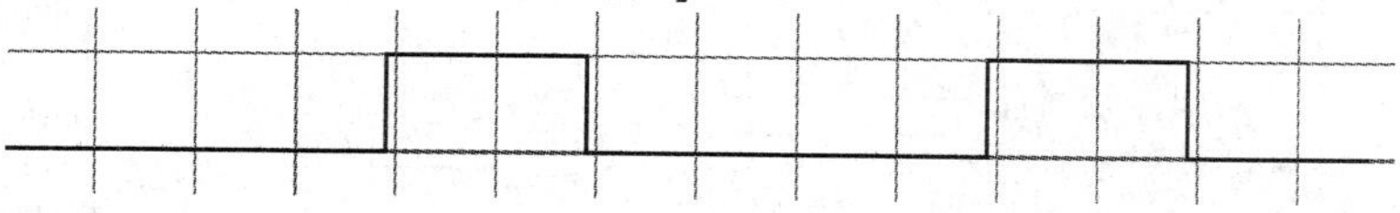

(c) L_3的波形

图 7.1.6 左转弯运行波形图

图 7.1.7 刹车和停车逻辑电路图

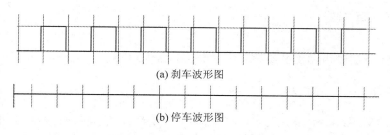

(a) 刹车波形图

(b) 停车波形图

图 7.1.8 刹车和停车仿真波形图

7.1.5　参考电路

综合各部分逻辑电路,得到整机逻辑电路图如图 7.1.9 所示。

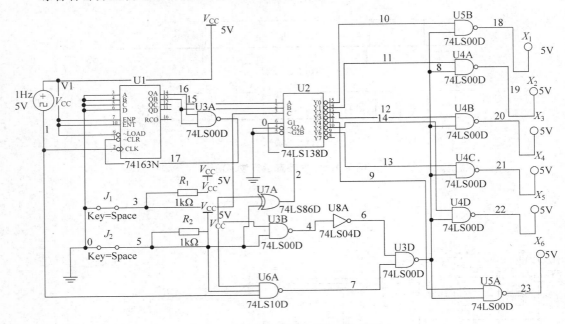

图 7.1.9　汽车尾灯参考逻辑电路图

7.1.6　电路扩展提示

汽车灯分为信号灯和照明灯,信号灯又包括位置灯、制动灯、转向信号灯、后雾灯、示廓灯,照明灯包括前照灯、雾灯、倒车灯、牌照灯、顶灯、仪表灯、行李箱灯和工具灯等,可通过观察汽车灯的实际控制规程,模拟实现一个贴近实用的汽车灯控制电路,并在实验平台上实现,模仿汽车灯的控制和运行状态。

7.2　鉴向倍频逻辑电路设计

7.2.1　设计原理

鉴向倍频逻辑线路由两部分组成:倍频电路和鉴向电路。

1. 倍频电路

倍频电路的倍频系数因设计要求不同而异。不言而喻,倍频系数越高,其电路越复杂。为简便起见,此处仅介绍 4 倍频电路的设计方法。

四倍频的含义:输入信号变化一个周期使输出信号变化 4 个周期,输出信号频率提高为输入信号频率的 4 倍。

　　该电路的输入信号是两个相差为 90°的方波信号,分别表示为 A 和 B,如图 7.2.1 所示。显然,在方波信号变化的一个周期内,A、B 两信号共有 4 个"沿",4 倍频电路的设计关键,就在于检出这 4 个"沿",实现 4 倍频。输出信号如图 7.2.1 所示,分别用 M_1、M_2、M_3、M_4 表示。

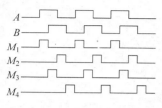

图 7.2.1　4 倍频原理波形图

2. 鉴向电路

　　由于输入信号 A、B 之间相位关系发生变化而使鉴向电路的输出发生变化。这种线路设计方法一般有两种,一种是在电路中设计两路输出,一路输出脉冲信号,另一路输出方向信号;另一种则是在电路中设计两路输出,一路输出正向脉冲,如 A 超前 B 时该路有脉冲输出,另一路输出反向脉冲,如 A 滞后于 B 时,该路有脉冲输出。

　　A、B 两相信号经 4 倍频及鉴向电路处理后,便可获得能鉴别 A、B 两信号的相位关系(超前或滞后)的 4 倍频脉冲信号。

7.2.2　设计任务和要求

　　用中小规模集成电路设计鉴向倍频逻辑电路的具体要求如下:

　　(1) 采用正、负脉冲输出方法设计鉴向倍频电路。

　　(2) 用 JK 触发器构成分相电路,利用标准信号发生器发出的时钟信号产生 A、B 两个信号,并用双向开关控制 A、B 相位的超前及滞后关系。

　　(3) 用两位 BCD 码计数器、译码器及数码管构成计数、译码显示电路,用此电路对鉴向输出脉冲计数及显示,并通过双向开关改变 A、B 相位的超前、滞后关系,观察显示数值的变化。

　　(4) 改变 CP 脉冲的频率,观察有关信号的波形,以分析确定 CP 脉冲频率与 $A(B)$ 信号频率的关系。

7.2.3　可选用器材

　　(1) 数字逻辑实验箱一台;

　　(2) +5V 直流电源;

　　(3) 74LS112 两片、74LS74 两片、74LS153 一片、74LS193 两片、74LS08 一片。

7.2.4　设计方案提示

1. 倍频电路设计

　　在图 7.2.1 中,若取输出脉冲 M_1~M_4 的宽度为 CP,那么可以考虑 M_1、M_2 通过 A 信号驱动,CP 脉冲触发的相差由 CP 的两个信号进行相应组合获得;M_3、M_4 同样可以通过 B 信号驱动,CP 脉冲触发的两信号进行相应组合获得,波形图如图 7.2.2 所示,通过对波形的分析可以得出:

$$M_1 = Q_1 \cdot \overline{Q_2}, \quad M_2 = \overline{Q_1} \cdot Q_2, \quad M_3 = Q_3 \cdot \overline{Q_4}, \quad M_4 = \overline{Q_3} \cdot Q_4$$

其中:Q_1、Q_2 可以由 A 信号驱动的两个 D 触发器输出端获得;Q_3、Q_4 可以由 B 信号驱动的两个 D 触发器输出端获得。

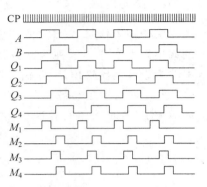

图 7.2.2　4 倍频电路波形图

2. 鉴向电路设计

采用正、反脉冲两路输出的设计方法,其主要思路:当 A 信号超前 B 信号时,A、B 经过 4 倍频后产生的 $M_1 \sim M_4$ 4 个脉冲信号由正脉冲输出端输出,当 B 信号超前 A 信号时,$M_1 \sim M_4$ 4 个脉冲信号由负脉冲输出端输出。

假设:A 超前 B 时,$M_1 \sim M_4$ 由 Y_1 端输出,波形如图 7.2.3 所示,根据波形图可以得到:

$$Y_1 = A \cdot \overline{B} \cdot M_1 + \overline{A} \cdot B \cdot M_2 + A \cdot B \cdot M_3 + \overline{A} \cdot \overline{B} \cdot M_4 \tag{7.1}$$

A 滞后 B 时,$M_1 \sim M_4$ 由 Y_2 端输出,波形如图 7.2.4 所示。同理可得:

$$Y_2 = A \cdot B \cdot M_1 + \overline{A} \cdot \overline{B} \cdot M_2 + \overline{A} \cdot B \cdot M_3 + A \cdot \overline{B} \cdot M_4 \tag{7.2}$$

显然,用"双四选一"线路很容易实现式(7.1)、式(7.2)所表达的逻辑关系。最简单的方法是采用 74LS153"双四选一"芯片。

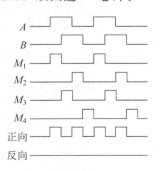

图 7.2.3　正向输出波形图

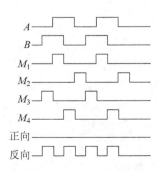

图 7.2.4　反向输出波形图

此外,为调试需要,还应设计分相电路,以获得 A、B 两个相差为 90°的信号;另外,还应设计计数译码显示电路,以观察设计结果。

7.2.5 参考电路

根据题目的具体要求,鉴向倍频参考逻辑电路图如图 7.2.5 所示。

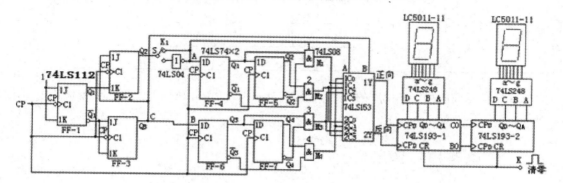

图 7.2.5 鉴向倍频参考逻辑电路图

1. 分相电路

它由 FF-1、FF-2、FF-3 共 3 个 JK 触发器组成,FF-1 为一个二分频器,利用其 Q 与 $\overline{Q}$ 控制 FF-2 及 FF-3 触发器,使输出的两个信号正交即相差 90°。K_1 拨至下方,A 波形超前 B 波形 90°,K_1 拨至上方;A 波形滞后 B 波形 90°。C 波形接至 FF-2 的 J 端,保证不论初始状态如何,S 端波形落后于 C 波形 90°。波形图如图 7.2.6 所示。

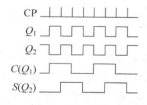

图 7.2.6 分向电路波形图

2. 四倍频电路

工作波形图如图 7.2.2 所示。

该电路由 FF-4、FF-5、FF-6 和 FF-7 共 4 个 D 触发器及 4 个与门组成。由于 FF-4 和 FF-5 触发状态变化时间相差一个 CP 周期,因此其输出 Q_1 和 Q_2 相位亦相差一个 CP,通过与门 1 和与门 2 组合输出 A 信号的两个"沿"脉冲 M_1 和 M_2。同样,FF-6、FF-7 和与门 3、与门 4 完成 B 信号的两个"沿"脉冲 M_3 和 M_4 的输出。

3. 鉴向电路

它由 74LS153"双四选一"芯片构成,其功能表如表 7.2.1 所示。

根据真值表可得输出方程为:

$$Y = \overline{\text{ENB}} \cdot \overline{\text{ENA}} \cdot C_0 + \overline{\text{ENB}} \cdot \text{ENA} \cdot C_1 + \text{ENB} \cdot \overline{\text{ENA}} \cdot C_2 + \text{ENB} \cdot \text{ENA} \cdot C_3$$

4. 计数译码显示电路

它由 74LS193-1、74LS193-2 两个计数器,74LS248-1、74LS248-2 两个译码驱动器及

LC5011-11 共阴极七段数码管和清零电路组成,两位数码管显示的最大值为99。

表 7.2.1 74LS153 功能表

数据选择		输出
ENB	**ENA**	**Y**
0	0	$Y = C_0$
0	1	$Y = C_1$
1	0	$Y = C_2$
1	1	$Y = C_3$

在参考原理图中,各芯片的电源和地以及引脚未引出和标注,实验时查阅有关手册即可。

7.2.6 电路扩展提示

鉴向倍频电路被广泛运用于通信系统及其他电子系统里。在调频发射系统里使用倍频电路可以扩展调频信号的最大线性频偏。对振荡器的输出进行倍频,可以得到更高的振荡频率,降低了主振的振荡频率,有利于提高频率稳定度。在频率合成器里,倍频电路也是不可缺少的组成部分。可扩展设计成多输出鉴向倍频电路,且可按需输出指定方向和倍频的信号。

7.3 拔河游戏机

7.3.1 设计原理

电子拔河游戏机是一种能容纳甲乙双方参赛或甲乙双方加裁判的 3 人游戏电路。由一排 LED 发光二极管表示拔河的“电子绳”。游戏双方各拥有一个比赛时使用的单脉冲按钮,参与者按动一次按钮就产生一个脉冲,谁按的频率快产生的脉冲就多,由发光 LED 灯的左右偏移模拟拔河过程,LED 灯的偏移方向和位移由比赛双方所给出的脉冲数实时决定,该功能需要用计数电路通过加减计数来实现。当移动到某方的最后一个 LED 灯时,则该方获胜,连续比赛多局以定胜负。

甲乙通过输入单脉冲,用可逆计数器实现加减,通过七段数码管实时显示双方胜利局数,用开关设计的裁判可以实现电路的复位功能。

7.3.2 设计任务和要求

用中小规模集成电路设计拔河游戏机逻辑电路的具体要求如下:

(1) 比赛开始,由裁判下达命令后,甲乙双方才能输入信号,否则,由于电路具有自锁功能,会使输入信号无效。

（2）"电子绳"至少由 9 个 LED 管构成,裁判下达"开始比赛"的命令后,位于"电子绳"中点的 LED 点亮。甲乙双方通过按键输入信号,使发亮的 LED 管向自己一方移动,并阻止其向对方移动。当一方终点的 LED 管点亮时,表示比赛结束。这时,电路自锁,保持当前状态不变,除非由裁判使电路复位。

（3）要求可通过设置实现多局定胜负,并实时显示双方当前胜利局数。

7.3.3　可选用器材

（1）数字逻辑实验箱一台;

（2）+5V 直流电源;

（3）74LS154 一片、74LS193 一片、74LS90 4 片、74LS08 一片、74LS00 一片、74LS86 一片、74LS04 一片、74LS32 一片。

7.3.4　设计方案提示

（1）输入:甲、乙和裁判的脉冲。

（2）输出:9 个 LED 发光二极管;甲赢的局数（4 位二进制）;乙赢的局数（4 位二进制）。

该课题的核心是如何实现两个脉冲分别控制一个可逆计数器的加减计数,同时裁判脉冲能对计数器进行重置,以及重置之前的自锁功能。

可逆计数器原始状态输出 4 位二进制数 0000,经译码器输出使中间的一只发光二极管发亮。当按动 A、B 两个按键时,分别产生两个脉冲信号,经整形后分别加到可逆计数器,可逆计数器输出的代码经译码器译码后驱动发光二极管点亮并产生位移,当亮点移到任何一方终端后,由于控制电路的作用,使这一状态被锁定,而对输入脉冲不起作用。如按到复位键,亮点回到中点位置,比赛又可重新开始。

将双方终端二极管的正端分别经两个与非门后接至两个二-十进制计数器的加计数端,当任意一方取胜,该方终端二极管发亮,产生一个下降沿使其对应的计数器计数。这样,计数器的输出即显示胜者取胜的盘数。

1. 计数器

可逆计数器要有两个输入端,4 个输出端,由于要进行加/减计数,因此可选用 74LS193 双时钟二进制同步加/减计数器来完成。

2. 整形电路

74LS193 是可逆计数器,控制加减的 CP 脉冲分别加至 up 脚和 dn 脚,此时当电路要求进行加法计数时,减法输入端 dn 须为高电平;减法计数时,加法输入端 up 也必须为高电平,若直接由 A、B 键产生的脉冲加到 up 脚或 dn 脚,那么就有很多时间在进行计数输入时另一计数输入端为低电平,使计数器不能计数,双方按键均失去作用,拔河赛不能正常进行。加一整形电路,使 A、B 键出来的脉冲经整形后变为一个占空比很大的脉冲,这样就减少了进行某一计数时另一计数输入为低电平的可能性,从而使每一次按键都能进行有效的计数。整形电路是由两个与门和 8 个与非门来实现其相应功能的。

3. 译码电路

译码电路可选用 4 线-16 线 74LS154 译码器。译码器的输出 $Q_0 \sim Q_4$、$Q_{12} \sim Q_{15}$ 分接 9 个发光二极管,这样,当信号输出为高电平时发光二极管点亮。

比赛准备,译码器输入为 0000,Q_0 输出为 0,中心处二极管首先点亮,当编码器进行加法计数时,亮点向右移;进行减法计数时,亮点向左移。

4. 控制电路

为指示出谁胜谁负,需要用一个控制电路。当亮点移到任何一方的终端时,判该方为胜,此时双方的按键均宣告无效。电路可用一个异或门和一个与非门来实现。将双方终端二极管的正极接至异或门的两个输入端,负极接至与非门的两个端口,当获胜一方为"1",而另一方则为"0"时,异或门输出为"1",经非门产生低电平"0",再送到计数器的置数端,将计数器的输出端接到输入端,于是计数器停止计数,处于预置状态,使计数器对输入脉冲不起作用。

5. 胜负显示

将双方终端二极管正极经与非门后的输出端分别接到两个 74LS90 计数器的 A 端,74LS90 的 4 组 4 位 BCD 码分别接到实验装置的 4 组译码显示器的 A、B、C、D 接口。当一方取胜时,该方终端二极管发亮,同时相应的数码管进行加一计数显示,于是就实现了双方取胜次数的显示。

6. 复位

为能进行多次比赛,需要进行复位操作,使亮点返回中心点,用一个开关控制 74LS193 的清零端即可。

胜负显示器的复位也应用一个开关来控制胜负计数器的清零端 R,使其重新计数。

7.3.5 参考电路

整机逻辑电路图如图 7.3.1 所示。

7.3.6 电路扩展提示

拔河游戏是模仿实际拔河的过程,和实际的拔河有所不同,可以考虑通过倍频电路来实现单脉冲信号的"加速",通过"秘技"的形式来"保赢",而且"加速"过程可控(可取消)。另外,还可对双方拔河队员的操控闲置时间进行控制,超过一定时间,报警并使游戏锁定或者复位。

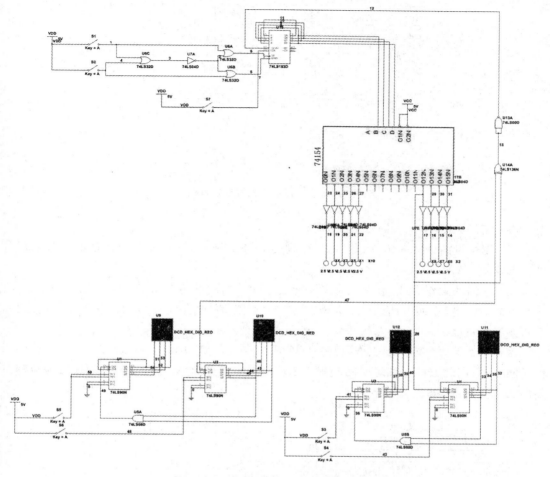

图 7.3.1 拔河游戏机逻辑电路参考图

7.4 交通灯控制逻辑电路设计

7.4.1 设计原理

为了确保十字路口的车辆顺利、畅通地通过，往往都采用自动控制的交通信号灯来进行指挥。其中，红灯（R）亮表示该条道路禁止通行；黄灯（Y）亮表示停车；绿灯（G）亮表示允许通行。

交通灯控制器的系统框图如图 7.4.1 所示。

7.4.2 设计任务和要求

用中小规模集成电路设计交通灯控制逻辑电路的具体要求如下：

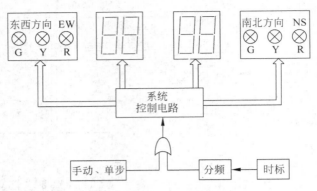

图 7.4.1 交通灯控制器系统框图

（1）满足如图 7.4.2 顺序的工作流程。

（2）图中设南北方向的红、黄、绿灯分别为 NSR、NSY、NSG，东西方向的红、黄、绿灯分别为 EWR、EWY、EWG。

（3）它们的工作方式，有些必须是并行进行的，即南北方向绿灯亮，东西方向红灯亮；南北方向黄灯亮，东西方向红灯亮；南北方向红灯亮，东西方向绿灯亮；南北方向红灯亮，东西方向黄灯亮。

（4）应满足两个方向的工作时序：即东西方向亮红灯时间应等于南北方向亮黄灯、绿灯时间之和，南北方向亮红灯时间应等于东西方向亮黄灯、绿灯时间之和。时序工作流程图如图 7.4.3 所示。

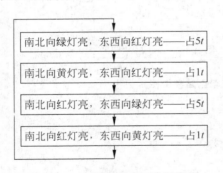

图 7.4.2 交通灯顺序工作流程图

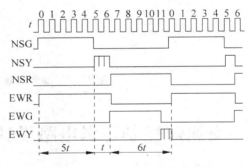

图 7.4.3 交通灯时序工作流程图

图 7.4.3 中，假设每个单位时间为 3s，则南北、东西方向绿、黄、红灯亮时间分别 15s、3s、18s，一次循环为 36s。其中红灯亮的时间为绿灯、黄灯亮的时间之和，黄灯是间歇闪耀。

（5）十字路口要有数字显示，作为时间提示，以便人们更直观地把握时间。具体为：当某方向绿灯亮时，置显示器为某值，然后以每秒减 1 的计数方式工作，直至减到数为"0"，十字路口红、绿灯交换，一次工作循环结束，进入下一步某方向的工作循环。

例如：当南北方向从红灯转换成绿灯时，置南北方向数字显示为 18，并使数显计数器开始减"1"计数。当减到绿灯灭而黄灯亮（闪耀）时，数显的值应为 3，当减到"0"时，此时黄灯灭，而南北方向的红灯亮；同时，使得东西方向的绿灯亮，并置东西方向的数显为 18。

(6) 可以手动调整和自动控制,夜间为黄灯闪耀。

在完成上述任务后,可以对电路进行以下几方面的电路改进或扩展。

(1) 设某一方向(如南北)为十字路口主干道,另一方向(如东西)为次干道;由于主干道车辆、行人多,而次干道的车辆、行人少,所以主干道绿灯亮的时间,可选定为次干道绿灯亮的时间的两三倍。

(2) 用 LED 发光二极管模拟汽车行驶电路。当某一方向绿灯亮时,这一方向的发光二极管接通,并一个一个向前移动,表示汽车在行驶;当遇到黄灯亮时,移位发光二极管就停止,而过了十字路口的移位发光二极管继续向前移动;红灯亮时,则另一方向转为绿灯亮,那么,这一方向的 LED 发光二极管就开始移位(表示这一方向的车辆行驶)。

7.4.3 可选用器材

(1) 数字逻辑实验箱一台;

(2) +5V 直流电源;

(3) 74LS73 一片、74LS192 两片、74LS00 一片、74LS32 一片、74LS08 两片、74LS04 一片、74LS86 一片。

7.4.4 设计方案提示

根据设计任务和要求,参考交通灯控制器的逻辑电路主要框图 7.4.1。设计方案可以从以下几部分考虑。

1. 秒脉冲和分频器

因十字路口每个方向绿灯、黄灯、红灯所亮时间比例分别为 $5:1:6$,所以,若选 4s(也可以是 3s)为一单位时间,则计数器每计 4s 输出一个脉冲。

2. 交通灯控制器

由图 7.4.3 波形图可知,计数器每次工作循环周期为 12,所以可以选用十二进制计数器。计数器可以用单触发器组成,也可以用中规模集成计数器。这里我们选用中规模 74LS164 八位移位寄存器组成扭环形十二进制计数器。扭环形计数器的状态表如表 7.4.1 所示。根据状态表,不难列出东西方向和南北方向绿灯、黄灯、红灯的逻辑表达式:

东西方向绿:$EWG = Q_4 \cdot \overline{Q_5}$ 南北方向绿:$NSG = \overline{Q_4} \cdot \overline{Q_5}$

黄:$EWY = \overline{Q_4} \cdot Q_5 \ (EWY' = EWY \cdot CP_1)$ 黄:$NSY = Q_4 \cdot \overline{Q_5} \ (NSY' = NSY \cdot CP_1)$

红:$EWR = \overline{Q_5}$ 红:$NSR = Q_5$

由于黄灯要求闪耀几次,所以用时标 1s 和 EWY 或 NSY 黄灯信号相"与"即可。

3. 显示控制部分

显示控制部分,实际是一个定时控制电路。当绿灯亮时,使减法计数器开始工作(用对方的红灯信号控制),每来一个秒脉冲,使计数器减 1,直到计数器为"0"停止。译码显示可用 74LS248 BCD 码七段译码器(本书中所描述的实验平台中已经集成了数码管的译码电路,因此可以省去此部分电路),显示器用共阴极 LED 显示器,计数器采用可预置加、减法计数器,如 74LS168、74LS193 等。

表 7.4.1　状态表

	计数器输出						南 北 方 向			东 西 方 向		
	Q_0	Q_1	Q_2	Q_3	Q_4	Q_5	NSG	NSY	NSR	EWG	EWY	EWR
0	0	0	0	0	0	0	1	0	0	0	0	1
1	1	0	0	0	0	0	1	0	0	0	0	1
2	1	1	0	0	0	0	1	0	0	0	0	1
3	1	1	1	0	0	0	1	0	0	0	0	1
4	1	1	1	1	0	0	1	0	0	0	0	1
5	1	1	1	1	1	0	0	↑	0	0	0	1
6	1	1	1	1	1	1	0	0	1	1	0	0
7	0	1	1	1	1	1	0	0	1	1	0	0
8	0	0	1	1	1	1	0	0	1	1	0	0
9	0	0	0	1	1	1	0	0	1	1	0	0
10	0	0	0	0	1	1	0	0	1	1	0	0
11	0	0	0	0	0	1	0	0	1	0	↑	0

4. 手动/自动控制,夜间控制

可用一选择开关进行,置开关在手动位置,输入单次脉冲,可使交通灯处在某一位置上,开关在自动位置时,则交通信号灯按自动循环工作方式运行。夜间,将夜间开关接通,黄灯闪耀。

5. 汽车模拟运行控制

用移位寄存器组成汽车模拟控制系统,即当某一方向绿灯亮时,则绿灯亮"G"信号,使该路方向的移位通路打开,而当黄灯、红灯亮时,则使该方向的移位停止。如图 7.4.4 所示,为南北方向汽车模拟控制电路。

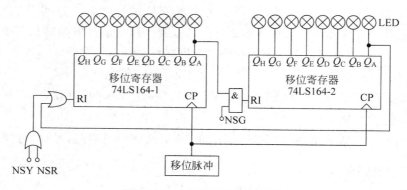

图 7.4.4　汽车模拟控制电路图

7.4.5　参考电路

根据设计任务和要求,交通信号灯控制器参考逻辑电路图如图 7.4.5 所示。

1. 单次手动及脉冲电路

单次脉冲是由两个与非门组成的 RS 触发器产生的,当按下 K_1 时,有一个脉冲输出使 74LS164 移位计数,实现手动控制。K_2 在自动位置时,由秒脉冲电路经分频后(四分频)输入给 74LS164,这样,74LS164 为每 4s 向前移一位(计数一次)。秒脉冲电路可用晶振或 RC 振荡电路构成。

2. 控制器部分

它由 74LS164 组成扭环形计数器,然后经译码后,输出十字路口南北、东西两个方向的控制信号。其中黄灯信号需满足闪耀要求,并在夜间使黄灯闪耀,而绿灯、红灯灭。

3. 数字显示部分

当南北方向绿灯亮,而东西方向红灯亮时,使南北方向的 74LS168 以减法计数器方式工作,当减到“0”时,南北方向绿灯灭,红灯亮,而东西方向红灯灭,绿灯亮。由于东西方向红灯灭信号(EWR＝0),使与门关断,减法计数器工作结束,而南北方向红灯亮,使另一方向——东西方向减法计数器开始工作。

在减法计数开始之前,由黄灯亮(Y＝1)信号使减法计数器先置入数据。黄灯灭(Y＝0),而红灯亮(R＝1)开始减计数。

4. 汽车模拟控制电路

这一部分电路参考图 7.4.4。当黄灯(Y)或红灯(R)亮时,RI 这端为高(H)电平,在 CP 移位脉冲作用下向前移位,高电平“H”从 Q_H 一直移到 Q_A(图 7.4.4 中 74LS164-1),由于绿灯在红灯和黄灯为高电平时低电平,所以 74LS164-1 上 Q_A 的信号就不能送到 74LS164-2 移位寄存器的 RI 端。这样,就模拟了当黄灯、红灯亮时汽车停止的功能。而当绿灯亮,黄灯、红灯灭(G＝1,R＝0,Y＝0)时,74LS164-1、74LS164-2 都能在 CP 移位脉冲作用下向前移位。这就意味着,绿灯亮时汽车向前运行这一功能。

7.4.6　电路扩展提示

交通灯是日常生活中较常见的事物,其控制流程可通过观察获得,本题目所提要求为十字路口的交通灯控制,可扩展为五岔路口或者六岔路口等,另外,目前交通灯控制存在很多不合理的地方(如前后多个交通灯之间不存在逻辑关联,时间设置死板不宜调整等),可以有针对性地提出解决方案,并在所设计的电路中予以体现。

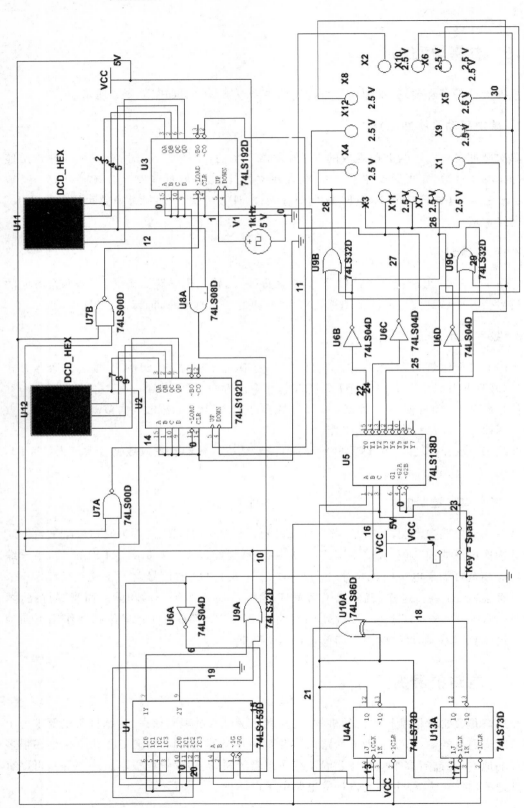

图 7.4.5 交通信号灯控制器参考逻辑电路图

7.5 家用空调控制系统

7.5.1 设计原理

目前,家庭用的空调越来越多地采用电子控制电路取代原来的机械控制器,这使得空调的功能更强,操作也更为简便。图 7.5.1 为空调操作面板示意图。

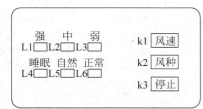

图 7.5.1 空调操作面板示意图

在面板上有 6 个指示灯指示空调的状态。3 个按键分别为不同的操作:风速、风种、停止。其操作方式和状态指示如下:

(1) 空调处于停转状态时,所有指示灯不亮。此时只有按"风速"按键空调才会响应,其初始工作状态为"风速"弱,"风种"正常,且相应的指示灯亮。

(2) 空调一经启动后,再按动"风速"按键可循环选择弱、中或强 3 种状态中的一种状态;同时,按动"风种"按键可循环选择正常、自然或睡眠 3 种状态的某一种状态。

(3) 在空调的任意工作状态下,按"停止"按键空调停止工作,所有指示灯熄灭。

"风速"的弱、中、强对应空调的转动由慢到快。

"风种"在正常位置是指空调连续运转;在"自然"位置是指空调模拟产生自然风,即运转 4s、间断 4s 的方式;在"睡眠"位置,是产生轻柔的微风,空调运转 8s、间断 8s 的方式。

空调操作状态的所有变换过程如图 7.5.2 所示。

7.5.2 设计任务和要求

用中小规模集成电路实现家用空调控制系统逻辑电路的具体要求如下:

用 3 个按键来实现"风速"、"风种"、"停止"的不同选择。

用 6 个发光二极管分别表示"风速"、"风种"的 3 种状态(实验模拟时用 3 个发光二极管模拟电机输出)。

空调在停转状态时,只有按"风速"按键才有效,按其余两键不响应。

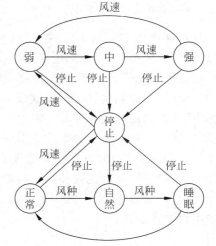

图 7.5.2 空调操作状态转换图

7.5.3 可选用器材

(1) 数字逻辑实验箱一台;

(2) +5V 直流电源;

(3) 74LS74 四片、74LS151 一片、74LS00 两片、74LS08 一片。

7.5.4　设计方案提示

1. 状态锁存器

"风速"、"风种"这两种操作各有 3 种工作状态和一种停止状态需要保存和指示,因而对于每种操作都可以采用 3 个触发器来锁存状态,触发器输出 1 表示工作状态有效,输出 0 表示无效,当 3 个输出为全 0 时则表示停止状态。

为了简化设计,可以考虑采用带有直接清零端的触发器,这样将停止键与清零端相连就可以实现停止的功能,简化后的状态转化图如图 7.5.3 所示。图中横线下的数字×××为 Q_2、Q_1、Q_0 的输出信号。

根据状态转化图,利用卡诺图化简后,可得到 Q_0、Q_1、Q_2 的输出信号逻辑表达式(它们可适用于"风速"及"风种"电路):

$$Q_0^{n+1} = \overline{Q_1^n} \cdot \overline{Q_0^n}, \quad Q_1^{n+1} = Q_0^n, \quad Q_2^{n+1} = Q_1^n$$

可由 4D 上升沿触发器 74LS175 构成。

2. 触发脉冲的形成

根据前面的逻辑表达式,可以利用 D 触发器建立起"风速"及"风种"锁存状态电路,但这两部分电路的输出信号状态的变化还有赖于各自的触发脉冲。在"风速"部分

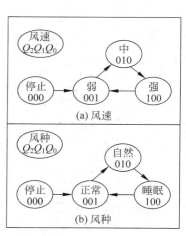

图 7.5.3　简化空调操作状态转换图

的电路中,可以利用"风速"按键(K_1)所产生的脉冲信号作为 D 触发器的触发脉冲。而"风种"部分电路的触发脉冲 CP 则是由"风速"(K_1)、"风种"(K_2)按键的信号和空调工作状态信号(设 ST 为空调工作状态,ST=0 表示停,ST=1 表示运转)三者组合而成的。当空调处于停止状态(ST=0)时,按 K_2 键无效,CP 信号将保持低电平;只有按 K_1 键后,CP 信号才会变成高电平,空调也同时进入运转状态(ST=1)。进入运转状态后,CP 信号不再受 K_1 键的控制,而是由 K_2 键所控制。由此,可列出如表 7.5.1 所示的 CP 信号状态表,并可得到其输出逻辑表达式:

$$CP = K_1 \overline{ST} + K_2 ST$$

式中 K_1 为风速键的状态,K_2 为风种键的状态。

由于 ST 信号可由"风速"电路输出的 3 个信号组合而成,因而从表 7.5.2 所示的 ST 信号状态表可得 $ST = \overline{\overline{Q_0} \ \overline{Q_1} \ \overline{Q_2}}$。

当 ST=0 时,表示空调停转;当 ST=1 时,表示空调运转。

最终,可以得到 CP 的逻辑表达式: $CP = K_1 \overline{Q_0 Q_1 Q_2} + K_2 \overline{\overline{Q_0} \ \overline{Q_1} \ \overline{Q_2}}$。

3. 电机转速控制端

由于空调电机的转速通常是通过电压来控制的,而要求有弱、中、强 3 种转速,因而在电路中需要考虑 3 个控制输出端(弱、中、强),以控制外部强电线路(如可控硅触发电路)。

表 7.5.1 CP 信号状态表

K_2	K_1	ST	CP
0	0	0	0
0	0	1	0
0	1	0	1
0	1	1	0
1	0	0	0
1	0	1	1
1	1	0	1
1	1	1	1

表 7.5.2 ST 信号状态表

强(Q_2)	中(Q_1)	弱(Q_0)	ST
0	0	0	0
0	0	1	1
0	1	0	1
0	1	1	1
1	0	0	1
1	0	1	1
1	1	0	1
1	1	1	1

这 3 个输出端与指示空调转速状态的 3 个端子不同,还需要考虑"风种"的不同选择方式。如果用 1 表示某档速度的选通,用 0 表示某档速度的关断,那么"风种"信号的输入就使得某档电机速度被连续或间断地选中,例如风种选择"自然"风,风速选择"中"时,电机将运行在中速并开"4s"停"4s",反映到面板上为 L_2 和 L_5 灯亮。表现在转速控制端"中"就是出现连续的 1 状态或间断的 1 和 0 状态。

4. 风种模式的产生

在选择风种之后,信号通过 74LS151 的八选一数据选择芯片,输出需要的信号,正常状态用高电平即可,自然状态 $T=8s$ 的脉冲信号可借助 555 芯片产生方波,图 7.5.4 是相应参考电路,至于睡眠状态中周期为 16s 的开 8s 停 8s,可将上述信号经过 74LS74 进行二分频产生。

7.5.5 参考电路

根据题目的具体要求,空调逻辑控制电路图如图 7.5.5 所示。
从以下几个部分对电路图 7.5.5 予以说明。

1. 状态锁存器电路

"风速"、"风种"两种状态锁存器电路均采用 3 片 74LS74（可考虑用两片 4D 触发器 74LS175 替代）构成，6 个 D 触发器的输出端分别与 3 个状态指示灯相连。每片 74LS74 的清零端(CLR)均与停止键(K_3)相连。

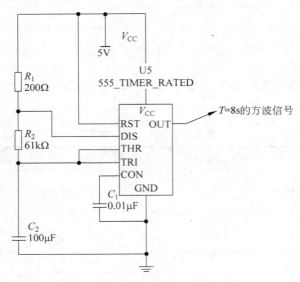

图 7.5.4　方波信号产生电路

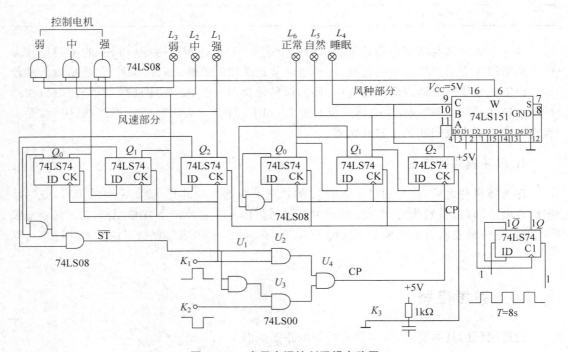

图 7.5.5　家用空调控制逻辑电路图

2. 触发脉冲电路

按键 K_1 按动后形成的触发信号作为"风速"状态锁存电路的触发信号。

按键 K_1、K_2 及部分门电路 74LS00、74LS08 构成了"风种"状态电路触发信号 CP。空调停转时，ST=0，K_1=0，故图 7.5.5 中的与非门 U_2 输出为高电平，U_3 输出也为高电平，因而 U_4 输出的 CP 信号为低电平。当按下 K_1 键后，K_1 输出高电平，U_2 输出低电平，故 CP 变为高电平，并使 D 触发器翻转，"风种"功能处于"正常"状态。同时，由于 K_1 键输出的上升沿信号，也使"风速"电路的触发器输出处于"弱"状态，空调开始运转，ST=1。空调运转后，U_2 输出始终为高电平，这样 CP 信号与 K_2 的状态相同。每次按下 K_2 并释放后，CP 信号上就会产生一个上升沿使"风种"状态发生变化。在工作过程中，CP 的波形图如图 7.5.6 所示。在实验时，可选用实验箱中的单次脉冲开关表示 K_1、K_2。

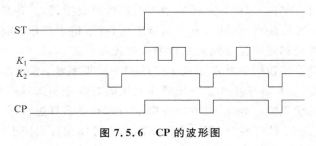

图 7.5.6 CP 的波形图

3. "风种"3 种方式的控制电路

在"风种"的 3 种选择方式中，在"正常"位置时，空调为连续运行方式，在"自然"和"睡眠"位置时，为间断运行方式。电路中，采用 74LS151（八选一数据选择器）作为"风种"方式控制器，由两片 74LS74（或一个 74LS175）的 3 个输出端中选中一种方式。间断工作时，电路中用了一个 8s 计时周期的时钟信号作为"自然"方式的间断控制，二分频后再作为"睡眠"方式的控制输入，波形如图 7.5.7 所示。

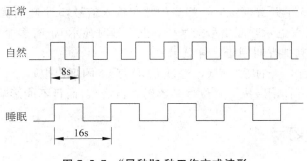

图 7.5.7 "风种"3 种工作方式波形

7.5.6 电路扩展提示

采用数字电路控制的空调功能更加丰富，也更加人性化，本题目所给出的功能设计要求只是空调的基本功能之一，读者可以通过观察新款空调的功能来扩充电路设计，如定时功能、室内外温度显示功能、温度设定功能等，还可以根据考察发现现有空调控制的弊端，通过设计进行改进并模拟展示相应功能。

7.6　病床呼叫系统

7.6.1　设计原理

临床求助呼叫是传送临床信息的重要手段，病房呼叫系统是病人请求值班医生或护士进行诊断或护理的紧急呼叫工具，可将病人的请求快速传送给值班医生或护士，并在值班室的监控屏幕上留下准确完整的记录，是提高医院和病房护理水平的必备设备之一。监控机构一般放置在护士值班室内，当病床有呼叫请求时进行声光报警，并在显示器上显示病床的位置。呼叫源（按钮）放在病房内，病人有呼叫请求时，按下请求按钮，向值班室呼叫，并点亮呼叫指示灯。监控机构和呼叫源之间通过数据线连接在一起。

本实验要求运用数字逻辑的基本知识来设计一个模拟系统，通过各类芯片的组合来实现该系统的基本功能，完成各项操作。病床呼叫系统能对 5 张病床进行统一监护，能够对不同优先级的呼叫进行优先响应处理，对发出呼叫的病床有指示灯进行提示，还能显示优先级最高的呼叫号，并发出 5s 的呼叫声（用一个闪烁的指示灯模拟），当护士接收到信号，按下复位键时显示管被清零。

通过对实验的要求分析，可以将电路大致分为四大模块，触发清零模块、编码及译码器译码模块、滤除优先级及显示模块、计数器 5s 警报模块，通过对四大模块的整合，即可基本达到实验要求，实现系统功能。

7.6.2　设计任务和要求

用中小规模集成电路设计病床呼叫系统逻辑电路的具体要求如下：

（1）分别用 1～5 个开关模拟 5 个病房的呼叫输入信号，5 个呼叫优先级不同。

（2）用一个数码管显示呼叫信号的号码；没信号时显示 0；有多个信号呼叫时，显示优先级最高的呼叫号（其他呼叫用指示灯显示）。

（3）凡有呼叫发出 5s 的呼叫声（可通过 LED 灯 5s 闪烁模拟）。

（4）当护士接收到信号，按下复位键时数码管被清零，而且不能影响下次呼叫的进行。

7.6.3　可选用器材

（1）数字逻辑实验箱一台；

（2）+5V 直流电源；

（3）74LS148 一片、74LS161 一片、74LS74 三片、74LS32 一片、74LS00 一片、74LS08 一片、74LS04 一片。

7.6.4 设计方案提示

如图 7.6.1 所示,该系统被分为三大部分:左边方框是病房的呼叫输入端,包括 5 个呼叫按钮;右边方框为护士站的呼叫处理端,包括 5 个指示灯、一个数码管显示器和一个响应复位开关;中间是优先级编码和计数功能模块。

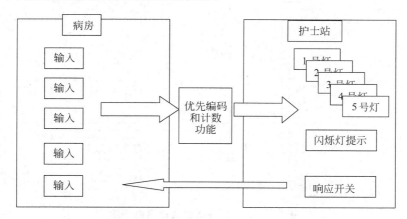

图 7.6.1 病床呼叫系统设计框图

1. 开关控制及指示灯显示部分

由 5 个输入高低电平的开关分别代表 5 个病床的呼叫按钮,还需要一个开关作为复位端即清零端。

5 个开关输入以后可以经 5 个 D 触发器输入到 74LS148,5 个输入有优先级,从 1 到 5 的优先级依次降低,1 到 5 开关连接到相应的指示灯。开关直接控制指示灯亮,而更高一级的显示则需要优先编码器来实现输出。

2. 优先编码部分

优先编码模块的逻辑电路图如图 7.6.2 所示。

如图 7.6.2 所示,时钟端单独接脉冲;5 个开关输入连接到优先编码器的 8 个输入端的其中 5 个即可,分别为 I_2、I_3、I_4、I_5、I_6,经过 74LS148 的优先级选择后从 A_0、A_1、A_2 输出到数码管显示电路显示病床号。表 7.6.1 给出了 74LS148 输入、输出对应的真值表。

表 7.6.1 74LS148 输入、输出对应真值表

输　　　　入					输　　出		
I_6	I_5	I_4	I_3	I_2	A_2	A_1	A_0
X	X	X	X	X			
X	X	X	X	0	0	1	0
X	X	X	0	1	0	1	1
X	X	0	1	1	1	0	0
X	0	1	1	1	1	0	1
0	1	1	1	1	1	1	0

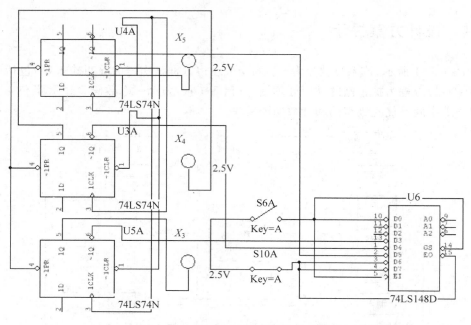

图 7.6.2　优先编码模块逻辑电路图

3. 5s 闪烁呼叫模拟部分

5s 闪烁呼叫模拟部分逻辑电路图如图 7.6.3 所示。

用开关控制脉冲的输入：5 个开关依次连入或门，脉冲再与开关部分连入与门，再将可控制的脉冲接入 74LS161 的脉冲输入端，实现当 $K_1 \sim K_5$ 任意一个或多个为高电平时有脉冲输入到 74LS161 中，全部为低电平时没有脉冲输入。为了实现指示灯闪烁 5s 的功能，当 $Q_d Q_c Q_b Q_a$ 为 0101 时，把 $Q_a Q_c$ 端接至与非门再连接至 T 端，实现模五计数器，使计数器可以保持在 0101，再将 $Q_a Q_c$ 接入的与非门与可控脉冲连接到与门，这样可以保证 $Q_d Q_c Q_b Q_a$ 从 0000 到 0101 每变一次指示灯闪烁一下，共闪烁 5 次后停止。

7.6.5　参考电路

将上述各功能模块综合起来得到整个系统的逻辑电路图，如图 7.6.4 所示。

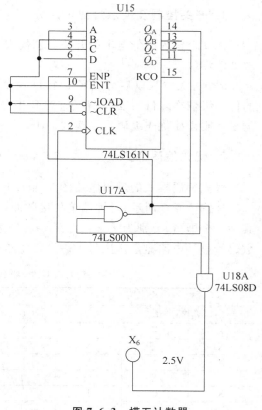

图 7.6.3　模五计数器

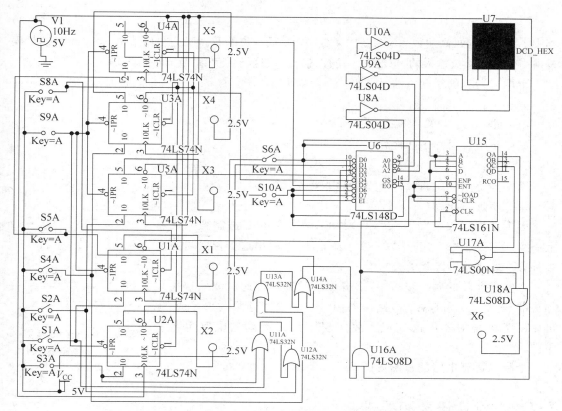

图7.6.4 病床呼叫系统逻辑参考电路

7.6.6 电路扩展提示

本实验的任务要求相对较简单,读者可以根据实际的病床呼叫系统对实验内容进行扩展,如增加时钟电路,可实现对各个呼叫源呼叫等待时间的实时显示、呼叫次数的统计显示等,还可以根据自己的观察,增加其他实用的功能。

7.7 十翻二运算电路设计

7.7.1 设计原理

在向计算机输送数据时,首先要把十进制数变成二-十进制数即 BCD 码,运算器在接收到二-十进制数后,必须要将它转换成二进制数才能参加运算。这种把十进制数转换成二进制数的过程称为"十翻二"运算。

例如:

$$[238]_+ \rightarrow [0010,0011,1000]_{BCD} \rightarrow [11101110]_=$$

十翻二运算的过程可以由下式看出:

$$238 = [(0 \times 10 + 2) \times 10 + 3] \times 10 + 8$$

这种方法归纳起来,就是重复这样的运算:

$$10N + S \to N \tag{7.3}$$

其中 N 为现有数(高位数),S 为新输入数(较 N 低一位的数),N 的初始值取 0,二-十进制数码是由高位开始逐位输入的,每输入一位数进行一次这样的运算,直至最低位输入,算完为止。

十翻二运算的实现方法从式(7.3)来看可分两步。

方法 I:

第一步 N 乘 5,即 $N \times 5 = 4N + N$;

第二步乘 2 再加 S,即 $(5N) \times 2 + S = 10N + S$。

方法 II:

第一步 N 乘 10,即 $10N = 2N + 8N$;

第二步加 S,即 $10N + S$。

因为二进制数乘"2",乘"4",乘"8",只需要在二进制数后面补上一个"0"、两个"0"和三个"0"就可以了,所以利用这个性质可以有多种方法实现乘"10"运算。

在实现运算的两个步骤中,都有加法运算。因此就要两次用到加法器(全加器)。实现的电路可以用一个全加器分两次来完成,也可以用两个全加器一次完成。故实现十翻二运算的电路也各有不同。

十翻二运算电路的框图如图 7.7.1 所示。

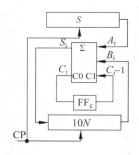

图 7.7.1　十翻二运算电路框图

7.7.2　设计任务和要求

用中小规模集成电路设计十翻二运算逻辑电路的具体要求如下:

(1) 具有十翻二功能。

(2) 能完成三位十进制数到二进制数的转换。

(3) 能自动显示十进制数及二进制数。

(4) 移位寄存器选用八位移位寄存器。

(5) 具有手动和自动清零功能。

(6) 需用时序电路,即通过脉冲的输入控制实现翻转。

7.7.3　可选用器材

(1) 数字逻辑实验箱一台;

(2) +5V 直流电源;

(3) 74LS74 三片、74LS147 一片、74LS164 一片、74LS183 一片、74LS194 一片、74LS04 一片、74LS08 一片。

7.7.4　设计方案提示

根据课题的任务和要求,我们先设计十翻二运算电路。十翻二运算为 $10N + S \to N$ 的过程,因此,根据图 7.7.1 可得出两种方法实现十翻二的逻辑框图,逻辑框图如图 7.7.2 和图 7.7.3 所示。图中,全加器 $\sum$ 可选用双全加器,进位触发器 FF_c 可选用 D 触发器来实现,乘 2、乘 4、乘 8 运算也可以用 D 触发器来实现。

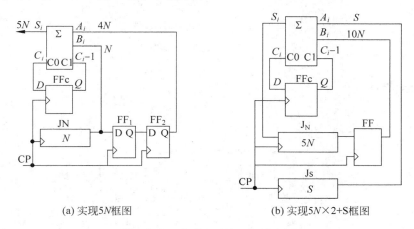

(a) 实现5N框图   (b) 实现5$N×2+$S框图

图 7.7.2 实现 $10N+S$ 框图之一

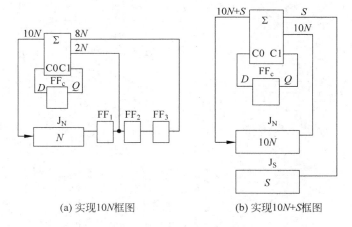

(a) 实现10N框图   (b) 实现10$N+$S框图

图 7.7.3 实现 $10N+S$ 框图之二

寄存器 J_N 和 J_S 是用来存放二进制数字的,且可以实现移位功能,这里可选用 74LS164 八 D 串入并出移位寄存器作为 J_N。J_N 的位数是八位,且最高位为符号位。J_S 可以选用四位的可预置数双向移位寄存器 74LS194。

为使十进制数转换成二-十进制数,这里可选用数据编码器来完成这一任务,如 74LS147 10 线-4 线 BCD 码优先编码器。

二进制数字可以用 LED 发光二极管显示,十进制数字用七段 BCD 译码显示组件。

数据的自动运算,需要一个控制器,这个控制器实际上就是给 J_N 和 J_S 发自动运算的移位脉冲信号。移位寄存器的字长为 8 位,则控制器要发 8 个移位脉冲信号给移位寄存器。数据的自动置数,由一个脉冲控制,在输入数据时产生。一次运算结束后,有关寄存器及乘 2、乘 4、乘 8 等触发器需进行清零,也要一个脉冲,其时序如图 7.7.4 所示。

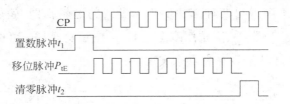

图 7.7.4   时序波形图

7.7.5   参考电路

根据设计任务和要求,十翻二运算参考逻辑图如图 7.7.5 所示。

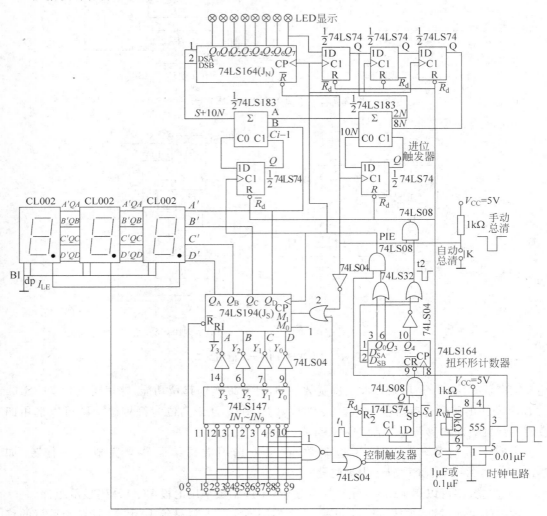

图 7.7.5   十翻二运算参考逻辑电路图

当把总清键 K 按下后,J_N 和 J_S 及所有进位触发器和控制触发器等处于"0"状态。

当输入数字 0～9 时,即按下 0～9 任何一键,将使控制触发器 Q 翻转为"1"状态,从而使扭环形计数器处于准工作状态。按键的同时,经 74LS147 编码,这时在 $\overline{Y_3}\sim\overline{Y_0}$ 端输出 BCD 码,并通过与非门 1、或门 2,使 74LS194 的 M_1 端从 0→1(这实际上就是置数脉冲 t_1), $M_1=1$ 就将 $Y_3\sim Y_0$ 置入 74LS194 的 J_S 移位寄存器中,J_S 又通过数码管进行显示,这实际上就产生了置数脉冲。

例如,按下"1"键,则 74LS194 的 $Q_A\sim Q_D$ 为 0001,数字显示 1,控制触发器为 1 状态。

当按下的键抬起后,74LS194 的 M_1 端从 1→0,这时 74LS194 具有移位功能,而 74LS164 组成的扭环形计数器也开始计数,并经或门、与门产生运算的移位脉冲 P_{tE},使得 J_N 和 J_S 都通过移位脉冲移位,进入全加器进行 10N+S 的操作,完成十翻二的运算。

当运算脉冲发送完后(一次发 8 个移位脉冲 P_{tE}),则产生第 9 个脉冲 t_2,结束这次的运算。t_2 使得进位触发器和控制触发器均清零,为第二次输入数据做好准备。

当第二次按下键后,同上次一样,J_S 存入所按键的二-十进制数码,并通过数码管显示,第一次按下的数字已向前移一位,这次数字显示在最低位。按键抬起后,扭环形计数器开始工作,发 P_{tE} 脉冲,使得 J_N 参与运算。并把两次所按的数通过 10N+S 运算送到 J_N 寄存器中。P_{tE} 和 t_2 的产生时序波形见图 7.7.4。

第三次按下某数,先产生置数脉冲置数,然后运算和清零,其道理同上。

J_N 是通过后面加三位触发器完成 10N 的功能的。

由 555 时基电路中的 R_W 调节运算速度。

十翻二逻辑电路参考图中,有些 IC 电路电源和地没有画出,请注意补画。

J_N 为二进制数,用 LED 发光二极管显示,中间每次运算结果显示也均为二进制数,输入"1"信号,LED 灯亮;输入"0"信号,LED 灯灭。

7.7.6 电路扩展提示

十翻二运算电路是电子计算系统的基本功能模块之一,课题中只给出了每一步骤所需的脉冲数,需要通过输入多个单个脉冲来实现,可以考虑设计一个时序电路模块,实现一键十翻二转换的功能,并可以实现 1~4 位之间任意位数十进制数的十翻二转换。

7.8 数字电子钟逻辑电路设计

7.8.1 设计原理

数字电子钟是一种用数字显示秒、分、时、日的计时装置,与传统的机械钟相比,它具有走时准确、显示直观、无机械传动装置等优点,因而得到了广泛的应用。例如人们日常生活中的电子手表,以及车站、码头、机场等公共场所的大型数显电子钟等。

数字电子钟的电路组成方框图如图 7.8.1 所示。

由图 7.8.1 可见,数字电子钟由以下几部分组成:石英晶体振荡器和分频器组成的秒脉冲发生器,校时电路,六十进制秒、分计数器、二十四进制(或十二进制)计时计数器和七进制日计数器以及秒、分、时、日的译码显示部分等。

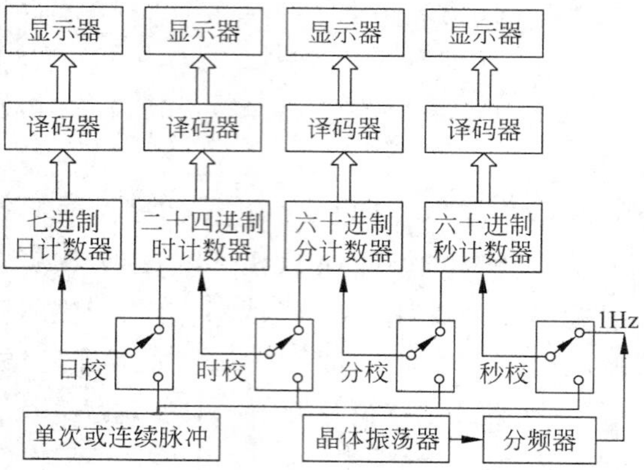

图 7.8.1   数字电子钟框图

7.8.2   设计任务和要求

用中、小规模集成电路设计一台能显示日、时、分、秒的数字电子钟的要求如下：

（1）由晶振电路产生 1Hz 标准秒信号。

（2）秒、分为 00～59 六十进制计数器。

（3）时为 00～23 二十四进制计数器。

（4）日显示从 1～7 为七进制计数器。

（5）可手动校正：能分别进行秒、分、时、日的校正。只要将开关置于手动位置，就可以分别对秒、分、时、日进行手动脉冲输入调整或连续脉冲输入的校正。

（6）整点报时。整点报时电路要求在每个整点前鸣叫 5 次低音（500Hz），整点时再鸣叫一次高音（1000Hz）。

7.8.3   可选用器材

（1）数字逻辑实验箱两台；

（2）+5V 直流电源；

（3）CD4060 一片、74LS74 一片、74LS161 六片、74LS00 三片、74LS04 一片、74LS08 一片、74LS20 一片。

7.8.4   设计方案提示

根据设计任务和要求，对照数字电子钟的框图，可以分以下几部分进行模块化设计。

1. 秒脉冲发生器

秒脉冲发生器是数字钟的核心部分，它的精度和稳定度决定了数字钟的质量，通常用晶体振荡器发出的脉冲经过整形，分频获得 1Hz 的秒脉冲。如晶振为 32 768Hz，通过 15 次二分频后可获得 1Hz 的脉冲输出,电路图如图 7.8.2 所示。

2. 计数译码显示

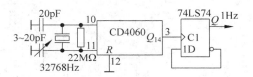

秒、分、时、日分别为六十、六十、二十四和七进制计数器。秒、分均为六十进制,即显示 00～59,它们的个位为十进制,十位为六进制。时为二十四进制计数器,显示为 00～23,个位仍为十进

图 7.8.2 秒脉冲发生器电路图

制,而十位为三进制,但当十位计到 2,而个位计到 4 时清零,就为二十四进制了。

日为七进制数(以周为周期),按人们一般的概念一周的显示为星期"日"、"一"、"二"、"三"、"四"、"五"、"六",所以设计这七进制计数器应根据译码显示器的状态表来进行,如表 7.8.1 所示。

表 7.8.1 状态表

Q_4	Q_3	Q_2	Q_1	显 示
1	0	0	0	日
0	0	0	1	1
0	0	1	0	2
0	0	1	1	3
0	1	0	0	4
0	1	0	1	5
0	1	1	0	6

按表 7.8.1 状态表不难设计出"日"计数器的电路(日用数字 8 代替)。

所有计数器的译码显示均采用 BCD-七段译码器,显示器采用共阴或共阳的显示器。

3. 校正电路

在刚刚开机接通电源时,由于日、时、分、秒为任意值,所以,需进行调整。置开关在手动位置,分别对日、时、分、秒进行单独计数,计数脉冲由单次脉冲或连续脉冲输入。

4. 整点报时电路

当计数器在每次计到整点前 6s 时,需要报时,这时可用译码电路来解决。即当分为 59 时,则秒在计数到 54 时,输出一延时高电平,直至秒计数器计到 58 时,结束这高电平脉冲去打开低音与门,使报时声按 500Hz 鸣叫 5 声,而秒计到 59 时,则去驱动高音 1kHz 输出而鸣叫一声。

7.8.5 参考电路

根据设计任务和要求,数字电子钟参考逻辑电路图如图 7.8.3 所示。

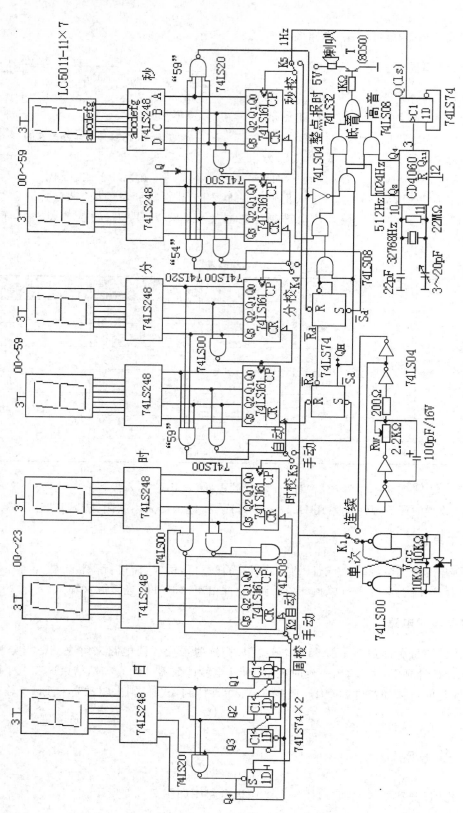

图 7.8.3 数字钟逻辑电路参考图

1. 秒脉冲电路

由晶振 32 768 Hz 经十四分频器分频为 2 Hz,再经一次分频,即得 1 Hz 标准秒脉冲,供时钟计数器用。

2. 单次脉冲,连续脉冲

这主要是供手动校正使用。若开关 K_1 打在单次端,要调整日、时、分、秒即可按单次脉冲进行校正。如 K_1 在单次,K_2 在手动,则此时按动单次脉冲键,使周计数器从星期一到星期日计数。若开关 K_1 处于连续端,则校正时,不需要按动单次脉冲,即可进行校正。

单次脉冲、连续脉冲均由门电路构成。

3. 秒、分、时、日计数器

这一部分电路均使用中规模集成电路 74LS161 实现秒、分、时的计数,其中秒、分为六十进制,时为二十四进制。从图 7.8.3 中可以发现,秒、分两组六十进制计数电路完全相同。当计数到 59 时,再来一个脉冲变成 00,然后再重新开始计数。图中利用"异步清零"反馈到 $\overline{CR}$ 端,从而实现个位十进制,十位六进制的功能。

时计数器为二十四进制,当开始计数时,个位按十进制计数,当计到 23 时,再来一个脉冲,应该回到"0"。所以,这里必须使个位既能完成十进制计数,又能在高低位满足"23"这一数字后,时计数器清零,图 7.8.3 中采用了十位的 2 和个位的 4 相"与非"后再清零。

对于日计数器电路,它是由 4 个 D 触发器组成(也可用 JK 触发器)的,其逻辑功能满足了表 7.8.1,即当计数器计到 6 后,再来一个脉冲,用 7 的瞬态将 Q_4、Q_3、Q_2、Q_1 置数,即为"1000",从而显示"日"。

4. 译码、显示

译码显示很简单,采用共阴极 LED 数码管 LC5011-11 和译码器 74LS248,当然也可以采用共阳数码管和译码器。

5. 整点报时

当计数到整点的前 6s 时,应该准备报时。

图 7.8.3 中,当分计到 59 时,将分触发器 Q_H 置 1,而等到秒计数到 54 时,将秒触发器 Q_L 置 1,然后通过 Q_L 与 Q_H 相"与"后再和 1s 标准秒信号相"与"而去控制低音喇叭鸣叫,直至 59s 时,产生一个复位信号,使 Q_L 清零,停止低音鸣叫,同时 59s 信号的反相又和 Q_H 相"与"后去控制高音喇叭鸣叫。当计到分、秒从 59:59—00:00 时,鸣叫结束,完成整点报时。

6. 鸣叫电路

鸣叫电路由高、低两种频率通过或门去驱动一个三极管,带动喇叭鸣叫。1 kHz 和 500 Hz 从晶振分频器近似获得。如图 7.8.3 中的 CD4060 分频器的输出端 Q_5 和 Q_6。Q_5 输出频率为 1024 Hz,Q_6 为 512 Hz。

7.8.6　电路扩展提示

电子钟常见于生活的方方面面,其功能也愈加丰富多彩,除了本实验上述要求外,还可以增加闹铃、秒表等功能,读者可以通过观察或根据需要扩展实验功能,并通过实验平台模拟展示所设计的功能。

7.9　复印机逻辑控制电路设计

7.9.1　设计原理

复印机的应用越来越普遍,其工作原理也大同小异。我们在使用复印机时,一般要进行以下操作:

(1) 设置复印数:通过键盘输入百位数、十位数和个位数。

(2) 按动复印 RUN 运行键,开始复印。

(3) 三位显示器显示复印减少的数目,当减到"0"时,复印过程结束。

图 7.9.1 为其逻辑框图。

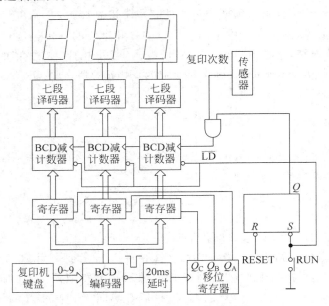

图 7.9.1　复印机控制电路框图

7.9.2　设计任务和要求

设计复印机逻辑控制电路的具体要求如下:

(1) 从键盘(0~9)可输入复印的数字,并能显示。

(2) 数字显示为 3 位,最大数为 999。

（3）复印一次，数字显示减一次，直到"0"时停机。

（4）按运行键 RUN 后，机器能自动进行循环控制。

7.9.3 可选用器材

（1）数字逻辑实验箱两台；

（2）+5V 直流电源；

（3）74LS90 三片、74LS74 两片、74LS148 两片、74LS08 两片、74LS20 一片、74LS164 一片、74LS04 一片、74LS112 一片。

7.9.4 设计方案提示

根据复印机的控制要求及其框图，设计从以下几方面考虑。

1. 键盘编码电路

要把键盘十进制数字输入转换成 BCD 码，可以用下列两种方法实现。

1）用编码器实现

将十进制键盘的 10 根输出线接至编码器的输入端。每当 10 根十进制线上任何一根线有效时，编码器就发出一个负脉冲，表示有键按下，并输出对应的十进制键的二进制码。

图 7.9.2 所示的是用 74LS148 8 线-3 线优先编码器组成的 16 线-4 线优先编码器的转换电路图。

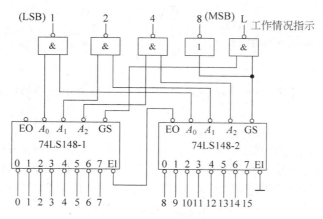

图 7.9.2 16 线-4 线优先编码器

在图 7.9.2 中，0～7 为第一片 74LS148 的输入，第二片 74LS148 0～7 的输入作为 8～15 输入。输入端为低电平有效。例如，当我们使第 10 根线为逻辑"0"时，第二片（74LS148-2）的"2"输入端即为逻辑"0"，由于该片使能端已接地（EI=0）选通，所以，它的 $A_2 \sim A_0$ 端输出为"2"的编码值的反码 101。此外，EO 端输出高电平，GS 端输出低电平，因此，级联的第一片芯片 EI 端为高电平，它处于禁止状态，即第一片的 $A_2 \sim A_0$ 为全高电平输出，GS 也为高电平。这些端子通过与非门输出，所以最后的结果为"1010"（自右至左），即为十进制数"10"

的编码值。所以,电路这样连接,编码完全正确。

同理,在输入数字"3"时,则在编码器 74LS148-1 的 $A_2 \sim A_0$ 输出 100,经与非门后,将输出"8421"码 0011。

若取 $0 \sim 9$ 为键盘的十进制输入,那么,对应的 8421 码输出就是 $0 \sim 9$ 的 BCD 码。

图 7.9.2 中,最右边与非门输出为工作情况指示(或按键指示),当各线均无有效输入,两芯片都不工作时,$L=0$;当任何一芯片工作时,$L=1$。

2) 用脉冲拨号器和计数器实现

脉冲拨号器是一片 CMOS 集成电路,用它将键盘输入变换成一串脉冲输出。当按"1"~"9"键时,分别输出 $1 \sim 9$ 个脉冲,按"0"键时输出 10 个脉冲。脉冲数再通过十进制 BCD 码计数器计数,就实现了从十进制到二进制 BCD 码的转换,如图 7.9.3 所示。

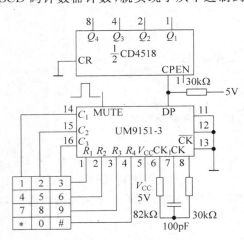

**图 7.9.3　用脉冲拨号器实现键盘
按键到 BCD 码的转换**

图 7.9.3 中的编码采用 UM9151-3 脉冲拨号器。UM9151-3 是 CMOS 器件,工作电压为 $2.0 \sim 5.5$V,4×3 键盘接口,RC 振荡器。当有键按下时,相应的行和列接通,这时通过 $\overline{\text{DP}}$ 端送出相应的脉冲数,同时 MUTE 端为高电平输出,脉冲数输出完毕,MUTE 信号也随之为低电平。例如按键为"4",则从 $\overline{\text{DP}}$ 端输出脉冲的个数为 4 次。MUTE 为高电平时间,就是 4 个脉冲数输出的时间。计数器采用 CD4518 二-十进制计数器。CD4518 也是 CMOS 器件,上升沿或下降沿时钟触发,8421 编码。当 CP 端有脉冲输入时,它就计数,如 CP 端输入 4 个脉冲,则 CD4518 的输出端 $Q_4 \sim Q_1$ 为"0100",如 CP 端输入 9 个脉冲,则输出端 $Q_4 \sim Q_1$ 为"1001";CP 端输入 10 个脉冲,则为"0000"。

UM9151-3 脉冲拨号器和 CD4518 计数器的引脚排列及其逻辑功能请参阅有关产品手册。

2. 寄存器

为使按键的数据马上能锁存起来,可用 D 触发器来寄存所按键数的二进制码。如采用 74LS74 二 D 触发器就可实现这一功能。也可以用串入并出移位寄存器 CD4015 实现数据寄存的功能。数据的寄存要考虑时序关系,即只有在数据 D 稳定后,才能存入寄存器。所以在键按下后,需经过一段延时,才能把数据存入寄存器中。

3. 计数、显示

这一部分比较容易实现,当按下运行键 RUN 后,计数器转入减计数状态,当减到"0"时,输出一控制信号,复位,使复印机停止复印。

7.9.5　参考电路

根据复印机控制电路的设计任务和要求,其逻辑控制电路参考图如图 7.9.4 所示。

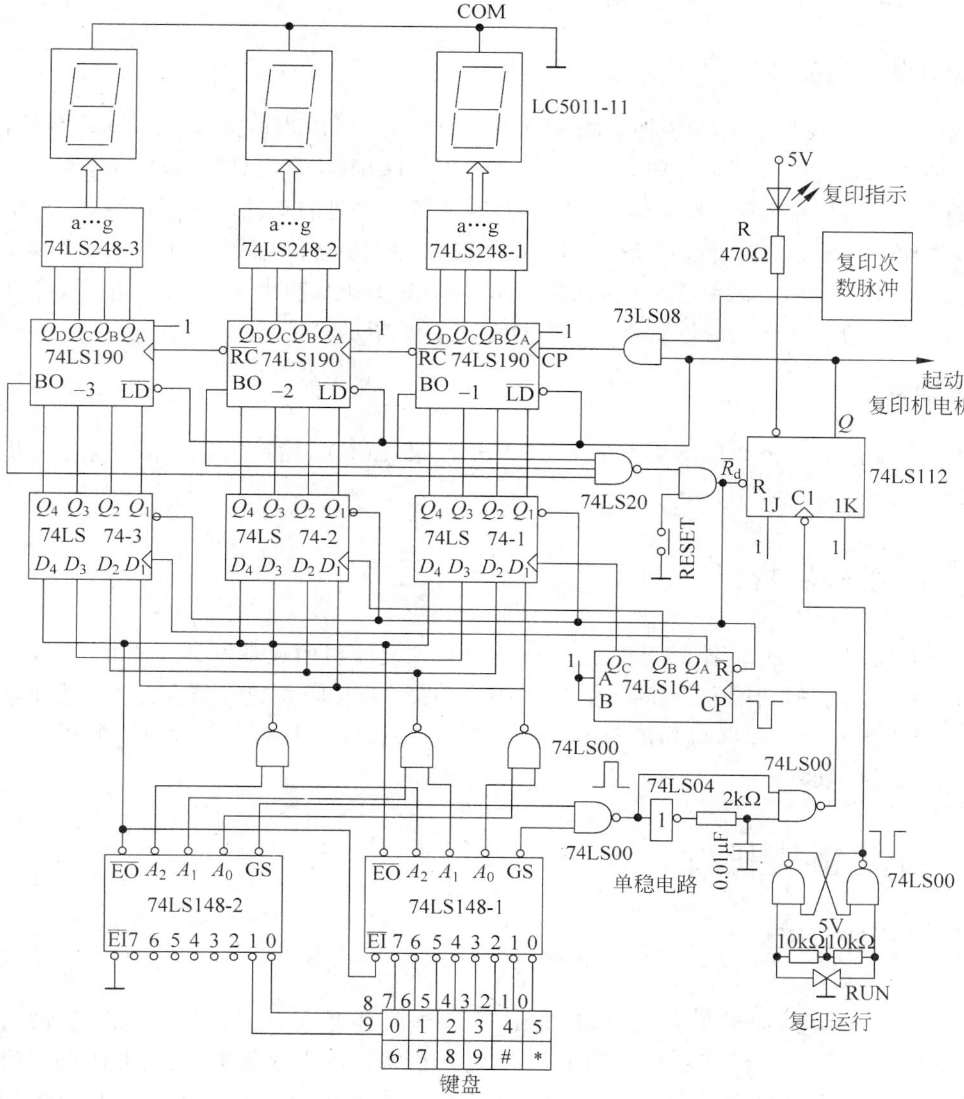

图 7.9.4　复印机控制逻辑电路参考图

1. 键盘编码电路

它由两片 8 线-3 线优先编码器 74LS148 组成十进制 BCD 码的转换。当有 0～9 键按下时,按键的编码数加到六 D 触发器 74LS74 的输入端,经单稳电路 20ms 延时,由上升沿将数据存入六 D 触发器 74LS74 中。

2. 数据锁存电路

这部分由 74LS164 移位寄存器的输出 Q_A,Q_B、Q_C 控制。由于 74LS164 的串行输入端均接高电平,所以按键输出的脉冲经单稳延时 20ms 后再输入 74LS164 的 CP 端时使 Q_A 为 "1",Q_A 从 0→1 的跳变(上升沿)就把数据存入高位 74LS74-3 中。同理,若再按键输入数字,将存入 74LS74-2 中和 74LS74-1 中。

3. 减计数控制电路

由于 74LS190 为具有预置功能的加/减法同步计数器,所以当键盘输入 3 位数字后,数字直接就通过 74LS190 及译码器进行显示,因为这时 74LS190 的置数端$\overline{\text{LD}}$=1(送数)。

当按动复印运行键 RUN 后,就把 74LS112 置 1 了。这时启动复印机开始复印(复印指示灯亮),并使 74LS190 做计数准备,当复印次数脉冲(通过传感器产生脉冲)到来时,74LS190 就减 1,直到数字减到全 0 时,三位 74LS190 的 BO 端输出 1,通过与非门,将所有触发器、寄存器清零,恢复到开始状态,复印机停止复印,指示灯熄灭。

4. 译码显示

译码显示采用共阴极译码器和显示器(74LS248 和 LC5011-11),这一部分也可用共阳极显示器(74LS47 和 LA501I-11)。

7.9.6　电路扩展提示

复印机是常见的办公设备,本实验的要求只是模拟复印机的最基本的功能之一,读者可通过观察实际复印机的功能和工作流程,扩展相应功能(如复印参数设置与显示、增加暂停与继续功能、设置超时报错复位功能、设计跑马灯来模拟打印过程等),并通过实验平台模拟验证所扩展设计的功能。

7.10　自动售货机设计

7.10.1　设计原理

当顾客通过自动售货机买商品时,首先通过选择按键把所需要买的商品价格输入给 BCD 码编码器,把十进制数转化成 BCD 码(A),输入给寄存器寄存起来,通过七段码数码管显示出来。然后顾客投入货币,转化成 BCD 码(B),在数码管上显示出来。同时投入的钱币通过比较器与商品价格进行比较,如果 $A>B$,发出投币不足信号,顾客需要再投入钱币,与 B 进行累加,再比较,直到 $A<B$;如果 $A<B$,则比较器给售货机发出信号,把所买的货物输出,并且 A、B 通过减法器相减,算出剩余的钱,并发出找零信号,把余钱输出。

7.10.2　设计任务和要求

用中小规模集成电路设计自动售货机逻辑控制电路的具体要求如下:

(1)设自动售货机能销售 3 种商品:热狗、汉堡和双层汉堡,它们的单价分别是 1 元、4 元和 8 元。

(2)自动售货机允许投入 1 元、2 元和 5 元硬币。当总投入的币值等于顾客需要的商品单价时,机器送出需要的商品;若总投入的币值大于顾客需要的商品单价时,机器除提供需要的商品之外,还将余币退出;若总投入的币值小于顾客需要的商品单价时,则机器退出顾客投入的硬币。

(3) 如果投入的硬币达到或大于所要购买商品的价格时,自动售货机会发出一个指示信号使接收硬币的装置不再接收更多的硬币。

(4) 为提高自动售货机的效率,设定每次购买商品的允许投币时间为 30s,在此时间到的时候,总投币值小于顾客购买的商品单价时,售货机按不足钱数处理,退还全部投入硬币。如在设定时间内,总投币值小于顾客购买的商品单价时,若需取消交易则可按"取消"键,售货机按不足钱数处理,退还全部投入硬币。

(5) 为鼓励多购买商品,设计一个购买一定次数后能够幸运摇奖的功能。

7.10.3 可选用器材

(1) 数字逻辑实验箱一台;
(2) +5V 直流电源;
(3) 74LS02 一片、74LS04 一片、74LS08 两片、74LS32 两片、74LS86 一片、74LS153 一片、74LS161 三片、74LS192 两片、74HC283 一片。

7.10.4 设计方案提示

经过对设计要求的分析,可将本实验划分为以下几个功能模块:
(1) 限定投币时间,通过设计一个倒计时器来实现。
(2) 记录投币总量,通过设计一个累加器来实现。
(3) 判断投币量是否足够,通过比较器来实现。
(4) 找零功能,通过减法器来实现。

1. 30s 倒计时器的实现

30s 倒计时器可由两片 192 构成,初始时间为 30(即打开开关时 192 处于置数状态,且置数为 30),打开开关后计时器开始工作,来一个时钟脉冲减一个数,当低位减到零的时候高位减一个数,当高位和低位同时减为零时计时器保持零状态不变,如果在 30s 内投币足够计时器就回到 30s 状态并保持不变。通过两片 192 设计的倒计时器的驱动方程和时钟方程如下所示。

低片:D3=D2=D1=D0=0
高片:D3=D2=0,D1=D0=1
CP 低=CP,CP 高=Q3 低 ‖ Q2 低 ‖ Q1 低 ‖ Q0 低
对应的逻辑电路图如图 7.10.1 所示。

2. 累加器的实现

使用一个四位二进制的全加器 74LS283 和一个 74LS161,全加器 74LS283 只能做一次加法而不能保存上一次的和,可使用 74LS161 的置数和保持两个状态,当有投币时(即出现

0 到 1 的脉冲），加法器做加运算同时将和置数到 74LS161 的输出端保持住，将保存的和送到全加器的一端作为下次的输入，如此循环形成一个叠加器以记录投币总和。对应的逻辑电路图如图 7.10.2 所示。

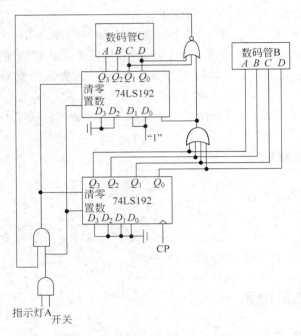

图 7.10.1　倒计时逻辑电路图

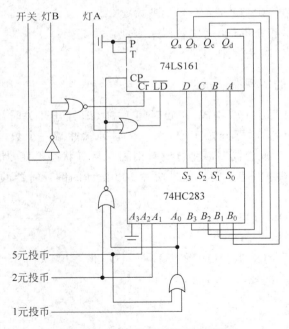

图 7.10.2　累加器的逻辑电路图

3. 比较器的实现

可通过 74LS153 来实现比较器,74LS153 有两个地址选择端,通过选择购买商品的价格实现地址选择的分配,而 4 个输入端 C0 到 C3 输入判断每种商品投币数量是否足够的判定条件。对应的工作真值表如表 7.10.1(a)和表 7.10.1(b)所示。

表 7.10.1　(a)比较器工作真值表 1

输入(选择购买的商品价格)				数据选择端	
A(8 元)	B(4 元)	C(1 元)	S_1	S_0	
0	0	1	0	0
0	1	0	0	1
1	0	0	1	0
X	X	X	1	1

表 7.10.1　(b)比较器工作真值表 2

输入(选择购买的商品价格)			投　币　和	输　　出
A(8 元)	B(4 元)	C(1 元)		
0	0	1	0	0
			X	1
0	1	0	0	0
			1	0
			2	0
			3	0
			X	1
1	0	0	0	0
			1	0
			2	0
			3	0
			4	0
			5	0
			6	0
			7	0
			X	1
X	X	X	X	0

对应的逻辑表达式如下所示:

$$S_1 = \overline{A + C}, \quad S_0 = \overline{A + B}$$
$$C_3 = 0, \quad C_2 = Q_D + Q_C + Q_B, \quad C_1 = Q_B + Q_A, \quad C_0 = Q_A$$

对应的逻辑电路图如图 7.10.3 所示。

4. 全减器的实现

使用 74LS161 来实现全减器,使用 74LS161 的清零功能和置数功能,当投币足够时(指

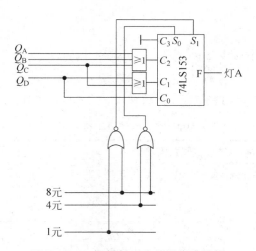

图 7.10.3 比较器对应的逻辑电路图

示灯 A 亮),74LS161 将选择购买商品的价格送到减法器端做差输出要找的钱,投币不足时 161 处于清零状态,输出为投币的和。对应的工作真值表如表 7.10.2 所示。

表 7.10.2 全减器的工作真值表

输入(选择购买的商品价格)			投 币 和	找 零	数 码 显 示
$A(8\ 元)$	$B(4\ 元)$	$C(1\ 元)$	$B_3B_2B_1B_0$		$D'C'B'A'$
0	0	1	0000	0000	0 0 0 0
			0001	0000	0 0 0 0
			0010	0001	0 0 0 1
			0101	0100	0 1 0 0
0	1	0	0000	0000	0 0 0 0
			0001	0000	0 0 0 1
			0010	0000	0 0 1 0
			0011	0000	0 0 1 1
			0100	0000	0 0 0 0
			0101	0001	0 0 0 1
			0110	0010	0 0 1 0
			0111	0011	0 0 1 1
			1000	0100	0 1 0 0
1	0	0	0000	0000	0 0 0 0
			0001	0000	0 0 0 1
			0010	0000	0 0 1 0
			0011	0000	0 0 1 1
			0100	0000	0 1 0 0
			0101	0000	0 1 0 1
			0110	0000	0 1 1 0
			0111	0000	0 1 1 1
			1000	0000	0 0 0 0
			1001	0001	0 0 0 1
			1010	0010	0 0 1 0
			1011	0011	0 0 1 1
			1100	0100	0 1 0 0

对应的实验表达式如下所示：

$$\overline{D} = 0$$
$$\overline{C} = (F \cdot B) \oplus B_2$$
$$\overline{B} = (C \cdot B_1 \cdot F) \oplus B_1$$
$$\overline{A} = (C \cdot F) \oplus B_0$$

对应的逻辑电路图如图 7.10.4 所示。

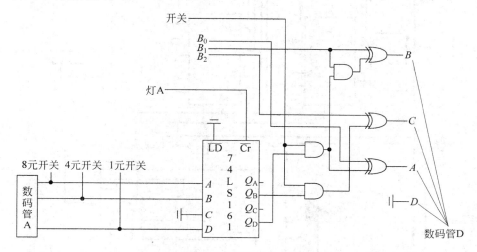

图 7.10.4　比较减法电路图

5. 幸运摇奖功能

该功能可以实现当用户每成功消费 16 次后,会自动再输出一个额外商品作为幸运奖。主要是利用 74LS161 十六进一的计数功能,脉冲输入为找零指示灯 A。其逻辑电路图如图 7.10.5 所示。

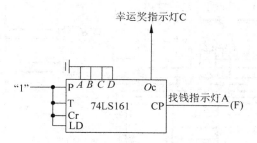

图 7.10.5　摇奖功能逻辑电路图

7.10.5　参考电路

综上各功能模块的设计,得出总的逻辑电路图如图 7.10.6 所示。

7.10.6　电路扩展提示

自动售货机已经广泛应用于各种人群集中的区域,既方便客户购物,又节约售货的人工

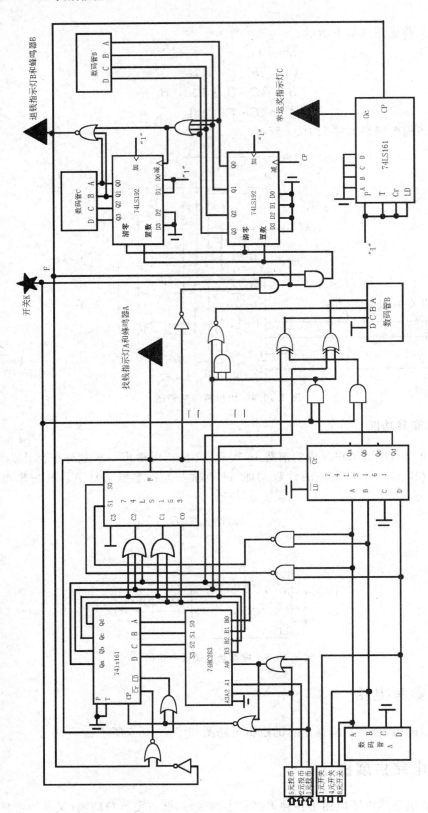

图 7.10.6 自动售货机参考逻辑电路图

成本。本文中所要求设计的功能仅为自动售货机的基本功能,读者可通过观察自动售货机所具备的其他功能(如音频或者闪烁报警、个人所购商品的总值显示、自动售货机目前所售商品数量与总值显示等),或者自主设计新功能,将其扩展至系统中,并模拟展示出来。

7.11 电子脉搏计设计

7.11.1 设计原理

脉搏计是用来测量心脏跳动次数的电子仪器,也是心电图的主要组成部分,它的基本功能应该是:

(1) 用传感器将脉搏的跳动转换为电压信号,并加以放大整形和滤波。

(2) 在短时间(15s)内测出每分钟的脉搏数。

简单脉搏计的框图如图 7.11.1 所示。

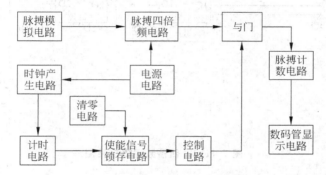

图 7.11.1 简单脉搏计的功能框图

这里可用连续的时钟信号来模拟脉搏,以一个时钟信号模拟一次脉搏的输入,通过四倍频电路,可以实现 15s 内检测出 1min 的脉搏数。

7.11.2 设计任务和要求

用中小规模集成电路模拟实现电子脉搏计逻辑控制电路的具体要求如下:

(1) 实现在 15s 内测量 1min 的脉搏数。

(2) 用数码管将测得的脉搏数用数字的形式显示。

(3) 正常人的脉搏数为 60~80 次/min,婴儿为 90~100 次/min,老人为 100~150 次/min,可通过与上述正常脉搏数比较,给出测脉搏人的脉搏数高出或低出正常范围的数值。

7.11.3 可选用器材

(1) 数字逻辑实验箱一台;

(2) +5V 直流电源;

(3) 74LS00 一片、74LS08 一片、74LS74 一片、74LS112 一片、74LS161 三片。

7.11.4　设计方案提示

1．四倍频电路

在此电路中,输入脉冲由 A 点输入,由时钟 CLK 上升沿打入 D 触发器 1,D 触发器 1 输出信号 B,B 信号在下一个时钟的上升沿被打入下一级 D 触发器 2,D 触发器 2 输出信号 C,再将 B、C 信号异或,即可得到脉冲宽度为一个时钟周期的倍频信号。

四倍频电路的逻辑电路图如图 7.11.2 所示。另外,读者还可参考 7.2 节相应的电路设计。

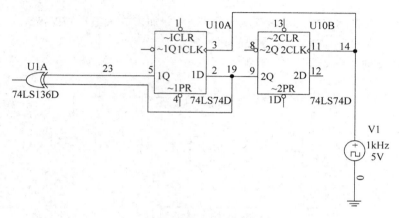

图 7.11.2　四倍频逻辑电路图

2．脉搏计数电路

脉搏计数电路主要用到计数器 74LS161。在两个芯片级联时,分同步级联与异步级联。同步级联的方法不仅电路简单,而且功耗较低,因为十位数据显示端只在进位信号来时工作,其余时间不工作,而异步级联十位数据显示端一直工作,经电流表测量,同步级联电流为 $0.888\mu A$,异步级联电流为 $0.972\mu A$,故采用同步级联的方法。

将个位数据计数器的进位端与十位数据的使能端连接起来,把两个芯片的 LOAD 与 CLR 都接高电平,两个 CLK 端连起来接模拟的脉搏信号输出端 XFG1。这样就组成了一个一百进制的计数器。XFG1 每来一个上升沿,数码管显示的数字就会加 1。

其电路连接如图 7.11.3 所示。

3．计时控制电路

计时控制电路如图 7.11.4 所示,74LS161 是一个十六进制的计数器。ENT、ENP 和 A 接高电平,使芯片工作,A、B、C、D 接低电平,即当 LOAD 为低电平时,74LS161 置 1。芯片的 CLR 接 R_3 与开关,组成清零电路。当开关闭合时,CLR＝1,芯片正常计数。当开关打开时,CLR＝0 芯片清零。

RCO 为进位信号端,当计数到 15 时,$Q_A \sim Q_D$ 输出高电平,下一个脉冲来时,$Q_A \sim Q_D$

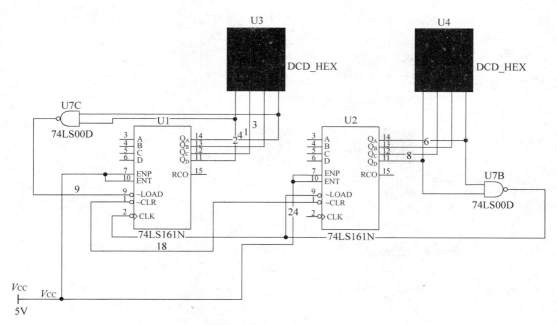

图 7.11.3　脉搏计数电路图

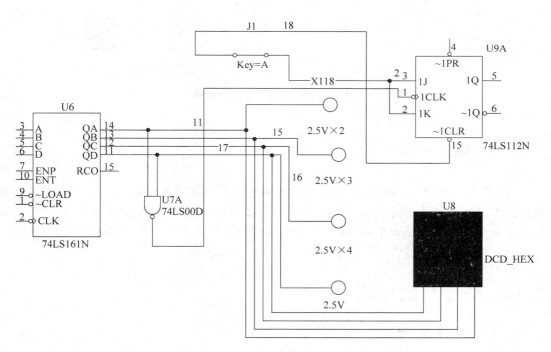

图 7.11.4　计时控制电路图

输出为 0、0、0、0。RCO 来一个上升沿,使该上升沿经过一个非门引到 LOAD 端,即进位时给 LOAD 一个低电平,使其置数。这样计数器从 1 计到 15 然后返回 1。这样组成了一个十五进制计数器。RCO 端输出为一个十五分频波形。4 个发光二极管指示计数器所记数值。

即 1Q 输出 15s 的高电平,然后输出 15s 的低电平。即控制计数器工作 15s,然后停 15s。

7.11.5　参考电路

综合前述各个功能模块,整体电路如图 7.11.5 所示。

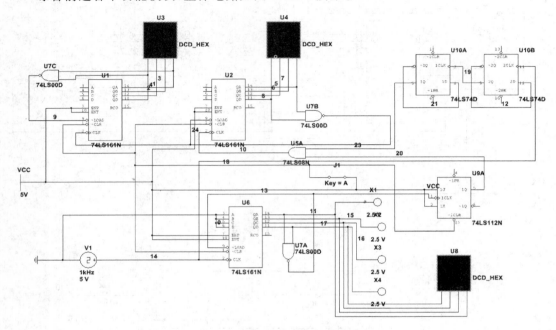

图 7.11.5　脉搏计逻辑电路图

7.11.6　电路扩展提示

脉搏计是一种常见的医疗器械,本文中所要求设计的功能为其基本功能,且没有完全给出所要求设计的内容,读者可从实际出发扩展功能,如增加用户输入年龄,且根据不同年龄段的正常脉搏数给出偏差值,设计一个可调的模拟脉搏输入信号源,可输入不同频率的信号,还可以扩展其他功能并最终在实验平台上模拟展示出来。

7.12　数字日历电路

7.12.1　设计原理

众所周知,某年的日历中包括月、日和周的信息,不同的月份可能天数不同(28 天、30 天或 31 天),因此需要根据不同月份设置不同的月进位日数,为降低设计难度,每月按 30 天统一算,月是固定的三十进制计数,周则是固定的七进制计数,周的编写中由 1 到 6 再到"日"。

7.12.2 设计任务和要求

用中小规模集成电路实现数字日历的控制电路的具体要求如下：

（1）用 5 个数码管分别显示月、日、星期。

（2）月、日的计数显示均从 1 开始，每月按 30 天算。

（3）对星期的计数显示从 1 到 6 再到日（日用 8 代替）。

7.12.3 可选用器材

（1）数字逻辑实验箱一台；

（2）+5V 直流电源；

（3）74LS00 一片、74LS02 一片、74LS10 一片、74LS08 一片、74LS32 一片、74LS86 一片、74LS160 五片。

7.12.4 设计方案提示

1. 日期计数显示电路

日期计数器采用两片十进制计数器 74LS160 同步预置数构成，控制置数端使其每次从 1 开始计数（对应每月第一天）。其中 MR′为异步置 0 控制端，在此电路中无须用到，故高低位片的 CLR′都接高电平；RCO 为进位输出端，当计数到 9（1001）时，会在 RCO 端产生一个 1 的脉冲（RCO 平时为 0），因此低位片的 RCO 接高位的 ENT 和 ENP，高位片的 RCO 不用，故悬空；ENT 和 ENP 为计数控制端，其中低位的 ENT 和 ENP 接高电平，使其一直计数，高位的 ENT 和 ENP 接来自低位的进位信号，使高位片在低位片进位一次就计数一次；高位计数器输入端置入 0（接 0000），低位置入 1（接 0001），从而使每个月第一天从 01 开始。计数器输出端，分别接译码数码管的输入端；LODA′为同步置数控制端，计数器的高位片和低位片的 LODA′连在一起，送至 LODA′，使计数器高位置 0，低位置 1，从而实现每月从 01 开始计数，到最末一天后又返回第一天循环计数。日期计数显示电路图如图 7.12.1 所示。

2. 十二进制月计数显示电路

此电路由两片 74LS160，一个与非门 74LS00 和数码管显示器实现。采用两片 74LS160 同步预置数构成，控制置数端使其每次从 1 开始计数（对应每年第一月）。其中 MR′为异步置 0 控制端，在此电路中无须用到，故高低位片的 CLR′都接高电平；RCO 为进位输出端，当计数到 9（1001）时，会在 RCO 端产生一个 1 的脉冲（RCO 平时为 0），因此低位片的 RCO 接高位的 ENT 和 ENP，高位片的 RCO 不用，故悬空；ENT 和 ENP 为计数控制端，其中低位的 ENT 和 ENP 接高电平，使其一直计数，高位的 ENT 和 ENP 接来自低位的进位信号，使高位片在低位片进位一次就计数一次；高位计数器输入端置入 0（接 0000），低位置入 1（接 0001），从而使月份从一月开始。计数器输出端，分别接译码数码管的输入端；与非门

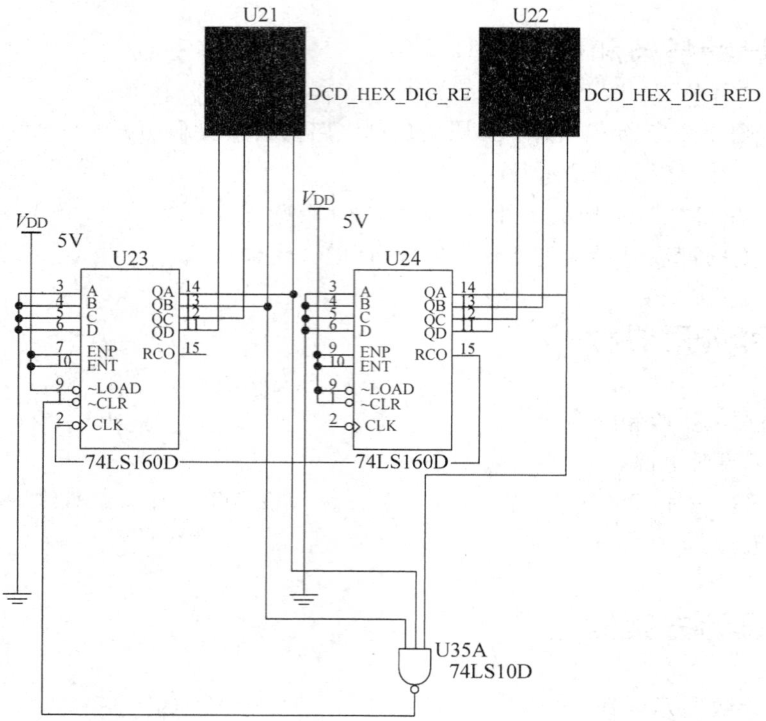

图 7.12.1　日期计数电路图

74LS00 通过检测高位的 0001 和低位的 0010 高电平,当高位最低位和低位次低位同时为 1 时产生一低电平,送至 LODA',使计数器高位置 0,低位置 1,从而实现十二进制月份计数器,且第一个月从 01 开始计数,到最末一月后又返回 01 循环计数。月计数显示电路如图 7.12.2 所示。

3. 星期计数显示电路

　　该电路由一片 74LS160、一片 74LS86、一片 74LS08、一片 74LS02 及数码管构成。74LS160 的输入端 $(D_3 \sim D_0)$ 置入 0001,使其每次从星期一开始计数,输出端 $(Q_0 \sim Q_3)$ 接数码管。清零端 MR 及使能端 ENT、ENP 同时接高电平,CLK 接和日期显示电路统一的外部时钟,从而实现星期与日期同时计数。通过与 74LS160 输出端的门电路组合,检测输出的 0111,当 $Q_2 \sim Q_0$ 同时为 1 时,产生一低电平送至 74LS160 的置数端 LOAD,使 74LS160 置数为 1,从而实现七进制的计数电路;同时由于星期天与中文中的日相似,所以用 8 表示星期日,即可通过当计数器计数到 7 时通过简单门电路产生的低电平送 74LS160,将 7 变成 8,表示星期日。星期计数显示电路如图 7.12.3 所示。

7.12.5　参考电路

　　综合上述各功能模块,得到整个的数字日历电路图如图 7.12.4 所示。

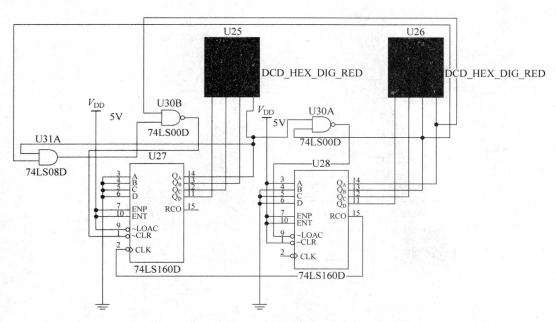

图 7.12.2 月计数电路图

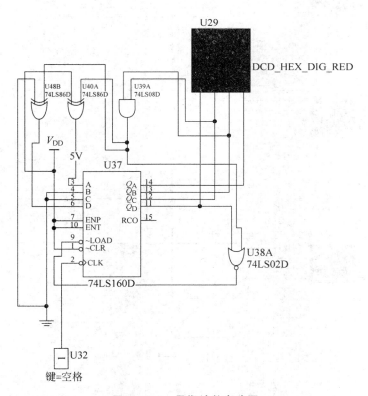

图 7.12.3 星期计数电路图

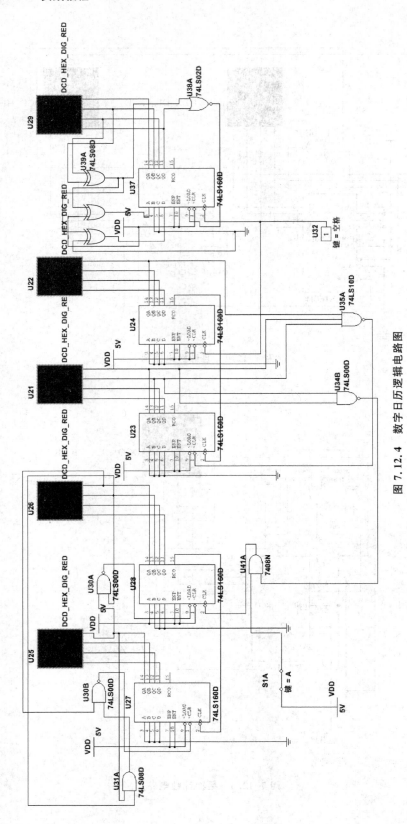

图 7.12.4 数字日历逻辑电路图

7.12.6 电路扩展提示

本实验中的电子日历设计要求比较简单,读者可以通过选择器等电路实现 28 天、30 天、31 天月份的自动识别进位,还可以增加模拟的记忆提醒功能和其他合理的功能,并通过实验平台模拟展示出来。

7.13 演讲自动报时装置

7.13.1 设计原理

在汇报或者演讲时,往往较难控制时间,本课题要求设计一个演讲自动报时电路,要求能够设定时间,提示时间进度,在规定时刻报警提示剩余时间,并能在时间用完时报警提示结束演讲。

例如,读者可设 6min 定时,过了 5min 时提醒剩余 1min,6min 时间到时提醒结束演讲。

7.13.2 设计任务和要求

用中小规模集成电路实现演讲自动报时的控制电路的具体要求如下:
(1) 演讲时间可设定输入。
(2) 最后 1min 时刻报警提示。
(3) 时间到时报警提示。
(4) 能够用数码管显示剩余时间,用 LED 灯模拟显示秒数。

7.13.3 可选用器材

(1) 数字逻辑实验箱一台;
(2) +5V 直流电源;
(3) 74LS00 一片、74LS04 一片、74LS74 三片、74LS138 两片、74LS151 一片、74LS161 一片、74LS192 一片。

7.13.4 设计方案提示

本实验可由 6 大模块组成:10s 脉冲发生器、D 触发器、计数器、显示部分、报警部分和控制部分。

振荡器的功能是实现一个周期为 1s 的脉冲信号,该振荡器是由 555 定时器组成的多谐振荡器。再用分频器将周期为 1s 的脉冲信号分频成周期为 10s 的脉冲信号。

计数器是用一个可预置数减法计数器组成的,实现从计时递减到 0 的功能。计数器由一块 74LS192 计数器构成。

显示部分由数码显示管、6 个指示灯构成。其中数码显示管显示 6min 倒计时,6 个指示灯以 10s 为单位循环点亮。

报警部分由蜂鸣器和单稳态触发器组成。

控制部分电路实现的功能有重置、启动。用 74LS138 作为 3 线-8 线译码器,译码器的输入端接计数器 74LS192 的输出端,当计数到零时输出信号使译码器相应端口输出低电平信号触发单稳态触发器。

总体方案框图如图 7.13.1 所示。

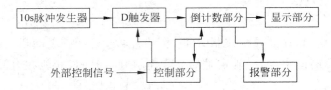

图 7.13.1　总体方案框图

1. 指示灯显示秒数电路(以 10s 为单位)

采用 6 个 D 触发器构成 6 个指示灯的控制电路。其中,每一个触发器的输出端 Q 都接一个指示灯,以显示状态。接通电源后,拨动开关 S1,利用 D 触发器的置数端和清零端使 6 个触发器预置成 100000 状态。之后每隔 10s 输入一个 CP 脉冲,右移一位。6 个指示灯分别接到 6 个触发器的 Q 输出端,这样每隔 10s 只有一个指示灯会发亮,每到来一个触发脉冲就点亮下一个指示灯。状态转移如图 7.13.2 所示,对应的电路图如图 7.13.3 所示。

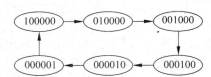

图 7.13.2　6 个 D 触发器状态循环示意图

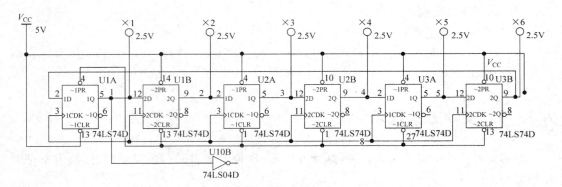

图 7.13.3　6 个 D 触发器仿真电路图(100000 状态)

2. 6 分钟倒计时电路

6 个 D 触发器部分循环周期为 60s,60s 后,当 Q1 再次由高电平 1 变为低电平 0 的时候,经非门后给 74LS192 的 DOWN 计数端一个计数脉冲,计数器设计容量为 6min(在计数器开始之前,通过拨动开关 S1 使计数器置入数字"6")。其电路图如图 7.13.4 所示。

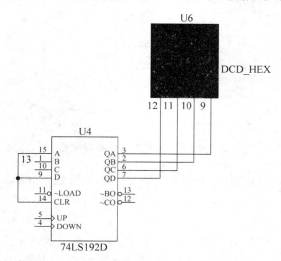

图 7.13.4　6 分钟计数器仿真电路图(初始状态)

3. 译码、显示电路

计数器的输出接入数码管显示电路,同时将计数器的输出接入 74LS138 译码电路,对应的电路图如图 7.13.5 所示。

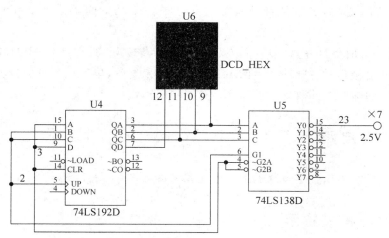

图 7.13.5　译码电路仿真电路图

当剩余 1 分钟时,由 74LS151 识别,555 定时器实现报警功能。对应的电路图如图 7.13.6 所示。

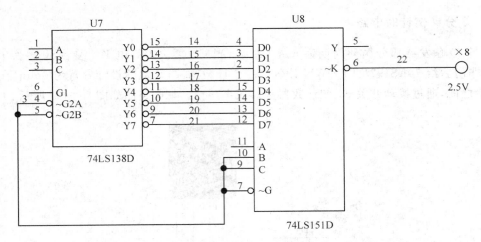

图 7.13.6 报警提示仿真电路图

当 6 分钟时间到时,再次报警(报警的音频输出可设计成不同模式以示区别)。

4. 控制电路

当计数器倒计时到达零,而且 6 个 D 触发器的状态为 100000 时,74LS138 译码器的 Y0 端输出低电平,触发第一个单稳态触发器,使之输出持续时间为 1s 的高电平,之后又自动恢复为低电平,驱动蜂鸣器发出 1s 的音频报警信号。

当计数器倒计时已到零,而且 6 个 D 触发器的状态第二次变为 100000 时,74LS138 译码器的 Y0 端输出低电平,经反相器后变为高电平,此高电平信号与第一个 D 触发器的 1Q 输出端(此时也为高电平)相与非后,输入到第二个单稳态触发器,使之输出持续时间为 1min 的高电平,之后又自动恢复为低电平。驱动蜂鸣器发出 1min 的音频报警信号。

当计数器倒计时已到零,6 个 D 触发器的状态为 100000 时,74LS192 的端输出为低电平,将此低电平信号与时钟脉冲产生的 10s 脉冲信号相与后,接到 6 个 D 触发器的脉冲输入端,使整个电路的脉冲在计数到零后停止,不再循环计数。

7.13.5 参考电路

综合上述设计,给出整个电路的逻辑电路参考图如图 7.13.7 所示。

7.13.6 电路扩展提示

自动报时电路可应用于众多有时间限制的领域,针对不同的应用领域或者用户的需求,对于时间设置和报时提醒的要求也各自不同,读者可根据需要更改或扩展电路,并在实验平台上模拟展示出来。

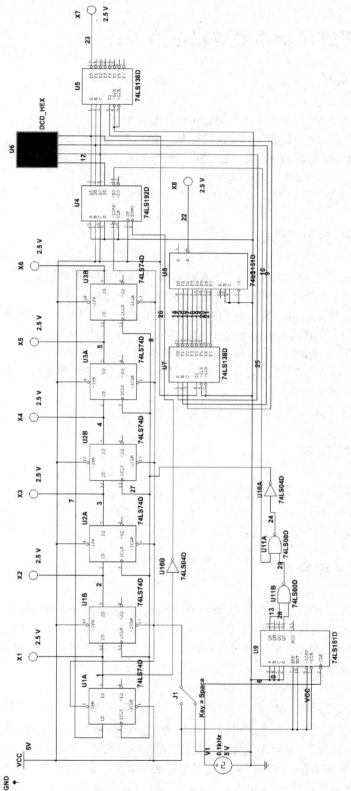

图 7.13.7 演讲自动报时逻辑电路图

7.14 四路彩灯显示系统逻辑电路设计

7.14.1 设计原理

本课题要求设计一个四路的彩灯,彩灯的控制流程如下:

(1) 第一路先点亮,然后依次点亮第二路、第三路、第四路;

(2) 第四路先灭,然后第三路、第二路、第一路依次灭;

(3) 四路彩灯均亮 0.5s 灭 0.5s,共 4 次;

(4) 从(1)开始循环。

7.14.2 设计任务和要求

用中小规模集成电路设计并制作一个四路彩灯显示系统的要求如下:

(1) 开机自动置入初始状态后即能按规定的程序进行循环显示。

(2) 程序由 3 个节拍组成:第一节拍时,四路输出 $Q_1 \sim Q_4$ 依次为 1,使第一路彩灯先点亮,接着第二路、第三路、第四路彩灯点亮。第二节拍时,$Q_4 \sim Q_1$ 依次为 0,使第四路彩灯先灭,然后使第三路、第二路、第一路彩灯灭。第三节拍时,$Q_1 \sim Q_4$ 输出同时为 1 态 0.5s,然后同时为 0 态 0.5s,使四路彩灯同时点亮 0.5s,然后同时灭 0.5s,共进行 4 次。每个节拍费时都为 4s,执行一次程序共需 12s。

(3) 用发光二极管显示彩灯系统的各节拍。

7.14.3 可选用器材

(1) 数字逻辑实验箱一台;

(2) +5V 直流电源;

(3) 74LS161 两片、74LS74 一片、74LS20 一片、74LS04 一片、74LS194 一片、74LS32 一片。

7.14.4 设计方案提示

为保证四路彩灯系统开机后可从初始状态按规定程序进行循环演示,循环控制电路可用 74LS161 和 74LS20 实现。彩灯花形显示分为 3 个节拍,彩灯的 3 个节拍可以用移位寄存器 74LS194 实现。彩灯有"亮"和"灭"两种状态,此外,还需要设计时钟脉冲产生电路、循环控制电路和彩灯花样输出电路。

四路彩灯显示的系统框图如图 7.14.1 所示。

由设计要求出发可知彩灯的 3 个节拍可以用移位寄存器 74LS194 实现,通过控制 S0 和 S1 实现右移、左移和送数,通过控制 $\overline{\text{CLR}}$ 控制清零。第一节拍为 1 右移,第二节拍为 0 左移,第三节拍全亮为置数 1,全灭为清零。由于程序循环一次要 12s,故需要一个十二进制的计数器控制循环。第三节拍时要求 1s 内全灭全亮各一次,故脉冲信号频率比先前两节拍时脉冲频率要快一倍,而且要以相同频率控制 $\overline{\text{CLR}}$。可以用一个十六进制计数器产生脉冲信号,一路送到控制十二进制的计数器,一路经逻辑电路送到移位寄存器。

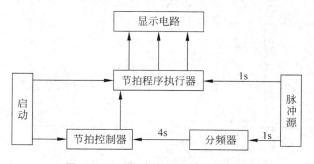

图 7.14.1　四路彩灯显示系统框图

1. 彩灯花样输出电路

通过 74LS161 计数器的 C、D 信号控制移位寄存器 74LS194 的 S0 和 S1 及其$\overline{\text{CLR}}$端,其真值表如表 7.14.1 所示。

由表 7.14.1 可得:

$$S0 = \overline{QC}$$
$$S1 = QD + QC$$
$$\overline{CLR} = (QD \cdot A + \overline{QD})$$

进一步分析可知 74LS194 脉冲控制:

$$CLK = (QD \cdot A + \overline{QD}) \cdot QD + B$$

表 7.14.1　控制计数器输出端和控制移位器端真值表

CLK	时间/s	节拍	QD	QC	S0	S1	SR	SL	74LS194 动作
0	1		0	0	1	0			
1	2	第一节拍	0	0	1	0	1	*	右移 1
2	3		0	0	1	0			
3	4	1Hz 脉冲 B	0	0	1	0			
4	5		0	1	0	1			
5	6	第二节拍	0	1	0	1	*	0	左移 0
6	7		0	1	0	1			
7	8		0	1	0	1			
8	9		1	0	1	1			
9			1	0	1	1			
10	10		1	0	1	1			
11	2Hz 脉冲 A	第三节拍	1	0	1	1	*	*	送 1 清零
12	11		1	0	1	1			
13			1	0	1	1			
14	12		1	0	1	1			
15			1	0	1	1			

2. 彩灯花样输入电路接线图

彩灯花样输入电路接线图如图 7.14.2 所示。

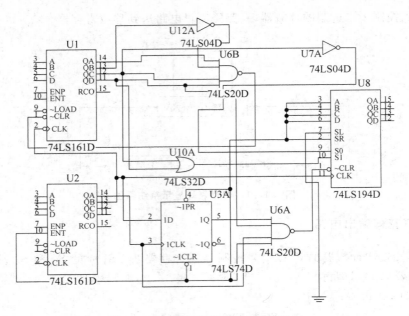

图 7.14.2 彩灯花样输入电路接线图

7.14.5 参考电路

综合上述各功能单元,得到四路彩灯控制电路图如图 7.14.3 所示。

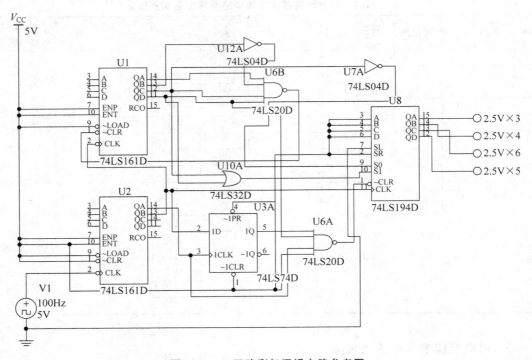

图 7.14.3 四路彩灯逻辑电路参考图

7.14.6 电路扩展提示

彩灯常见于节庆场合,样式也五花八门,读者可以通过观察,设计按照某种规则点亮或者闪烁的彩灯,例如可以根据某些歌曲的节拍制定彩灯的闪烁变换方案等,读者还可以根据需要更改和扩展电路,并在实验平台上模拟展示。

7.15 电饭锅控制电路设计

7.15.1 设计原理

模拟电饭锅工作过程,用两个开关设置电饭锅的 4 种工作模式:待机、保温、蒸饭和煲

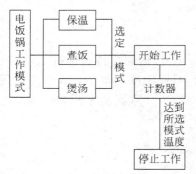

图 7.15.1 电饭锅工作流程图

汤,并用一个数码管显示当前选定的工作模式(分别用数字 0、1、2、3 表示)。选定模式后,在数码管上显示选定模式的温度值(温度为两位数,3 种模式共用两个数码管),代表各个模式下的温度,同一时刻只能选择一种模式,选定模式之后,通过另一个开关作为开始按键,两个数码管从零开始增长,代表温度增长,不同模式下温度增长速度不同,直到与所选模式温度相同时停止(伴随蜂鸣器响),也可模仿实际情况,在某种模式下,达到预定温度之后还需要保持一定时间后回到保温或待机状态。

系统的工作流程图如图 7.15.1 所示。

7.15.2 设计任务和要求

用中小规模集成电路设计并制作一个电饭锅控制电路的要求如下:
(1) 通过两个开关来控制 00、01、10,这 3 个状态代表 3 种工作模式。
(2) 每个模式对应的温度实时在数码管上显示。
(3) 通过计数模拟电饭锅工作过程。
(4) 当温度达到预置温度时,计数停止。

7.15.3 选用器材

(1) 数字逻辑实验箱一台;
(2) +5V 直流电源;
(3) 74 系列芯片: 74LS192 两片、74LS153 一片、74LS157 两片、74LS04 两片、74LS00 一片、74LS02 一片、74LS30 3 片。

7.15.4　设计方案

对应于工作原理图,电饭锅控制电路的实验原理图如图 7.15.2 所示。

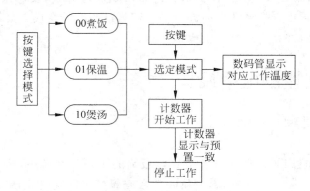

图 7.15.2　电饭锅实验原理图

设置两个开关 K_1、K_2,用于选择 3 种状态,其中 K_1、K_2 为 00 时对应待机状态 0;01 时对应保温状态 1,最高温度设为 70℃;10 时对应煮饭状态 2,最高温度为 80℃;11 时对应煲汤状态 3,最高温度为 90℃。在选定某一状态后,打开 K_3 开关,计数器从零开始计数。上升到对应温度后停止,蜂鸣器响。各部分具体实现方法如下。

1. K_3 打开前数码管示数的实现

此功能可用两片二选一数据选择器来实现,其中一个对应个位数码管的示数实现,另外一个对应十位数码管的示数实现。在 K_1、K_2 选择某一状态,且 K_3 未开启的时刻,数码管上需要显示对应状态的最高温度示数。由输入输出可确定 K_1、K_2 与输出的真值表如表 7.15.1 和表 7.15.2 所示。

表 7.15.1　K_1、K_2 与十位数对应的真值表

输　入		输　出			
K_1	K_2	D_0(十位)	D_1(十位)	D_2(十位)	D_3(十位)
0	0	×	×	×	×
0	1	0	1	1	1
1	0	1	0	0	0
1	1	1	0	0	1

表 7.15.2　K_1、K_2 与个位数对应的真值表

输　入		输　出			
K_1	K_2	D_0(个位)	D_1(个位)	D_2(个位)	D_3(个位)
0	0	×	×	×	×
0	1	0	0	0	0
1	0	0	0	0	0
1	1	0	0	0	0

由真值表得出表达式：

$$D_0(十) = K_2,$$
$$D_1(十) = \cdot K_2,$$
$$D_2(十) = \cdot K_2,$$
$$D_3(十) = K_1,$$
$$D_0(个) = D_1(个) = D_2(个) = D_3(个) = GND$$

两片二选一数据选择器的作用是，确保 K_3 开关未打开前，数码管显示的是最高温度示数，K_3 打开后，数码管显示的是计数器的即时示数。具体实现方法为：两片二选一数据选择器的地址选择端接 K_3，数据输入端 m_0 分别接 D_0、D_1、D_2、D_3，m_1 分别接计数器的输出 Q_0、Q_1、Q_2、Q_3。当 K_3 未打开时，地址端为 0，数据选择器选择的数据为 m_0，数码管接收的数据是 D_0、D_1、D_2、D_3 所设置的最大温度示数。当 K_3 打开时，地址端为 1，数据选择器选择的数据为 m_1，数码管接收的数据是 Q_0、Q_1、Q_2、Q_3 的即时数据。

2. 不同模式下温度增长速度不同的实现

此功能利用一片四选一数据选择器实现。数据选择器的地址端接 K_1 与 K_2 开关，4 个数据选择端的其中 3 个接不同频率的脉冲，另外一个接地。当 K_1 与 K_2 开关选择某一状态后，此状态对应频率的脉冲被选择并输入到计数器中，供计数器工作。这样，当状态不相同时，计数器以不同的频率计数，实现了不同模式下温度增长速度的不同。

3. 开始计数后到达指定最高温度时计数停止

此功能实现的工作原理：计数器为时序电路，它的运行需要时钟脉冲的支持，一旦无有效的时钟脉冲，计数即停止。具体实现方法如下：利用 3 片八输入与非门与一片四选一数据选择器，3 片八输入与非门分别对应 3 种状态的最高温度，具体表达式如下：

$$Y_0 = GND$$
$$Y_1 = (Q_3 \cdot Q_2 \cdot Q_1 \cdot Q_0)(高四位) \cdot (\cdots)(低四位)$$
$$Y_2 = (Q_3 \cdots)(高四位) \cdot (\cdots)(低四位)$$
$$Y_3 = (Q_3 \cdots Q_0)(高四位) \cdot (\cdots)(低四位)$$

在某一状态下，计数器到达对应状态的最高温度时，对应的输出 Y 由高电平变为低电平，将其与连接脉冲的数据选择器输出做与非操作，由于 0 与任一输入的与非结果为恒高电平，计数器的脉冲输入因此停止，计数器计数停止。

4. 蜂鸣器工作

蜂鸣器在某一状态下达到最高温度后开始蜂鸣（蜂鸣器为 0 时不工作，为 1 时工作）。蜂鸣器的真值表如表 7.15.3 所示，其中 Y_2 为四选一数据选择器的第二个输出。

表 7.15.3　蜂鸣器工作真值表

K_3	Y_2	蜂　鸣　器	K_3	Y_2	蜂　鸣　器
0	0	0	1	0	1
0	1	0	1	1	0

由真值表可得到蜂鸣器的表达式：

$$G = K_3 \cdot \overline{Y_2}$$

7.15.5　参考电路

综合上述各电路模块的设计,得出电饭锅总的控制电路参考图如图 7.15.3 所示。对应的电路波形图如图 7.15.4 所示。

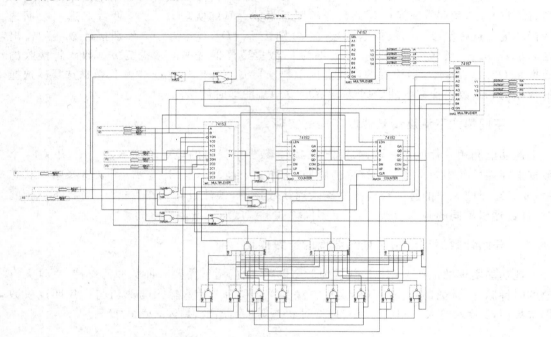

图 7.15.3　电饭锅控制电路参考电路图

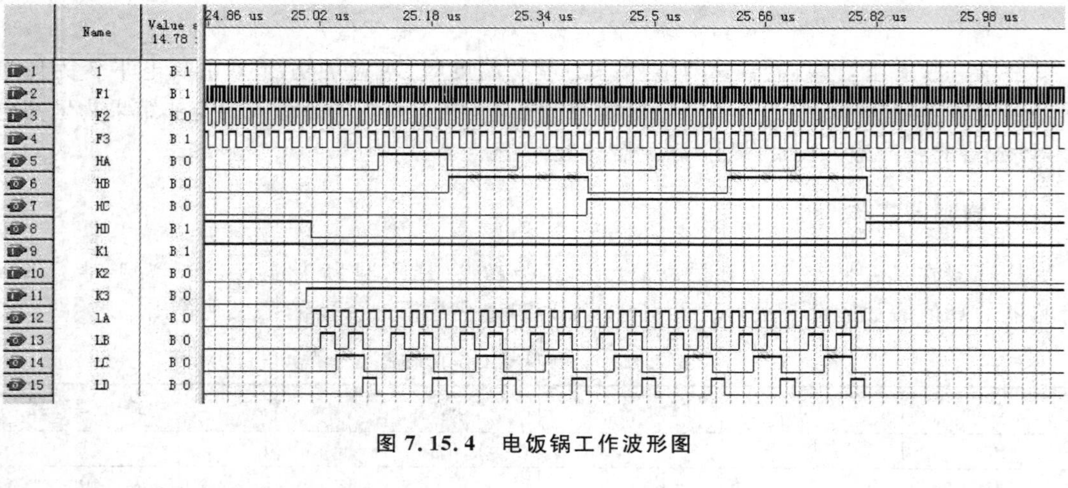

图 7.15.4　电饭锅工作波形图

7.15.6 电路扩展提示

实际的电饭锅工作过程是当达到既定温度或时间后,会转入保持工作状态,其过程是会自然地降温,当降到一定温度后,电路会自动启动加热功能,使其环境保持在某个温度范围,读者可增加电路模仿这一过程,以更接近实际电饭锅的工作过程。读者可以根据观察自行扩展其他功能,并将其在实验平台上模拟展示。

7.16 简单电子导航模拟器设计

7.16.1 设计原理

用发光二极管以流水灯的形式来模拟导航过程,第几个发光二极管发光代表用户所在位置,首先初始化用户所在位置后通过按键控制数码管选择目的地的代号,另一个按键给一个脉冲信号,二极管即可以按照流水灯形式工作。

本题目主要是要经过计算当前所在地点与目标地点的位移,然后设计一个时序电路,能够自动生成相应数目的脉冲,另外,每来一个脉冲,点亮的指示灯就往目标点方向迁移一位,直到到达指定目标点为止,其工作流程如图 7.16.1 所示,系统实物效果图如图 7.16.2 所示。

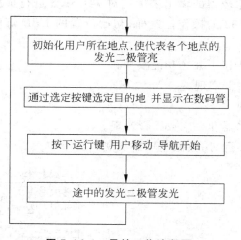

图 7.16.1 导航工作流程图

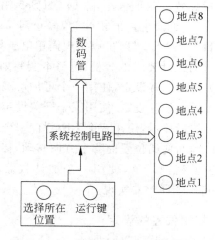

图 7.16.2 简单电子导航模拟器效果图

7.16.2 设计任务和要求

用中小规模集成电路设计并制作一个简单电子导航模拟器系统的具体要求如下:

(1) 导航过程通过发光二极管来显示,初始化用户所在位置,并用相应二极管点亮表示,然后通过按键控制数码管选定目的地代号。

(2) 选定后,通过发光二极管流水灯的形式,走到选定的目的地。发光二极管代表各个地点(暂定 8 个)。

(3) 显示导航过程中走过的距离(假定每个位置之间的距离相等)。

7.16.3　可选用器材

(1) 数字逻辑实验箱一台;

(2) +5V 直流电源;

(3) 74 系列芯片:74LS00 两片、74LS32 一片、74LS48 两片、74LS85 一片、74LS86 一片、74LS138 两片、74LS163 一片、74LS193 一片。

7.16.4　设计方案提示

用发光二极管以流水灯的形式来模拟导航过程,第几个发光二极管发光代表用户所在位置,首先初始化用户所在位置后,通过三个开关控制数码管选择目的地的代号,另一个开关控制导航的开始,二极管就能以流水灯形式工作了。

因为设计要求使用 8 个 LED 灯代表 8 个不同的位置,所以可以使用一个 74LS193 同步可逆双时钟计数器(二进制)来存储初始位置,并通过 74LS138 来选定 LED 灯表示当前的位置;另外用三个开关来设置目的地位置,同样也通过 74LS138 来选定 LED 灯,并通过 74LS48 七段译码器在数码管上显示相应的数字;通过 74LS85 四位幅度比较器比较初始位置和目标位置的数值大小,根据 74LS85 幅度比较器的输出来确定对 74LS193 进行加操作或减操作,直到两个数值相等时,停止对 74LS193 的操作。这样,初始位置的 LED 灯就移动到了目的地 LED 灯,可以实现简单电子导航。

经过对设计要求的分析,可将本实验划分为以下几个功能模块:

(1) 初始位置设定,使用一个可加可减计数器实现。

(2) 目标位置设定,使用三个开关设定实现。

(3) 位置显示,使用 8 个 LED 灯、一个译码器和一个数码管实现。

(4) 判断初始位置向哪个方向移动,移动多远,用数据比较器实现。

(5) 里程记录器,使用一个加计数器,一个数码管和一个译码器实现。

1. 初始位置的设定

因为可以选定 8 个位置,所以使用三位二进制计数器正好可以实现,用 000 到 111 分别表示 8 个不同的位置,又因为需要能对它进行加 1 操作或减 1 操作,所以此处我们用 74LS193 同步可逆双时钟计数器,取用其低三位即可。

初始位置设置电路图如图 7.16.3 所示。

说明:20、21、22 线所连接的开关依次对应三位二进制数,如图 7.16.3 所示,表示 $A = 100$,

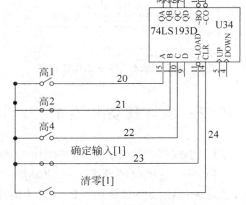

图 7.16.3　导航初始位置设定电路图

"确认输入【1】"、"清零【1】"中的"【1】"表示开关闭合实现相应功能。

2. 目标位置的设定

同样要求可以选定 8 个位置,但不用对其进行其他操作,因此此处我们使用三个开关即可。

3. LED 灯的显示

三位二进制数对应 8 个不同的状态,而目标位置和初始位置都使用 000～111 来表示 8 个不同状态,为了让 000～111 这 8 个状态对应 8 个 LED 灯,此处用 74LS138 3 线-8 线译码器就可以实现。

但 74LS138 输出时有 7 个是高电位,1 个是低电位,不能直接接到 LED 灯上,同时 LED 灯要可以同时显示初始位置和目标位置,因此需要再使用 8 个与非门,把每个与非门分别接到两个 74LS138 上才能实现初始位置和目标位置都只点亮一个 LED 灯的目的。举例分析如下：当初始位置 $A = 01111111$,目标位置 $B = 11011111$ 时,A、B 的每一位经过与非运算就可以得到输出 $Y = 10100000$,把这个信号输给 8 个 LED 灯,就可以只点亮第 0 位和第 2 位的 LED 灯。

LED 灯显示电路如图 7.16.4 所示。

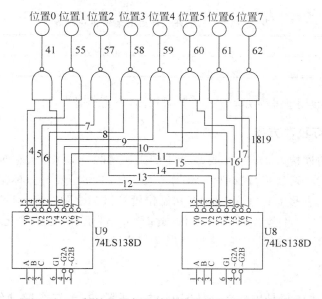

图 7.16.4　初始位置与目的地位置的 LED 灯显示电路

4. 数码管部分的显示

因为只有 8 个位置,所以只要显示 8 个数字即可,目标位置用了三个二进制数来表示,则使用 74LS48 和一个数码管就可以实现显示功能。对应的电路图如图 7.16.5 所示。

其中把 D 接低电位,只取 ABC,三位二进制数与数字的对应关系如表 7.16.1 所示。

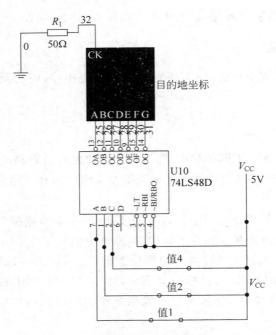

图 7.16.5　目的地坐标的数码管显示

表 7.16.1　三个开关与目的地位置对应表

ABC	000	001	010	011	100	101	110	111
数字	0	1	2	3	4	5	6	7

里程计也使用数码管来显示,方式与上面相同,不再赘述。

5.判断 LED 灯移动方向

如图 7.16.4 的连接方式,当 A 或 B 从小到大递增时,LED 灯从左向右依次亮起。

设初始位置值为 A,目标位置值为 B,当 $A<B$ 时,初始位置在目标位置左侧,对 A 进行加操作,初始位置向右移动;当 $A>B$ 时,初始位置在目标位置右侧,对 A 进行减操作,初始位置向左移动直到 $A=B$,停止对 A 的操作,此时两个灯重合,完成导航功能。数据比较功能用 74LS85 四位幅度比较器实现,这里只用高三位即可。

6.里程记录器

每次初始位置移动都是因为为 74LS193 输入了脉冲,把这个脉冲经过简单的逻辑运算,再输给另一个四位二进制加法器 74LS163,让 74LS163 实现加法操作,同时取其低三位经过 74LS48 译码器传给数码管,即可实现显示里程数的功能(假设每个 LED 灯之间的距离都相同)。

7.16.5　参考电路

综合上述各功能模块,设计出简单电子导航模拟器的逻辑电路参考图如图 7.16.6 所示。

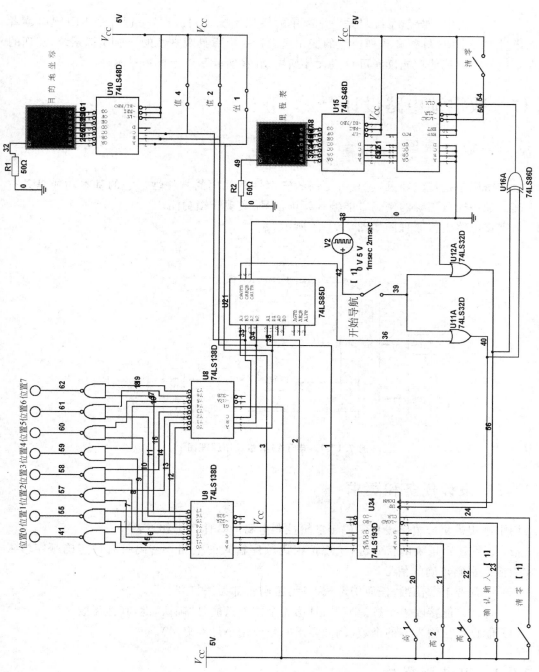

图7.16.6　简单电子导航模拟器逻辑电路参考图

7.16.6 电路扩展提示

本节所述的电子导航系统只是一个简单的模拟系统,而且只是一行 8 个 LED 灯,读者可以通过增加 LED 灯数和排列位置的变化来设计一个更具观赏性的导航模拟系统,实现的原理是相似的。其他功能读者可自主设计拓展,并在实验平台上模拟展示。

7.17 数字锁电路设计

7.17.1 设计原理

数字密码锁是现代锁具,它具有更高的安全性和使用的方便性。它的基本功能是只有按正确的顺序输入正确的密码方能输入开锁信号,实现开锁功能。

数字锁电路工作原理图如图 7.17.1 所示。

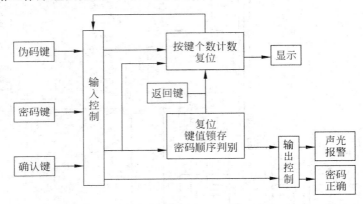

图 7.17.1 电子锁电路工作原理图

7.17.2 设计任务和要求

用中小规模集成电路设计密码锁逻辑控制电路的具体要求如下:

(1) 设置三个正确的密码键,实现按密码顺序输入的电路。密码只有按正确顺序输入后才能输出密码正确的信号。

(2) 设置若干个伪键,任何伪键按下后,密码锁都无法打开。

(3) 每次只能接收 4 个按键信号,且第 4 个按键只能是"确认"键,其他无效。

(4) 能显示已输入键的个数(例如显示 * 号或用小灯泡显示)。

7.17.3 可选用器材

(1) 数字逻辑实验箱一台;

(2) 直流稳压电源;

（3）74 系列芯片：74LS04 两片、74LS08 两片、74LS32 一片、74LS112 三片、74LS194 两片。

7.17.4　设计方案提示

1. 时基电路

时基电路图如图 7.17.2 所示，它由三部分组成：

第一部分为 JK 触发器组成的密码键，前三个 JK 触发器为密码键，第 4 个为确认键，右侧的一个为伪码键，由开关控制产生的单脉冲信号被送入 JK 触发器的时钟脉冲端，只有依次按密码键，送入脉冲信号，最后按确认键，确认键端的 JK 触发器输出端才为高电平，其他任何时候都为低电平。

第二部分为 JK 触发器组成的伪码键，按下伪码键再按任何密码键，输入三个键码，最后按确认键都不会将密码开锁。

第三部分为由 74LS194 芯片组成的控制灯的亮或暗的电路，包括输入密码后密码显示灯亮，密码输入正确，确认灯亮，密码输入不正确，输入灯不亮，还有复位键，确认键为一个复位键，当确认键被按下后，输入密码显示灯清零。

2. 显示电路

如图 7.17.3 所示，该部分电路需要用到 74LS194，其功能是四位移位寄存器，2、7、9、10 端口为时钟脉冲控制端，12、13、14、15 端口为输出端，当 2、9 端输入一个高电平，10 端口接低电平，3 端口为高电平，4、5、6 端口为低电平时，每输入一个时钟脉冲信号，移位一次，所以称为移位寄存器。11 端口的时钟脉冲信号是由三个密码键和一个伪码键的按钮发出的，每输入一个密码或伪码键，都会产生一个时钟信号送入 74LS194 的时钟脉冲端。其功能是，每来一个时钟信号亮一盏灯，最后按下确认键，确认键信号经过反相器送入清零端，因此三盏灯都清零。

3. 报警电路

如图 7.17.4 所示，密码输入正确时，按下确认键，此时 74LS194 的 6 端变为高电平，因此右侧的灯亮，代表密码正确，开锁。任何一个密码不正确时，6 端为低电平，灯不亮。而图 7.17.4 中间的 74LS194 时钟信号端与确认键相连接，上侧的报警灯与芯片的 5 引脚连接，当连续三次密码输入错误时，5 引脚变为高电平，经反相器反向后，变为低电平信号，此时灯不亮，不开锁，同时报警小灯亮。

4. 复位电路

如图 7.17.5 所示，当密码输入完后按下确认键，显示灯清零，确认键为显示灯复位键，图 7.17.5 中右侧一个开关为报警灯清零键，开关与图中间部位的 74LS194 清零端引脚相连接，当开关拨到低电平时，5 号引脚变为低电平，报警灯清零。

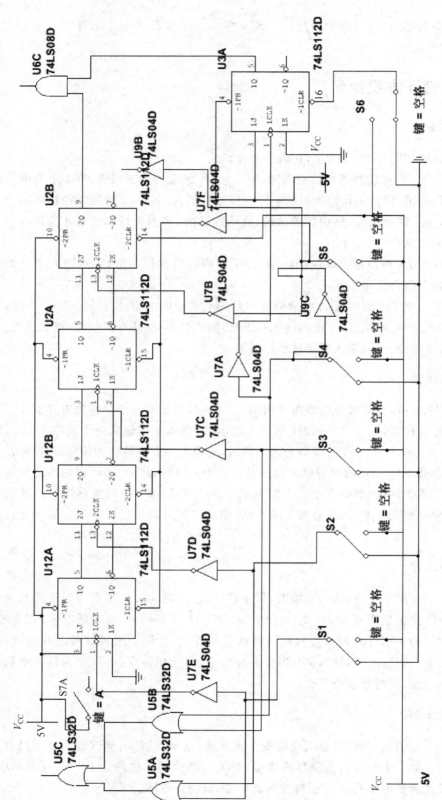

图 7.17.2 时基电路参考图

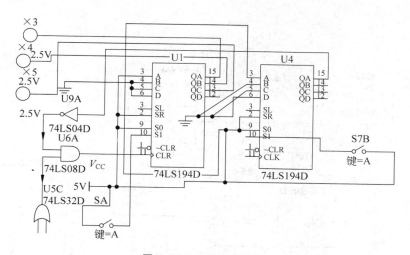

图 7.17.3　显示电路图

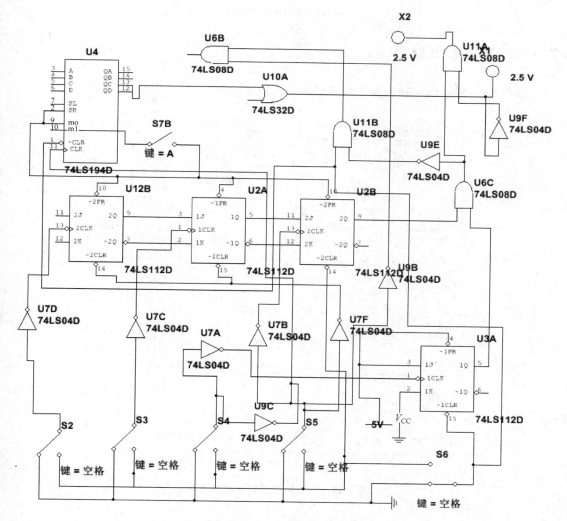

图 7.17.4　报警电路参考图

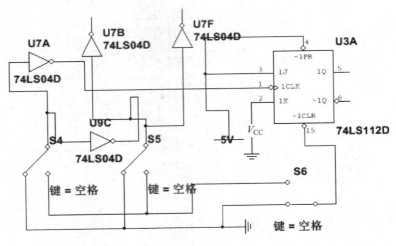

图 7.17.5　复位电路图

7.17.5　参考电路

综合各功能模块的设计,给出数字锁的总电路参考图如图 7.17.6 所示。

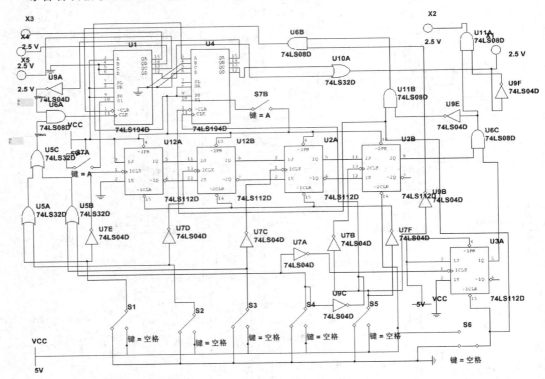

图 7.17.6　数字锁逻辑电路参考图

7.17.6 电路扩展提示

数字密码锁已经广泛应用,本实验只要求设计位数为固定的 3 位密码锁,其安全系数较低,读者可设计多位密码锁,以增强密码锁的安全系数,另外每位密码可以是十进制数字,可以通过 BCD 拨码开关输入。读者还可以通过拓展设计以增强密码锁的安全性,并在实验平台上模拟展示出来。

7.18 定时启动与关闭控制电路设计

7.18.1 设计原理

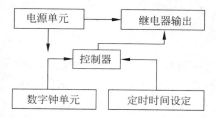

图 7.18.1 定时控制器逻辑电路框图

为了能使仪器在特定的时间内工作,通常需要人员进行现场干预才能完成。本课题设计的定时控制器,就是能使人不在现场时,仪器也能按时打开和关闭。例如若想用录音机、录像机录下某一时间段的节目,而这一段时间我们又有其他事要做,不在家里或机器的旁边,此时就可以事先预置一下定时器,在几点几分准时打开机器,到某时某刻关掉机器。

定时控制器由供电单元、数字钟单元、定时单元以及控制输出单元等几部分组成。如图 7.18.1 所示为定时控制器逻辑电路框图。

7.18.2 设计任务和要求

设计一个带数字电子钟的定时控制器逻辑电路的具体任务和要求如下:
(1) 具有电子钟功能,显示为四位数。
(2) 可设定定时起动(开始)时间与定时结束(关断)时间。
(3) 定时开始,指示灯亮;定时结束,指示灯灭。
(4) 定时范围可以选择。

7.18.3 可选用器材

(1) 数字逻辑实验箱一台;
(2) 直流稳压电源;
(3) 74 系列芯片:74LS112 一片、74LS86 四片、74LS248 四片、74LS90 四片、74LS92 两片、CD4060 及其他门电路。

7.18.4 设计方案提示

1. 电源电路

本系统电源,如不用实验室电源,可以采用三端稳压块获得+5V稳压输出,如图7.18.2所示。

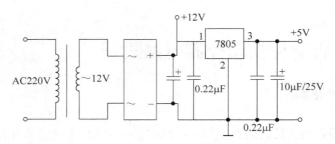

图 7.18.2 定时器电源电路

2. 数字钟单元电路

这一部分与7.8节数字电子钟逻辑电路相同。它分别由秒脉冲发生器,秒、分、时计数器,译码器,显示器等组成,这里只要设计成四位显示即可。"分"从00至59,"时"从00至23,秒可以用发光二极管显示。

3. 定时器定时时间的设定

定时器定时时间的设定,可用逻辑开关(4个一组),分别置入0或1,再加译码,显示,就知其所设定的值。例如,四位开关为"1001",显示器即显示9。

另一个办法,用BCD8421码拨码开关KS系列器件,拨码开关本身可显示数字,同时输出BCD码。例如,拨码开关置成"6",其8421端将分别输出"0110",并有"6"显示。

4. 控制器

控制器的任务是将计数值与设定值进行比较,若两者的值相等,则输出控制脉冲,使继电器电路接通。由于定时的时间有起始时间和终止时间,所以,为了区别这两个信号,采用交叉供电方式或采用三态门进行控制。

5. 继电器电路

继电器的通、断受控制器输出控制,当"开始定时"设定值到达时,继电器应该接通。而当"定时结束"设定值到达时,继电器应断开。其定时波形如图7.18.3所示。继电器的触点可接交流、直流或其他信号。

图 7.18.3 定时器波形图

7.18.5 参考电路

根据定时控制器的设计任务和要求,其控制逻辑参考电路如图7.18.4所示。

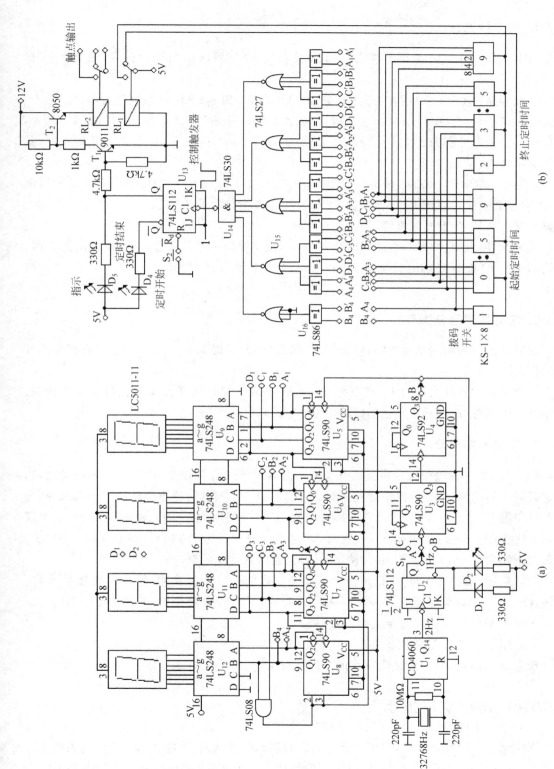

图 7.18.4 定时启动与关闭控制电路参考

1. 数字钟部分

由 U_1 CD4060 分频器及 U_2 74LS112 触发器将 32 768Hz 晶振进行分频,获得 1Hz 秒脉冲。

秒脉冲通过 U_3、U_4、U_5 和 U_6 进行分频。U_3 和 U_5 为 74LS90 十进制计数器,以"除十"方式工作,U_4 和 U_6 为 74LS92 十二进制计数器,并以"除六"方式工作。U_3、U_4、U_5 和 U_6 的输出方波频率分别为 1/10Hz、1/60Hz、1/600Hz、1/3600Hz。U_7 和 U_8 为二十四进制,其时间显示从 00 至 23。

$U_5 \sim U_8$ 输出的 BCD 码被分别接到 $U_9 \sim U_{12}$。$U_9 \sim U_{12}$ 均为 74LS248 七段译码器电路,由它驱动七段共阴极 LED 显示器 LC5011-11。4 个显示器给出从 00:00 到 23:59 的时间显示,D_1 和 D_2 为发光二极管,用来显示秒脉冲。

开关 S_1 用来预置时间,当它置于位置 A 时,数字钟处于正常状态,当它置于位置 C 时,它给出 1Hz 的脉冲到小时计数器 U_7;当它置于位置 B 时,给出 1Hz 的脉冲到分计数器 U_5。

2. 定时器预置开关

定时器控制的功能是将数字钟的时间与预置的开、关时间进行比较。并完成相应的开关动作。

在定时器预置开关电路中,有两组开关——起始定时时间开关和终止定时时间开关。每组有 4 个开关(拨码开关),它们的输出都是 BCD 码。

3. 控制电路部分

$U_8 \sim U_5$ 数字钟输出和定时拨码开关输出是通过异或门 74LS86 进行一位一位的比较,当定时开关时间到,即所有的值全相等时,在 U_{14} 74LS30 与非门输出端输出一个负脉冲,使控制触发器 U_{13} 74LS112 变为高电平。Q 为高电平,使得继电器 RL_1 和 RL_2 接通,定时器开始定时。RL_1 的接通,使得 +5V 从加入"起始定时开关"而转加到"终止定时开关"上。由于控制触发器 U_{13} $Q=1(\overline{Q}=0)$,使定时器的"定时开始指示灯"亮。

当时间运行到"终止时间"设定值时,U_{14} 又一次输出一个负脉冲,使得控制触发器 U_{13} 翻转,$Q=0$。U_{13} 的低电平使 T_1 和 T_2 关断,RL_1 和 RL_2 继电器释放,又回到定时前的工作状态。同时 $Q=0$ 又使"定时结束指示灯"亮。

RL_2 用于外接所需控制的仪器。

按下 S_2,可以去掉可能预先存在的"定时"设定。

7.18.6　电路扩展提示

现代化电器越发智能化,很多电器具备定时启动设置功能,并能在满足阈值的条件下自动关闭,方便了人们的生活。另外,本节中所给的设计方案有些烦琐,例如比较电路和时序控制电路,读者可选择使用一些集成电路芯片对电路进行简化。不过读者可以参考上述设计思路,设计实现满足自己需要的控制电路,并可选择 5V 供电设备进行实际控制测试。

7.19　按键电话显示逻辑电路设计

7.19.1　设计原理

以往,很多电话机都没有显示,打电话时往往会碰到这种情况:明明想打 A 处电话,接通的却是 B 处的电话。到底是自己拨错号了,还是电话机有故障? 或是电信局交换机有问题? 因此,在电话机上加上按键显示就显得比较方便了。打电话时,若显示器上显示的号码和拨打的号码一致,但接通的却是另一处电话,这就有可能是交换设备出故障,如果显示的号码与拨打的号码不一致,那么就是电话机有故障。这样,可及时地发现问题,及时进行维修,从而保证通信的畅通。

按键电话显示控制的框图如图 7.19.1 所示。我们暂不考虑收话和发话电路,这里仅对按键显示电路进行逻辑控制设计。

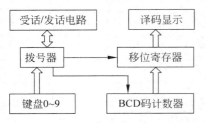

图 7.19.1　电话机按键显示逻辑框图

7.19.2　设计任务和要求

用中小规模集成电路设计按键电话显示逻辑控制电路的具体要求如下:
(1) 具有 7 位显示。
(2) 能准确地反映按键数字。例如按下"5",则显示器显示"5"。
(3) 显示器显示的数从低位到高位逐位显示。例如,按下"5"键,显示器最后一位显示"5";再按"3"键,显示器最后一位显示"3",倒数第二位显示"5",即显示器的最低两位显示为"53";以此类推,一直显示到需要的数字。

7.19.3　可选用器材

(1) 数字逻辑实验箱一台;
(2) 直流稳压电源;
(3) 集成电路:74LS194 七片、74LS90 一片、74LS148 两片、74LS00 一片、74LS04 一片、74LS08 一片、74LS20 两片。

7.19.4　设计方案提示

1. 拨号电路

拨号电路由 0~9 十个数字键、拨号键和重拨键组成。数字按钮与 74LS148 优先编码器连接,将十进制数转化为 BCD 码输出。拨号按钮与 74LS90 计数器脉冲输出进行与输出,当按下拨号键时,无脉冲信号输出,数字键锁定。重拨键控制显示电路清零。

2. 计数、寄存电路

将拨号器的输出接编码器,即可实现二进制 BCD 码的转换。计数器可选用 74LS148 优先编码器。

74LS148 状态表如表 7.19.1 所示。

表 7.19.1   74LS148 状态

I	G_s	A_2	A_1	A_0
0	0	0	0	0
1	0	0	0	1
2	0	0	1	0
3	0	0	1	1
4	0	1	0	0
5	0	1	0	1
6	0	1	1	0
7	0	1	1	1
8	1	0	0	0
9	1	0	0	1

当"脉冲数"转换成 BCD 码后,需将它进行寄存,这里我们可选用 74LS194 移位寄存器。

3. 译码显示

译码显示由 7 个数码管组成。

7.19.5   参考电路

根据按键电话显示的设计任务和要求,其控制逻辑参考电路如图 7.19.2 所示。

7.19.6   电路扩展提示

一般数字电路实验箱只适用于中小规模数字电路,由于电话控制电路需要有大量的十进制数据输入,并且需要有数据的移位计算,所以电路规模较大,如果读者所用实验平台的规模允许的话,可以考虑加入其他电话控制电路的功能,如通话计时、播出电话以后的规律蜂鸣(占线、拨通、号码错误)、待机时的时间显示、上次拨出电话记录与重拨等功能。

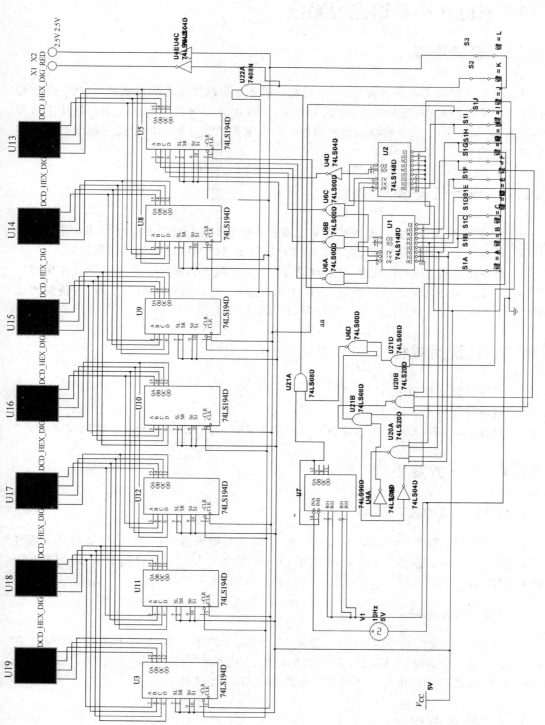

图 7.19.2 按键电话显示逻辑控制电路参考图

7.20　家庭式小餐馆点餐系统

7.20.1　设计原理

家庭式小餐馆由于服务员较少,所以对需要服务的房间按优先顺序服务,可将各个房间是否需要服务的信号传送给 74LS148 芯片(8 线-3 线优先编码器),利用其编码性质来体现优先顺序,再利用 74LS151 数据选择器和数码管显示要求服务的房间中优先级最高的房间优先级和房间号。

7.20.2　设计任务和要求

用中小规模集成电路设计家庭式小餐馆点餐系统逻辑控制电路的具体要求如下:
(1) 设置不同的响应优先级,能够显示要求服务的各个房间的优先级和房间号。
(2) 高优先级服务完后可清除,之后自动显示下一个优先级和其房号,可设定 4 个房间。
(3) 将菜品编号选定之后可通过 LED 指示灯进行显示,服务员响应之后,可清楚当前点菜情况,之后显示下一个用户的点菜情况,直到响应所有用户要求。

7.20.3　可选用器材

(1) 数字逻辑实验箱一台;
(2) 直流稳压电源;
(3) 集成电路:74LS00 一片、74LS04 一片、74LS08 一片、74LS151 两片、74LS148 一片。

7.20.4　设计方案提示

1. 房间优先级的显示

采用 74LS148 芯片,74LS148 芯片是 8 线-3 线优先编码器,将 4 个房间是否要求服务用 4 个开关表示,分别连接在 74LS148 芯片 D6-D3,得到 4 位二进制代码数字,对应的逻辑电路参考图如图 7.20.1 所示。

2. 房间号显示电路

将 74LS148 的输出信号输入到 74LS151 的 S 端,并将图 7.20.2 中上面的 74LS151 芯片的 D1、D2 设置为高电位,D3、D4 设置为低电位;下面的 74LS151 芯片的 D1、D3 设置为高电位,D2、D4 设置为低电位。参考逻辑电路图如图 7.20.2 所示。

7.20.5　参考电路

综合上述各功能模块,得到总的电路图如图 7.20.3 所示。

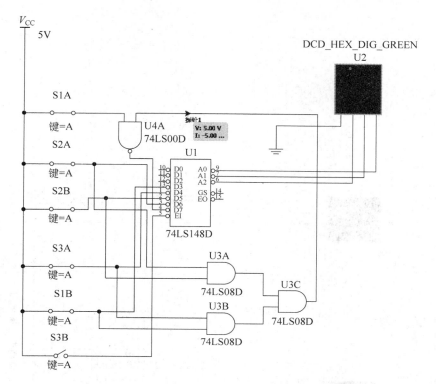

图 7.20.1　房间优先级显示逻辑电路参考图

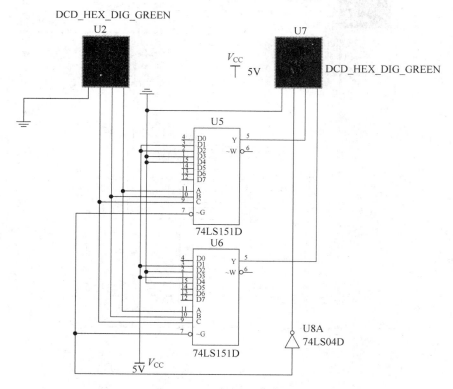

图 7.20.2　房间号显示电路

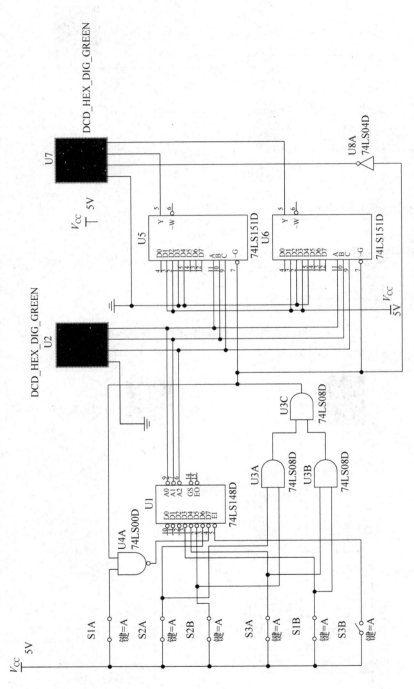

图 7.20.3　简单的餐馆点菜控制电路参考图

7.20.6　电路扩展提示

餐馆点菜走向数字控制,可以在一定程度上节约人力和成本。本实验有三条基本要求,其中第三条留作读者自主设计,可通过蜂鸣器实现声音提醒功能。另外,还可设置每个菜品的价格、数量,自动计算出客户的用餐总花费。

7.21　仓库载货系统设计

7.21.1　设计原理

仓库储存有若干吨的货物,需要安排货车运送这些货物,有多种装载量不同的货车。安排合适吨位的汽车将货物运完。可设计两个部分,一个部分记录货物剩余量,另一部分记录当前货车的载货量。仓库载货系统设计总体框图如图7.21.1所示。

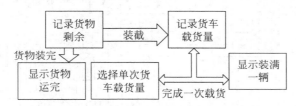

图 7.21.1　仓库载货系统设计总体框图

7.21.2　设计任务和要求

用中小规模集成电路设计仓库载货系统控制电路的具体要求如下:

(1) 自行设定仓库货物量、货车载货量(例如:设定仓库货物量为50t,有两种货车的载货量分别为5t、10t);

(2) 每次装载完成提示,仓库货物装载完成提示;

(3) 自行选择每次载货的汽车。

7.21.3　可选用器材

(1) 数字逻辑实验箱一台;

(2) 直流稳压电源;

(3) 集成电路:74LS04 一个、74LS08 两个、74LS32 一个、74LS86 两个、74LS20 一个、74LS148 两个、74LS161 两个、74LS192 两个。

7.21.4　设计方案提示

1. 仓库货物记录部分

采用两个74LS192串联及门电路构成,并使用减法计数器接线方式,置数端开关从"0"

置到"1",初始化货物量为50t；个位计数器脉冲输入端连接两个与门,与当前货车满载判断端和十位计数器借位端相与：仓库货物运完时,指示灯亮灯,任务完成；仓库货物未运完时,若当前货车满载,停止计数,换入下一辆货车。对应的逻辑电路图如图7.21.2所示。

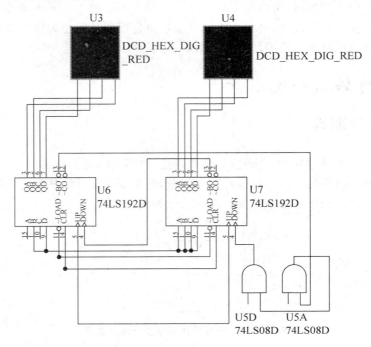

图 7.21.2 仓库货物量记录电路图

2. 货车载货量记录

由两个74LS161计数器串联连线及门电路构成,当载货开关按下时,开始载货,计数器计数,当计数达到当前货车满载量时,脉冲端停止输入脉冲,计数停止。按下清零端可进行下一次载货,电路如图7.21.3所示(注：每次载货完成必须清零)。

3. 货车选择

可由两个74LS148优先编码器及门电路构成,两个编码器分别控制十位和个位,本系统只设定两种载货量分别为5t和10t的货车,电路图如图7.21.4所示。

7.21.5 参考电路

电路相关说明：开始时初始化仓库货物量,初始化后再进行计数。脉冲输出端的开关在选择好车后打开,每次货车载满货物后,断开并清零74LS161计数器。总的电路参考图如图7.21.5所示。

7.21.6 电路扩展提示

仓库载货系统可完全实现数字化控制,既节省人力也更准确无误。读者可根据实验平

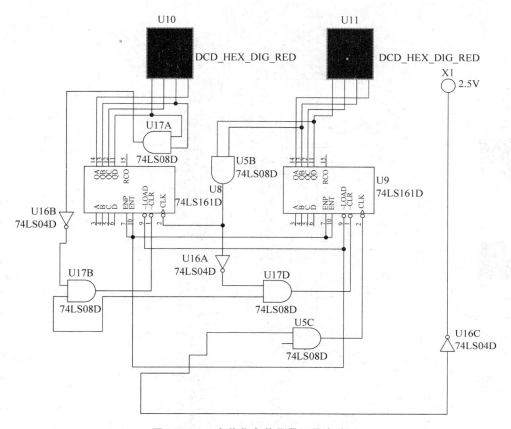

图 7.21.3 当前货车载货量记录电路图

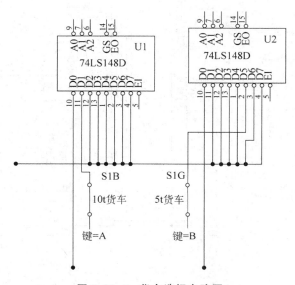

图 7.21.4 货车选择电路图

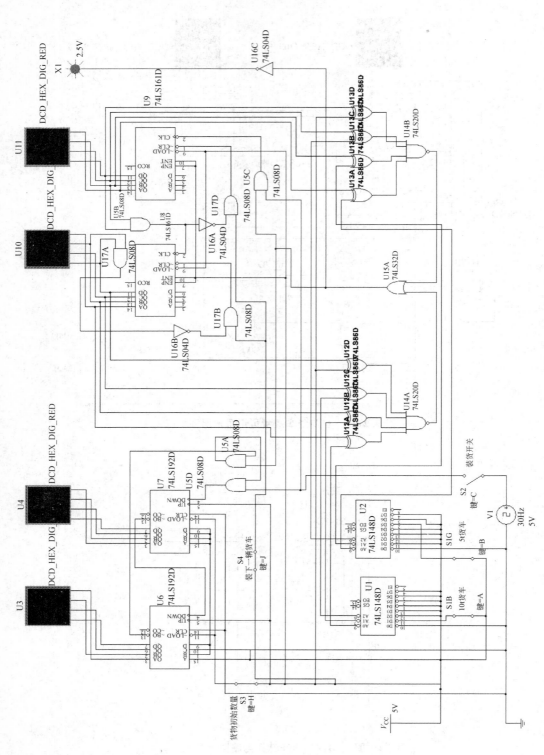

图 7.21.5 仓库载货系统参考电路

台的规模适当扩展功能,如增加货物种类编号、货车种类编号,根据货物种类来选择货车种类,更贴近于仓库载货的实际应用需求,另外,还可统计每种货物发货数量并显示。用户还可根据自己的观察和需要,自主扩展功能,并在实验平台上模拟展现出来。

7.22 数字电表控制电路设计

7.22.1 设计原理

电表已经逐渐从机械装置转换为数字控制,其功能包括用电量、当前剩余电量、上次购置电量、累计总耗电量的计数等功能。用户可通过数字电路实验平台来设计数字电表的控制电路,并在其上模拟展示数字电表的工作流程。

可用 4 位十进制数来显示当前剩余电量、上次购电量和累计总耗电量,用 4 位数码管分时显示三种电量,另外剩余电量和累计耗电量是在实时变化的,显示的内容也需要与之对应实时更新。

7.22.2 设计任务和要求

用中小规模电路设计数字电表控制电路的具体要求如下:
(1) 要求能够用 4 个数码管分时显示三种电量。
(2) 其中当前剩余电量和累计耗电总量要求实时更新,显示的数据与更新一致。
(3) 当剩余电量为 20 时,启动蜂鸣器报警,并用一个 LED 指示灯闪烁指示,当剩余电量为 0 时,关闭控制电路,切断电源。

7.22.3 可选用器材

(1) 数字逻辑实验箱一台;
(2) 直流稳压电源;
(3) 集成电路:74LS04 一片、74LS08 三片、74LS32 四片、74LS112 三片、74LS153 四片、74LS192 四片。

7.22.4 设计方案

按照设计任务和要求,将系统划分为以下几个主要模块,分别进行介绍:

1. 5 秒变化电路

由于 5 秒变化一次不同的电量,所以先考虑每 5 秒输出一个脉冲,则得到次态表如表 7.22.1 所示。

化简得到如下表达式:

$$Q_2^{n+1} = (Q_1^n Q_0^n) \overline{Q_2^n}$$

$$Q_1^{n+1} = (\overline{Q_2^n} Q_0^n) \overline{Q_1^n} + (\overline{Q_2^n} \ \overline{Q_0^n}) Q_1^n$$

$$Q_0^{n+1} = \overline{Q_2^n} \ \overline{Q_0^n}$$

表 7.22.1　次态表

Q_0 \ Q_2Q_1	00	01	11	10
0	001	011	×	000
1	010	100	×	×

利用 JK 触发器性质,得到如下输入方程:

$$J_2 = Q_1^n Q_0^n$$
$$K_2 = 1$$
$$J_1 = \overline{Q_2^n} Q_0^n$$
$$K_1 = Q_2^n + Q_0^n$$
$$J_0 = \overline{Q_2^n}$$
$$K_0 = 1$$

对应的电路图如图 7.22.1 所示。

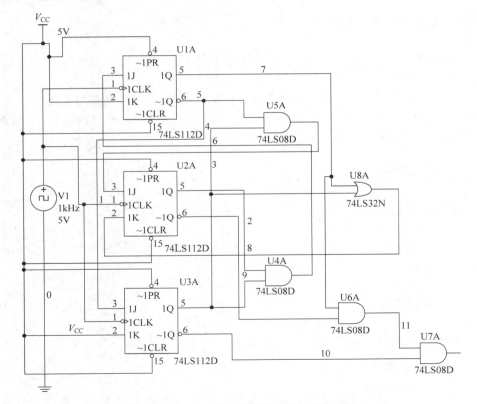

图 7.22.1　每 5 秒变化输出电量控制电路图

输出脉冲控制如图 7.22.2 所示。

获得公式如下:

$$Q_1^{n+1} = Q_0^n \overline{Q_1^n}$$
$$Q_0^{n+1} = \overline{Q_1^n} \overline{Q_0^n}$$

根据 JK 触发器输出特性得:

$$J_1 = Q_0^n$$
$$K_1 = 1$$
$$J_0 = \overline{Q_1^n}$$
$$K_0 = 1$$

对应的电路图如图 7.22.3 所示。

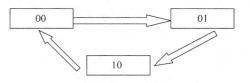

图 7.22.2 三种电量输出脉冲控制循环图

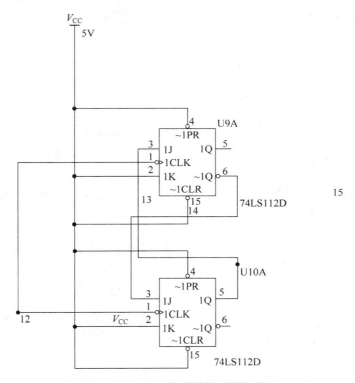

图 7.22.3 脉冲输出选择控制电路图

2. 电量剩余 20 时报警

利用或门、与门、非门实现当且仅当余 20 时的输出为 1,接蜂鸣器,得到余 20 报警的卡诺图表如表 7.22.2 所示。

表 7.22.2 电量剩余 20 报警电路卡诺图表

CD AB	00	01	11	10
00	0	0	×	0
01	0	0	×	0
11	0	0	×	×
10	1	0	×	×

对应的电路图如图 7.22.4 所示。

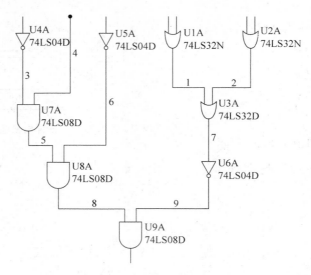

图 7.22.4　电量剩余 20 报警电路

3. 剩余电量 0 度时断电

利用或门实现当且仅当剩余 0 度时的输出为 0，再将信号脉冲用与门和其相连，得到 0 度断电电路图 7.22.5 所示。

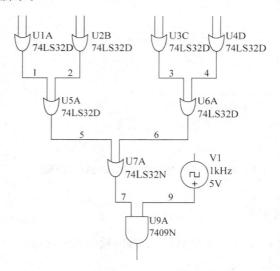

图 7.22.5　剩余 0 度电量时断电电路图

4. 加减法器与数据选择

利用 74LS192 级联构成两位十进制加减法器，其输出接 74LS153 数据选择器，实现三种不同电量的分时段输出，对应的电路图如图 7.22.6 所示。

7.22.5　参考电路

综合上述各模块电路，得到模拟数字电表的控制电路参考图，如图 7.22.7 所示。

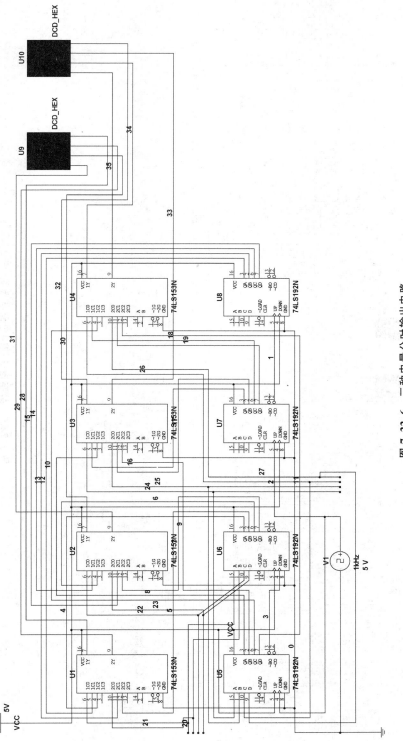

图 7.22.6 三种电量分时输出电路

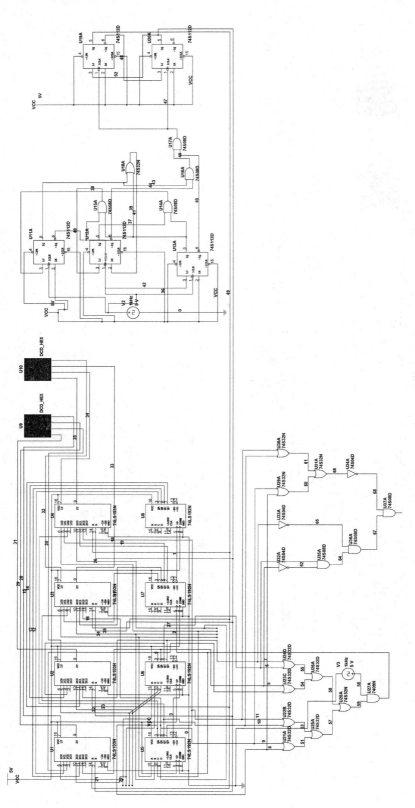

图 7.22.7　数字电表控制电路参考图

7.22.6 电路扩展提示

数字电表要求具备小巧且能够自动控制电路(切断电路)的功能,还需具备充值(设置当前电量)和计数等功能,因此数据的输出需要共用几个数码管显示器。数字电表应具备的其他功能,读者可根据需要自行扩展并在实验平台上模拟展示出来。

7.23 自动浇花系统

7.23.1 设计原理

随着经济的快速发展,人们的标准工作时间不断延长,但饲养在家中的花卉可能由于主人无法及时浇水、施肥而枯萎甚至死亡。因此,开发一套可以实现自动为家中花卉浇水的系统装置是非常必要的。

自动浇花系统可以为不同种类的花卉进行浇灌,每类花卉所需要的浇灌频率、水量以及浇灌时段都各不相同,这就要求系统必须具备多种模式,以满足需求。

系统可以分为三个模块:①频率控制模块,通过使用计数器控制在浇灌区间内浇灌次数。②水量控制模块,用于控制浇灌期间的水量大小。③浇灌时段控制模块,通过使用计时器控制花卉浇灌的时间区间,系统架构图如图7.23.1所示。

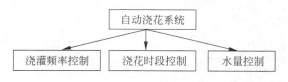

图 7.23.1 自动浇花系统架构图

7.23.2 设计任务和要求

用中小规模集成电路设计自动浇花系统逻辑电路的具体要求如下:

(1) 要求实现至少两种不同浇灌模式(区别可以体现在浇灌频率、水量以及时段等方面);

(2) 可以通过按键实现不同模式间进行切换的功能;

(3) 通过使用流水灯转换的快慢模拟浇灌时期水量的大小;

(4) 显示当前浇花区间内浇灌的次数。

7.23.3 可选用器材

(1) 数字逻辑实验箱一台;

（2）直流稳压电源；

（3）集成电路：74LS90 五个、7485 两个、74138 两个、74LS112 一个、74LS08 一个、74LS32 一个。

7.23.4　设计方案提示

输入两位十进制数设置浇花时间间隔，输入一位二进制数表示水量模式选择。用流水灯模拟浇花过程，用 LED 显示浇花次数。可通过计数器计算时间，与用户输入的时间间隔数字比较，如果相等，则通过流水灯模拟浇花过程。

1. 计时器电路

两位十进制数的计数器可以选用两个 74LS90 芯片组合而成，其对应的电路图如图 7.23.2 所示。

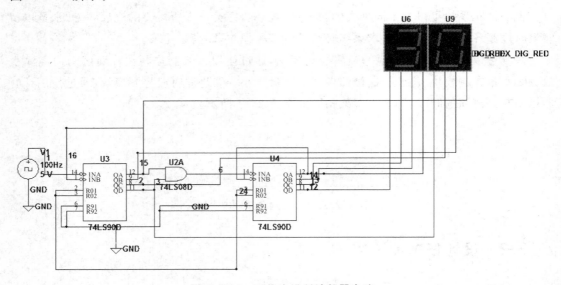

图 7.23.2　两位十进制计数器电路

2. 比较器电路

两位十进制数的比较器可以由两个 74LS85 芯片组合而成，基本电路如图 7.23.3 所示。

3. 流水灯

可以使用一个触发器或寄存器保留浇花指令信号。使用一个计数器记录浇花时间。浇花结束后反馈给触发器一个信号使其复位。对应的电路图如图 7.23.4 所示。

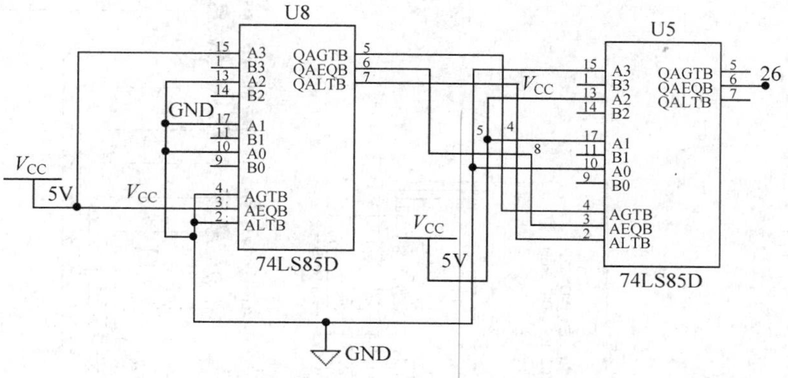

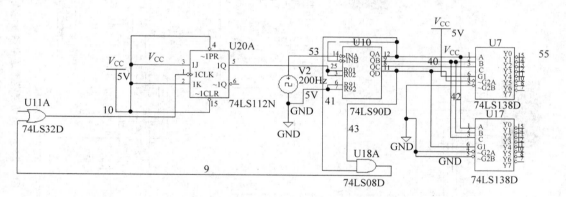

图 7.23.3 两位十进制比较器

图 7.23.4 自动浇花过程流水灯模拟电路

7.23.5 参考电路

综合上述各模块电路,得到自动浇花系统的整体电路参考图,如图 7.23.5 所示。

7.23.6 电路扩展提示

本文中的自动浇花系统只是简单地设置了浇花时间间隔,对于实际情况,应该考虑天气和季节等情况因素,如雨天和晴天、夏天和冬天花草的浇水量应不同。如果有湿度传感器提供土壤的准确湿度值,则可根据当前湿度值与理想湿度值之间的差别来选择触发浇花的湿度阈值,从而实现更加科学的自动浇花系统。

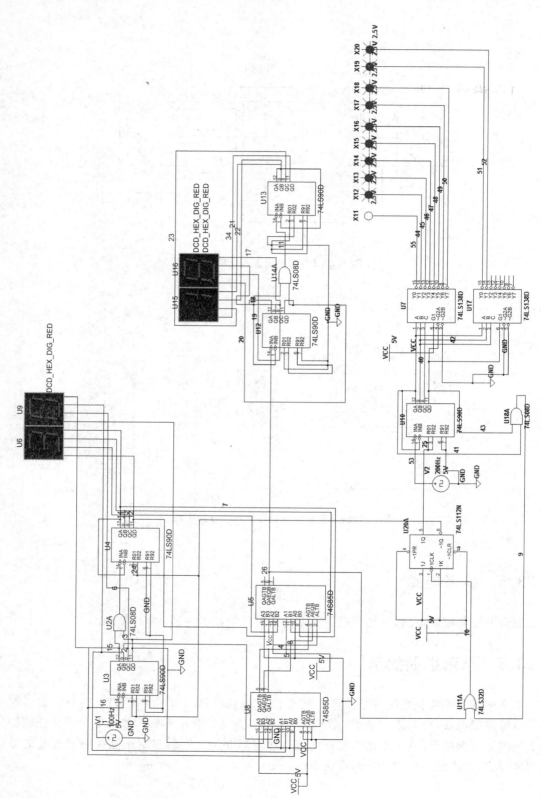

图 7.23.5　自动浇花系统电路参考图

7.24 模拟猜拳游戏电路设计

7.24.1 设计原理

模拟两人猜拳的过程,猜拳有剪刀、石头和布三种状态,双方出的手势分别由两个按键(三种状态00,01,10)来表示,共需要4个按键。比赛双方用自己的两个按键选好手势之后,按下比赛键,用两个发光二极管分别代表双方,哪方胜了,哪个二极管就点亮。

系统工作原理如图7.24.1所示。

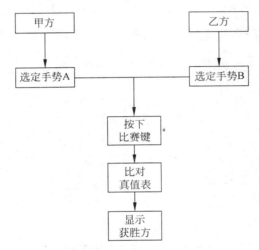

图 7.24.1 系统工作原理图

7.24.2 设计任务和要求

用中小规模集成电路设计模拟猜拳游戏电路的具体要求如下:

(1) 各用两个按键供猜拳双方选择(三个手势可分别用00,01,10表示);

(2) 列出猜拳规则中的手势大小,转化成电路的真值表,设计电路;

(3) 用两个发光二极管代表比赛双方,当双方出拳之后,按下比赛键,根据上一步设计的电路,使代表获胜方的二极管亮。

(4) 实时显示双方胜利局数,并能设置胜出的局数,当达到胜出的局数时,系统锁死,经复位后归零,重新开始。

7.24.3 可选用器材

(1) 数字逻辑实验箱一台;

(2) 直流稳压电源;

(3) 集成电路:74LS373 两片、74LS138 两片、74LS10 一片、74LS02 一片、74LS393 两片、74LS85 两片、74LS00 一片。

7.24.4 设计方案提示

按照设计原理和设计要求,分别设置剪刀、石头、布的二进制代码,并进一步设计出电路工作原理图,如图 7.24.2 所示。

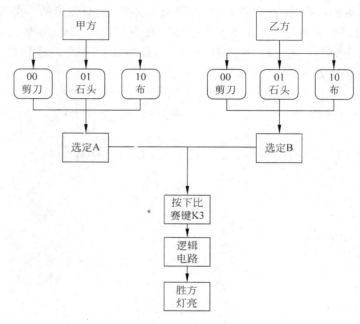

图 7.24.2 系统工作原理图

1. 猜拳的模拟输入

设定 00 为布,01 为石头,10 为剪刀,设定 A 和 B 为比赛双方,则双方出拳的胜负真值表如表 7.24.1 所示。可通过 BCD 拨码开关输入胜出的局数,并打开确定键(key=C)。

表 7.24.1 三种拳的胜负真值表

A 出拳		B 出拳		猜拳结果
0	0	0	1	A 胜
0	1	0	0	B 胜
0	1	1	0	A 胜
1	0	0	1	B 胜
0	0	1	0	B 胜
1	0	0	0	A 胜

2. 实现比赛者不同步输入但同步输出电路

因输入不同步,所以选用锁存器 74LS373 保存输入的数值。对应的电路图如图 7.24.3

所示。

  输入端：1D,2D,3D,4D；输出端：1Q,2Q,3Q,4Q；END 接 5V、1Hz 脉冲,G1 接开关（即比赛键）,低电平有效。当 A 和 B 完成猜拳模拟输入后,将 G1 置 0,输出 A 和 B 的猜拳模拟信号。再将 G1 置 1 进行下一次比赛。

3. 判断 A 和 B 胜负情况电路

  用两个 74LS138 实现 4 线-16 线译码（也可用 74LS154 代替）输出,对应的真值表见表 7.24.2,对应的电路图如图 7.24.4 所示。

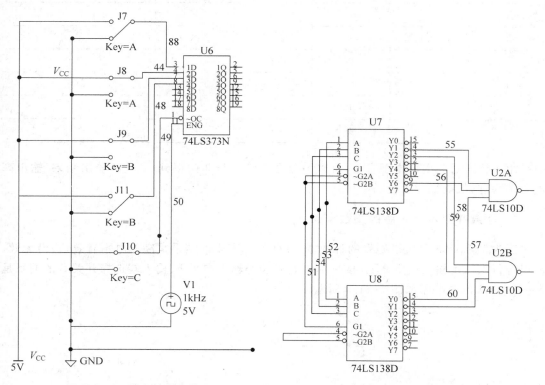

图 7.24.3　输入控制电路　　　　图 7.24.4　4 线-16 线译码器电路

表 7.24.2　4 线-16 线译码器电路真值表

A 出拳		B 出拳		A 胜	B 胜
A1	**A2**	**B1**	**B2**	**F_A**	**F_B**
0	0	0	0	×	×
0	0	0	1	1	0
0	0	1	0	0	1
0	0	1	1	×	×
0	1	0	0	0	1
0	1	0	1	×	×

续表

A 出拳		B 出拳		A 胜	B 胜
A1	A2	B1	B2	F_A	F_B
0	1	1	0	1	0
0	1	1	1	×	×
1	0	0	0	1	0
1	0	0	1	0	1
1	0	1	0	×	×
1	0	1	1	×	×
1	1	0	0	×	×
1	1	0	1	×	×
1	1	1	0	×	×
1	1	1	1	×	×

由于译码器输出低电平有效,所以用两个三输入与非门得到 A、B 的输出结果,输出高电平 1 为胜,低电平 0 为负。

4. 计数并显示个人胜的局数电路

因为 74LS393 是边沿触发的计数器,而我们所产生的结果是高低电平有效,边沿无效。所以应每次产生输入后置 0,cp 接收到的电平 X 与输入电平 F、输入端选择开关 S 的关系是 X＝F;对应的电路图如图 7.24.5 所示。

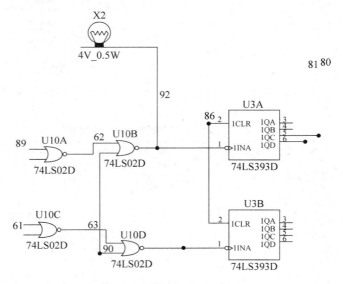

图 7.24.5　胜负局数显示电路

5. 达到获胜局数锁死电路

用 74LS85 做比较电路,来判断是否达到胜负局数,从而进一步实现电路的锁死,如图 7.24.6 所示。在 74LS85 的级联端 AEQB,即 A=B 端接高电平,输出端只接 AEQB,因为输出高电平有效,而 74LS138 的 G1 端输入 1 时芯片工作,输入 0 时不工作。为实现锁死系统,将 74LS00 的组合电路的最终输出连接到 74LS138 的 G1 端实现。

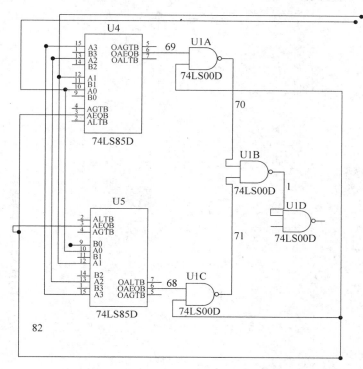

图 7.24.6　系统锁死电路

7.24.5　参考电路

整合上述各功能模块电路,得到整个的模拟猜拳游戏电路参考图,如图 7.24.7 所示。

7.24.6　电路扩展提示

很多人都玩过剪刀石头布猜拳游戏,因为其简单有趣。由于在本书中介绍的是一种电子游戏,且双方输入不同步,也很难实现完全严格的同步输入,因此若需要扩展电路功能可以设计一个"必胜"电路,一旦一方出拳,使得另一方根据对方出拳自动出拳,且必定胜利。当然,读者还可以根据自己的创意自由扩展电路,并在实验平台上模拟实现。

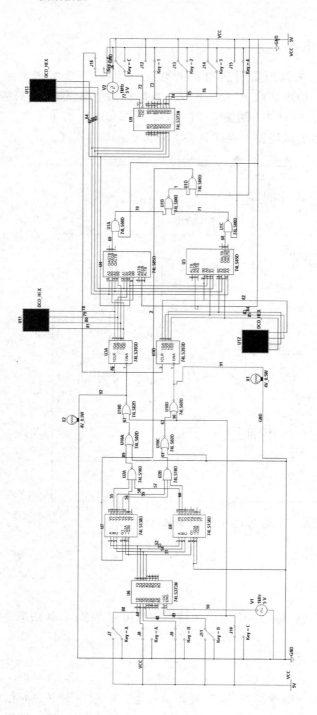

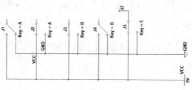

图 7.24.7　模拟猜拳游戏电路参考图

7.25 数码显示记忆门铃逻辑电路设计

7.25.1 设计原理

数码显示记忆门铃电路的整体结构如图 7.25.1 所示。完整的数码显示记忆门铃电路由单脉冲发生电路、蜂鸣器电路、计数电路、数字显示电路等组成。设计一个单脉冲发生电路,使得每按下一次开关,灯都能正常亮,脉冲输入到计数电路后,计数器开始工作,准确记录客人来访的次数(假设来一次客人按下一次门铃),同时显示出数字信息。还应有数字清零功能,当主人看到计数后,可以按下清零键重新计数。

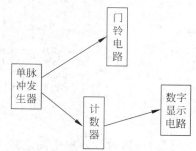

图 7.25.1 系统逻辑框图

7.25.2 设计任务和要求

用中小规模集成电路设计数码显示记忆门铃控制电路的具体要求如下:

(1) 用蜂鸣器模仿设计门铃声;

(2) 记录并显示门铃被按下的次数,表示一段时间内到访的次数,计数和显示数字最大可到 99;

(3) 可以清零重新开始计数。

7.25.3 可选用器材

(1) 数字逻辑实验箱一台;

(2) 直流稳压电源;

(3) 集成电路:74LS48 一个、74LS160 两个、LM555CM 一个、74LS08 一个、74LS04 一个。

7.25.4 设计方案提示

此设计主要包含两个功能:一是能正常发出门铃声;二是能记录并显示门铃被按下的次数,表示一段时间内到访的次数。当主人外出时,若来客按门铃按钮开关,蜂鸣器会发出声音,同时计数器加一,并在数码显示管上显示出来,显示数字最大可到 99。主人回家后,可从显示管中读出来访客人数量,并且可以清零重新开始计数。

计数电路可由两片 74LS160 构成实现,如图 7.25.2 所示。右边为低位,左边为高位。计数器的模为 99。低位逐一计数达到 9 后,使得高位在下一脉冲到来时进 1,同时低位复位为 0。从而实现模 99 的计数。

另外在计数功能上拓展一个直接清零功能,使得主人可以在回家后直接将计数清零,重新开始计数。

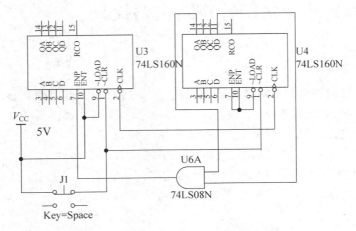

图 7.25.2　两位十进制数计数电路逻辑图

门铃可通过设计一个固定频率的信号输出给蜂鸣器来实现。对于没有单脉冲电路的实验平台,可以通过 555 芯片来实现单脉冲电路,其逻辑电路图参照图 7.25.3。

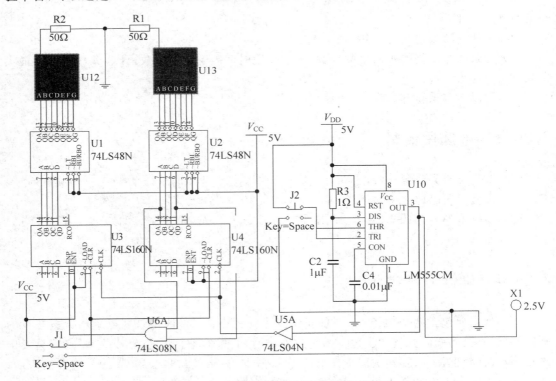

图 7.25.3　数码显示记忆门铃逻辑电路图

7.25.5　参考电路

综合上述各功能模块,得到带记忆功能的门铃逻辑电路图,如图 7.25.3 所示。图中电路主要分几部分：两位十进制数码管译码显示部分，如果实验平台中已有数码管的译码电路，此部分则可以省去；两位十进制数计数部分，由两片74LS160级联实现；单脉冲电路生成部分，由555来实现，所产生的单脉冲直接送到蜂鸣器的话，会产生一声蜂鸣。

7.25.6 电路扩展提示

对于门铃声，用户可以自主设计可以接受的频率的音频输入给蜂鸣器，当来客按下门铃之后，能够自动触发一段时间的门铃连续响动报警，时间长短可自主设定。另外，如果实验平台具备足够的存储空间，还可以记录每次来访客人的时间，供主人查询。其他功能用户可以自主扩展添加，并模仿展示。

7.26 数字频率计逻辑电路设计

7.26.1 设计原理

在进行模拟、数字电路的设计、安装和调试过程中，经常要用到数字频率计。数字频率计实际上就是一个脉冲计数器，即在单位时间里（如1s）所统计的脉冲个数。

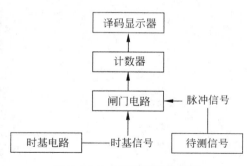

图7.26.1 数字频率计框图

数字频率计是用来测量波形工作频率的仪器，其测量结果直接用十进制数字显示。图7.26.1是本次实验数字频率计的原理框图。时基电路提供标准信号Ⅰ，标准的时基信号经过闸门电路，闸门电路输出信号Ⅱ开始时处于低电平状态，计数器此时还未开始工作，当时基信号Ⅰ经过两个脉冲时，闸门电路输出信号Ⅱ由低电平状态转到高电平状态，此时待测信号作为计数器的CP脉冲使计数器开始工作，持续一个时基周期后闸门电路输出信号Ⅱ又恢复到低电平状态，待测脉冲停止输入，计数器停止计数，此时译码显示器显示的数与所选的时基信号频率的乘积即为待测频率，如果选择的时基电路是标准的1Hz的方波脉冲信号源，则计数器中的计数即待测信号的频率。

7.26.2 设计任务和要求

用中小规模集成电路设计数字频率计控制电路，为简化电路设计，要求输入的待测信号为方波，其具体要求如下：

(1) 设计一个6位十进制数字显示的数字频率计。

(2) 测量显示范围是1Hz～1MHz。

(3) 量程分为4挡，分别为×1000、×100、×10、×1。

7.26.3　可选用器材

(1) 数字逻辑实验箱一台；

(2) 直流稳压电源；

(3) 集成电路：74LS08 一个、74LS32 一个、74LS74 两个、74LS00 两个、74LS161 六个。

7.26.4　设计方案提示

1. 时基电路

这部分电路由 4 个频率的时钟信号、4 个开关及与门构成，主要是实现测频率时不同的档位选择。4 个频率信号分别为 1 Hz,10 Hz,100 Hz,1000 Hz 的时钟脉冲，每个信号与一个开关串联，形成 4 个不同挡位的选择开关，然后这 4 个信号经过与门电路后输出，就形成了基准电路，当选择一个挡位开关，与这个挡位串联的信号就会被输出。电路图如图 7.26.2 所示。

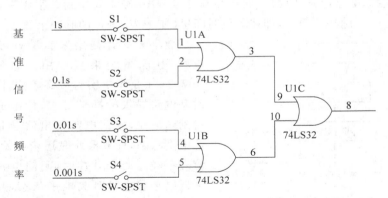

图 7.26.2　基准电路

2. 闸门电路

这部分由三个 D 触发器和相关门电路构成，主要实现计数器电路工作一个基准周期停止。基准信号输入 74LS74 中 A1 的第一片 D 触发器的脉冲信号 H。a 为 A1 中 1Q 与 2Q' 相与，b 为 A1 的 2Q' 与 A2 的 2Q 的或。a 的输出控制待测脉冲只输入一个基准脉冲的时间，b 的输出控制待测脉冲输入一个基准时间后停止。H、a、b 端的信号时序图如图 7.26.3 所示，电路图如图 7.26.4 所示。

3. 计数器电路

这部分电路是由 6 个 74LS161 组成，主要实现频率的计数。6 片 74LS161 采用串行进位的方式进行连接。当 74LS161(U1)计为 9 时，下一个触发脉冲到来时，第二片 74LS161 (U2)开始计数，当第二片计为 9 时，第三片 74LS161(U3)计数，以此类推，之后的计数器都

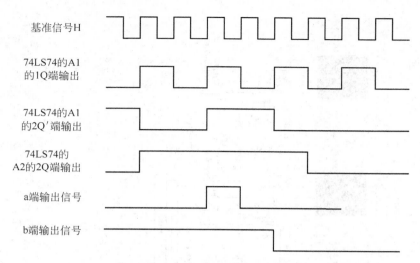

图 7.26.3 H、J、K 端的信号时序图

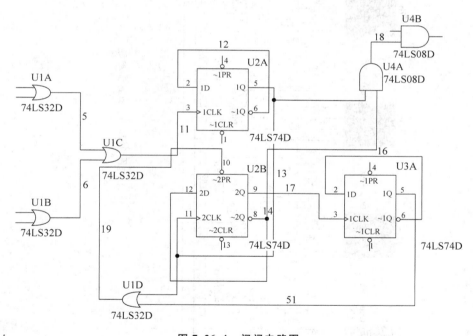

图 7.26.4 闸门电路图

是如此计数。电路图如图 7.26.5 所示。

4. 译码显示电路

这部分主要是将计数器所计数的频率显示出来。每个计数器与一个译码显示管相连，当计数器停止时计数器所计的数值就会在数码管上显示出来。此时数码管显示器显示的数与所选的时基信号频率的乘积即为待测信号的频率值。

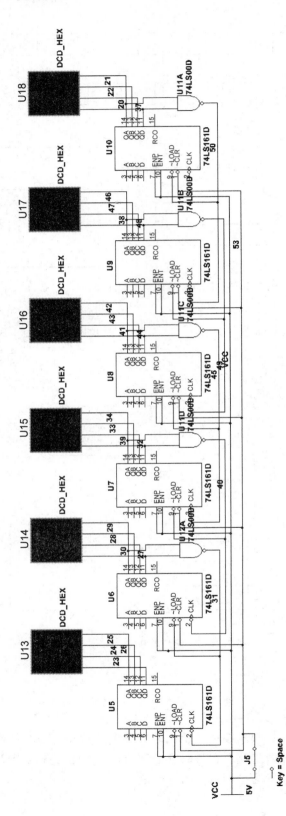

图 7.26.5 计数器电路

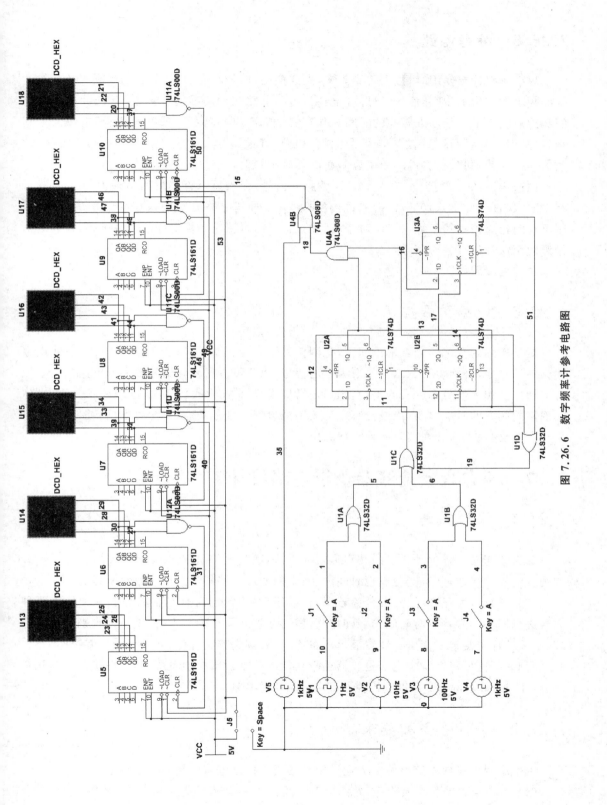

图 7.26.6 数字频率计参考电路图

7.26.5　参考电路

数字频率计在使用时,接入待测频率,先选挡位,再开启开关,在外接时钟脉冲 CP 作为基准频率的作用下,基准信号经过闸门电路,闸门电路控制基准信号输入,保证计数器电路的脉冲只输入了一个基准脉冲的时间。基准信号的高电平持续一段时间,当高电平信号到来时,闸门打开,持续 1s,被测信号通过闸门电路,计数器开始计数,1s 结束时,闸门关闭,计数器停止计数,同时将测得的频率显示在译码显示器上。

如选定×1000 的挡位,输入 1MHz 的脉冲信号,译码显示管测得的结果为 1000。对于有 1Hz、10Hz、100Hz、1000Hz 时钟源的实验平台,时基电路分别接入相应频率的信号源,则可实现相应挡次的量程,另外,对于高频的信号源,可使用高挡量程的时基电路,低频的信号源使用低挡量程的时基电路。

总体逻辑图如图 7.26.6 所示。

7.26.6　电路扩展提示

对于实际的数字信号频率计而言,待测信号不一定是标准的方波信号,因此,在使用上述频率计之前,必须将待测信号整形为方波信号,用户可自行设计信号的整形电路。对于没有多种标准频率信号源的实验平台,用户还需要设计一个时序电路,通过倍频或分频电路,实现不同频率的基准电路,以设计频率计的不同量程。其他功能,用户可根据实验平台的容量与需要自行扩展,并在实验平台上展示出来。

7.27　智力竞赛抢答器逻辑电路设计

7.27.1　设计原理

智力竞赛是一种生动活泼的教育形式和方法,通过抢答和必答两种方式能引起参赛者和观众的极大兴趣,并且能在极短时间内,使人们增加一些科学知识和生活常识。

实际进行智力竞赛时,一般分为若干组,各组对主持人提出的问题,分必答和抢答两种方式进行回答。必答有时间限制,到时要告警。回答问题正确与否,由主持人判别加分还是减分,成绩评定结果要用电子装置显示。抢答时,要判定哪组优先,并予以指示和鸣叫。

因此,要完成以上智力竞赛抢答器逻辑功能的数字逻辑控制系统,至少应包括以下几个部分:计分、显示部分;判别选组控制部分;倒计时电路。

7.27.2　设计任务和要求

用中小规模集成电路设计智力竞赛抢答器逻辑控制电路的具体要求如下:

(1) 要求至少控制 4 人抢答,允许抢答时间为 10s,输入抢答信号是在"抢答开始"命令后的规定时间内,显示抢先抢答者的组号;亮灯并锁存组号。

(2) 在"抢答开始"命令前抢答者,显示违规抢答者的组号,亮红灯。

(3) 在"抢答开始"命令发出后,超过规定的时间无人抢答,显示无用字符(数码管的倒计时显示为 0,主持人开关灯灭)。

7.27.3 可选用器材

(1) 数字逻辑实验箱一台;

(2) 直流稳压电源;

(3) 集成电路:74LS194 一个、74LS192 一个、74LS00 一个、74LS32 三个、74LS08 一个、74LS04 一个。

7.27.4 设计方案提示

1. 输入控制电路

用 4 个开关代表 4 名选手,一个开关代表主持人。若选手输入的抢答信号是在"抢答开始"命令下达之前发出,则该抢答者犯规,抢答信号红灯亮;若抢答信号是在"抢答开始"命令下达之后发出,则抢答有效,抢答信号红灯不亮。对应的参考电路图如图 7.27.1 所示。

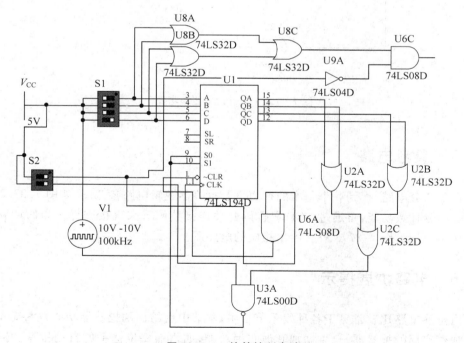

图 7.27.1 抢答控制电路

2．10 秒计时功能

采用 74LS192 芯片设计倒计时部分电路，将计数器初始值置为 10，将 CP_D 接 1Hz 标准时钟脉冲，当计数减到 0 时，停止计数，经复位后可重新倒计时，其电路参考图如图 7.27.2 所示。

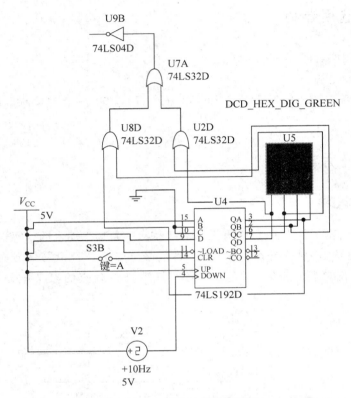

图 7.27.2　倒计时电路参考图

7.27.5　参考电路

综合各部分电路，得到一个基本的智力竞赛抢答器逻辑电路参考图，如图 7.27.3 所示。对于选手积分计数功能，可通过 BCD 码拨码开关连接数码管来直接进行人为的计算，并直接输出显示，对此，图 7.27.3 没有给出相应的电路图。

7.27.6　电路扩展提示

智力抢答电路比较常见于各种娱乐节目中，本节中所给出的抢答器功能较为简单，读者可通过观察实用的抢答器，自主增加其他实用功能，如增加每位选手的自动抢答、必答正确次数，当前获得分数等功能，并在实验平台中实现模拟展示出来。

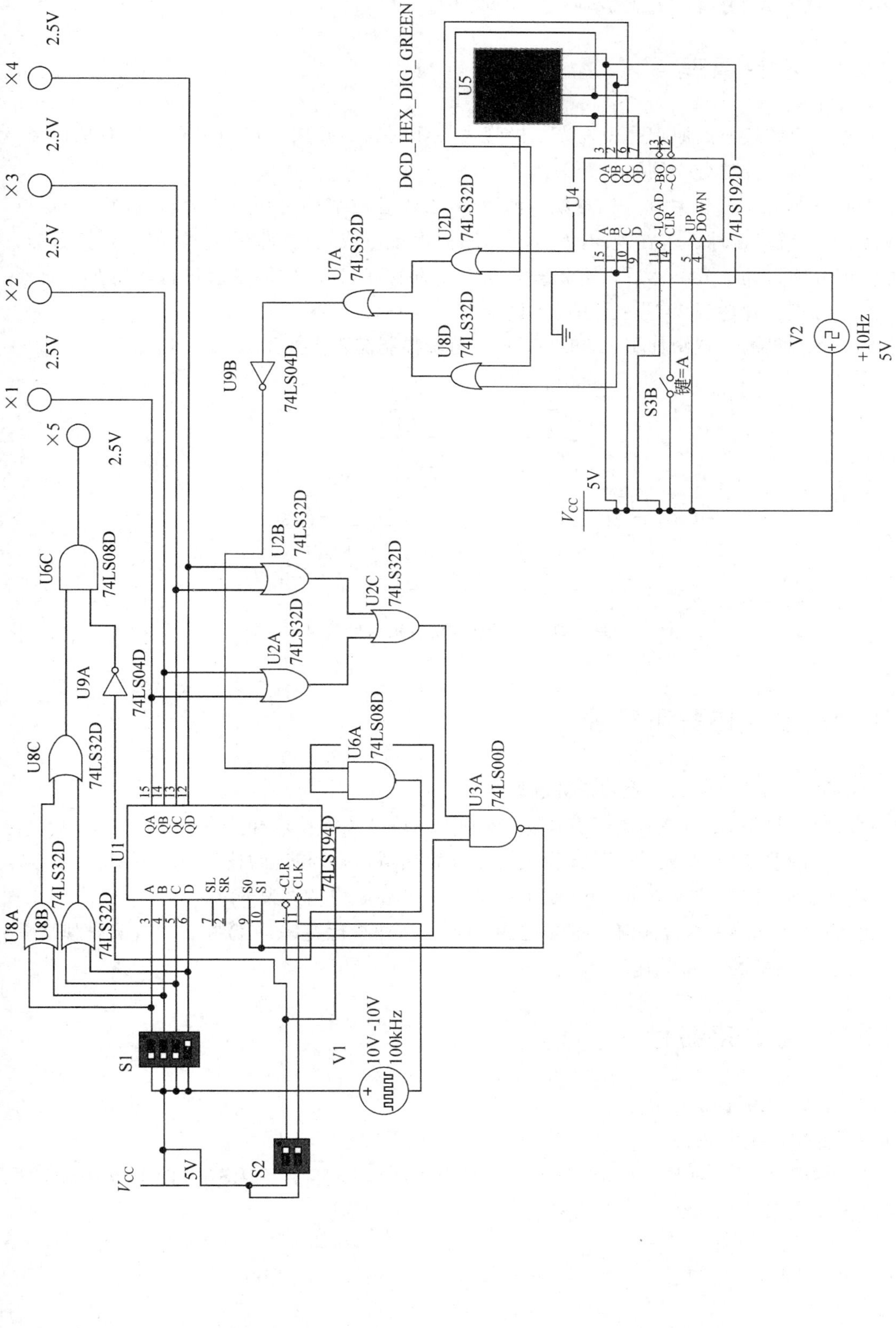

图 7.27.3 智力竞赛抢答器逻辑电路参考图

7.28　乒乓游戏机逻辑电路设计

7.28.1　设计原理

两人乒乓游戏机的原理是由发光二极管代替球的运动并按一定的规则进行对垒比赛。甲乙双方发球和接球分别用两只开关代替。

当甲方按动发球开关 S_{1A} 时,球就向前运动(发光管向前移位),当球运动过网到一定位置以后,乙方就可接球。若在规定的时间内,乙方不接球或提前、滞后接球,都算未接着球,甲方的记分牌自动加分。然后再重新按规则由一方发球,比赛才能继续进行。比赛一直要进行到一方记分牌达到 11 分,这一局才告结束。

乒乓游戏机的示意图如图 7.28.1 所示。逻辑控制流程图如图 7.28.2 所示。

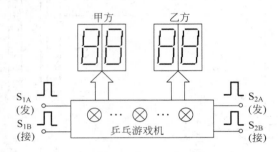

图 7.28.1　乒乓球游戏机示意图

7.28.2　设计任务和要求

乒乓游戏机逻辑电路的控制任务和要求如下:

乒乓游戏机甲、乙双方各有两只开关,分别为发球开关和接球开关。

乒乓球的移动用 16 或 12 只 LED 发光二极管模拟运行,移动的速度可以调节。

球过网到一定的位置方可接球,提前接球或出界接球均判为失分。

比赛用 11 分为一局,任何一方先记满 11 分就获胜,比赛一局就结束。当记分牌清零后,又可以开始新的一局比赛。

7.28.3　可选用器材

(1) 数字逻辑实验箱一台;

(2) 直流稳压电源;

(3) 集成电路:74LS74 一个、74LS160 四个、74LS194 四个、74LS248 四个、74LS08 两个、74LS04 三个、74LS00 三个、74LS32 三个。

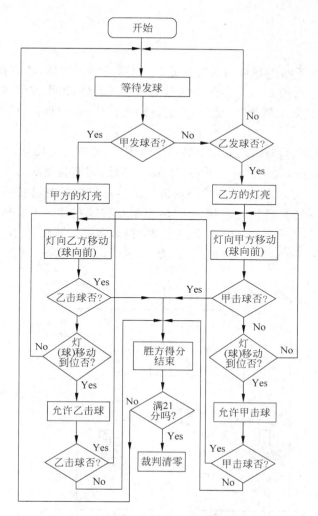

图 7.28.2 乒乓球游戏机逻辑控制流程图

7.28.4 设计方案提示

1. 移位寄存器

由于乒乓球的运行模拟靠发光二极管进行显示,且既能向左,又能向右运行,所以应选择双向移位寄存器。如常用的 74LS194 四位双向通用移位寄存器,它既能左移、右移,又可置数,各种模式控制均由 M_0、M_1 及 CP 进行组合控制。所以 16 位移位寄存器可用 4 片 74LS194 组成,并接成既可左移、又能右移、还可置数的工作模式。

2. 发球、接球开关

甲、乙双方 4 只开关分别为发球和接球功能,为保证动作可靠,可采用防抖电路。

3. 计分电路

用计数、译码、显示完成计分显示电路,计数器计到 11 分时,可清计数器为零。

4．控制电路

这一部分设计是乒乓游戏机的关键部分,必须满足甲方发球、乙方接球或乙方发球、甲方接球的逻辑关系。选用 D 触发器作为状态记忆控制元件,当甲方发球后,D 触发器为"1"状态;乙方发球时,D 触发器为"0"状态,这正好满足移位(左右移位)的要求(实际上已把 D 功能转变为 T' 功能)。

此外,当甲方发球后,球向乙方运动到一定范围内,乙方方可接球,乙方在特定范围内若已接到球,D 触发器这时需记忆这一状态;如接不到球,则不需改变 D 记忆状态。乙方发球的原理也是一样的。图 7.28.3 为乒乓游戏机记忆 D 触发器的逻辑状态控制电路图。

图 7.28.3 中,D 触发器的状态 M_1 和 M_0 控制左移或右移。甲发球后,只能由乙接球,且在一定范围内(如向右移位到 Q_{12} 或 Q_{13} 为 1 时)接球有效。请注意,接球范围可以改变,即可以从移过网后任定一个时刻就行(如 Q_{10} 或 Q_{11}),也可以用计数器计数实现定时接球范围。

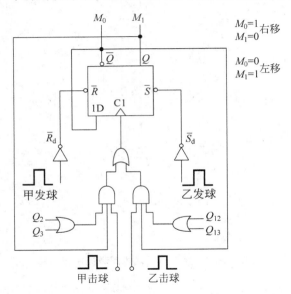

图 7.28.3   乒乓球游戏机 D 触发器逻辑状态控制电路图

D 触发器输出的两根反馈线,是防止发球方误接球。如甲发球后,甲接球无效。

5．置数、清零电路

当甲或乙发球时,应先将各方第一位(Q_0 或 Q_{15})置成 1,然后,方可向对方移位。由 74LS194 控制端 M_0、M_1 的状态可知,仅当 $M_0 = M_1 = 1$ 时,可以在 CP 上升沿时置数。所以,在设计电路时,应考虑满足这一要求。

清零,除手动总清零外,还需考虑一方失分时,清零移位寄存器。

7.28.5   参考电路

根据乒乓游戏机的设计任务和要求,其控制逻辑电路参考图如图 7.28.4 所示。

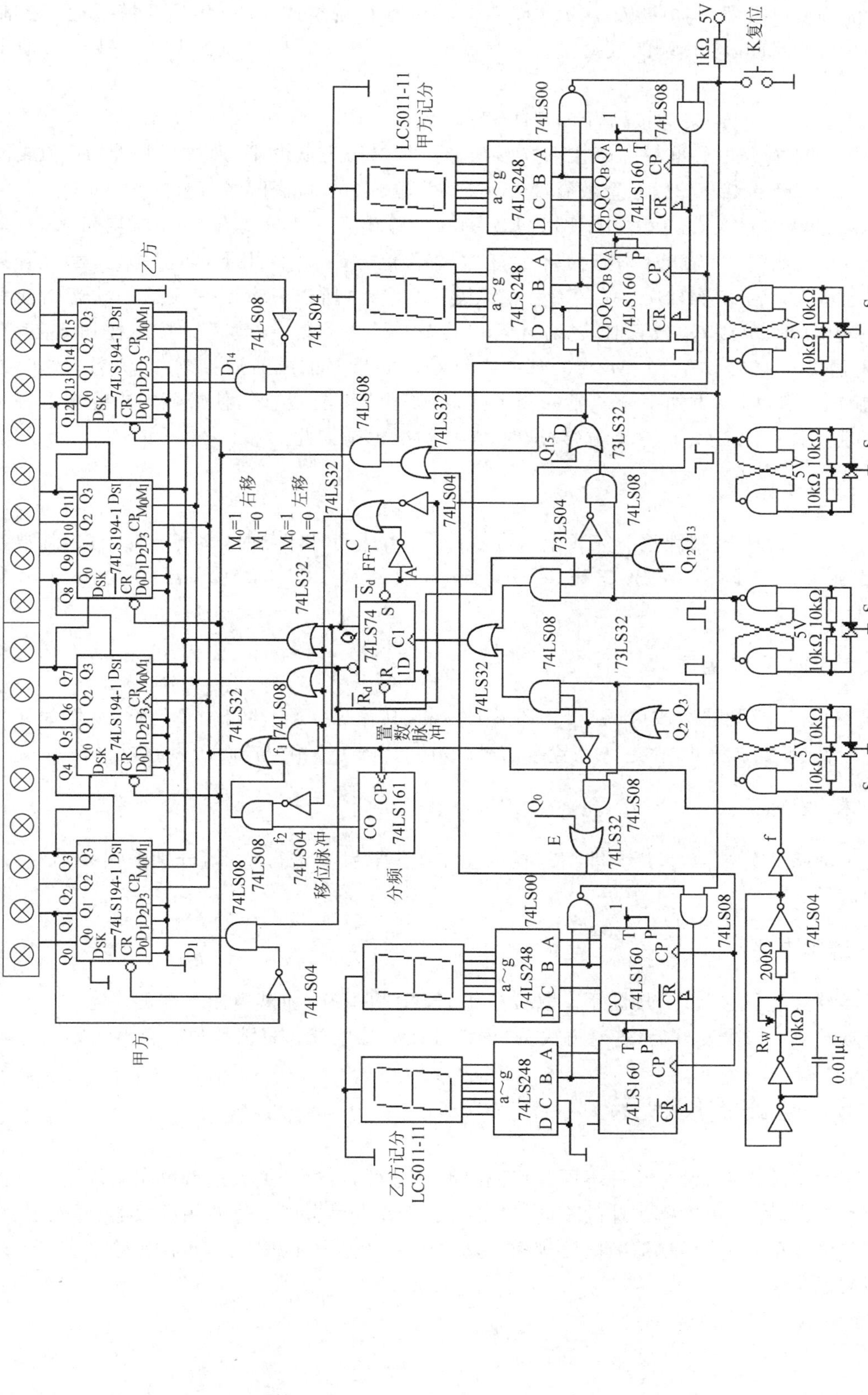

图 7.28.4 乒乓球游戏机逻辑控制电路参考图

1. 乒乓球模拟运行控制电路

这部分由触发器、门电路及 74LS194 双向移位寄存器组成 16 位乒乓球模拟运行控制电路。在发球瞬间,将 D 端的数据置入寄存器中,移位方式由 D 触发器 FF_T(74LS74)输出控制。

当按动 S_{1A}(甲方)发球按钮,FF_T 74LS74 触发器的输出 $Q=0$($\overline{Q}=1$),使 $M_1=0$、$M_0=1$,为 74LS194 右移做好准备。而在手按下 S_{1A} 时,其输出为低电平,通过反相器"B"和或门"C",使 $M_1=M_0=1$;此时,在置数脉冲 f_1(高频率输入)的作用下,将 74LS194 的 D_0、$D_1 \sim D_{14}$,D_{15} 端的状态置入 $Q_0 \sim Q_{15}$ 中;即 74LS194-1 的输出 $Q_1=1$,其余输出 Q 端均为 0。按动 S_{1A} 手松开时,或门"C"输出 0,这时移位寄存器在移位脉冲 f_2 作用下,向前移位,示意着乒乓球向前运动。由于 74LS194-1 的右移输入端 D_{SR} 接地,所以只有 $Q_1=1$ 这一状态向前移动,当球运动到 Q_{12} 或 Q_{13} 位置时,乙方才可以接球。若在这时,按动乙方接球按钮 S_{2B} 就有效,触发器 FF_T 翻转,$M_1=1$、$M_0=0$,球向左移动。如果提前或滞后接球,均无效;这时或门"D"输出一脉冲,对方加 1 分。或一直不接球,则"1"移至 Q_{15} 时,使或门"D"也输出一脉冲,对方胜,加 1 分。另一方(乙方)发球时,工作情况也是如此。

2. 计分电路

由 74LS160 十进制计数器完成十一进制计数,当计到"11"分时,比赛一局结束,计数器重新回到零。译码器用 BCD 码七段译码驱动器 74LS248,显示器用共阴显示器 LCS011-11。

3. 可调频率发生器

由 74LS04 反相器组成可调 TTL 环形振荡器,其输出 f 经 74LS161 分频后,作为移位脉冲 f_2;f_1 为置数脉冲,它是 f 和置数信号(或门"C"输出)相"与"而产生的。

4. 接、发球开关

为了消除开关抖动,采用与非门组成的基本 RS 触发器进行整形,分别输出发球、接球的脉冲信号。

5. 清零电路

乒乓球在运行过程中,按动手动复位按钮 K,可清除整个游戏电路当前的状态。

自动清零:每次发球后,若对方失分(误接球或未接中球),将清移位寄存器为零。

7.28.6 电路扩展提示

可通过倍频电路,设计几种不同频率的时钟信号源,通过开关和逻辑电路来控制不同的时钟信号源的输入,用来模仿球的不同速度。另外,读者可考虑通过使用计数器、译码器、和其他高集成度的芯片,尽量缩减电路规模。用户还可自主设计其他功能,在实验平台上实现并模拟展示出来。

7.29 用 GAL 实现步进电机脉冲分配器的电路设计

7.29.1 设计原理

步进电机是将电脉冲信号变换成角位移（或线位移）的一种机电式数模转换器，它受脉冲信号的控制，角位移与输入脉冲个数成严格的正比关系。与其配套使用的是驱动电源，它包括了脉冲分配器（又称环形分配器）和功率放大器两部分，如图 7.29.1 所示。

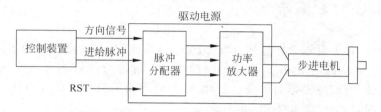

图 7.29.1 脉冲分配器在电机驱动中的作用图

脉冲分配器的作用就是将控制装置送来的一系列指令脉冲，按照一定的顺序和分配方式送给步进电机各相绕组，使其各相绕组按照它预先规定的控制方式通、断电。在这里，我们是采用可编程逻辑器件 GAL 来实现这一功能的。

本课题将针对六相步进电机，设计一个六相十二拍（Ⅱ—Ⅲ相通电）控制方式的脉冲分配器。这种方式下，电机工作时，同时有相邻的二相或三相通电。下面分正、反两个方向来分别说明。

正转时相序转换为：

AB→ABC→BC→BCD→CD→CDE→DE→DEF→EF→EFA→FA→FAB

反转时相序转换为：

AB←ABC←BC←BCD←CD←CDE←DE←DEF←EF←EFA←FA←FAB

上述两个相序转换中，A、B、C、D、E、F 代表电机的六相绕组，如 AB 表示电机的 A、B 两相同时通电而其余四相则为断电状态。

7.29.2 设计任务和要求

用 GAL 器件实现步进电机脉冲分配器，其具体要求如下：

（1）用一个方向信号输入端来确定电机的正反转。输入信号为 1 时，电机正转；为 0 时，电机反转。

（2）引入一个复位信号输入端，利用复位信号使电机恢复到某一初始通电相位状态。

（3）查阅有关资料，了解 GAL 器件的性能，根据其特点进行设计。

7.29.3　可选用器材

（1）数字逻辑实验箱一台；

（2）直流稳压电源；

（3）集成电路：GAL20V8 及门电路；

（4）编程器、微机及相关软件。

7.29.4　设计方案提示

开始设计前，首先可以设定脉冲分配器的 A、B、C、D、E、F 各输出端输出高电平时，其对应的绕组通电；输出低电平时，其对应的绕组断电。脉冲分配器的方向控制端（DIR）输入"高"电平为正转，"低"电平则为反转。由此，根据前面所给的相序转换过程可以列出正、反向进给脉冲分配器的状态，如表 7.29.1 所示。

表 7.29.1　正、反向进给脉冲分配器的状态表

CP	DIR	第 n 个状态						第 $n+1$ 个状态					
		A	B	C	D	E	F	A	B	C	D	E	F
1	1	1	1	0	0	0	0	1	1	1	0	0	0
2	1	1	1	1	0	0	0	0	1	1	0	0	0
3	1	0	1	1	0	0	0	0	1	1	1	0	0
4	1	0	1	1	1	0	0	0	0	1	1	0	0
5	1	0	0	1	1	0	0	0	0	1	1	1	0
6	1	0	0	1	1	1	0	0	0	0	1	1	0
7	1	0	0	0	1	1	0	0	0	0	1	1	1
8	1	0	0	0	1	1	1	0	0	0	0	1	1
9	1	0	0	0	0	1	1	1	0	0	0	1	1
10	1	1	0	0	0	1	1	1	0	0	0	0	1
11	1	1	0	0	0	0	1	1	1	0	0	0	1
12	1	1	1	0	0	0	1	1	1	0	0	0	0
1	0	1	1	0	0	0	0	1	1	0	0	0	1
2	0	1	1	0	0	0	1	1	0	0	0	0	1
3	0	1	0	0	0	0	1	1	0	0	0	1	1
4	0	1	0	0	0	1	1	0	0	0	0	1	1
5	0	0	0	0	0	1	1	0	0	0	1	1	1
6	0	0	0	0	1	1	1	0	0	0	1	1	0
7	0	0	0	0	1	1	0	0	0	1	1	1	0
8	0	0	0	1	1	1	0	0	0	1	1	0	0
9	0	0	0	1	1	0	0	0	1	1	1	0	0
10	0	0	1	1	1	0	0	0	1	1	0	0	0
11	0	0	1	1	0	0	0	1	1	1	0	0	0
12	0	1	1	1	0	0	0	1	1	0	0	0	0

表 7.29.1 中的 CP 为进给控制脉冲；DIR 为方向控制信号（DIR＝1 正转，DIR＝0 反转）；第 n 个状态表示当前脉冲分配器的各相输出信号状态；第 $n+1$ 个状态表示分配器接收到一个进给脉冲后从当前状态转换到下一个状态。

利用观察法，可以从表 7.29.1 状态表中得到 A 相输出信号的逻辑表达式，它是一个较复杂的具有 10 个最小项的"与或"表达式：

$$A^{n+1} = DIR \cdot A \cdot B \cdot \bar{C} \cdot \bar{D} \cdot \bar{E} \cdot \bar{F} + DIR \cdot A \cdot B \cdot C \cdot \bar{D} \cdot \bar{E} \cdot \bar{F} + \cdots$$
$$+ \overline{DIR} \cdot A \cdot B \cdot C \cdot \bar{D} \cdot \bar{E} \cdot \bar{F}$$

这个式子超出了 GAL20V8 的编程能力，因而应当对其化简，使其成为一个最简与或式。由于这是一个拥有 7 个变量的逻辑式，因而很难用卡诺图来进行化简。但是仔细观察真值表可以知道，除了表中的 24 个状态，其余的状态都是不可能在正常的相序转换过程中出现的，所以可将它们作为约束项用在表达式的化简中。利用约束项可将 A 相逻辑表达式化简成：

$$A^{n+1} = DIR \cdot \bar{C} \cdot \bar{D} \cdot \bar{E} \cdot \bar{F} + DIR \cdot \bar{C} \cdot \bar{D} \cdot E + DIR \cdot \bar{C} \cdot \bar{D} \cdot \bar{E} \cdot F$$
$$+ \overline{DIR} \cdot B \cdot \bar{C} \cdot \bar{D} \cdot \bar{E} + \overline{DIR} \cdot \bar{B} \cdot \bar{C} \cdot \bar{D} \cdot \bar{E} + \overline{DIR} \cdot C \cdot \bar{D} \cdot \bar{E}$$
$$= \overline{DIR \cdot \bar{C} \cdot \bar{D}} + \overline{DIR} \cdot \bar{D} \cdot \bar{E}$$

这样，就得到了 A 相的最简与或式，其余各相也可用同样方法得到。

在电机通电后，为了确保电机各绕组的通、断电状态处于正常的状态下，通常要给脉冲分配器一个复位信号。由于 GAL20V8 器件中的触发器不具备直接复位端，故在设计复位信号时应利用 CP 脉冲将正常的初始状态锁存到各相的输出端。

7.29.5 参考程序及电路

按照 FM.EXE 编译软件的规定格式所设计的程序如下所示：

```
PLD20V8                                    ; GAL 型号标志
DEVICE  FOR  STEPPING  MOTOR               ; 标题行
WJP Mar.28 2001                            ; 姓名,日期
LAB00002                                   ; 电子标签
CP DIP RST NC NC NC NC NC NC NC NC GND
OE NC NC A B C D E F NC NC Vcc             ; 引脚表

A = DIR·C̄·D̄ + DIR·D̄·Ē + RST             ; 输出逻辑表达式

B = DIR·D̄·Ē + DIR·Ē·F̄ + RST

C = DIR·Ē·F̄·RST + DIR·F̄·Ā·RST

D = DIR·F̄·Ā·RST + DIR·Ā·B̄·RST

E = DIR·Ā·B̄·RST + DIR·B̄·C̄·RST

F = DIR·B̄·C̄·RST + DIR·C̄·D̄·RST

DESCRIPTION                                ; 说明部分
END
```

（1）在 GAL20V8 器件引脚排列图 7.29.2 中，OE 端为三态控制端，可以控制输出端 A～F 的三态输出。

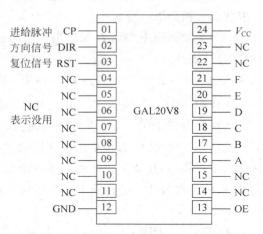

进给脉冲 CP —— 01   24 —— V_{CC}
方向信号 DIR —— 02   23 —— NC
复位信号 RST —— 03   22 —— NC
NC —— 04   21 —— F
NC —— 05   20 —— E
NC   NC —— 06   GAL20V8   19 —— D
表示没用   NC —— 07   18 —— C
NC —— 08   17 —— B
NC —— 09   16 —— A
NC —— 10   15 —— NC
NC —— 11   14 —— NC
GND —— 12   13 —— OE

图 7.29.2　GAL20V8 脉冲分配器引脚排列图

OE=1 时，A～F 输出禁止，均为高阻状态。

DE=0 时，A～F 输出允许，为高或低电平。

（2）RST 信号。

在参考程序中，RST 信号为低电平有效。具体复位过程如下，首先置 RST 为低电平，然后给 CP 端发送一个上升沿信号。此时，各输出端被置成初态（AB），即 A、B 两相通电。

撤消 RST 信号后，脉冲分配器才会正常工作。

7.29.6　电路扩展提示

利用 GAL 能够实现可编程的中小规模的数字控制电路，可在通常的数字电路实验箱中实现。读者可在脉冲分配器控制电路的基础上，增加运算模块，计算出步进电机要转的角度值并显示出来。另外读者可参考步进电机脉冲分配器的电路设计，进而设计出直流电机的相应控制电路。

7.30　电冰箱控制电路设计

7.30.1　设计原理

电冰箱工作的基本原理是"制冷循环"。按照制冷循环方式工作的机器叫做制冷机，制冷机的作用是通过做功将低温热源的热量传递给高温热源，从而使低温热源保持在较低的温度区间。

冰箱的冷藏与冷冻控制的温度范围不同，且能根据温度的变化自动启动制冷机，使得冰箱里的温度达到预定温度范围。电冰箱冷冻工作原理如图 7.30.1 所示，冷藏的工作原理类似，只是预置的温度阈值区间不同。

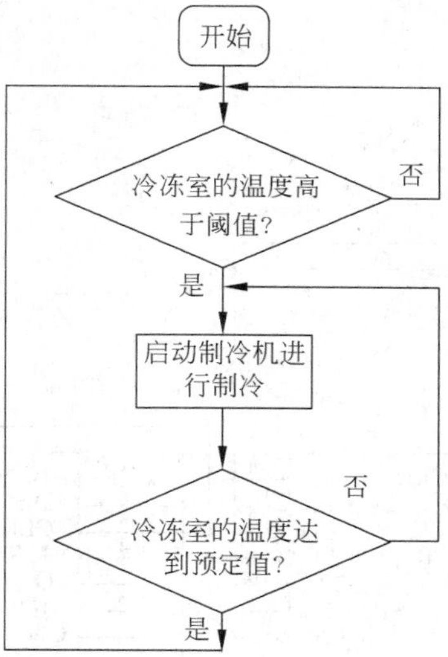

图 7.30.1 电冰箱冷冻工作流程图

7.30.2 设计任务和要求

用中小规模电路设计电冰箱控制电路,其具体要求如下:

(1) 设定冷藏室的温度阈值范围。

(2) 实时显示冷藏室温度,初始温度值自主设定。

(3) 冷藏室超出预置温度范围时,启动制冷机。

(4) 制冷机启动后,相应制冷空间的温度值以不同速度下降,直到达到预置阈值,系统处于反复循环中。

7.30.3 可选用器材

(1) 数字逻辑实验箱一台;

(2) 直流稳压电源;

(3) 集成电路:74HC00/74LS00 一个、74HC04/74LS04 两个、74HC08 一个、74LS20 两个、74LS32 两个、74LS74 六个、74HC85 两个、74LS153 一个、74HC192 两个。

7.30.4 设计方案提示

本课题主要由寄存器、数据比较器以及加减法计数器组成。

1. 温度阈值的存储

因为冰箱工作时有两个不同的温度阈值,所以,首先要将两个给定的温度阈值寄存到寄存器中。寄存器工作原理是当 CP↑时,触发器更新状态,即接收输入数码并保存。电路图如图 7.30.2 所示。

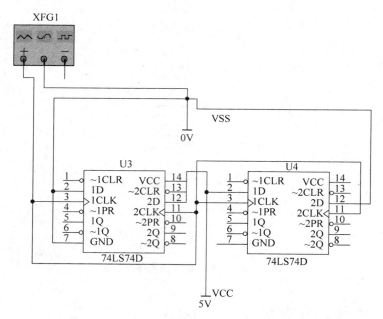

图 7.30.2　阈值存储电路

2. 初始温度的比较

输入初始温度后,首先要用数据比较器将寄存器中最高温度阈值与初始温度值进行比较。此时用到 74HC85 芯片,74HC85 有两个四位二进制输入端,还有三个串联输入端,对应不同输入值比较后输出相应的值。对应的比较电路如图 7.30.3 所示。

3. 温度变化的计数

当初始温度高于最高温度阈值时,电冰箱启动制冷机进行降温,此时温度降低,所以应用减法计数器进行递减计数。进行减计数前,首先应将输入温度预置到减计数器中,然后进行减计数,相应电路如图 7.30.4 所示。

4. 第二次温度比较

进行减计数后,温度值不断减小,期间不断将当前温度与最低温度阈值进行比较,当温度值达到最低温度阈值时,减计数停止,显示当前温度值。对应的电路图如图 7.30.5 所示。

5. 循环比较温度

当减计数器减到最低温度时,停止减计数,将当前温度值返回最初开始时,继续将当前温度值与设定最高温度阈值进行比较,此时由于已经减到最低温度,通过数据比较器将当前温度与寄存器中最高温度阈值进行比较,当前温度小于最低温度阈值,制冷机停止工作,温度开始上升,加法计数器首先将最低温度预置入加法计数器中,然后从当前值开始进行加计数。升温到最高温度阈值时开始降温,如此循环。

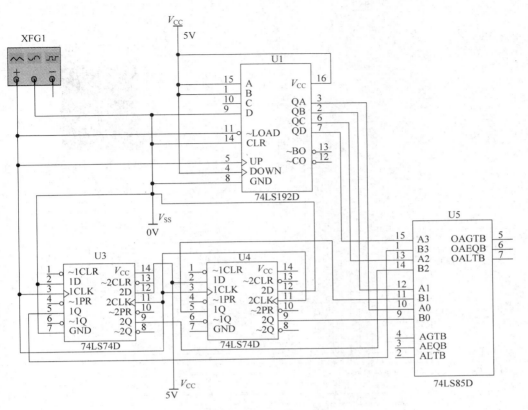

图 7.30.3 比较电路

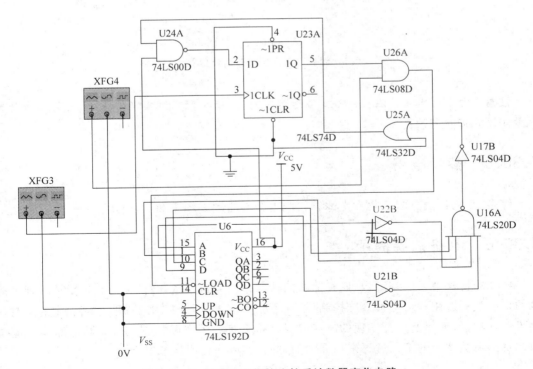

图 7.30.4 温度上限阈值比较后计数器变化电路

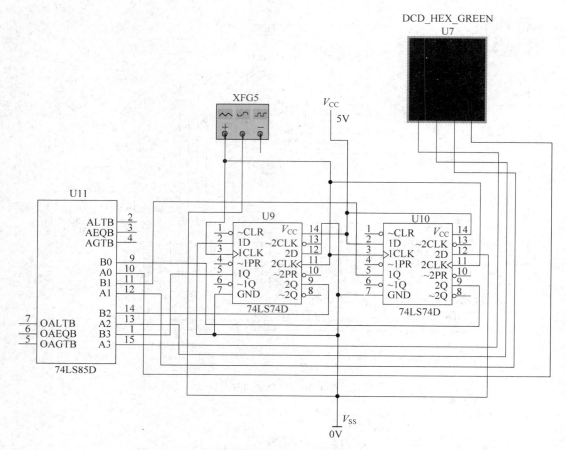

图 7.30.5   温度下限阈值比较后计数器变化电路

注意：由于电冰箱升温与制冷降温速度不同，所以采取不同频率的脉冲，使得加减计数器数字变化频率不同。

7.30.5   参考电路

综合上述各电路模块，得到电冰箱控制电路参考图如图 7.30.6 所示。

7.30.6   电路扩展提示

电冰箱已经进入千家万户，而且冰箱的数字化功能越来越丰富，本文只是简单实现了冷藏的控制过程。用户可增加冷冻控制、根据不同季节设置不同工作模式、冰箱温度的实时显示等各种功能，使得所设计实现的冰箱控制电路更接近于实际控制电路。其他冰箱功能可通过观察新款冰箱的工作过程来扩展增加，并在实验平台上模拟展示。

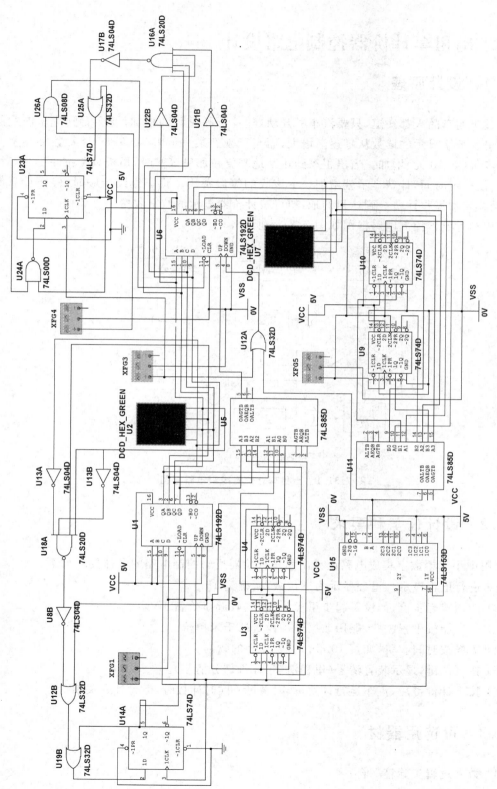

图 7.30.6 电冰箱控制电路参考图

7.31　出租车计价器控制电路设计

7.31.1　设计原理

坐过出租车的人都知道,只要汽车一开动,随着行驶里程的增加,就会看到汽车前厢的计价器里程数字显示的读数从零逐渐增大,而当行驶到某一值时(如 5km)计费数字显示开始从起步价(如 10 元)增加。当出租车到达某地需要在那里等候时,司机只要按一下"计时"键,每等候一定时间,计费显示就增加一个该收的等候费用。汽车继续行驶时,停止计算等候费,继续增加里程计费。到达目的地,便可按计价器显示的数字收费。

出租车计价器控制电路框图如图 7.31.1 所示。

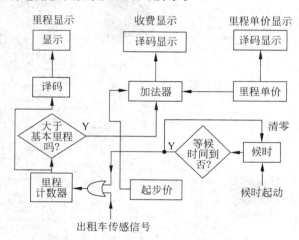

图 7.31.1　出租车计价器控制电路框图

7.31.2　设计任务和要求

利用中小规模数字集成电路设计出租车计价器逻辑控制电路的具体要求如下:

(1) 进行里程显示。里程显示为三位数,精确到 1km。

(2) 能预置起步价,如设置起步里程为 5km,收起步价费 10 元。

(3) 行车能按里程收费,能用数据开关设置每千米单价。

(4) 等候按时间收费,如每 10min 增收 1km 的款。

(5) 按复位键,显示装置清零(里程清零,计价部分清零)。

(6) 按下计价键后,汽车运行计费,候时关断;候时计数时,运行计费关断。

7.31.3　可选用器材

(1) 数字逻辑实验箱一台;

(2) 直流稳压电源;

（3）集成电路：74LS273 两片、74LS74 一片、74LS83 八片、74LS244 四片、74LS290 八片、74LS32 一片、74LS08 一片、74LS04 一片、74LS02 一片、74LS00 一片、555 一片。

7.31.4 设计方案提示

1. 里程计数及提示

在出租车转轴上加装传感器，以便获得"行驶里程信号"。设汽车每走 10m 发一个脉冲，到 1km 时，发 100 个脉冲，所以对里程计数要设计一个模一百计数器，如图 7.31.2 所示。里程的计数显示，则用十进制计数、译码显示即可，见图 7.31.3。计数器采用 74LS290，显示可用译码、驱动、显示三合一器件 CL002 或共阴、共阳显示组件（74LS248、LC5011-11 或 74LS247、LA5011-11）。

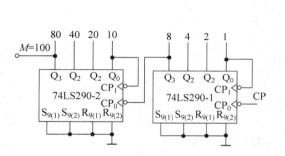

图 7.31.2　模一百计数器电路图

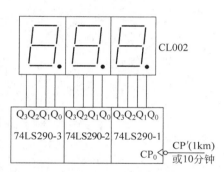

图 7.31.3　里程计数、译码、显示电路图

2. 计价电路

该电路由两部分组成。一是里程计价：在起价路程以内（如 5km 内），按起步价算；若超过起价路程，则每走 1km，计价器则加上每千米的单价款。二是等候计价：汽车运行时，自动关断计时等待，而当要等候计数时，需要手动按动"等候"计费开关，进行计时，时间到（如 10 分钟），则输出 1km 的脉冲。相当于里程增加了 1km，数字显示均为十进制数，因此，加法也要以 BCD 码相加。

一位 BCD 码相加的电路如图 7.31.4 所示，当两位二进制 BCD 码数字相加超过数值 9 时，有进位输出。

里程判别电路如图 7.31.5 所示。当到达所设置的起价千米数时，使触发器翻转。图 7.31.5 中为 5km 时触发器动作。

3. 秒信号发生器及等候计时电路

秒信号可用 32 768Hz 石英晶振经 CD4060 分频后获得。简易的可用 555 定时器近似获得。

候时计数器每 10 分钟输出一个脉冲。个位秒计数器为六十进制，分计数器为十进制，这样就组成了六百进制计数器。

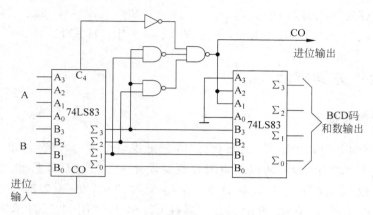

图 7.31.4　一位 BCD 码加法器电路图

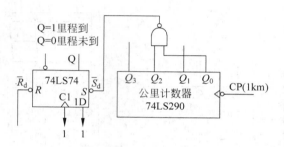

图 7.31.5　里程判别电路图

4. 清零复位

清零复位后,要使各计数均清零,显示器中仅有单价和起步价显示外,其余均显示为 0。

汽车启动后,里程显示开始计数。当汽车等候时,等候时间开始显示。运行计数和等候计数两者不同时进行计数工作。

7.31.5　参考电路

根据出租车计价器的设计任务和要求,其参考逻辑电路如图 7.31.7 所示。

1. 里程计数显示单元

出租车启动后,每前进 10m,发一个脉冲,通过 IC_{19} 与门(74LS08),输入到 IC_4 CP_0 端进行计数,IC_4、IC_5(74LS290)为模一百计数器,当计数器计满 1km(100×10),在 IC_5 的 Q_3 输出一个脉冲,使 IC_6 计数,显示器就显示 1km。IC_6、$1C_7$、IC_8 为三位十进制计数器,计程(数)最大范围为 999。

出租车计价(程)时,开关 K 合上(打在位置 2 上)。

2. 时间等候计数

IC_3、IC_2、IC_1 为时间等候计数器。当出租车在等候时,司机按一下"候时"键,IC_9(FF_1)

被置成 1,触发器 Q 端输出 1 信号,使 555 定时振荡,输出 1Hz 的脉冲到 IC_1、IC_2 进行 60s 计数,IC_3 为十进制计数器。当计满 10 分钟,输出一个脉冲,CP_{10} 到 IC_{18} 或门,给里程计数器计数,即等候 10 分钟,相当于行程 1km。

若等候 5 分钟时,汽车恢复行驶,这时,汽车运行输出的脉冲,使 IC_9(FF_1)翻转($Q=0$),计时停止而转入计程。这样,两者不会重复计数. 实现正确、合理的收费。

3. 计价电路部分

起步价由预置开关设置,开关的输出为 BCD 码,4 位并行输入,通过三态门 IC_{10}、IC_{12}（74LS244）显示器显示。基本起步价所行驶的里程到达后,按每行驶 1km 的单价进行计价。由控制触发器 IC_9(FF_2)控制起步里程到否。若达到里程起步（图 7.31.5 中设为 5km),使 IC_9(FF_2)的 Q 端为 1,$\overline{Q}=0$,这样 IC_{11} 和 IC_{13} 连通,显示器显示的数值为起步价、单价之和。

其实,本电路刚开始启动（复位）时,已经将起步价经 IC_{10}、IC_{14} 在 IC_{15} 中与单价相加了一次（即加了 1km 的费用）,所以,起步里程的预置值应为 6km,即图中 IC_6 的计数范围应是 $0\sim6$,IC_{20} 的 $\overline{Q_2 \cdot Q_1}$ 就是实现了达到起步里程数的自动置数控制信号。

两位 BCD 码数值的相加,是通过四位二进制全加器进行的,两位相加若超过 9,需进行加 6 运算,使之变为 BCD 码。图 7.31.6 为二位 BCD 码加法器电路图。

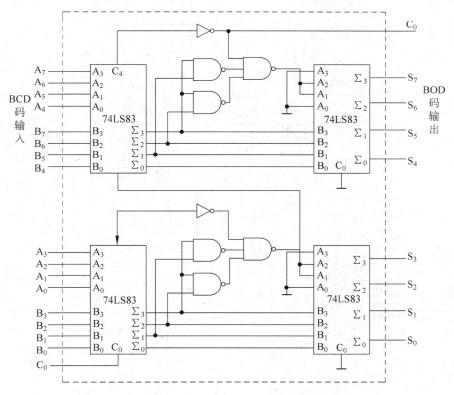

图 7.31.6 两位 BCD 码加法器电路图

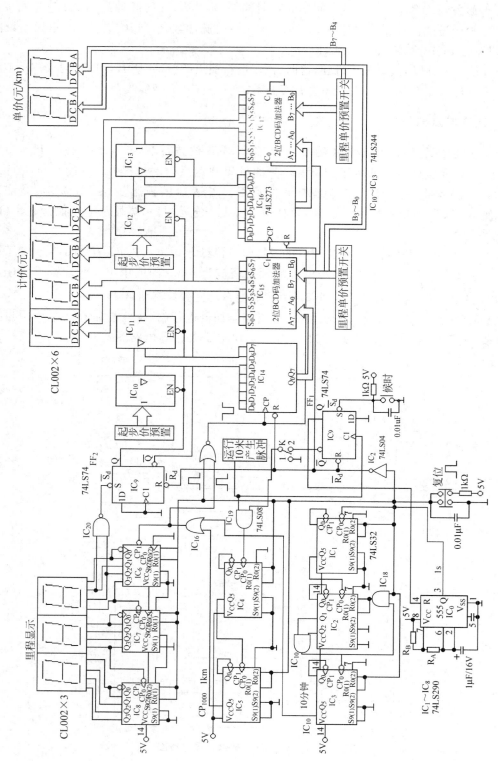

图 7.31.7　出租车计价器逻辑电路参考图

4. 复位、秒信号、候时信号

按下复位按钮后,所有计数器、寄存器清零,里程计价显示这时全为零。当复位按钮抬起后,计价器则显示起步价数值(里程单价显示不受复位信号的控制)。

候时"键"按下,IC$_9$(FF$_1$)的 $Q=1$,产生脉冲秒信号,使计时电路计数。

脉冲秒信号由 555 定时电路产生。

7.31.6 电路扩展提示

该题目的功能和电路规模都相对较大,读者可选择集成度高的芯片对电路进行改造,缩小电路规模。另外,读者可在实现所要求的功能的基础上,根据实验平台的承载电路规模适当增加其他未尽出租车计价器的功能,并在实验平台上实现并模拟展示出来。

7.32 射击自动报靶器

7.32.1 设计原理

本课题要求模拟设计一个射击自动报靶器,实现自动显示射击次数、单次射击环数、中靶次数以及中靶总次数的功能。由其功能可以看出在此设计中要用到编码器、计数器、加法器、寄存器、译码器、门电路以及一些基础元件,对应的系统框图如图 7.32.1 所示。

如图 7.32.1 所示,各功能模块简述如下。

1. 开关信号模拟环数取样信号

选用 11 个开关,分别代表打靶成绩:0、1、2、3、4、5、6、7、8、9、10 环,其中 10 环用 A 显示,每次只有一个开关从高电平变到低电平。

2. 编码电路

选用 74LS148 优先编码器,将两个编码器、非门和与非门连接成 16 线-4 线优先编码器,对 11 个模拟信号进行编码。

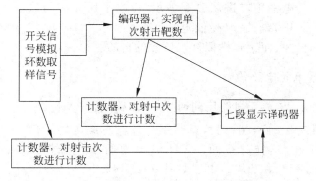

图 7.32.1 系统框图

3．显示电路

选用七段显示译码器对单次靶数、射击次数、中靶次数进行显示。

4．复位清零电路

通过一个开关连接在对中靶次数进行计数的 74LS160 的 $\overline{\text{CLR}}$ 端，对中靶次数和总次数进行手动复位清零。

7.32.2　设计任务和要求

用中小规模集成电路设计射击自动报靶器逻辑控制电路的具体要求如下：

（1）用 11 个开关信号模拟环数取样信号，分别表示 0、1、2、3、4、5、6、7、8、9、10 环，其中 0 表示没射中，每次射击完毕后立刻显示环数。

（2）每个人可以射击 5 次，5 次后射击次数自动清零，表示此人不能再射击。

（3）自动统计中靶次数并显示。

7.32.3　可选用器材

（1）数字逻辑实验箱一台；

（2）直流稳压电源；

（3）集成电路：74LS160 两片、74LS148 两片、74LS40 一片、74LS30 一片、74LS04 一片、74LS02 一片、74LS00 两片。

7.32.4　设计方案提示

1．开关模拟环数取样信号电路单元设计

如图 7.32.2 所示，该单元利用开关来实现数字电路中的高电平与低电平的输入，高电平用二进制数 1 表示，低电平用二进制数 0 表示。因此用 11 个开关来输入高低电平，并送入芯片 74LS148 优先编码器进行编码。从而达到模拟打靶环数的目的。

2．优先编码器单元电路设计

如图 7.32.3 所示，该单元电路用到两片 74LS148 优先编码器，将第一片的 $\overline{\text{EO}}$ 接第二片的 $\overline{\text{EI}}$ 端，则只有当第一片没有编码输入信号时，第二片才能工作，这样就把两片 74LS148 进行了优先权排队，第一片的优先权高于第二片。由于每片 74LS148 本身已经对它的 8 个输入端按优先权高、低进行了排队，所以就形成了 16 线-4

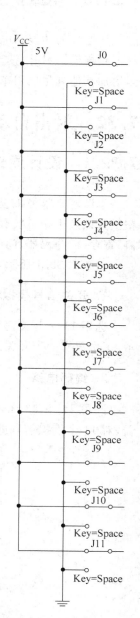

图 7.32.2　信号电路

线优先编码器。输出最高位则由第一片的$\overline{GS}$产生。

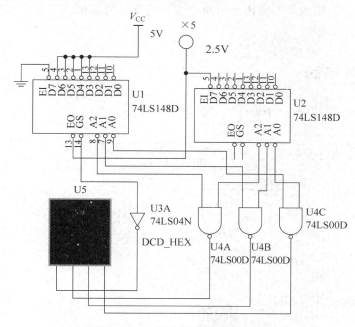

图 7.32.3　优先编码器单元电路

3. 计数器和 CP 脉冲单元电路设计

如图 7.32.4 所示,射击次数计数部分的 CP 脉冲是由 11 个开关模拟信号通过组合逻辑电路连接而成的,这个 CP 脉冲同时也是两个 74LS160 计数器的 CP 脉冲。将计数器用

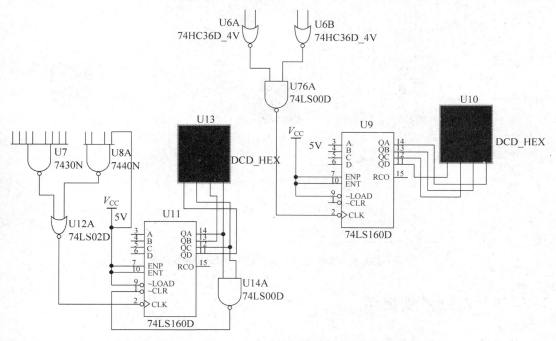

图 7.32.4　计数器和 CP 脉冲单元电路

反馈置零法接成五进制计数器。这样射击次数的功能就实现了。中靶次数计数部分的 CP
脉冲则由编码单元电路的 4 个输出通过组合逻辑电路连接而成。其他引脚接相应输入输出
即可。

7.32.5　参考电路

综合各模块电路,得到整个系统的逻辑电路参考图如图 7.32.5 所示。

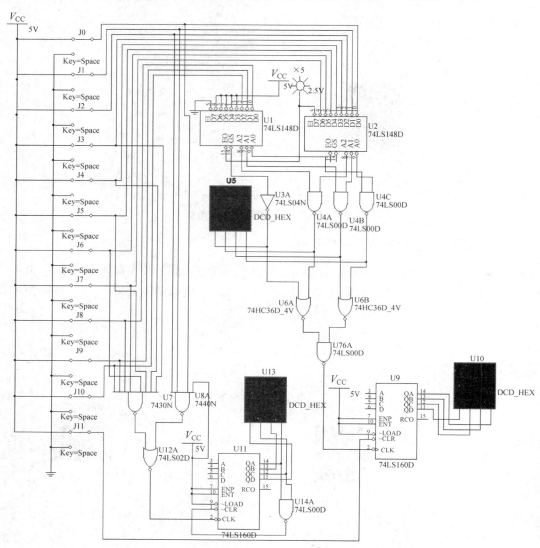

图 7.32.5　模拟设计自动报靶器逻辑电路参考图

7.32.6　电路扩展提示

传统的射击人工统计计算报靶已经逐渐被数字自动控制报靶系统取代,上述题目是在

数字逻辑实验平台中进行的简单模拟,如果用户的数字逻辑实验平台的电路规模承载量足够大的话,还可以扩展存储和统计功能,例如,通过寄存器存储不同人(对人进行编号)的射击环数,等所有人射击完毕,可以循环或者一次列出不同人的射击环数。用户还可以自主扩展其他实用功能,并在实验平台模拟展示出来。

7.33 转速测量及显示逻辑电路设计

7.33.1 设计原理

转速的测量,在工业控制领域和人们日常生活中经常遇到。例如,工厂里测量电机每分钟的转速;自行车里程测速计;心率计;以及汽车时速的测量等都属于这一范畴。

要准确地测量转轴每分钟的转速,可采用图 7.33.1 所示的数字控制系统。在转轴上固定一个地方涂上一圈黑带,并留出一块白色标记。当白色标记出现时,光电管能感受到输入的光信号,并产生脉冲电信号。这样,每转一周就产生一个脉冲信号。用计数器累计所产生的脉冲数,并且使计数器每分钟做一次清零操作,这样就可以记下每分钟的转数。在每次周期性的清零前一时刻,将计数器记下的数值传送到寄存器存储,寄存器中寄存的数在以后的一分钟内始终保持不变,并进行显示,这就是欲测的转速。

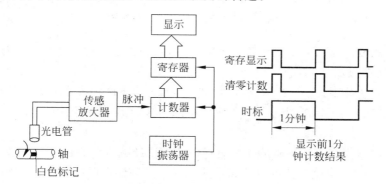

图 7.33.1 转速测量控制系统框图

7.33.2 设计任务和要求

设计转速测量及显示逻辑控制电路的具体要求如下:

(1) 测速显示范围为 0～9999 转/分。

(2) 单位时间选为一分钟,且有数字显示。

(3) 转速显示是前一分钟转速测量的结果,或者数字连续显示计数过程,并将每分钟最后时刻的数字保持显示一个给定时间,例如 5s 或 10s,而后再重复前述过程。

7.33.3 可选用器材

(1) 数字逻辑实验箱一台;

（2）直流稳压电源；

（3）光电传感器装置；

（4）集成电路：74LS112 一片、74LS123 两片、74LS160 两片、74LS175 四片、74LS248 六片、74LS290 六片、74LS30 一片、74LS00 一片。

7.33.4　设计方案提示

根据设计任务和要求，要完成自动计数和显示过程，必须要有：

（1）将一个正在转动着的轴，通过一定的装置，例如轴上装一转盘，转盘上开一个小孔。然后通过光、电转换管及其转换电路而产生光电脉冲信号，如图 7.33.2 所示。

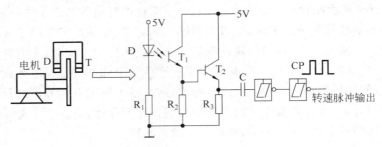

图 7.33.2　光电传感转换电路图

（2）转速测量及显示的逻辑线路，是将连续输入的光电脉冲信号转变为按单位时间（每分钟）计数的转速显示。

（3）由于测速范围为 0～9999，所以需要四位二-十进制计数器组成计数电路。寄存和显示电路也为 4 位。显示器可选用共阴或共阳的单显示器，也可选用三合一、四合一 CL 系列组合器件。

（4）计时电路需要一个秒脉冲作为时标电路的脉冲输入。它由二位计数器组成六十进制，即秒"个位"和秒"十位"，这一电路和数字钟六十进制计数器一样，个位为十进制，十位为六进制。当时标电路计数到一分钟时，应发出一个控制信号给光电脉冲计数器，使累计的数值存入寄存器而显示。与此同时，清计数器，准备下一分钟的数值累计。因此测速显示的数值为前一分钟的转速，这一点在设计电路时要注意。

7.33.5　参考电路

根据要求，两种转速测量显示控制电路为：

（1）转速显示是前一分钟转速测量的结果，如图 7.33.3 所示。

（2）转速显示计数过程，到一定时间，将累计值保持一段时间，然后再重复地计数显示，其电路如图 7.33.4 所示。

在图 7.33.3 中，由秒脉冲通过两片 74LS290 形成六十进制计数器，当十位计数器 IC_1 计到 6 时，通过与门 G1（$Q2 \cdot Q1=1$），使十位的计数器清零，同时这一信号又送到测速显示的寄存器 74LS175 的 CP 端，使计数器累计的光电脉冲个数（即转速）寄存起来，并通过

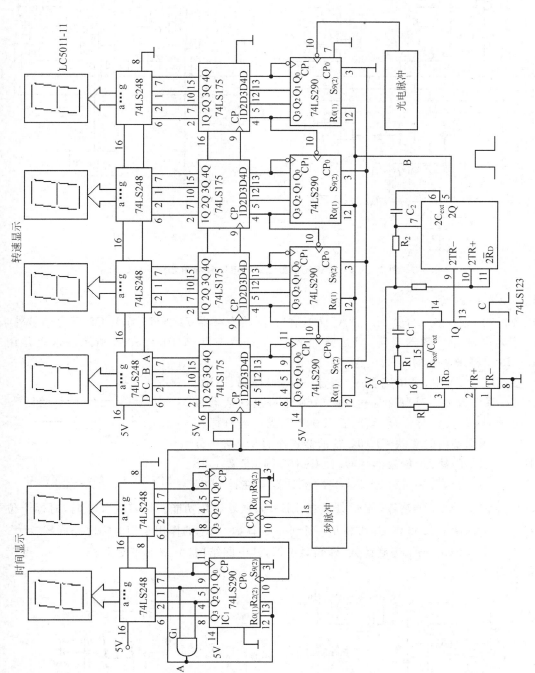

图 7.33.3 转速测量显示逻辑电路参考图之一

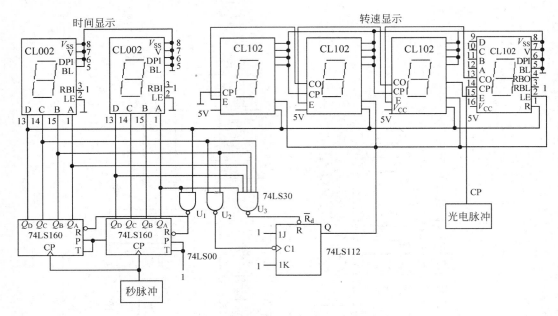

图 7.33.4　转速测量显示逻辑电路参考图之二

74LS248 译码显示。

要说明一点,当一分钟到时,"A"这一信号,除给寄存器 74LS175 作为 CP 寄存信号外,同时给光电脉冲计数器清零,只是时间上比 A 滞后一点,如图 7.33.5 所示。这里是用 74LS123 单稳来实现的。

在图 7.33.4 中,采用三合一、四合一计数、译码、驱动、显示 CL 系列数显。秒脉冲通过 74LS160 十进制计数器组成一分钟时标电路,时标显示器由 CL002 完成。当时标在 0~59s 工作周期内时 4 块 CL102 显示器连续计数,满一分钟时,通过 U_2 门使 JK 触发器翻转,使 CL102 的 LE 置 1,计数停止,保持显示第一分钟转速。当时标计数器在计到 79

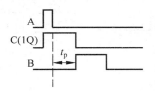

图 7.33.5　单稳延时波形图

时,门 U_3 使 JK 触发器清零,使 CL102 的 LE＝0,恢复送数功能。接着到"80"时,时标十位的 Q_D 为 1 时,使 CL102 清零,准备下一个 60s 的计数。U_1 的作用是使时标电路回零。

CL102 为 BCD 码十进制计数、译码显示器,其电路结构、引脚图如图 7.33.6 所示,逻辑功能如表 7.33.1 所示。

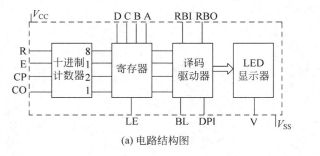

(a) 电路结构图

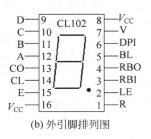

(b) 外引脚排列图

图 7.33.6　CL102 电路结构及外引脚排列图

表 7.33.1 CL102 功能表

CP	E	R	功　能	输　入　状　态		功　　能
×	×	1	全0	LE	1	寄存
↑	1	0	计数		0	送数
0	↓	0	计数	BL	1	消隐
↓	×	0	保持		0	显示
×	↑	0	保持	RBI DPI	0	灭0显示
↑	0	0	保持	DPI	1	DP显示
1	↓	0	保持		0	DP消隐

CL102 各引脚功能说明如下：

BL：数字管熄灭及显示状态控制端，在多位数字中可用于位扫描显示控制。

RBI：多位数字中无效零值的熄灭控制信号输入端。

RBO：多位数字中无效零值的熄灭控制信号输出端，用于控制下位数字的无效零值熄灭。该值于"无效零已熄灭"工作状态时输出为"0"电平，否则为"1"电平。

DPI：小数点显示及熄灭控制端。

LE：BCD 码信息输入控制端，用于控制计数器输出的 BCD 码向寄存器传送。

D、C、B、A：为寄存器 BCD 码信息输出，可用于整机的信息记录及处理。

R：计数、显示器置数端。

CP：CL102 CP 脉冲信号输入端（前沿作用）。

E：计数显示器脉冲信号后沿输入端。

CO：计数进位输出端（后沿作用）

V：LED 显示管公共负极，可用于微调数码管显示亮度。

V_{CC}：电源正极 +5V。

V_{SS}：电源地端。

CL002 的结构只是比 CL102 少一个计数器功能，其余跟 CL102 功能类似。其电路结构、引脚图如图 7.33.7 所示，逻辑功能如表 7.33.2 所示。

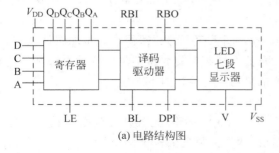
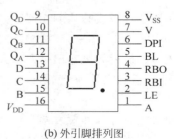

图 7.33.7 CL002 电路结构及外引脚排列图

CL002 的各个端子功能说明如下：

BL：数字管熄灭及显示状态控制端，在多位数字中可用于位扫描显示控制。

RBI：多位数字中无效零值的熄灭控制信号输入端。

RBO：多位数字中无效零值的熄灭控制信号输出端，用于控制下位数字的无效零值熄灭。该值于"无效零已熄灭"工作状态时输出为"0"电平，否则为"1"电平。

DPI：小数点显示及熄灭控制端。

LE：BCD 码信息输入控制端，用于控制计数器输出的 BCD 码向寄存器传送。

表 7.33.2　CL002 功能表

输 入 状 态		功　　能
LE	1	寄存
	0	送数
BL	1	消隐
	0	显示
RBI DPI	0	灭 0 显示
DPI	1	DP 显示
	0	DP 消隐

Q_D、Q_C、Q_B、Q_A：为寄存器 BCD 码信息输出，可用于整机的信息记录及处理。

V：LED 显示管公共负极，可用于微调数码管显示亮度。

V_{DD}：电源正极，推荐工作电压 $V_D = +5V$。

V_{SS}：电源地端。

7.33.6　电路扩展提示

通常转速测量都是应用于自动化控制过程的，如果转速高于或者低于某一阈值时，会出现危险或者故障，因此，读者可考虑增加阈值设置，并且增加比较电路，当转速达到阈值时可以通过蜂鸣器或者指示灯闪烁报警。用户可根据需要自主添加其他功能，并在实验平台上模拟展示出来。

7.34　脉冲调相器控制电路设计

7.34.1　设计原理

脉冲调相器又称数字相位变换器，它是一种脉冲加减电路，即通过对输入脉冲信号进行加、减处理，使电路输出信号的相位做超前或滞后变化。如果输入脉冲频率为输出信号频率的 N 倍，则每加一个脉冲，输出信号相位超前变化 $360°/N$，每减一个脉冲，输出信号相位滞后变化 $360°/N$。设计这种变换器可采用计数器实现，也可用触发器来设计。在此着重介绍如何用计数器构成脉冲调相器。

我们知道，当用一个时钟脉冲去触发容量相同的两个计数器使它们做加法计数时，这两个计数器的最后一级输出是两个频率大大降低的同频率同相位信号。假设时钟脉冲的频率为 F，计数器的容量为 N，则这两个计数器的最后一级输出频率为：

$$f = F/N$$

如果在时钟脉冲触发两个计数器之前，先向其中一个计数器如 x 计数器输入一定数量脉冲 Δx，则当时钟脉冲触发两个计数器以后，两个计数器的输出信号频率仍相同，但相位就不相等了。N 个时钟脉冲使标准计数器的输出变化一个周期，即 $360°$，$N + \Delta x$ 个脉冲使 x 计数器的输出在变化一个周期（即 $360°$）后，又变化 $\phi = (360°/N) \cdot \Delta x$，即超前标准计数器

一个相位 ϕ。以后每来 N 个时钟脉冲,两计数器都变化一个周期。

若在时钟脉冲触发两计数器的过程中,控制某一信号源给 x 计数器加入一定量的脉冲 $+\Delta x$,这样便使得 x 计数器输出的信号相位超前于标准触发器 $\varphi = (360°/N) \cdot \Delta x$;反之,若加入的脉冲为 $-\Delta x$,也就是使 x 计数器在时钟脉冲触发的过程中减去 Δx 个脉冲,则计数器输出的信号的相位滞后于标准计数器 $\phi = (360°/N) \cdot \Delta x$。

实际应用中,$\pm\Delta x$ 脉冲频率比时钟脉冲频率低得多。实际设计时,可控制 Δx 一个一个慢慢加入,以使计数器输出信号的相位逐渐发生变化。

7.34.2 设计任务和要求

用中小规模集成电路设计脉冲调相器逻辑控制电路的具体要求如下:

(1) 用计数器或 JK 触发器构成脉冲调相器。

(2) 用单次脉冲产生 $\pm\Delta x$,手动控制 $\pm\Delta x$ 的加入,要求其频率至少低于 $(1/4)f_{CP}$(f_{CP} 为标准时钟的频率)。

(3) 在控制 $\pm\Delta x$ 加入的过程中,用示波器观察调相器输出信号相位的变化。

7.34.3 可选用器材

(1) 数字逻辑实验箱一台;

(2) 直流稳压电源;

(3) 集成电路:74LS73 两片、74LS74 一片、74LS193 一片、74LS08 一片、74LS04 两片、74LS00 两片。

7.34.4 设计方案提示

用计数器实现数字相位变换的关键在于,在计数脉冲向 x 计数器输入的过程中,如何再加入一定的 $+\Delta x$ 脉冲或用 $-\Delta x$ 脉冲去抵消一定量的计数脉冲。显然,$\pm\Delta x$ 脉冲是不能与计数脉冲重叠的。

这点可以考虑用两个不同步的信号加以保证,其中一个信号作为计数脉冲,另一信号作为 $\pm\Delta x$ 的同步信号,也就是说,我们可以利用一种电路(称为同步电路)使随机出现的 $\pm\Delta x$ 信号与该信号同步出现。这两个信号可以由信号发生器输出的标准时钟脉冲信号 CP(频率为 f_{CP})分解得到,如图 7.34.1 所示,分别表示为 F_A、F_B。F_A、F_B 频率为 $(1/2)f_{CP}$,因此要获得 F_A、F_B 信号,首先应该获得 CP 的一个二分频信号,如图 7.34.1 所示,用 Q 表示。从波形图中可以直接得到如下关系式:

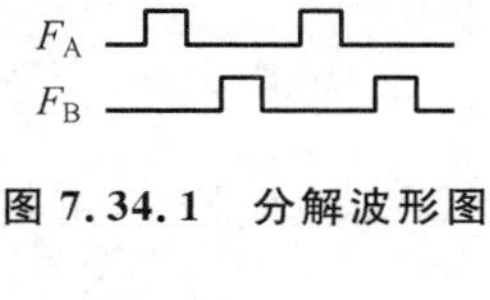

图 7.34.1 分解波形图

$$F_A = Q \cdot CP$$
$$F_B = \bar{Q} \cdot CP$$

上述两式用触发器很容易实现。

若以 F_A 作为计数脉冲,那么 F_B 则作为 $\pm\Delta x$ 的同步脉冲控制信号。F_B 与 $\pm\Delta x$ 的同步可由同步电路来实现。同步电路图如图 7.34.2 所示,其工作波形如图 7.34.3 所示。

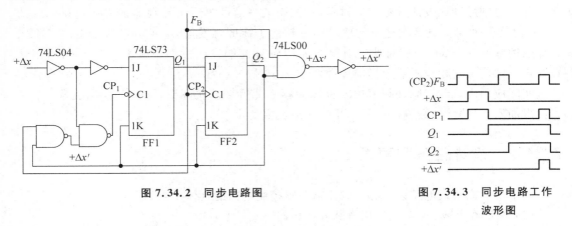

图 7.34.2   同步电路图

图 7.34.3   同步电路工作
波形图

该电路不仅能获得时间上与 F_B 一致的同步信号,而且能保证同步信号具有与 F_B 相同的脉宽,这点对整个电路的正常工作非常重要。

鉴于该同步电路设计过程比较复杂,难度较大,在设计时可不做要求,只要搞清楚工作原理即可。

同步电路保证了 $\pm\Delta x$ 信号和计数脉冲信号 F_A 不重叠。如果用可逆计数器构成计数电路,那么计数脉冲 F_A 和调相脉冲 $+\overline{\Delta x'}$ 应通过同一通道进入其加脉冲计数端 CP_U,它们之间的关系如状态表 7.34.1 所示。

表 7.34.1 F_A、$+\overline{\Delta x'}$、CP_U 状态表

F_A	$+\overline{\Delta x'}$	CP_U
0	0	0
0	1	1
1	0	1
1	1	不会出现

由真值表得出:$CP_U = \overline{(\overline{F_A} \cdot (+\overline{\overline{\Delta x}}))} = \overline{(\overline{F_A} \cdot (+\overline{\Delta x}))}$,$-(\Delta x)$ 则直接与计数器减计数端 CP_D 相连,以抵消一定的计数脉冲。

用触发器设计脉冲调相器时,其关键问题是如何实现脉冲的加减,实现的途径是多种多样的,可以用加或减两路时钟脉冲实现,也可以用加减控制信号控制一路时钟脉冲的增加使输入信号相位前移,或通过阻塞时钟脉冲的方式实现相位后移,亦即减脉冲的方式实现。

7.34.5   参考电路

1. 信号分解电路

它由 D 触发器和两个与门组成。74LS74 D 触发器为二分频器,其输出 Q 和 $\overline{Q}$ 与 CP 脉冲相"与"之后,产生两个频率为 CP 频率的二分之一、脉宽与 CP 相等的异步信号 F_A 和 F_B;F_A 作为可逆计数器的计数时钟信号,F_B 则作调相脉冲信号 $\pm\Delta x$ 的同步控制信号。

2. 同步电路

它由 JK 触发器、非门及与非门组成,共两组,分别为 $+\Delta x$ 及 $-\Delta x$ 的同步电路,其输出为 $CP_1 = \overline{\overline{Q_2} \cdot CP2 \cdot (+\overline{\Delta x})} = Q_2 \cdot CP_2 + (+\Delta x)$。当到达 $+\Delta x$ 时,CP_1 输入 FF_1,使其翻

转,FF_2 在时钟脉冲作用下翻转,输出同步脉冲 $+\overline{\Delta x'}$,Q_2 与 K 连接,保证 $+\overline{\Delta x'}$ 只有一个脉冲输出,当 $+\Delta x$ 没有到达时,Q_2 为零,$\Delta x'$ 也为零。另一组情况与之相同。

3. 可逆回路

其核心为可逆计数器 74LS193。由于前面两部分电路保证 F_A 与 $+\overline{\Delta x'}$ 及 $-\Delta x'$ 不重叠,因此在计数器对 F_A 计数使其输出信号做周期变化期间,若出现 $+\Delta x$ 或 $-\Delta x$,则计数器也对其做加或减计数,使之输出信号超前或滞后变化一个相位。图 7.34.2 中每来一个 $\pm\Delta x$ 信号,输出信号 Q_D 超前或滞后变化 $90°\pm\Delta x$ 调相脉冲信号可由单次脉冲发出。双向开关 K_1 拨至上方,发出脉冲为 $+\Delta x$,拨至下方发出脉冲为 $-\Delta x$。

图 7.34.4 所示的调相电路中并没有真正引入标准计数器,它只是在分析原理时为方便起见引入的一个比较对象,实际上并不需要连接它。

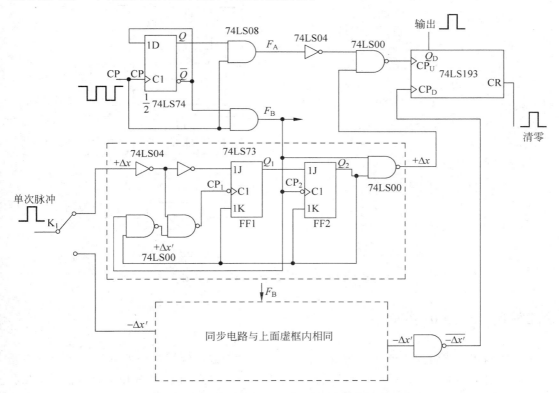

图 7.34.4　用可逆计数器回路实现脉冲调相电路图

图 7.34.5 是用 JK 触发器构成的脉冲调相器,其中 M 为输入指令信号,CP 为调相时钟信号,J 为加减脉冲控制信号,$J=0$ 时,电路减去一个 CP,M 相位后移,$J=1$ 时,电路增加一个 CP,M 相位前移。工作波形如图 7.34.5 所示。在图 7.34.5 中,相位后移是通过阻塞时钟脉冲的方式实现的,亦即减脉冲方式,而相位的前移则需要增加时钟脉冲,电路中采用减一个时钟脉冲和在二分频脉冲中增加一个时钟脉冲的方法实现。减一个时钟周期和加一个二分频脉冲周期,即 $-1+2=1$,相当于增加了一个时钟脉冲。

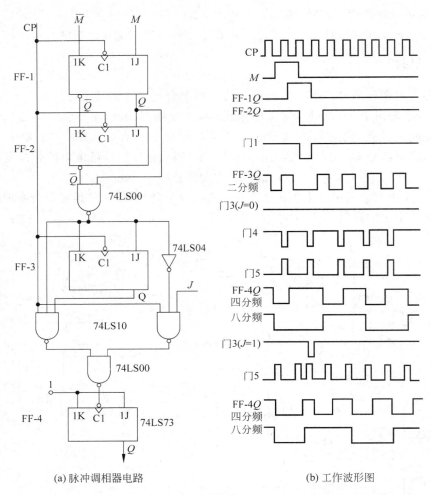

(a) 脉冲调相器电路   (b) 工作波形图

图 7.34.5   用 JK 触发器回路构成的脉冲调相器电路及工作波形图

7.34.6   电路扩展提示

脉冲调相电路常用于调频广播发射机的应用,属于数控领域的一项基本技术。本文是基于方波的脉冲调相实现的,读者可试着对正弦波进行调相,正弦波调相又分为直接调相和间接调相两类方法。另外,读者可结合具体的应用来设计和扩展本题目设计的内容,并在实验平台上模拟展示出来。

7.35   洗衣机定时控制器

7.35.1   设计原理

洗衣机已经进入千家万户,其控制逻辑和功能也为人熟知,本课题要求设计一个带有洗涤时间设定并显示功能的简易洗衣机控制电路,当时间到后,报警提醒,之后关闭电路。其工作原理图如图 7.35.1 所示。

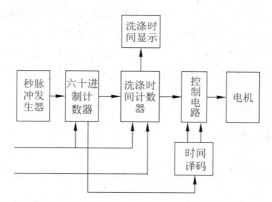

图 7.35.1 简易洗衣机工作原理图

7.35.2 设计任务和要求

用中小规模集成电路设计简易洗衣机逻辑控制电路的具体要求如下：
（1）洗涤时间在 10 分钟内由用户自行设定。
（2）用两位数码管显示洗涤的预置时间（以分钟为单位），对洗涤过程做计时显示，直到时间到而停机。
（3）当定时时间达到终点时，一方面使电机停机，同时发出音响信号提醒用户注意。

7.35.3 可选用器材

（1）数字逻辑实验箱一台；
（2）直流稳压电源；
（3）集成电路：74LS192 三片、74LS32 一片、74LS27 一片、74LS08 两片、74LS04 两片、74LS11 一片。

7.35.4 设计方案提示

主要用 74LS192 来实现分计数和秒计数功能，使用其减计数功能，所以将其 UP 端接到高电平上，CP_D 端接到秒脉冲上；十秒位上的输入端 B、C 端接到高电平上，即从输入端置入 0110（十进制的 6），秒十位的 LD 端和借位端 BO 连在一起，再把秒位的 BO 端和十秒位的 DOWN 连在一起。当秒脉冲从秒位的 DOWN 端输入的时候秒计数的 74LS192 开始从 9 减到 0；这时，它的借位端 BO 会发出一个低电平到秒十位的输入端 DOWN，秒十位的计数从 6 变到 5，一直到变为 0；当高低位全为零的时候，秒十位的 BO 发出一个低电平信号，DOWN 为零时，置数端 LD 等于零，秒十位完成并行置数，下一个 DOWN 脉冲来到时，计数器进入下一个循环减计数工作中。

对于分计数来说，道理也是一样的，只是要求，当秒计数完成了，分可以自动减少，需要把秒十位的借位端 BO 端接到分计数的 DOWN 端作为分计数的输入信号来实现秒从分计数上的借位。当然,这些计数器工作时,其中的清零端 CR 要处于低电平,置数端不置数时要处于高电平。把 74LS192 的 QA、QB、QC、QD 都接到外部的显示电路上就可以实现剩余时间的实时显示了。电路的复位功能可以通过将分计数和秒计数的清零端连接到一起,用一个开关进行控制。初始置数可通过将 74LS192 置数端 PL 端(低电平有效)置 0(同时清零端 MR 为 0),然后通过 74LS192 的 A、B、C、D 端输入预置的数,即可实现初始时间的设定输入。

7.35.5　参考电路

综合上述设计,得到总的简易洗衣机总体控制电路参考图如图 7.35.2 所示。

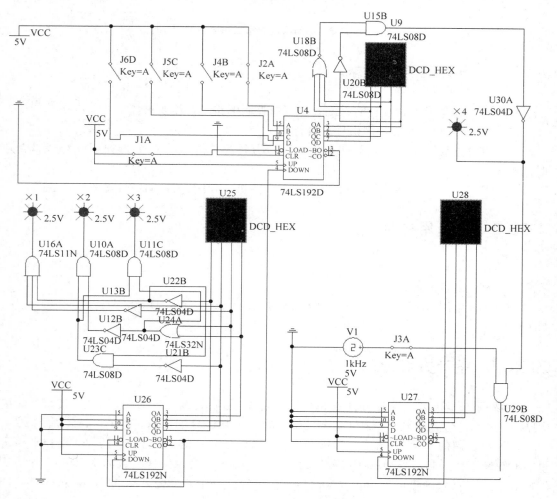

图 7.35.2　简易洗衣机控制电路参考图

7.35.6　电路扩展提示

本文所要求设计的洗衣机控制电路较简单,读者可以通过观察洗衣机的控制面板,并通过实际操作洗衣机来观察洗衣机的工作流程,以扩展上述实验内容。例如,可以增加水位设置与显示,浸泡时间设置、显示与实现,漂洗次数的设置、当前剩余次数的显示与相关控制、脱水次数与时间设置、总的时间计算与倒计时、所有相关控制的设计与实现。用户可以根据实验平台的电路承载规模和自己的需要进行其他功能的扩展,并在实验平台上实现与模拟展示出来。

7.36 渡河数字游戏

7.36.1 设计原理

一个人要将一只猫,一只狗,一只老鼠渡过河,独木舟每次只能载一个人和一只动物,但猫和狗,鼠和猫不能单独待在一起,模拟这个人的渡河过程,需要满足上述条件。

为了形象地表示渡船过程,用 LED 灯模拟表示船的移动,可以用 74LS194 的移位功能实现 LED 灯的依次亮灭,并且可以改变 LED 灯明暗移动的方向。用三个开关表示是否携带猫、狗、鼠,可以选择八选一选择器来进行电路选择,例如可选 74LS151,将这三个开关与74LS151 的 A、B、C 端连接,将输出作为判断是否可以安全过河的信号。

7.36.2 设计任务和要求

用中小规模集成电路设计渡河数字游戏逻辑控制电路的具体要求如下:

(1)用三个开关依次模仿三次要载过河的猫、狗、老鼠。

(2)用 LED 灯亮点的移动模仿表示渡河过程,选中的动物和两岸的动物都有显示,若选错则游戏失败,需要重新开始。当所有动物渡河成功,游戏成功,并显示独木舟往返次数。

7.36.3 可选用器材

(1)数字逻辑实验箱一台;

(2)直流稳压电源;

(3)集成电路:74LS194 一片、73LS151 一片、74LS90 一片、74LS04 三片、74LS08 四片、74LS86 两片、74LS32 一片。

7.36.4 设计方案提示

1. 独木舟渡船电路

用 74LS194 的左右移位功能来表示独木舟的渡河运动。首先利用 74LS194 的移位功能实现 LED 灯的连续明暗,并且可以改变小灯明暗移动的方向。用三个开关分别表示猫、狗、鼠,闭合开关表示携带该动物,将这三个开关与 74LS151 的 A、B、C 端连接,由于只有 Z

端一个输出端,并且将 D0、D3、D5、D6、D7 设置为低电位,其余设置为高电位,利用 74LS151 的数据选择功能来表示是否能够成功渡河。模拟的独木舟控制电路如图 7.36.1 所示。

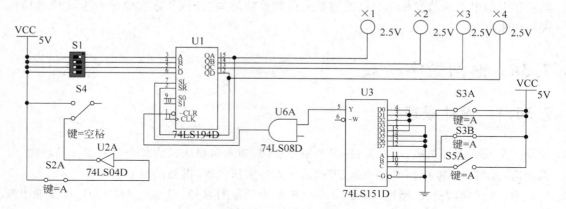

图 7.36.1　独木舟控制电路

图 7.36.2 中的三个开关分别表示鼠、猫、狗,每次只能选一个,表示只能带一个动物渡河。下面的三个开关表示猫狗和猫鼠不能在一起,而且开关闭合代表将该动物放在河对岸。

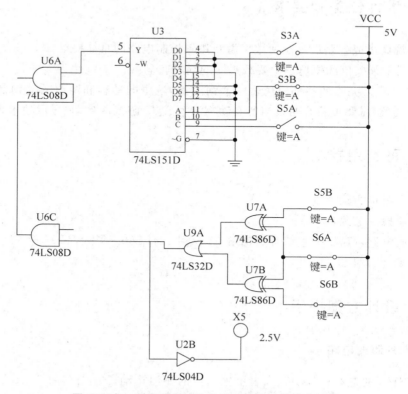

图 7.36.2　判断所带动物和两岸动物的分布电路图

2．渡河次数统计

准备开始游戏时,需将途中的开关打开,然后选择动物。渡河次数统计电路图如图 7.36.3 所示。

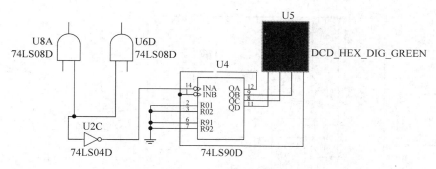

图 7.36.3 渡河次数统计电路图

3．暂停电路

由于每次渡河后需要重新选择动物,所以将电路暂停来表示这一过程,并且使电路更加稳定。暂停电路图如图 7.36.4 所示。

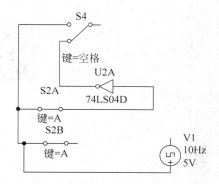

图 7.36.4 暂停电路参考图

7.36.5 参考电路

综合上述各模块电路,得到综合的电路图如图 7.36.5 所示。

7.36.6 电路扩展提示

本游戏只有两种正确的选择顺序能够将三种相互制约的动物运过河,读者可以增加游戏时间限制,时间到时电路锁死,并提示游戏失败,可复位重新开始游戏。另外,读者还可以增加动物和相互制约关系,以增加游戏的难度。

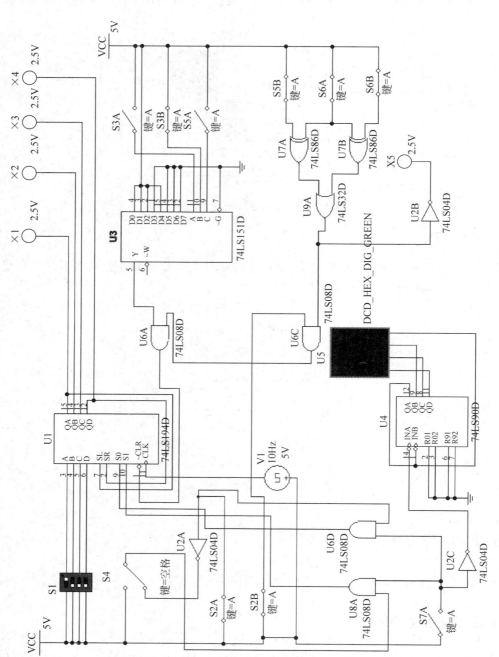

图 7.36.5 渡河数字游戏参考电路图

7.37　多种波形发生器电路设计

7.37.1　设计原理

　　波形发生器是用来产生一种或多种特定波形的装置。这些波形通常有正弦波、方波、三角波、锯齿波等。以前，人们常用模拟电路来产生这些波形，其缺点是电路结构复杂，所产生的波形种类有限。随着数字电子技术的发展，采用数字集成电路来产生各种波形的方法已变得越来越普遍。虽然，用数字量产生的波形会呈微小的阶梯状，但是，只要提高数字量的位数即可提高波形的分辨率，所产生的波形就会变得非常平滑。用数字方式的优点是电路简单，改变输出的波形极为容易。下面将说明以波形数据存储器为核心来实现波形发生器的原理。

　　用波形数据存储器记录所要产生的波形，并将其在地址发生器作用下所产生的波形的数字量经过数—模转换装置转换成相应的模拟量，以达到波形输出的目的。其实现的原理如图 7.37.1 所示。

图 7.37.1　多种波形发生器框图

7.37.2　设计任务和要求

　　设计一个多种波形发生器，其具体要求如下：

　　(1) 实现多种波形的输出。这些波形包括正弦波、三角波、锯齿波、反锯齿波、梯形波、台型阶梯波、方波、阶梯波等。

　　(2) 要求输出的波形具有 8 位数字量的分辨率。

　　(3) 能调整输出波形的周期和幅值。

　　(4) 能用开关方便地选择某一种波形的输出。

7.37.3　可选用器材

　　(1) 数字逻辑实验箱一台；

　　(2) 直流稳压电源；

　　(3) 集成电路：74LS161 两片、2716 一片、DAC0832 一片、NE4558 两片；

　　(4) 微机、编程器及相关软件；

　　(5) 万用表、示波器；

　　(6) 电阻、可变电阻、开关。

7.37.4　设计方案提示

1. 地址发生器

地址发生器所输出的地址位数决定了每一种波形所能拥有的数据存储量。但在同一地址发生频率下,波形存储量越大输出的频率越低。考虑到我们要求输出波形具有 8 位数字量的分辨率,因而可将地址发生器设计成 8 位,以获得较好的输出效果。如果地址发生器高于 8 位,那么输出波形的分辨率将会受到影响。

选用两片四位二进制计数器 74LS161 组成 8 位地址发生器,其最高工作频率可达到 32MHz。

2．波形数据存储器

八位地址发生器决定了每种波形的数据存储量为 256B。因为总共要输出 8 种波形,故存储总量为 2KB。可选用 2716 EPROM 作为波形数据存储器。8 种波形在存储器中的地址分配如图 7.37.2 所示。

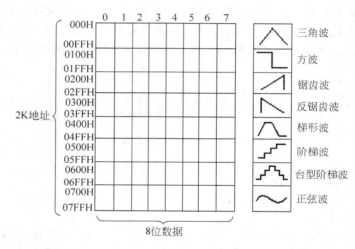

图 7.37.2   EPROM 的地址和数据所对应的波形图

存储在 EPROM 中的波形数据是通过将一个周期内电压变化的幅值按 8 位 D/A 分辨率分成 256 个数值而得到的。例如正弦波的数据可按公式:$D=128(1+\sin((360/255)X))$, $X\in[0,\cdots,255]$ 计算得到。锯齿波的计算公式:$D=X,X\in[0,\cdots,255]$。

3．数据转换器

可采用具有 8 位分辨率的 D/A 转换集成芯片 DAC0832 作为多种波形发生器中的数模转换器。由于多种波形发生器只使用一路 D/A 转换,因而 DAC0832 可连接成单缓冲器方式。另外,因 DAC0832 是一种电流输出型 D/A 转换器,要获得模拟电压输出时,需外接运放来实现电流转换为电压。

由于在实际使用中输出波形不仅需要单极性的($0\sim+XV$ 或 $0\sim-XV$),有时还需要双极性的($\pm XV$),因而可用两组运算放大器作为模拟电压输出电路,运放可选用 NE4558,其片内集成了两个运算放大器。

7.37.5   参考电路

图 7.37.3 是多种波形发生器的参考电路。

1. 2716 EPROM 的地址信号

两片 74LS161 级联成八位计数器,其两组 $Q_3 \sim Q_0$ 输出作为 2716 的低八位地址:$A_7 \sim A_0$,这样,读出一个周期的波形数据需 256 个 CP 脉冲,故输出波形的频率为 CP 时钟脉冲频率的 $1/256$。2716 的高三位地址($A_{10} \sim A_8$)用作波形选择,它们与三个选择开关相连。利用开关的不同设置状态,可选择 8 种波形中的任意一种。

2. DAC0832 的单缓冲器方式

在电路中 DAC0832 被接成单缓冲器方式。它的 ILE 与 $+5V$ 相连,/CS,/XFER,/WR_2,与 GND 相连,/WR_1 与 CP 信号相连。这样 DAC0832 的八位 DAC 寄存器始终处于导通状态,因此当 CP 变为低电平时,数据线上的数据可直接通过八位 DAC 寄存器,并由其八位 D/A 转换器进行转换。

3. 波形的输出和调整

图 7.37.3 中,DAC0832 输入的电流信号经过双运放 NE4558 被转换成 $0 \sim -5V$(图中 A 点),再经过一级运放后得到了双极性输出 $\pm 5V$(图中 B 点)。

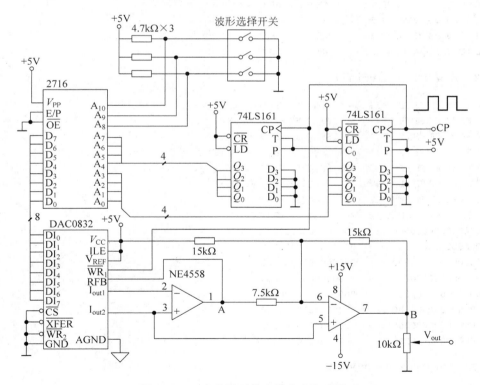

图 7.37.3 多种波形发生器参考电路图

通过改变 CP 脉冲的频率,可得到不同周期的输出波形。而对图 7.37.3 中可变电阻的调节,则可改变输出波形的幅值。

4．波形数据

下面给出了 2716 EPROM 中全部 8 种波形的数据及其地址。

这些数据可用 EPROM 编程器将这些数据写入 2716 EFROM 中。

波形输出用示波器观察。

（1）三角波（0～0FFH）

```
00 02 04 06 08 0A 0C 0E   —   10 12 14 16 18 1A 1C 1E
20 22 24 26 28 2A 2C 2E   —   30 32 34 36 38 3A 3C 3E
40 42 44 46 48 4A 4C 4E   —   50 52 54 56 58 5A 5C 5E
60 62 64 66 68 6A 6C 6E   —   7072 74 76 78 7A 7C 7E
80 82 84 86 88 8A 8C 8E   —   90 92 94 96 98 9A 9C 9E
A0 A2 A4 A6 A8 AA AC AE   —   B0 B2 B4 B6 B8 BA BC BE
C0 C2 C4 C6 C8 CA 74 CE   —   D0 D2 D4 D6 D8 DA DC DE
E0 E2 E4 E6 E8 EA ECEE    —   F0 F2 F4 F6 F8 FA FC FE
FE FC FA F8 F6 F4 F2 F0   —   EE EC EA E8 E6 E4 E2 E0
DE DC DA D8 D6 D4 D2 D0   —   CE 74 CA C8 C6 C4 C2 C0
BEBC BA B8 B6 B4 B2 B0    —   AE AC AA A8 A6 A4 A2 A0
9E 9C 9A 98 96 94 92 90   —   8E 8C 8A 88 86 84 82 80
7E 7C 7A 78 76 74 72 70   —   6E 6C 6A 68 66 64 62 60
5E 5C 5A 58 56 54 52 50   —   4E 4C 4A 48 46 44 42 40
3E 3C 3A 38 36 34 32 30   —   2E 2C 2A 28 26 24 22 20
1E 1C 1A 18 16 14 12 10   —   0E 0C 0A 08 06 04 02 00
```

（2）方波（0100～01FFH）

```
FF FF FF FF FF FF FF FF   —   FF FF FF FF FF FF FF FF
FF FF FF FF FF FF FF FF   —   FF FF FF FF FF FF FF FF
FF FF FF FF FF FF FF FF   —   FF FF FF FF FF FF FF FF
FF FF FF FF FF FF FF FF   —   FF FF FF FF FF FF FF FF
FF FF FF FF FF FF FF FF   —   FF FF FF FF FF FF FF FF
FF FF FF FF FF FF FF FF   —   FF FF FF FF FF FF FF FF
FF FF FF FF FF FF FF FF   —   FF FF FF FF FF FF FF FF
FF FF FF FF FF FF FF FF   —   FF FF FF FF FF FF FF FF
0000000000000000          —   0000000000000000
0000000000000000          —   0000000000000000
0000000000000000          —   0000000000000000
0000000000000000          —   0000000000000000
0000000000000000          —   0000000000000000
0000000000000000          —   0000000000000000
0000000000000000          —   0000000000000000
0000000000000000          —   0000000000000000
```

（3）锯齿波（0200～02FFH）

```
00 01 02 03 04 05 06 07   —   08 09 0A 0B 0C 0D 0E 0F
10 11 12 13 14 15 16 17   —   18 19 1A 1B 1C 1D 1E 1F
20 21 22 23 24 25 26 27   —   28 29 2A 2B 2C 2D 2E 2F
30 31 32 33 34 35 36 37   —   38 39 3A 3B 3C 3D 3E 3F
40 41 42 43 44 45 46 47   —   48 49 4A 4B 4C 4D 4E 4F
```

```
50 51 52 53 54 55 56 57    —    58 59 5A 5B 5C 5D 5E 5F
60 61 62 63 64 65 66 67    —    68 69 6A 6B 6C 6D 6E 6F
70 71 72 73 74 75 76 77    —    78 79 7A 7B 7C 7D 7E 7F
80 81 82 83 84 85 86 87    —    88 89 8A 8B 8C 8D 8E 8F
90 91 92 93 94 95 96 97    —    98 99 9A 9B 9C 9D 9E 9F
A0 A1 A2 A3 A4 A5 A6 A7    —    A8 A9 AA AB AC AD AE AF
B0 B1 B2 B3 B4 B5 B6 B7    —    B8 B9 BA BB BC BDBE BF
C0 C1 C2 C3 C4 C5 C6 C7    —    C8 C9 CA CB 74 CD CE CF
D0 D1 D2 D3 D4 D5 D6 D7    —    D8 D9 DA DB DC DD DE DF
E0 E1 E2 E3 E4 E5 E6 E7    —    E8 E9 EA EB EC ED EE EF
F0 F1 F2 F3 F4 F5 F6 F7    —    F8 F9 FA FB FC FD FE FF
```

（4）反锯齿波（0300～03FFH）

```
FF FE FD FC FB FA F9 F8    —    F7 F6 F5 F4 F3 F2 F1 F0
EFEE ED EC EB EA E9 E8    —    E7 E6 E5 E4 E3 E2 E1 E0
DF DE DD DC DB DA D9 D8    —    D7 D6 D5 D4 D3 D2 D1 D0
CF CE CD 74 CB CA C9 C8    —    C7 C6 C5 C4 C3 C2 C1 C0
BF BE BD BC BB BA B9 B8    —    B7 B6 B5 B4 B3 B2 B1 B0
AF AE AD AC AB AA A9 A8    —    A7 A6 A5 A4 A3 A2 A1 A0
9F 9E 9D 9C 9B 9A 99 98    —    97 96 95 94 93 92 91 90
8F 8E 8D 8C 8B 8A 89 88    —    87 86 85 84 83 82 81 80
7F 7E 7D 7C 7B 7A 79 78    —    77 76 75 74 73 72 71 70
6F 6E 6D 6C 6B 6A 69 68    —    67 66 65 64 63 62 61 60
5F SE 5D 5C 5B 5A 59 58    —    57 56 55 54 53 52 51 50
4F 4E 4D 4C 4B 4A 49 48    —    47 46 45 44 43 42 4I 40
3F 3E 3D 3C 3B 3A 39 38    —    37 36 35 34 33 32 31 30
2F 2E 2D 2C 2B 2A 29 28    —    27 26 25 24 23 22 21 20
1F 1E 1D 1C 1B 1A 19 18    —    17 16 15 14 13 12 11 10
0F 0E 0D 0C 0B 0A 09 08    —    07 06 05 04 03 02 01 00
```

（5）梯形波（0400～04FFH）

```
80 82 84 86 88 8A 8C 8E    —    90 92 94 96 98 9A 9C 9E
A0 A2 A4 A6 A8 AA AC AE    —    B0 B2 B4 B6 B8 BA BC BE
C0 C2 C4 C6 C8 CA 74 CE    —    D0 D2 D4 D6 D8 DA DC DE
E0 E2 E4 E6 E8 EA EC EE    —    F0 F2 F4 F6 F8 FA FC FE
FF FF FF FF FF FF FF FF    —    FF FF FF FF FF FF FF FF
FF FF FF FF FF FF FF FF    —    FF FF FF FF FF FF FF FF
FF FF FF FF FF FF FF FF    —    FF FF FF FF FF FF FF FF
FF FF FF FF FF FF FF FF    —    FF FF FF FF FF FF FF FF
FE FC FA F8 F6 F4 F2 F0    —    EE EC EA E8 E6 E4 E2 E0
DE DC DA D8 D6 D4 D2 D0    —    CE 74 CA C8 C6 C4 C2 C0
BE BC BA B8 B6 B4 B2 B0    —    AE AC AA A8 A6 A4 A2 A0
9E 9C 9A 98 96 94 92 90    —    8E 8C 8A 88 86 84 82 80
80 80 80 80 80 80 80 80    —    80 80 80 80 80 80 80 80
80 80 80 80 80 80 80 80    —    80 80 80 80 80 80 80 80
80 80 80 80 80 80 80 80    —    80 80 80 80 80 80 80 80
80 80 80 80 80 80 80 80    —    80 80 80 80 80 80 80 80
```

（6）阶梯波（0500～05FFH）

```
00 00 00 00 00 00 00 00   —   00 00 00 00 00 00 00 00
10 10 10 10 10 10 10 10   —   10 10 10 10 10 10 10 10
20 20 20 20 20 20 20 20   —   20 20 20 20 20 20 20 20
30 30 30 30 30 30 30 30   —   30 30 30 30 30 30 30 30
40 40 40 40 40 40 40 40   —   40 40 40 40 40 40 40 40
50 50 50 50 50 50 50 50   —   50 50 50 50 50 50 50 50
60 60 60 60 60 60 60 60   —   60 60 60 60 60 60 60 60
70 70 70 70 70 70 70 70   —   70 70 70 70 70 70 70 70
80 80 80 80 80 80 80 80   —   80 80 80 80 80 80 80 80
90 90 90 90 90 90 90 90   —   90 90 90 90 90 90 90 90
A0 A0 A0 A0 A0 A0 A0 A0   —   A0 A0 A0 A0 A0 A0 A0 A0
B0 B0 B0 B0 B0 B0 B0 B0   —   B0 B0 B0 B0 B0 B0 B0 B0
C0 C0 C0 C0 C0 C0 C0 C0   —   C0 C0 C0 C0 C0 C0 C0 C0
D0 D0 D0 D0 D0 D0 D0 D0   —   D0 D0 D0 D0 D0 D0 D0 D0
E0 E0 E0 E0 E0 E0 E0 E0   —   E0 E0 E0 E0 E0 E0 E0 E0
F0 F0 F0 F0 F0 F0 F0 F0   —   F0 F0 F0 F0 F0 F0 F0 F0
```

（7）台式阶梯波（0600～06FFH）

```
00 00 00 00 00 00 00 00   —   10 10 10 10 10 10 10 10
20 20 20 20 20 20 20 20   —   30 30 30 30 30 30 30 30
40 40 40 40 40 40 40 40   —   50 50 50 50 50 50 50 50
60 60 60 60 60 60 60 60   —   70 70 70 70 70 70 70 70
80 80 80 80 80 80 80 80   —   90 90 90 90 90 90 90 90
A0 A0 A0 A0 A0 A0 A0 A0   —   B0 B0 B0 B0 B0 B0 B0 B0
C0 C0 C0 C0 C0 C0 C0 C0   —   D0 D0 D0 D0 D0 D0 D0 D0
E0 E0 E0 E0 E0 E0 E0 E0   —   F0 F0 F0 F0 F0 FD F0 F0
F0 F0 FD F0 F0 F0 F0 F0   —   E0 E0 E0 E0 E0 E0 E0 E0
D0 D0 D0 D0 D0 D0 D0 D0   —   C0 C0 C0 C0 C0 C0 C0 C0
B0 B0 B0 B0 B0 B0 B0 B0   —   A0 A0 A0 A0 A0 A0 A0 A0
90 90 90 90 90 90 90 90   —   80 80 80 80 80 80 80 80
70 70 70 70 70 70 70 70   —   60 60 60 60 60 60 60 60
50 50 50 50 50 50 50 50   —   40 40 40 40 40 40 40 40
30 30 30 30 30 30 30 30   —   20 20 20 20 20 20 20 20
10 10 10 10 10 10 10 10   —   00 00 00 00 00 00 00 00
```

（8）正弦波（0700～07FFH）

```
80 83 86 89 8D 90 93 96   —   99 9C 9F A2 A5 A8 AB AE
B1 B4 B7 BA BC BF C2 C5   —   C7 CA 74 CF D1 D4 D6 D8
DA DD DF E1 E3 E5 E7 E9   —   EA EC EE EF F1 F2 F4 F5
F6 F7 F8 F9 FA FB FC FD   —   FD FE FF FF FF FF FF FF
FF FF FF FF FF FF FE FD   —   FD FC FB FA F9 F8 F7 F6
F5 F4 F2 F1 EF EE EC EA   —   E9 E7 E5 E3 E2 DF DD DA
D8 D6 D4 D1 CF 74 CA C7   —   C5 C2 BF BC BA B7 B4 B1
AE AB A8 A5 A2 9F 9C 99   —   96 93 90 8D 89 86 83 80
80 7C 79 76 72 6F 6C 69   —   66 63 60 5D 5A 57 55 51
4E 4C 48 45 43 40 3D 3A   —   38 35 33 30 2E 2B 29 27
25 22 20 1E 1C 1A 18 16   —   15 13 11 10 0E 0D 0B 0A
09 08 07 06 05 04 03 02   —   02 01 00 00 00 00 00 00
```

```
00 00 00 00 00 00 01 02    —    02 03 04 05 06 07 08 09
0A 0B 0D 0E 10 11 13 15    —    16 18 1A 1C 1E 20 22 25
27 29 2B 2E 30 33 35 38    —    3A 3D 40 43 45 48 4C 4E
51 55 57 5A 5D 60 63 66    —    69 6C 6F 72 76 79 7C 80
```

7.37.6 电路扩展提示

本实验的实现需要实验平台具备可编程接口,能够对 EPROM 进行读写操作。本实验采用了一种频率的时钟脉冲输入,因此得到的相应信号输出的频率也只有一种,读者可通过增加时序电路,设计出自己经常需要用到的频率信号,则可得到相应频率的波形输出。另外,读者可根据需要设计具备某些特定规律的波形输出。

7.38 足球比赛游戏机逻辑电路设计

7.38.1 设计原理

足球比赛的场面是激动人心的,本课题就是模拟足球场上双方对垒比赛的场面。用数字系统控制足球比赛游戏机,其控制电路框图如图 7.38.1 所示。面板布置示意图如图 7.38.2 所示,球的运动用发光二极管表示。

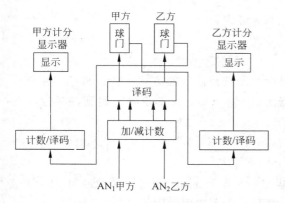

图 7.38.1 足球游戏机逻辑控制框图

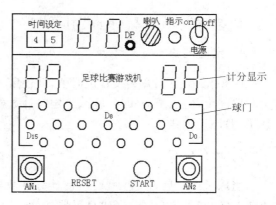

图 7.38.2 足球游戏机面板示意图

按足球比赛规则,该游戏机应有:

(1) 按动开始键后,中间发光二极管 D8 亮,甲、乙双方比赛可以开始,按动各自的比赛按钮。

(2) 球进入球门,则自动加 1 分,一位显示满分为 9 分;二位显示满分为 99 分。

(3) 比赛有时间要求,在规定时间内,分值高者为胜。

7.38.2 设计任务和要求

用中小规模数字集成电路设计足球比赛游戏机逻辑控制电路图,其具体任务和要求如下：

(1) 比赛时间可设定为 0～99 分钟。

(2) 球可在甲、乙双方操作下向前、向后移动，当进入对方球门后，将自动加分。

(3) 比赛时，球进球门后，加分自动进行，但定时器不计时，必须等到按动"开始"键后，才开始定时计数。

(4) 计分显示为两位数显，时间显示为两位显示。

当比赛设定时间到，发出声、光警示，并停止比赛，高分者为获胜方。

7.38.3　可选用器材

(1) 数字逻辑实验箱一台；

(2) 直流稳压电源；

(3) 集成电路：74LS390 两片、74LS248 六片、74LS193 一片、74LS190 两片、74LS154 一片、74LS92 一片、74LS90 一片、74LS74 两片、74LS08 两片、74LS00 一片、CD4060 一片；

(4) 数显：发光二极管，LC5011-11；

(5) 拨码开关、开关、按钮、蜂鸣器。

7.38.4　设计方案提示

足球比赛游戏机逻辑电路设计可从以下几部分考虑：

1. 定时电路

用 8421 码拨码开关设置定时值，并使定时计数器按减法计数方式工作。秒信号由 555 定时器产生，经六十分频后，输入到定时计数器的 CP 输入端。比赛定时时间到，控制声、光系统，并停止比赛。

2. 计分电路

当球进球门后，产生一脉冲，使计分计数器加一。这里选用十进制计数器，如 74LS160 或 74LS90、74LS390 等，译码显示器件可选用共阴的，也可选用共阳的。

3. 足球运行模拟

这可用移位寄存器移位模拟，也可用计数器计数、译码来驱动发光二极管模拟。

规则：当某一方进球后，若重新开始踢球，必须先按一下开始键 START，所以，START 按键应控制球在中间，并启动定时器减法计数。

7.38.5　参考电路

根据足球比赛游戏机的设计任务和要求，足球比赛游戏机的逻辑电路控制参考图如图 7.38.3 所示。

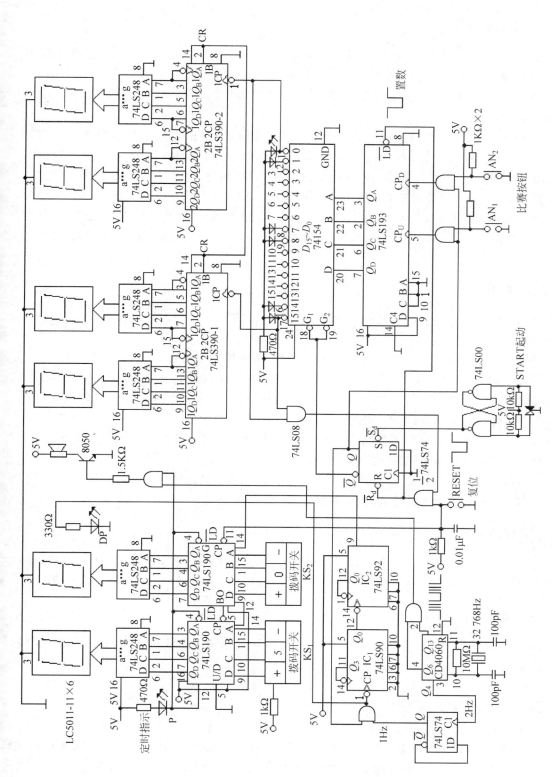

图7.38.3 足球比赛游戏机逻辑电路控制参考图

1. 比赛电路

它由 74LS193 可逆计数器、4 线-16 线译码器 74LS154、双 BCD 码十进制计数器 74LS390 和译码显示等芯片组成。

当按动 RESET 复位按钮后，74LS193 置入"1000"，D_8 LED 灯亮，示意足球在球场中间。

当按动 START 启动按钮后，触发器（74LS74）的 Q 端输出高电平"1"，允许比赛按钮 AN_1，AN_2 输入。当按动 AN_1 时进行加法计数，按动 AN_2 时进行减法计数。这样，经译码输出后的发光二极管左右移动。若发光二极管移至 D_0 亮时，进右球门，74LS390-2 计数一次；反之，若发光二极管移至 D_{15} 亮时，进左球门，74LS390-1 计数一次。无论 D_0 或 D_{15} 谁为亮（1），都会使 74LS74D 触发器清零。$Q=0$，使 AN_1、AN_2 输入无效，74LS154 使能为高（禁止）。只有再按动 START 启动键后，D 触发器才为 1，AN_1、AN_2 方可输入，且 74LS154 使能（选中）。

2. 定时电路

它由时间设定拨码开关，减法计数器 74LS190，译码显示 74LS248、LC5011-11 及秒脉冲电路组成。

比赛前，先设定比赛时间，例如 50 分钟，则置 8421 拨码开关为 $KS_1=5$、$KS_2=0$。

当按动 RESET 键后，"50"就置入 74LS190 中，按动启动按键后，D 触发器的输出 $Q=1$，秒脉冲有输出，使 DP 按一秒一闪一闪，同时利用 IC_1 74LS90 和 IC_2 74LS92 经六十分频后，变成分脉冲输出，定时器每一分钟减一。

若比赛电路进球，使 D 触发器翻转 $Q=0$，这时，计数器停止计数。只有在按动 START 启动后，比赛允许进行时，定时器才做减法计数。

当定时时间到，即高位 74LS190 M_0/M_1 端输出一高电平，使定时指示灯（P）灭，而喇叭"嘟嘟"响起来，告知比赛操作者，定时时间到，比赛结束。

3. 振荡电路

振荡电路采用 CD4060，将 32 768 Hz 晶振分频为 2 Hz，再一次分频获得 1 Hz，Q_6 和 Q_{13} 相"与"后，产生间隙振荡频率输出。

4. 操作按钮

操作按钮 AN_1、AN_2 不加防抖电路，主要是恰当地利用 74LS193 误计数、误动作，而实现远距离射门。

7.38.6　电路扩展提示

有些实验平台中集成有数码管的译码电路，则相应的译码电路可以省去，直接输入要显示的 BCD 码即可完成显示。足球比赛还有各种犯规之后的定位球，在定位球开始之前，计时停止，单击开始键之后计时继续。另外，进球之后还可以显示进球运动员的编号和进球时间。其他功能读者可根据自己的观察自行扩展,并模拟在实验平台上展示。

7.39 电梯自动控制系统

7.39.1 设计原理

单个电梯的控制逻辑比较简单,首先,显示当前电梯停靠楼层,然后如果有用户需要使用电梯,会选择一个"上"或者"下"的按键,电梯往用户所在点移动,当移动到用户所在位置后,用户输入所要去的目标楼层后,电梯开始往目标楼层移动,用户走出电梯,一次运行完毕。

利用数据比较器,比较当前楼层与所去楼层的关系。若当前楼层高,则通过减法计数器控制电梯下降;若当前楼层低,则通过加法计数器控制电梯上升。

7.39.2 设计任务和要求

用中小规模集成电路设计电梯自动控制逻辑电路,具体要求如下:
(1) 系统控制的电梯往返于1～9层楼。
(2) 乘客要去的楼层数可手动输入并显示(设为 A 数)。
(3) 电梯运行的楼层数可自动显示(设为 B 数)。
(4) 电梯是上升还是下降,各层电梯门外应有指示。

7.39.3 可选用器材

(1) 数字逻辑实验箱;
(2) 直流稳压电源;
(3) 集成电路:74LS192 一片、74LS153 一片、74LS148 两片、74LS85 一片、74LS04 一片、74LS00 一片。

7.39.4 设计方案提示

1. 楼层选择电路

利用 74LS148 优先编码器将所选楼层转换为 BCD 码,并进行显示。电路如图 7.39.1 所示。

2. 电梯升降

由一个 74LS85 数据比较器、74LS153 数据选择器构成。首先数据比较器将所去楼层与当前楼层进行比较,决定升降,将升降信号经过数据选择器传递给加减法计数器,最后计数器加或减,到达所去楼层,如图 7.39.2 所示。

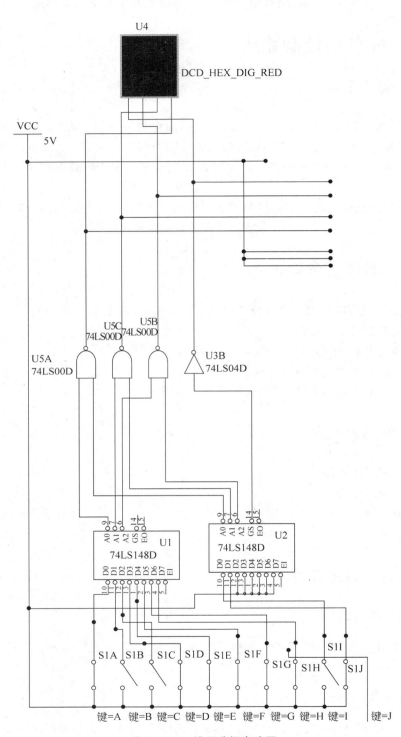

图 7.39.1　楼层选择电路图

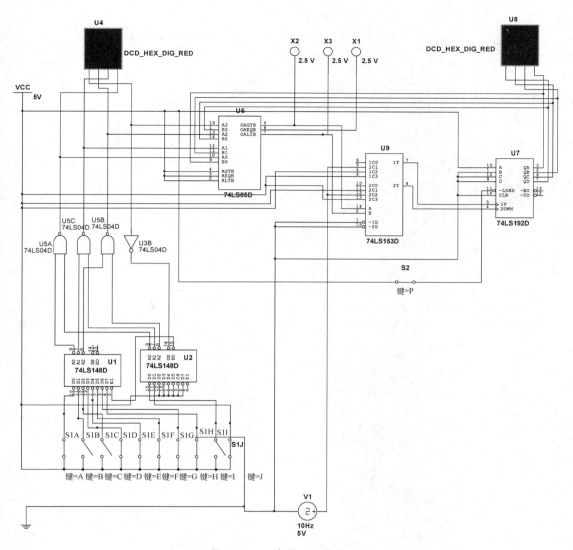

图 7.39.2　电梯升降电路图

7.39.5　参考电路

综合各电路模块,总的电梯控制参考电路如图 7.39.3 所示。

首先将开关 p 置于"0"端,使计数器置位为 1,再将 p 置于"1"端。选择好楼层后,若是上楼,计数器加计数,上升指示灯(左面)点亮。若是下楼,下降指示灯(中间)点亮。到达所去楼层后,到达指示灯(中间)点亮。

7.39.6　电路扩展提示

通常,高层住宅的一个单元都会有多部电梯,且一般都是多个电梯要联合控制,哪个电梯响应用户的电梯请求通常要考虑电梯目前正在运动的方向、哪个电梯离请求楼层最近、某

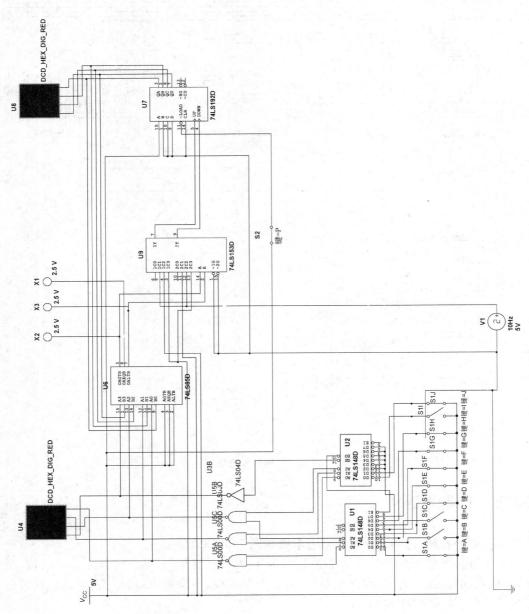

图 7.39.3 电梯控制参考电路图

个电梯是否故障停运等因素,另外,通常一部电梯都会多人同乘,可考虑在多个用户同时发送请求的情况下电梯控制电路的设计,读者还可通过观察增加其他实用功能,并在实验平台上模拟展示出来。

7.40　数字竞猜游戏

7.40.1　设计原理

数字竞猜游戏的原理较简单,将计数器接入一个连续脉冲,设置一个电路能够随时关停脉冲,由此在计数器中产生一个一位的十进制随机数。之后开始猜数字,有三次机会,猜错一次亮一次红灯,答对数码管显示出答案。

7.40.2　设计任务和要求

用中小规模集成电路设计猜数游戏逻辑电路,具体要求如下:
(1) 随机产生一位十进制数字;
(2) 有三次猜数的机会,猜错一次,记录并显示一次;
(3) 猜对后显示出答案。

7.40.3　可选用器材

(1) 数字逻辑实验箱一台;
(2) 直流稳压电源;
(3) 集成电路:74LS194 两片、74LS161 一片、74LS148 两片、74LS85 一片、74LS08 一片、74LS04 一片、74LS00 一片。

7.40.4　设计方案提示

猜数字部分由 74LS148 优先编码器组成。数字的产生可采用 74LS161 计数器实现,先计时一段时间,按 P 开关使示数保持。之后输入所猜数字,与产生数字进行比较。每输入一个数字,按下一个单脉冲,若答案不对,第一个 74LS194 移位寄存器向右移位,产生一个"1",第一个小灯泡点亮,若答对,第二个 74LS194 移位寄存器置入正确答案并输出。以此类推,可设定允许猜的次数。猜完一轮,可以再次猜下一轮。

7.40.5　参考电路

按设计要求得出数字竞猜游戏的参考电路图如图 7.40.1 所示。

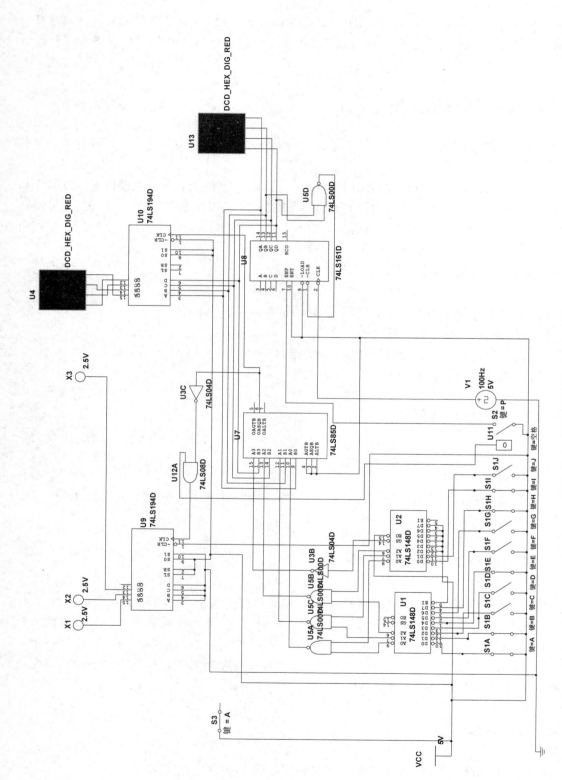

图 7.40.1　数字竞猜游戏参考电路图

7.40.6　电路扩展提示

竞猜游戏一般需要设置时间限制,读者可通过时钟电路设计倒计时电路,并在倒计时归零后,锁定游戏电路,由裁判经复位键开始下一轮的竞猜。另外,游戏可分级别,就像彩票一样,可以设置多位数的竞猜,可以统计猜对数字匹配数量。其他功能读者可自行扩展,并在实验平台上模拟展示出来。

名称	ANSI 及 IEEE 标准	IEC 标准	国内常见标准	逻辑表达式
与门		&		$Y = A \cdot B \cdot C$
或门		≥1	+	$Y = A + B + C$
非门		1		$Y = \overline{A}$
与非门		&		$Y = \overline{(A \cdot B \cdot C)}$
或非门		≥1	+	$Y = \overline{(A + B + C)}$
与或非门		≥1	+	$Y = \overline{(A \cdot B + C \cdot D)}$
异或门		=1	⊕	$Y = \overline{A} \cdot B + A \cdot \overline{B}$

名　称	新国标图形符号	旧图形符号	逻辑表达式
由与非门构成的基本 RS 触发器			无时钟输入，触发状态直接由 S 和 R 的电平控制
由或非门构成的基本 RS 触发器			
TTL 边沿型 JK 触发器			CP 脉冲下降沿
TTL 边沿型 D 触发器			CP 脉冲上升沿
COMS 边沿型 JK 触发器			CP 脉冲上升沿
COMS 边沿型 D 触发器			CP 脉冲上升沿

1. 74LS 系列

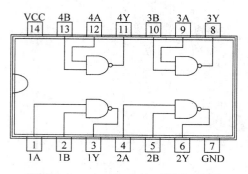

附图 C-1　74LS00 四个二输入与非门

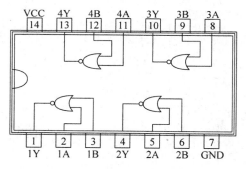

附图 C-2　74LS02 四个二输入或非门

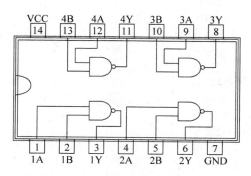

附图 C-3　74LS03 四个二输入 OC 与非门

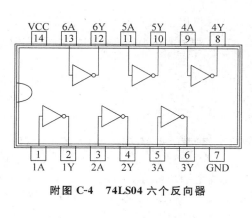

附图 C-4　74LS04 六个反向器

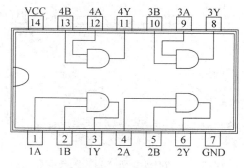

附图 C-5　74LS08 四个二输入与门

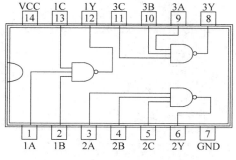

附图 C-6　74LS10 三个三输入与非门

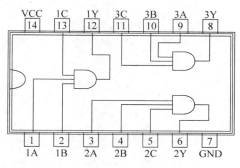

附图 C-7　74LS11 三个三输入与门

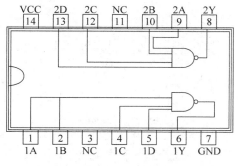

附图 C-8　74LS20 两个四输入与非门

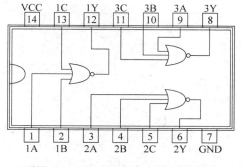

附图 C-9　74LS27 三个三输入或非门

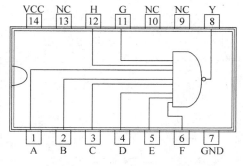

附图 C-10　74LS30 八输入与非门

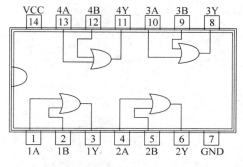

附图 C-11　74LS32 四个二输入或门

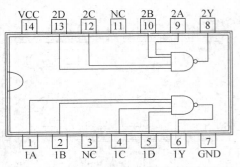

附图 C-12   74LS40 两个四输入与非缓冲器
（正逻辑）

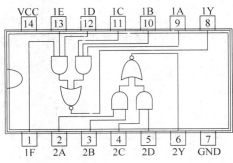

附图 C-13   74LS51 一个三—三输入一个
二—二输入与或非门

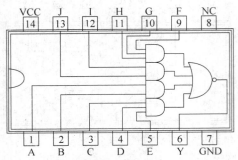

附图 C-14   74LS54 四组输入二—三—三—二
与或非门

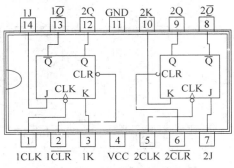

附图 C-15   74LS73 双 JK 触发器（带清零端）

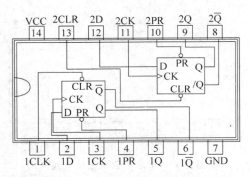

附图 C-16   74LS74 正沿触发双 D 型触发器
带异步预置和清零端

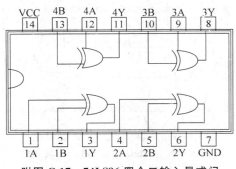

附图 C-17   74LS86 四个二输入异或门

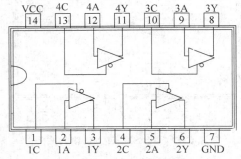

附图 C-18   74LS125 四个总线缓冲器

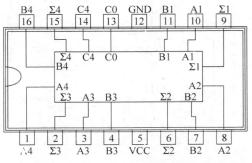

附图 C-19   74LS83 四位二进制全加器（快速进位）

附表 C-1 74LS83 功能表

输入				输出					
				$C_0=L$			$C_0=H$		
				$C_2=L$			$C_2=H$		
A_1 / A_3	B_1 / B_3	A_2 / A_4	B_2 / B_4	$\sum_1$ / $\sum_2$	$\sum_2$ / $\sum_4$	C_2 / C_4	$\sum_1$ / $\sum_3$	$\sum_2$ / $\sum_4$	C_2 / C_4
L	L	L	L	L	L	L	H	L	L
H	L	L	L	H	L	L	L	H	L
L	H	L	L	L	L	L	L	H	L
H	H	L	L	L	H	L	H	H	L
L	L	H	L	L	L	H	L	H	L
H	L	H	L	H	L	H	L	L	H
L	H	H	L	H	H	L	L	L	H
H	H	H	L	L	L	H	H	L	H
L	L	L	H	L	H	L	H	H	L
H	L	L	H	H	H	L	L	L	H
L	H	L	H	L	H	H	L	L	H
H	H	L	H	L	L	H	H	L	H
L	L	H	H	H	L	H	L	L	H
H	L	H	H	L	L	H	H	L	H
L	H	H	H	H	L	H	L	H	H
H	H	H	H	L	H	H	H	H	H

说明：A_1，B_1，A_2，B_2 和 C_0 是用于确定输出 $\sum_1$、$\sum_2$ 和内部进位 C_2 值的。

A_3，B_3，A_4，B_4 和 C_2 是用于确定输出 $\sum_3$、$\sum_4$ 和 C_4 值的。

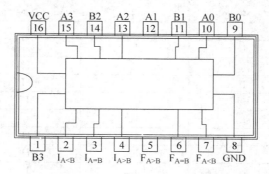

附图 C-20 74LS85 四位数据比较器

附表 C-2　74LS85 真值表

输　入							输　出		
A_3 , B_3	A_2 , B_2	A_1 , B_1	A_0 , B_0	$I_{A>B}$	$I_{A<B}$	$I_{A=B}$	$F_{A>B}$	$F_{A=B}$	$F_{A<B}$
$A_3>B_3$	×	×	×	×	×	×	H	L	L
$A_3<B_3$	×	×	×	×	×	×	L	H	L
$A_3=B_3$	$A_2>B_2$	×	×	×	×	×	H	L	L
$A_3=B_3$	$A_2<B_2$	×	×	×	×	×	L	H	L
$A_3=B_3$	$A_2=B_2$	$A_1>B_1$	×	×	×	×	H	L	L
$A_3=B_3$	$A_2=B_2$	$A_1<B_1$	×	×	×	×	L	H	L
$A_3=B_3$	$A_2=B_2$	$A_1=B_1$	$A_0>B_0$	×	×	×	H	L	L
$A_3=B_3$	$A_2=B_2$	$A_1=B_1$	$A_0<B_0$	×	×	×	L	H	L
$A_3=B_3$	$A_2=B_2$	$A_1=B_1$	$A_0=B_0$	H	L	L	H	L	L
$A_3=B_3$	$A_2=B_2$	$A_1=B_1$	$A_0=B_0$	L	H	L	L	H	L
$A_3=B_3$	$A_2=B_2$	$A_1=B_1$	$A_0=B_0$	×	×	H	L	L	H
$A_3=B_3$	$A_2=B_2$	$A_1=B_1$	$A_0=B_0$	H	H	L	L	L	L
$A_3=B_3$	$A_2=B_2$	$A_1=B_1$	$A_0=B_0$	L	L	L	H	H	L

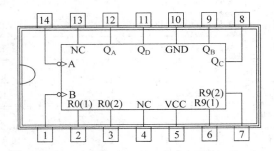

附图 C-21　74LS90 十进制计数器二分频五分频

附表 C-3　BCD 计数时序（见注 A）

输　入	输　出			
	Q_D	Q_C	Q_B	Q_A
0	L	L	L	L
1	L	L	L	H
2	L	L	H	L
3	L	L	H	H
4	L	H	L	L
5	L	H	L	H
6	L	H	H	L
7	L	H	H	H
8	H	L	L	L
9	H	L	L	H

附表 C-4　二-五混合进制(见注 B)

输　入	输　出			
	Q_D	Q_C	Q_B	Q_A
0	L	L	L	L
1	L	L	L	H
2	L	L	H	L
3	L	L	H	H
4	L	H	L	L
5	H	L	L	L
6	H	L	L	H
7	H	L	H	L
8	H	L	H	H
9	H	H	L	L

附录 C-5　74LS90 正逻辑功能表

复 位 输 入				输　　出			
$R_0(1)$	$R_0(2)$	$R_9(1)$	$R_9(2)$	Q_D	Q_C	Q_B	Q_A
H	H	L	×	L	L	L	L
H	H	×	L	L	L	L	L
×	×	H	H	H	L	L	H
×	L	×	L	计数			
L	×	L	×	计数			
L	×	×	L	计数			
×	L	L	×	计数			

注：A 输出 Q_A 和输入 B 相接作 BCD 计数

　　B 输出 Q_D 和输入 A 相接作二-五混合进制计数

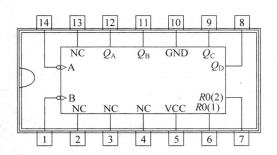

附图 C-22　74LS92 十二分频计数器

二分频六分频

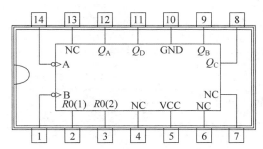

附图 C-23　74LS93 四位二进制计数器

二分频八分频

附表 C-6　74LS93 计数时序（见注 A）

输　入	输　出			
	Q_D	Q_C	Q_B	Q_A
0	L	L	L	L
1	L	L	L	H
2	L	L	H	L
3	L	L	H	H
4	L	H	L	L
5	L	H	L	H
6	L	H	H	L
7	L	H	H	H
8	H	L	L	L
9	H	L	L	H
10	H	L	H	L
11	H	L	H	H
12	H	H	L	L
13	H	H	L	H
14	H	H	H	L
15	H	H	H	H

注：A 输出 Q_A 和输入 B 相接 74LS92、74LS93 功能表

附表 C-7　74LS92 计数时序（见注 A）

输　入	输　出			
	Q_D	Q_C	Q_B	Q_A
0	L	L	L	L
1	L	L	L	H
2	L	L	H	L
3	L	L	H	H
4	L	H	L	L
5	L	H	L	H
6	H	L	L	L
7	H	L	L	H
8	H	L	L	L
9	H	L	H	H
10	H	H	L	L
11	H	H	L	H

附表 C-8　74LS92、74LS93 复位计数功能表

复 位 输 入		输　出			
$R_0(1)$	$R_0(2)$	Q_D	Q_C	Q_B	Q_A
H	H	L	L	L	L
L	×	计数			
×	L	计数			

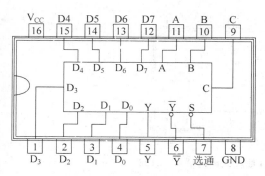

附图 C-24 74LS151 八选一多路选择器

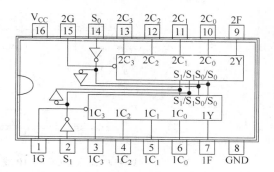

附图 C-25 74LS153 两组四选一对路选择器

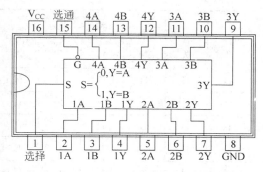

附图 C-26 74LS157 四个二选一多路选择器

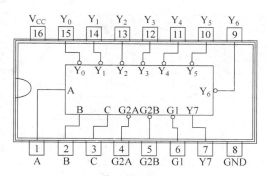

附图 C-27 74LS138 3 线-8 线译码器 G1（高电平选通）
G2（低电平选通）G2＝G2A＋G2B

附表 C-9 74LS138 计数器功能表

输 入					输 出							
使 能		选 择										
G1	G2	C	B	A	Y_0	Y_1	Y_2	Y_3	Y_4	Y_5	Y_6	Y_7
×	H	×	×	×	H	H	H	H	H	H	H	H
L	×	×	×	×	H	H	H	H	H	H	H	H
H	L	L	L	L	L	H	H	H	H	H	H	H
H	L	L	L	H	H	L	H	H	H	H	H	H
H	L	L	H	L	H	H	L	H	H	H	H	H
H	L	L	H	H	H	H	H	L	H	H	H	H
H	L	H	L	L	H	H	H	H	L	H	H	H
H	L	H	L	H	H	H	H	H	H	L	H	H
H	L	H	H	L	H	H	H	H	H	H	L	H
H	L	H	H	H	H	H	H	H	H	H	H	L

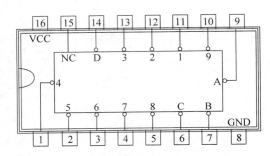

附图 C-28　74LS147 10 线-4 线优先编码器 74LS138

附表 C-10　74LS147 功能表

输　入									输　出			
1	2	3	4	5	6	7	8	9	D	C	B	A
H	H	H	H	H	H	H	H	H	H	H	H	H
×	×	×	×	×	×	×	×	L	L	H	H	L
×	×	×	×	×	×	×	L	H	L	H	H	H
×	×	×	×	×	×	L	H	H	H	L	L	L
×	×	×	×	×	L	H	H	H	H	L	L	H
×	×	×	×	L	H	H	H	H	H	L	H	L
×	×	×	L	H	H	H	H	H	H	L	H	H
×	×	L	H	H	H	H	H	H	H	H	L	L
×	L	H	H	H	H	H	H	H	H	H	L	H
L	H	H	H	H	H	H	H	H	H	H	H	L

注:

引出端符号:

1~9　　　编码输入端(低电平有效)

ABCD　　编码输出端(低电平有效)

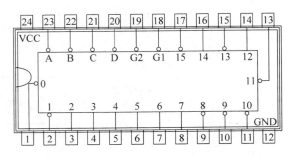

附图 C-29　74LS154 4 线-16 线译码器

附表 C-11 74LS154 功能表

Inputs						Low Output *
G1	G2	D	C	B	A	
L	L	L	L	L	L	0
L	L	L	L	L	H	1
L	L	L	L	H	L	2
L	L	L	L	H	H	3
L	L	L	H	L	L	4
L	L	L	H	L	H	5
L	L	L	H	H	L	6
L	L	L	H	H	H	7
L	L	H	L	L	L	8
L	L	H	L	L	H	9
L	L	H	L	H	L	10
L	L	H	L	H	H	11
L	L	H	H	L	L	12
L	L	H	H	L	H	13
L	L	H	H	H	L	14
L	L	H	H	H	H	15
L	H	×	×	×	×	—
H	L	×	×	×	×	—
H	H	×	×	×	×	—

说明：H—高电平；

L—低电平；

X—任意电平；

* —其他输出端为高电平。

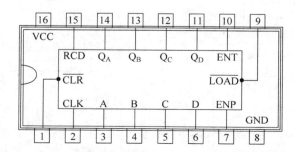

附图 C-30 74LS160 LSTTL 型同步十进制计数器（直接清零）

附表 C-12　74LS160 功能表

输　入					工作模式
清零CLR	置数LOAD	使能		时钟	
L	×	×	×	×	清零
H	L	×	×	↑	置数
H	H	H	H	↑	计数
H	H	L	×	×	保持(不变)
H	H	×	L	×	保持(不变)

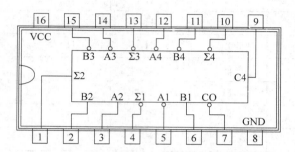

附图 C-31　74LS283 四位二进制全加器

附表 C-13　74LS283 功能表

$C_{(n-1)}$	A_n	B_n	$\sum n$	C_n
L	L	L	L	L
L	L	H	H	L
L	H	L	H	L
L	H	H	L	H
H	L	L	H	L
H	L	H	L	H
H	H	L	L	H
H	H	H	H	H

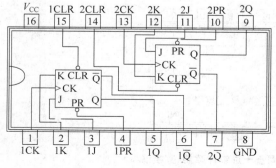

附图 C-32　74LS112 负沿触发双 JK 型触发器带
异步预置和清零端

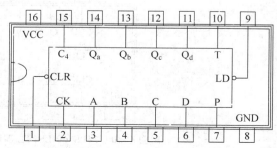

附图 C-33　74LS161 四位二进制计数器

附表 C-14　74LS161 计数器功能表

操作模式	输　入						输　出
	CK	CLR	LQ	P	T	D_n	Q_n
清零	$\times$	L	$\times$	$\times$	$\times$	$\times$	L
置数	$\downarrow$	H	L	$\times$	$\times$	H	H
置数	$\downarrow$	H	L	$\times$	$\times$	L	L
计数	$\downarrow$	H	H	H	H	$\times$	计数
保持	$\times$	H	H	H	L	$\times$	Q_n
保持	$\times$	H	H	L	H	$\times$	Q_n

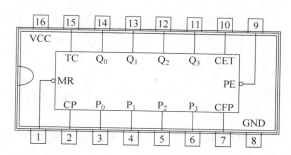

附图 C-34　74LS163 四位二进制可预置的同步加法计数器

附表 C-15　74LS163 功能表

输　入									输　出			
C_R	CP	L_D	EP	ET	D_3	D_2	D_1	D_0	Q_3	Q_2	Q_1	Q_0
0	$\uparrow$	$\times$	$\times$	$\times$	$\times$	$\times$	$\times$	$\times$	0	0	0	0
1	$\uparrow$	0	$\times$	$\times$	D	C	B	A	D	C	B	A
1	$\uparrow$	1	0	$\times$	$\times$	$\times$	$\times$	$\times$	Q_3	Q_2	Q_1	Q_0
1	$\uparrow$	1	$\times$	0	$\times$	$\times$	$\times$	$\times$	Q_3	Q_2	Q_1	Q_0
1	$\uparrow$	1	1	1	$\times$	$\times$	$\times$	$\times$	状态码加 1			

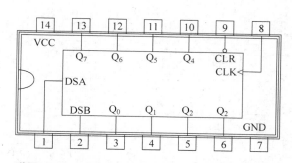

附图 C-35　74LS164 八位并行输出串行移位寄存器

附表 C-16　74LS164 功能表

输　入				输　出							
清除	脉冲	A	B	Q_0	Q_1	Q_2	Q_3	Q_4	Q_5	Q_6	Q_7
L	×	×	×	L	L	L	L	L	L	L	L
H	L	×	×	Q_0	Q_1	Q_2	Q_3	Q_4	Q_5	Q_6	Q_7
H	↑	H	H	H	Q_0	Q_1	Q_2	Q_3	Q_4	Q_5	Q_6
H	↑	L	×	L	Q_0	Q_1	Q_2	Q_3	Q_4	Q_5	Q_6
H	↑	×	L	L	Q_0	Q_1	Q_2	Q_3	Q_4	Q_5	Q_6

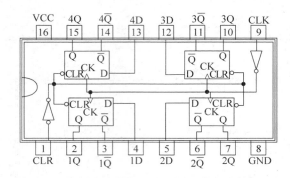

附图 C-36　74LS175 正沿触发 4 个 D 型触发器带公共异步清零端

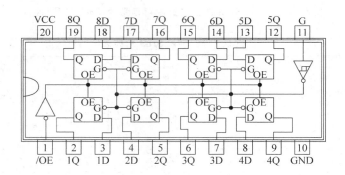

附图 C-37　74LS373 八位三态 D 锁存器

注：OE 输出三态控制端；G 使能端

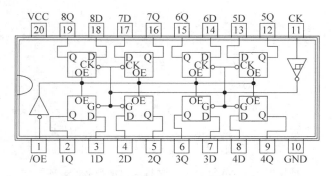

附图 C-38　74LS374 八位三态 D 触发器

注：OE 输出三态控制端；CK 脉冲输入端

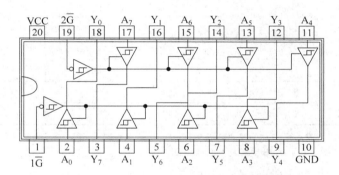

附图 C-39　74LS377 八位 D 触发器

注：IE 输入控制端；CK 脉冲输入端

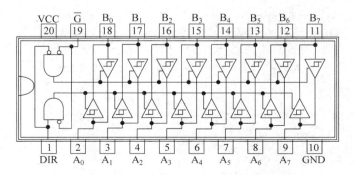

附图 C-40　74LS244 八位三态总线驱动器

注：1G、2G 三态控制端

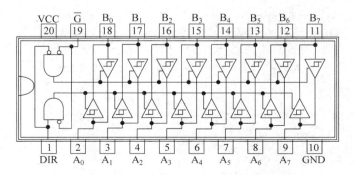

附图 C-41　74LS245 八位三态总线驱动器（双向）

注：G 三态控制端；DIR 方向控制端

附表 C-17　ALU(181)正逻辑功能表

选　　择				M＝1 逻辑运算	M＝0 算术运算	
S_3	S_2	S_1	S_0		Cn＝1(无进位)	Cn＝0(有进位)
0	0	0	0	$F=\overline{A}$	$F=A$	$F=A+1$
0	0	0	1	$F=\overline{(A+B)}$	$F=A+B$	$F=(A+B)+1$
0	0	1	0	$F=\overline{A\cdot B}$	$F=A+\overline{B}$	$F=(A+\overline{B})+1$
0	0	1	1	$F=0$	$F=-1$	$F=0$
0	1	0	0	$F=\overline{(A\cdot B)}$	$F=A+A\cdot\overline{B}$	$F=A+A\cdot\overline{B}+1$
0	1	0	1	$F=\overline{B}$	$F=(A+B)+A\cdot\overline{B}$	$F=(A+B)+A\cdot\overline{B}+1$
0	1	1	0	$F=A\oplus B$	$F=A-B-1$	$F=A-B$
0	1	1	1	$F=A\cdot\overline{B}$	$F=A\cdot\overline{B}-1$	$F=A\cdot\overline{B}$
1	0	0	0	$F=\overline{A}+B$	$F=A+A\cdot B$	$F=A+A\cdot B+1$
1	0	0	1	$F=A\odot B$	$F=A+B$	$F=A+B+1$
1	0	1	0	$F=B$	$F=(A+\overline{B})+A\cdot B$	$F=(A+\overline{B})+A\cdot B+1$
1	0	1	1	$F=A\cdot B$	$F=A\cdot B-1$	$F=A\cdot B$
1	1	0	0	$F=1$	$F=A+A$	$F=A+A+1$
1	1	0	1	$F=A+\overline{B}$	$F=(A+B)+A$	$F=(A+B)+A+1$
1	1	1	0	$F=A+B$	$F=(A+\overline{B})+A$	$F=(A+\overline{B})+A+1$
1	1	1	1	$F=A$	$F=A-1$	$F=A$

　　注：表中"＋"代表逻辑或运算,"·"代表逻辑与运算,"⊙"代表逻辑同或运算,"⊕"代表逻辑异或运算,"＋"代表算术加运算,"－"代表算术减运算,F、A、B 均代表 4 位。

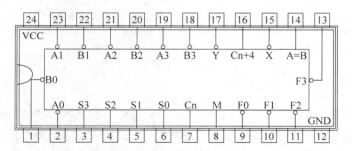

附图 C-42　74LS181 算术逻辑单元/功能发生器

附表 C-18　C_{n+x} 输出功能表

输　　　　入			输　　出
Y_0	X_3	C_n	C_{n+x}
0	×	×	1
×	0	1	1
所有其他组合			0

附表 C-19 X 输出功能表

输　入				输　出
X_3	X_2	X_1	X_0	X
0	0	0	0	0
所有其他组合				1

附表 C-20 Y 输出功能表

输　入							输　出
Y_3	Y_2	Y_1	Y_0	X_3	X_2	$X1$	Y
0	×	×	×	×	×	×	0
×	0	×	×	0	×	×	0
×	×	0	×	0	0	×	0
×	×	×	0	0	0	0	0
所有其他组合							1

附表 C-21 C_{n+y} 输出功能表

输　入					输　出
Y_1	Y_0	X_1	X_0	C_n	C_{n+y}
0	×	×	×	×	1
×	0	0	×	×	1
×	0	0	×	×	1
×	×	0	0	1	1
所有其他组合					0

附表 C-22 C_{n+z} 输出功能表

输　入							输　出
Y_2	Y_1	Y_0	X_2	X_1	X_0	C_n	C_{n+z}
0	×	×	×	×	×	×	0
×	0	×	0	×	×	×	0
×	×	0	0	0	×	×	0
×	×	×	0	0	0	1	0
所有其他组合							1

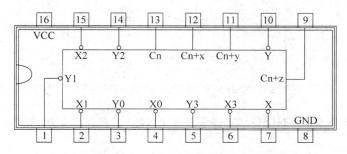

附图 C-43 74LS182 四位超前进位发生器

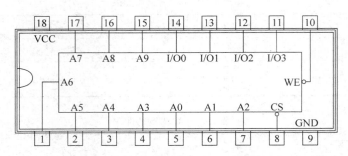

附图 C-44　2114 RAM 静态随机存储器（1K ＊ 4B）

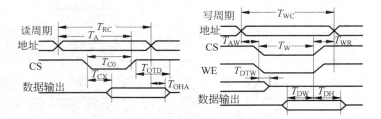

附图 C-45　2114 RAM 静态随机存储器（1K ＊ 4B）读写周期时序图

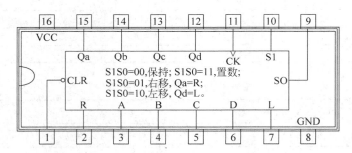

附图 C-46　74LS194 四位双向通用移位寄存器

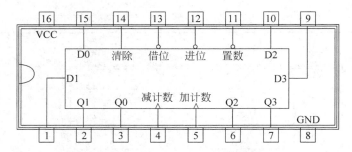

附图 C-47　74LS193 二进制同步可逆双时钟计数器（带清除、置数）

附表 C-23　74LS192、74LS193 计数器功能表

操作模式	输入					输出
	加 CK	减 CK	清除	置数	Dn	Q_n
清零	×	×	H	×	×	L
置数	×	×	L	L	H	H
置数	×	×	L	L	L	L
加计数	↑	H(L)	L	H	×	加计数
减计数	H(L)	↑	L	H	×	减计数

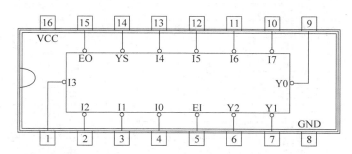

附图 C-48　74LS148 8 线-3 线八进制优先编码器

附表 C-24　74LS148　8 线-3 线八进制优先编码器功能表

输入									输出				
EI	I7	I6	I5	I4	I3	I2	I1	I0	Y2	Y1	Y0	GS	EO
H	×	×	×	×	×	×	×	×	H	H	H	H	H
L	H	H	H	H	H	H	H	H	H	H	H	H	L
L	×	×	×	×	×	×	×	L	L	L	L	L	H
L	×	×	×	×	×	×	L	H	L	L	H	L	H
L	×	×	×	×	×	L	H	H	L	H	L	L	H
L	×	×	×	×	L	H	H	H	L	H	H	L	H
L	×	×	×	L	H	H	H	H	H	L	L	L	H
L	×	×	L	H	H	H	H	H	H	L	H	L	H
L	×	L	H	H	H	H	H	H	H	H	L	L	H
L	L	H	H	H	H	H	H	H	H	H	H	L	H

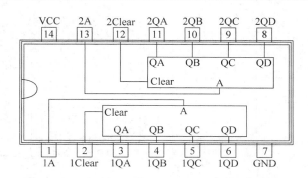

附图 C-49　74LS393 双四位二进制计数器（异步清零）

附表 C-25　74LS393 功能表

COUNT	OUTPUTS			
	Q_D	Q_C	Q_B	Q_A
0	L	L	L	L
1	L	L	L	H
2	L	L	H	L
3	L	L	H	H
4	L	H	L	L
5	L	H	L	H
6	L	H	H	L
7	L	H	H	H
8	H	L	L	L
9	H	L	L	H
10	H	L	H	L
11	H	L	H	H
12	H	H	L	L
13	H	H	L	H
14	H	H	H	L
15	H	H	H	H

说明：L—高电位；
　　　H—低电位。

2．CD4000 系列

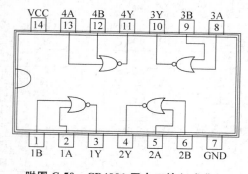

附图 C-50　CD4001 四个二输入或非门

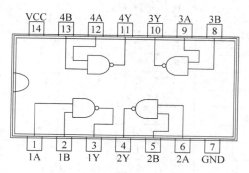

附图 C-51　CD4011 四个二输入与非门

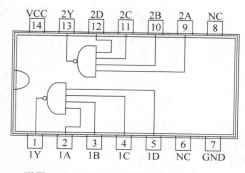

附图 C-52　CD4012 二个四输入与非门

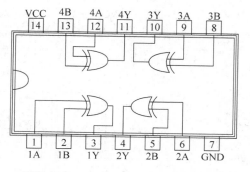

附图 C-53　CD4030 四个二输入异或门

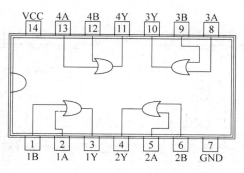

附图 C-54 CD4071 四个二输入或门

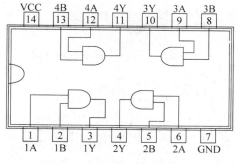

附图 C-55 CD4081 四个二输入与门

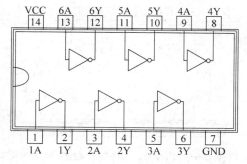

附图 C-56 CD4069 六个反向缓冲器

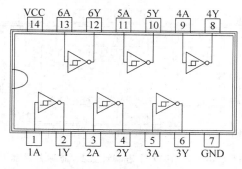

附图 C-57 CD40106 六个施密特反向缓冲器

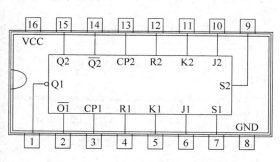

附图 C-58 CD4027 双 JK 主从触发器
（带预置、清零端）

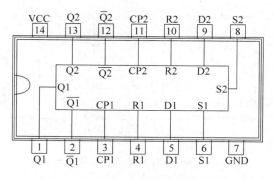

附图 C-59 CD4013 双 D 触发器（带预置、清零端）

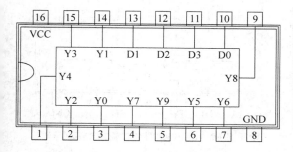

附图 C-60 CD4028 BCD-十进制译码器

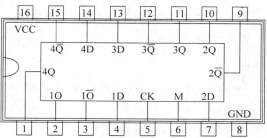

附图 C-61 744042 4D 锁存器

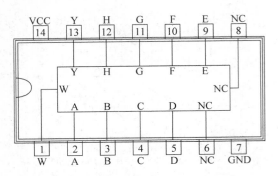

附图 C-62　CD4068 八输入与非门

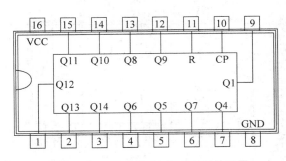

附图 C-63　CD4020 14 级二进制计数器

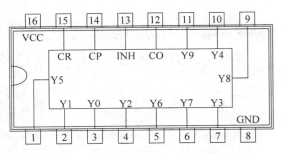

附图 C-64　CD4017 十进制计数器/脉冲分配器

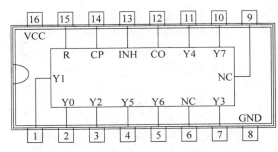

附图 C-65　CD4022 八进制计数器/脉冲分配器

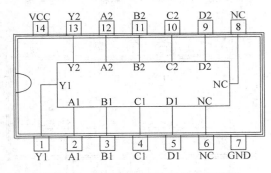

附图 C-66　CD4082 两个四输入与非门

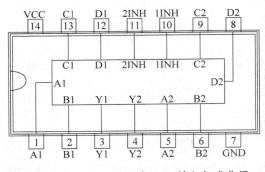

附图 C-67　CD4085 两个二-二输入与或非门

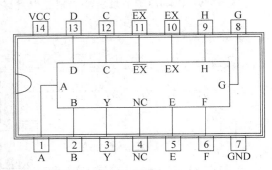

附图 C-68　CD4086 四路二-二-二-二输入
与或非门

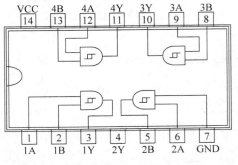

附图 C-69　CD4093 四个二输入史密特与门

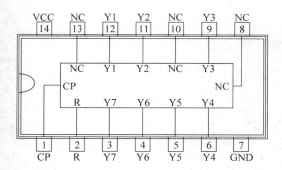

附图 C-70 CD4024 7 级二进制计数器/
脉冲分配器

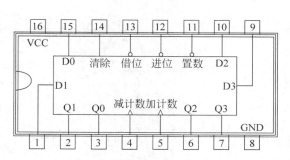

附图 C-71 CD40192 BCD 同步可逆双时钟
计数器（带清除、置数）

附表 C-26 CD40193 二进制同步可逆双时钟计数器（带清除、置数）

操作模式	输　　　入					输　　出
	加 CK	减 CK	清除	置数	Dn	Q_n
清零	×	×	H	×	×	L
置数	×	×	L	L	H	H
置数	×	×	L	L	L	L
加计数	↑	H(L)	L	H	×	加计数
减计数	H(L)	↑	L	H	×	减计数

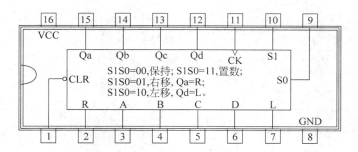

附图 C-72 CD40194 四位双向通用移位寄存器

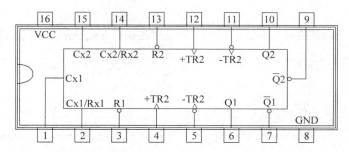

附图 C-73 CD4098 双单稳态触发器

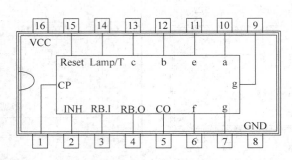

附图 C-74　CD4033 十进制计数器七段显示（带消隐）

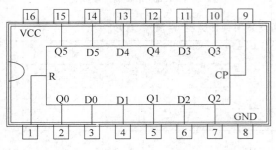

附图 C-75　CD40174 6D 触发器

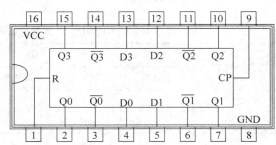

附图 C-76　CD40175 4D 触发器

3．CD4500 系列

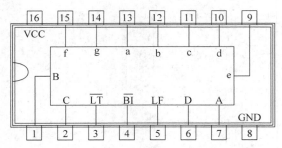

附图 C-77　CD4511 BCD 码锁存七段译码器

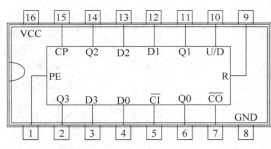

附图 C-78　CD4516 四位二进制可预制加/减计数器

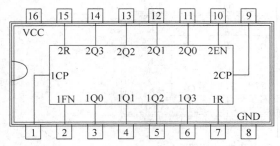

附图 C-79　CD4018 双 BCD 加法同步计数器

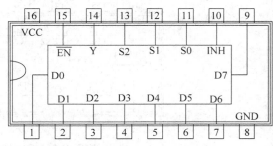

附图 C-80　CD4512 八选一数据选择器

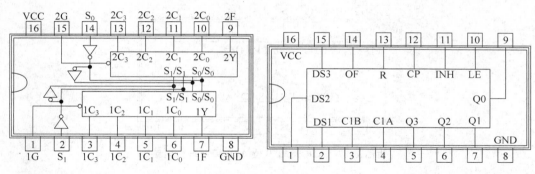

附图 C-81　CD4539 双四选一数据选择器　　　附图 C-82　CD4553 三位 BCD 加法同步计数器

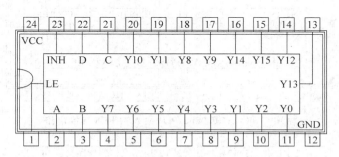

附图 C-83　CD4514 四位锁存 4 线-16 线译码器

4．A/D、D/A 转换电路

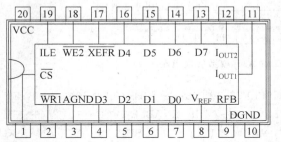 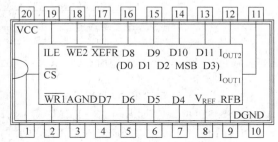

附图 C-84　DAC0830/1/2 八位 D/A 数模转换电路　　　附图 C-85　DAC1230/1/2 十二位 D/A 数模转换电路

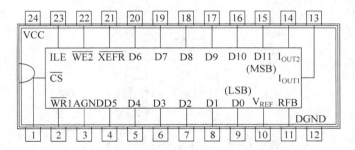

附图 C-86　DAC1208/9/10 十二位 D/A 数模转换电路

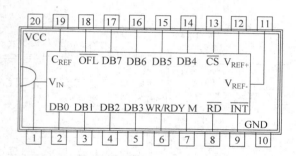

附图 C-87　ADC0820 八位 A/D 模数转换电路

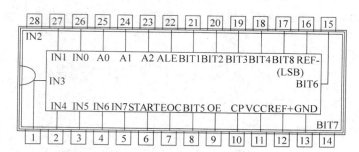

附图 C-88　ADC 0808/9 八位 A/D 模数转换电路

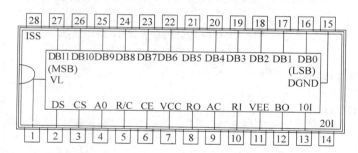

附图 C-89　AD574 十二位 A/D 模数转换电路

注：VL—＋5V SUPPLY；DS—DATA MODE SELECT 12//08；CS—CHIP SELCET；A0—BYTE ADDRESS/SHORT CYCLE；R/C—READ CONVERT；CE—CHIP ENABLE；VCC—＋12V/＋15V SUPPLY；RO—＋10V REFERENCE REF OUT；VEE—－12V/－15V SUPPLY；AC—ANALOG COMMON；RI—REFERENCE INPUT；BO—BIPOLAR OEESET；10I—10V SPAN INPUT；22I—22V SPAN INPUT；SS—STATUS STS。

5．常用电路

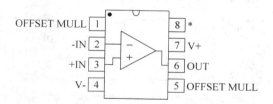

附图 C-90　CA3140 单电源运算放大器

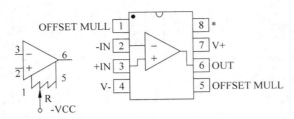

附图 C-91 单运算放大器（调零端接－V_{cc}）

主要型号：μA741 LM741 MC1741 μPC151 μPC741 TA7504 MB3609 HA17741
LF351 LF441 LF411 LF13741 TL091 CA081 CA3420 AD547
μPC801/4081 TL071 TL081 HA17080 NE530 NE531 NE538 OPA100
LM4250 μPC802/4250 NJM4250 LM4250 （$R=10\sim100\mathrm{k\Omega}$）

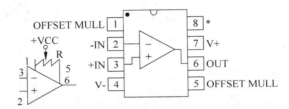

附图 C-92 单运算放大器（调零端接＋V_{cc}）

主要型号：LF356 LF357 μPC806 μPC365 μPC357 LM318 μPC159/318 HA17715 OP15
OP16 OP17 ICL7611 ICL7612 ICL7613 TLC271 （$R=19\sim200\mathrm{k\Omega}$）

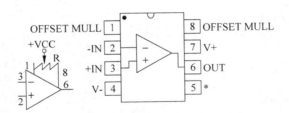

附图 C-93 高精度运算放大器（调零端接＋V_{cc}）

主要型号：μA725 LM725 μPC154 NE5534 μPC254 OP05 OP07 OP27 OP37 OPA27
OPA37 ADOP07 AD504 LM11 （$R=1\sim100\mathrm{k\Omega}$）

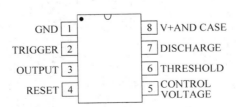

附图 C-94 555 时基电路 NE555

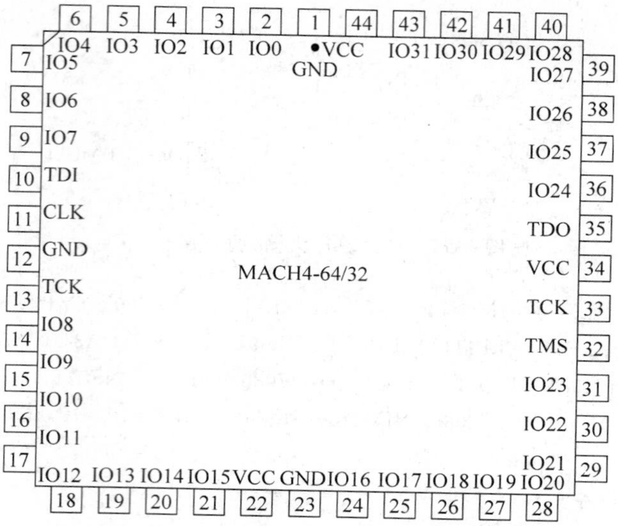

附图 C-95　MACH4－64/32

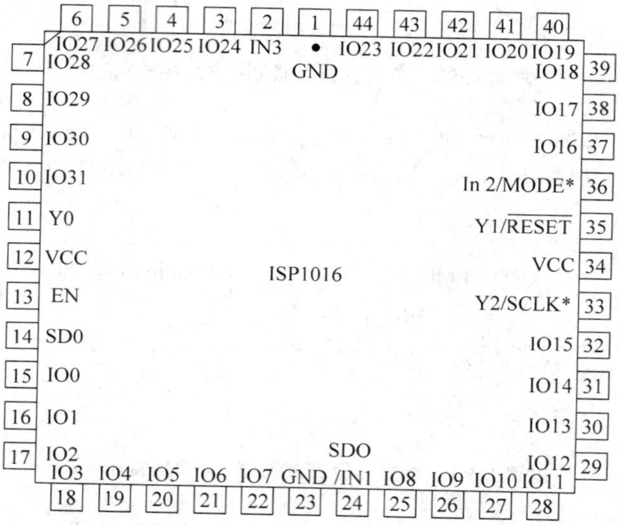

附图 C-96　ISP1016

注：EN—ISPEN NC；SDO—SDOUNO；

SD1—SDOUN1；Y1—Y1 RESET；

IN—IN 2MODE